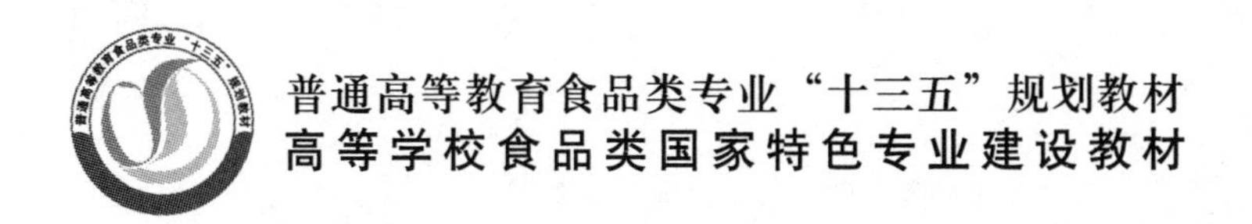

食品工厂设计（第二版）

SHIPIN GONGCHANG SHEJI

纵　伟　任广跃◎主编

郑州大学出版社
郑　州

内容提要

食品工厂设计是高等院校食品科学与工程专业、食品质量与安全专业的一门重要专业课程，学习本课程对学生了解和掌握食品工厂工艺设计的基本方法具有重要作用。本书在简述食品工厂建设程序的基础上，重点介绍了食品工厂设计过程中涉及的厂址选择及总平面设计、工艺设计、辅助设施的设计、工厂卫生及全厂生活设施设计、公用系统设计的理论和方法，同时，对食品工厂设计过程中的环境保护措施、设计概算和技术经济分析进行了介绍。本书突出了工科院校的特点，内容符合生产实际，图文并茂，实用性强。

本书不仅适合食品科学与工程专业、食品质量与安全专业本科学生作为教材使用，还可供农产品加工专业本科教学以及从事食品工业的相关科技人员参考。

图书在版编目(CIP)数据

食品工厂设计/纵伟，任广跃主编. —2 版. —郑州：郑州大学出版社，2017.6(2020.6 重印)

普通高等教育食品类专业“十三五”规划教材

ISBN 978-7-5645-3934-4

Ⅰ.①食… Ⅱ.①纵…②任… Ⅲ.①食品厂-设计-高等学校-教材 Ⅳ.①TS208

中国版本图书馆 CIP 数据核字（2017）第 029700 号

郑州大学出版社出版发行
郑州市大学路 40 号　　邮政编码：450052
出版人：孙保营　　发行部电话：0371-66966070
全国新华书店经销
新乡市豫北印务有限公司印制
开本：787 mm×1 092 mm　1/16
印张：21.25
字数：519 千字
版次：2017 年 6 月第 2 版　　印次：2020 年 6 月第 3 次印刷

书号：ISBN 978-7-5645-3934-4　　定价：36.00 元

本书作者

主　　编　纵　伟　任广跃

副 主 编　李素云　刘秀河

编写人员　（按姓氏笔画排序）

马雪梅　任广跃　刘　涛

刘秀河　李　芳　李素云

纵　伟

前言（第二版）

食品工厂设计是全国高等学校食品专业的主要专业课程之一，是一门实用性很强，辐射面很宽的交叉性应用学科，它既属于食品科学的范畴，又涉及工程技术领域，同时还与环境工程、建筑工业、管理科学等有密切的关系。食品工厂设计课程的教学对学生综合能力的培养具有其他课程不可替代的作用。近年来，食品工厂设计的课程教学随着食品工业的发展暴露了一些明显的不足，如把该课程看作是单一的知识传授，忽视课程的综合功能；内容相对陈旧，创新教育比较薄弱等。因此，重视和加强对食品工厂设计的课程教学，对提高食品专业学生综合能力的培养具有十分重要的意义，而课程教学的改革，迫切需要与之相对应的教材。

本《食品工厂设计》（第二版）教材，内容上充分考虑教学目标，紧密结合工厂建设实际，在简述食品工厂建设程序的基础上，突出食品工厂的厂址选择、总平面布置；重点讲解食品工厂的工艺设计，特别是设计数据、设计方法及设计步骤。熟悉辅助部门安排及技术经济分析，并培养实际应用能力。

全书共分九章，由郑州轻工业学院纵伟、河南科技大学任广跃任主编，郑州轻工业学院李素云、齐鲁工业大学刘秀河任副主编，全书具体编写分工如下：绪论由郑州轻工业学院纵伟编写；第 1 章由齐鲁工业大学刘秀河编写；第 2 章和第 3 章由郑州轻工业学院李素云编写；第 4 章、附录由河南科技大学李芳编写；第 5 章、第 8 章由河南科技大学任广跃、李芳编写；第 6 章、第 9 章和第 10 章由安阳工学院马雪梅编写；第 7 章由信阳农林学院刘涛编写。

本书突出了工科院校的特点，适合于食品科学与工程专业、食品质量与安全专业本科学生作为教材使用，还可供农产品加工专业、综合大学及从事食品工业科技人员之参考

限于编者水平，书中恐多有疏漏，欢迎批评指正。

编　者
2017 年 1 月

前言（第一版）

食品工厂设计是全国高等学校食品专业的主要专业课程之一，是一门实用性很强、辐射面很宽的交叉性应用学科，它既属于食品科学的范畴，又涉及工程技术领域，同时还与环境工程、建筑工业、管理科学等有密切的关系。食品工厂设计课程的教学对学生综合能力的培养具有其他课程不可替代的作用。近年来，食品工厂设计的课程教学随着食品工业的发展暴露了一些明显的不足，如把该课程教学看作是单一的知识传授，而忽视课程的综合功能；内容相对陈旧，创新教育比较薄弱等。因此，重视和加强对食品工厂设计的课程教学，对提高食品专业学生综合能力的培养具有十分重要的意义，而课程教学的改革，迫切需要与之相对应的教材。

本教材内容充分考虑教学目标，紧密结合工厂建设实际，在简述食品工厂建设程序的基础上，突出食品工厂的厂址选择、总平面布置；重点讲解食品工厂的工艺设计，特别是设计数据、设计方法及设计步骤。熟悉辅助部门安排及技术经济分析，并培养实际应用能力。

本教材由郑州轻工业学院纵伟任主编，运城学院邓随胜、西南大学尚永彪任副主编。全书具体编写分工如下：绪论和第4章由纵伟（郑州轻工业学院）编写，第1章和第8章由邓随胜（运城学院）编写，第2章和第3章3.1、3.2节由李素云（郑州轻工业学院）编写，第3章3.3、3.4、3.5节由张大力（吉林农业大学）编写，第3章3.6节由张振山（河南工业大学）编写，第3章3.7节由尚永彪（西南大学）编写，第5章由刘秀河（山东轻工业学院）编写，第6章由任广跃（河南科技大学）编写，第7章由陈良（广东海洋大学）编写，第9章由马雪梅（安阳工学院）编写。

限于编者水平，对书中疏漏之处，欢迎广大读者批评指正。

编　者

2011年5月

目录

第0章　绪论

(1)食品工业发展简介　食品工业是人类的生命产业,是一个最古老而又永恒不衰的常青产业。随着全球经济发展和科学技术的进步,世界食品工业取得了长足发展。尽管新兴产业不断涌现,但食品工业仍然是世界制造业中第一大产业。食品工业的现代化水平已成为反映人民生活质量高低及国家发展程度的重要标志。

"十二五"以来,我国的食品工业发展十分迅速,农业、食品制造业、食品流通和餐饮业相互联结的食品产业链,有了较大变化和较快发展。食品行业在工业生产总值中已稳居第一位,它已经超过了机械、化工,成为工业中的第一大产业。

我国的食品工业仍然具有相当大的潜力,还只是一个朝阳产业。只有人民生活富裕,食品工业才能发展起来,食品工作者才有用武之地,而食品工业发展的第一步就是要建厂,而且随着人民对食品的要求越来越高,对厂房的设计要求也相应地越来越高,因此掌握好食品工厂设计是非常重要的。

(2)食品工厂设计的意义和作用　在食品工业发展的过程中,设计发挥着重要的作用。食品工厂设计是食品生产的基本条件,是食品卫生、安全、质量的物质保证。不管是新建、改建和扩建一个食品工厂,还是进行新工艺、新技术、新设备的研究,都需要进行设计,而且是第一步所必须做的,所以是生产的基本条件;而且设计先不先进,合不合理,还是食品卫生安全和质量的保证,与以后工厂的效益和兴旺密切相关。在基本建设施工前,必须先搞好工程设计,要想建成质量优等、工艺先进的工厂,首先要有一个高质量、高水平、高效益的设计。食品工厂设计必须符合国民经济发展的需要,符合科学技术发展的新方向,为人民提供更多、更好、更优质的既安全卫生又营养丰富的新食品。因此,食品工厂设计工作是食品工业发展过程中的一个重要环节。在当前我国食品工业产品大幅度增长、质量不断提高、技术装备迅速更新的形势下,学习食品工厂设计这门课程更具有特别重要的意义。

(3)工厂设计的概念和基本任务　工厂设计就是运用先进的生产工艺技术与工程测量、土木建筑、供电、给水排水、供热、采暖通风、自控仪表、三废处理、工程概预算以及技术经济等配套专业的协作配合,用图样并辅以文字做出一个完整的工厂建设蓝图,按照国家规定的基本建设程序,有计划地按步骤进行工业建设,从而把科学技术转化为生产力的一门综合性学科。

工厂设计在工程项目建设的整个过程中,是一个极其重要的环节,可以说,工厂设计对工厂的"功能价值"起到了决定性的作用,使科学技术(理论)通过设计转化为生产力(工厂实际)。设计工作的基本任务是要做出体现国家有关方针政策、技术先进、经济效益好的建设蓝图,从而为我国经济建设服务。

(4)食品工业产品的特点　食品工业产品一般具有批量大、品种多、功能特定、专用性强等特点。要求一个生产装置、一条生产线的设计尽可能达到优化、多用的目的。因此,在进行设计时,必须根据实际情况,因地制宜地采用综合生产流程与多功能生产装置,力求做到"一线多用,一机多能"的目的,以取得最佳的经济效益。这就要求在设计中必须采用先进的科学技术,选择高效的设备,使系统最优化,控制自动化,并且努力提高商品设计的质量;同时还应注意在商品激烈竞争中反馈来的信息,进一步改进设计,完善工艺,提高质量,不断开发、设计、研制更好更多的新产品。食品工业产品的另一特点是生产方法的多样化,即工艺路线或技术路线的多样化。生产同一种产品可以选择不同的原料,采用不同的生产方法;而选择同样的原料,经过不同的加工过程,可得到不同的终端产品。而且在相同的技术路线中,又可采用不同的生产工艺流程。

(5)食品工厂设计的原则　工程项目建设,不同于科学研究项目,工厂建成后,必须达到或超过设计指标,满足企业生产及社会需要,带来经济和社会效益。因此,工厂设计应遵循以下原则。

1)符合经济建设的总原则:精心设计、投资省、技术新、质量好、收效快、回收期短。

2)设计的技术经济指标以达到或超过国内同类型工厂生产实际平均先进水平或国际先进水平为宜。

3)技术先进与经济合理相结合原则:积极采用新技术,力求设计在技术上具有现实性和先进性,在经济上具有合理性。

4)必须结合实际,因地制宜,体现设计的通用性和独特性相符合的原则,注重长远发展,留有适当的发展余地。

5)贯彻国家食品安全及卫生有关规定,充分体现卫生、优美、流畅并能让消费者放心。

6)坚持保护环境、美化环境原则。

7)设计工作必须加强计划性、各阶段工作要有明确进度。

(6)食品工厂设计的要求

1)经济上合理,技术上先进。工厂投产后,产品在质量和数量上均能达到设计所规定的标准。

2)在三废治理和环境保护方面必须符合国家有关规定。与其他类型工厂的基本建设一样,"三废"处理的措施恰当与否,关系到产品质量和环境保护的问题,必须予以十分重视。这也是现代食品企业的最基本要求。

3)尽可能减轻工厂的劳动强度,使工人有一个良好的劳动工作条件。

4)考虑到食品生产的季节差异性。

(7)食品工厂设计的内容、范围和对设计人员的要求　食品工厂设计的内容一般包括:厂址选择和总平面设计、食品工厂工艺设计、辅助车间和装备的设计、工厂卫生及全厂生活设施、公用系统、环境保护措施、设计概算、技术经济分析等内容。食品工厂设计的范围涉及建筑、经济、机械、环保、地理、气象、市场营销等学科领域,要求设计者随时掌握各相关学科的发展动态及本学科的新知识、新技术,将国内外新的科学成果在设计工作中得到体现。

因此，设计人员除了具有计算、绘图、表达等基本功和专业理论外，还应对工厂设计的工作程序、范围、设计方法、步骤、内容、设计的规范标准、设计的经济等内容能熟练掌握和运用，只有这样才能完成有关的设计任务。

第1章　基本建设程序和工厂设计的任务

1.1　基本建设及其程序

1.1.1　基本建设及其内容

1.1.1.1　基本建设的概念

基本建设就是以资金、材料、设备为条件,通过勘察设计建筑安装等一系列的脑力和体力的劳动,建设各种工厂、矿山、医院、学校、商店、住宅、市政工程、水利设施等,形成扩大再生产的能力。发达国家一般都称为资本投资。自20世纪50年代起,基本建设这个概念,我国长期沿用的定义是:基本建设是形成固定资产的综合性经济活动,它包括国民经济各部门的生产性和非生产性固定资产的更新、改建、扩建、新建、恢复建设,一句话概括,基本建设就是固定资产的再生产。食品工厂建设属于基本建设。

1.1.1.2　基本建设的内容

(1)建筑工程　指永久性和临时性建筑物(包括各种厂房、仓库、住宅、宿舍等)的一般土建、采暖、给水排水、通风、电器照明等工程,铁路、公路、码头、各种设备基础、工业炉砌筑、支架、栈桥、矿井工作平台、筒仓等构筑物工程,电力和通信线路的敷设、工业管道等工程,各种水利工程和其他特殊工程等。

(2)设备安装工程　指各种需要安装的机械设备、电器设备的装配、装置工程和附属设施、管线的装设、敷设工程(包括绝缘、油漆、保温工作等)以及测定安装工程质量、对设备进行的各种试车、修配和整理等工作。

(3)设备、工器具及生产家具的购置　指车间、实验室、医院、学校、车站等所应配备的各种设备、工具、器具、生产家具及实验仪器的购置。

(4)勘察、设计和地质勘探工作。

(5)其他工程建设工作　指上述以外的各种工程建设工作,如征用土地、拆迁安置、生产人员培训、科学研究、建设单位管理工作、施工队伍调迁及大型临时设施建设等。

1.1.1.3　基本建设的类型

(1)按建设的性质分类　有新建、改建、扩建、重建、迁建和更新改造等。新建是指项目建设为全新建设;改建、扩建是在原来的基础上对项目进行增补,扩大产品的生产能力或增加新的产品生产能力,以及对原有设备和工程进行全面技术改造;重建是指报废工程的恢复建设,又叫恢复;迁建是指由于各种原因,经有关部门批准搬迁到另一地区而进行的建设;更新改造是对原有项目的更替和内涵扩大而进行的建设。

(2)按建设的经济用途分类　有生产性基本建设和非生产性基本建设。生产性基本建设是用于物质生产和直接为物质生产服务的项目的建设,包括工业建设、建筑业和地质资源勘探事业建设和农林水利建设等。非生产性基本建设是用于人民物质和文化生活项目的建设,包括住宅、学校、医院、托儿所、影剧院以及国家行政机关和金融保险业的建设等。

1.1.1.4 基本建设的作用

基本建设是扩大再生产以提高人民物质文化生活水平和加强国家综合实力的重要手段。它的具体作用如下。

(1)为国民经济各行业增加新的固定资产和生产能力。

(2)影响和改变各产业部门内部、各行业之间的构成和比例关系。

(3)使全国生产力配置更趋合理;促进全国生产力的合理配置。

(4)提高生产技术水平,用先进技术改造国民经济。

(5)为社会提供大量住宅和科研、文教卫生设施以及城市基础设施。

(6)为解决社会重大问题提供物质基础。

1.1.2 基本建设程序

建设项目即指基本建设项目,其概念是指按照一个总体设计进行施工的基本建设工程,一般由一个或几个互有内在联系的单项工程组成,建成后在经济上可以独立经营,行政上可以统一管理,也称建设单位。例如一个食品工厂即为一个建设项目。

基本建设工作是一项涉及面很广的综合性技术工作,内外协作配合的环节多,必须按计划、有步骤、有程序地进行,才能达到预期的效果。

1.1.2.1 基本建设程序的概念

依据原国家计委《关于重申严格执行基本建设程序和审批规定的通知》[1999]693号,基本建设程序就是固定资产投资项目建设全过程各阶段和各步骤的先后顺序关系及相互联系。对于生产性基本建设而言,基本建设程序也就是形成综合性生产能力过程的规律的反映。对于非生产建设而言,基本建设程序是顺利完成建设任务,获得最大社会经济效益的工程建设的科学方法。

基本建设过程和一切事物的发展过程一样,都按其本身的发展过程分成若干个阶段,每个发展阶段都按它严格的先后顺序而紧密关联,不能随便颠倒。当然,其中有些工作可以合理地交叉,但是,以下规律不能违背:没有进行可行性研究,不能确定投资项目;没有勘察,不能设计;没有设计,不能施工。在工作中只有遵循基本建设的程序进行工程项目的决策和实施,才能取得良好的建设效果。如果不遵守基本建设程序进行盲目的建设,或做出只顾局部、不顾全局的建设决策,那么必然会造成大量浪费,发挥不了投资应有的作用和效果。因此,基本建设项目的决策和实施,必须严格遵守国家基本建设程序。

1.1.2.2 基本建设程序的内容

我国现行的基本建设程序为如下几个阶段,概括如图1.1,具体如下。

(1)编制项目建议书阶段。

(2)可行性研究阶段。

(3)环境影响、安全、节能评估评价阶段(包括项目评估)。

(4)备案、核准、审批阶段。
(5)设计计划任务书阶段。
(6)设计工作阶段。
(7)开工准备阶段。
(8)施工阶段。
(9)竣工验收阶段。
(10)项目后评价阶段。

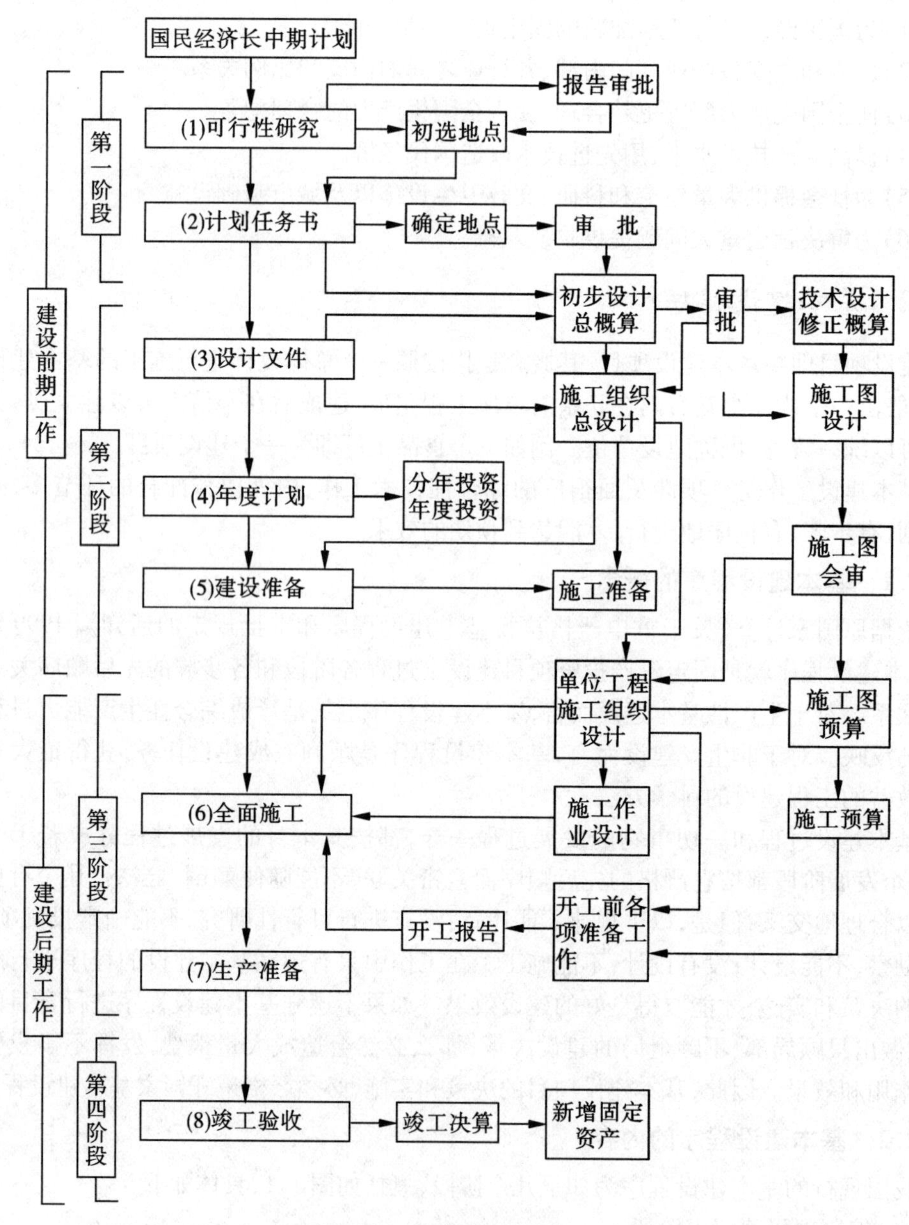

图 1.1 基本建设程序图

1.1.3　项目建议书阶段

项目建议书是由投资者(一般是项目主管部门或企、事业单位)对拟建设项目提出的轮廓性设想和建议。主要确定拟建项目必要性和是否具备建设条件及拟建规模等,为进一步研究论证工作提供依据。1984年起国家明确规定所有国内建设项目都要经过项目建议书这一阶段,并规定了具体内容要求。

1.1.3.1　项目建议书的定义和任务

食品工厂项目建设前期的第一项工作就是编制项目建议书。项目建议书是项目拟建单位根据国民经济发展规划、行业发展规划和地区社会经济、产业发展规划以及本单位的具体情况,经初步调查研究,提出的基本建设项目立项建议。项目建议书表达的是对建设项目的投资意愿和轮廓设想,主要是从项目建设的必要性方面考虑,同时也初步分析项目的可行性。项目建议书是进行各项准备工作的依据,要求文字简要,具有超前分析的观点,注意突出立项工程急迫性、现实性和经济性。项目建议书内容经国家计划部门批准后才能进行下一步的可行性研究工作。涉及利用外资的项目,在项目建议书批准后,方可开展对外工作。

项目建议书在编制前,首先要向有关部门反映立项的愿望并了解他们的意见,进行基础资料的调查和收集,进行综合分析、确定生产路线、进行厂址勘探、了解建厂条件、提出总体设想、估算投资费用和经济社会生态效益等,然后正式编制项目建议书。项目建议书的编制要求的范围和深度不及可行性研究报告,篇幅也不长,一般来说编写的分工没有那么细,这就要求编写人员不仅对工艺专业熟悉,对非工艺专业的内容也要熟知,要知识面广、经验丰富、综合能力强。

1.1.3.2　项目建议书的内容

项目建议书的主要内容包括:产品品种,生产规模,投资大小,产供销的可能性,今后发展方向和经济效果等方面。项目建议书是进行各项准备工作的依据,经国家计划部门批准后,即可开展可行性研究。食品工厂的项目建议书一般内容如下。

(1)建设项目提出的必要性和依据。

(2)市场预测,重点是市场调查和产品的需求现状、发展趋势预测、销售预测。

(3)拟建规模、产品方案的设想。

(4)主要工艺技术设想,包括引进技术和进口设备情况。

(5)建设条件分析,包括建设地点和自然条件、社会条件、资源情况(原料来源、燃料、水源的条件)协作关系。

(6)投资估算和资金筹措设想,重点是资金筹集方式和还贷能力。

(7)项目的进度安排。

(8)企业经济效益和社会效益的初步估计。

以上要求可视项目的大小做适当增减。我国食品企业绝大多数为中、小型企业,其项目按隶属关系分别由主管部委或省(市)发展和改革委员会或地(市)发展和改革委员会备案、核准、批准后,即可进入下一阶段——可行性研究阶段。

1.1.4 可行性研究阶段

可行性研究是在投资决策前,对与拟建项目有关的社会、经济、技术等各方面进行深入细致的调查研究,对拟定各种的技术方案和建设方案进行认真的技术经济分析和比较论证,对项目建成后的经济效益进行科学的预测和评价。在此基础上,对拟建项目的技术先进性和适用性、经济合理性和有效性,以及建设必要性和可行性进行全面分析、系统论证、多方案比较和综合评价,由此得出该项目是否应该投资和如何投资等结论性意见,为项目投资决策提供可靠的科学依据。

可行性研究的成果是根据各项调查研究材料进行分析、比较而得出的。它的论证以大量数据作为基础,这是可行性研究的一大特点。因此,在进行可行性研究时,必须搜集各种资料、数据作为开展工作的前提和条件。下面分别从可行性研究的依据、作用、步骤、可行性研究报告书的内容和有关注意事项等方面进行叙述。

1.1.4.1 可行性研究的主要依据

(1)根据国家经济建设的方针、政策和社会发展的长远规划及行业和局域发展规划进行可行性研究　发展规划是对整个国民经济和社会发展或行业发展的整体部署和安排,体现了整体发展思路。建设项目在可行性研究时如果离开宏观经济发展的指导,就难以客观准确地评价建设项目的实际价值。所以,在可行性研究中,任何与国民经济整体发展趋势和行业总体发展趋势相悖的项目都不应作为选定的项目。

(2)根据国家计划部门批准后的项目建议书和委托单位的要求进行可行性研究。

(3)根据市场的供求状况及发展变化趋势进行可行性研究　市场是商品供求关系的总和,可行性研究应根据食品工业的特点,分析消费者的收入水平对拟生产产品的需求状况的影响,分析拟生产产品与本行业中原有产品的替代关系,预测拟生产产品可能占有的市场份额。在可行性研究中,任何产品市场需求不足的投资项目都不应作为选定的项目。

(4)根据可靠的自然、地理、气象、地质、经济、社会等基础资料进行可行性研究　拟建项目应有经国家正式批准的资源报告及有关的各种规划,应对项目所需原材料、燃料、动力等的数量、种类、品种、质量、价格及运输条件等进行客观的分析评价。

(5)根据与项目有关的工程技术方面的标准、规范、指标等进行可行性研究　这些与项目有关的工程技术方面的标准、规范、指标等是可行性研究中进行厂址选择、项目设计和经济技术评价必不可少的资料,可以有效地保障投资项目在技术上的先进性、工艺上的科学性及经济上的合理性。

(6)根据国家公布的关于项目评鉴的有关参数、指标等进行可行性研究　在进行财务、经济分析时,需要有一套相应的参数、数据及指标,如基准收益率、折现率、折旧率、社会折现率、外汇汇率和投资回收期等,所采用的应是国家公布实行的参数。

1.1.4.2 可行性研究的作用

可行性研究的最终研究成果是可行性研究报告,它是投资者在前期准备阶段的纲领性文件,是进行其他各项投资准备工作的主要依据。可行性研究的作用有以下几个方面。

（1）为投资者进行建设项目投资决策提供依据　可行性研究是投资者在投资前期的重要工作，投资者一般应委托有资质、有信誉的设计单位或工程咨询机构，在充分调研和分析论证的基础上，编制可行性研究报告，并以可行性研究的结论作为其投资决策的主要依据。

（2）为投资者申请项目贷款提供依据　银行和其他金融机构在受理项目贷款申请时，首先要求申请者提供可行性研究报告，然后对其进行全面细致的审查和分析论证，在此基础上编制项目评估报告，评估报告的结论是金融机构确定贷款与否的重要依据。

（3）为商务谈判和签订有关协议或合同提供依据　需要引进技术和进口设备，如与外商谈判时要以可行性研究报告的有关内容（如设备选型、生产能力、技术先进程度）为依据。在项目实施与投入运营之后，也需要供电、供水、供气、通信和原材料供应等单位或部门协作配套，根据可行性研究报告的有关内容与单位或部门签订有关协议或合同。

（4）可行性研究是建设项目进行项目设计和实施的基础　在可行性研究中对产品方案、建设规模、厂址、工艺流程、主要设备选型、总平面布置等都要进行较为详细的方案比较和论证，根据技术先进、工艺科学及经济合理的原则，对项目建设方案要进行筛选。可行性研究报告经审批后，建设项目的设计工作及实施必须以此为依据。

（5）可行性研究是投资项目制订技术方案、设备方案的依据　通过可行性研究可以保障建设项目采用的技术、工艺及设备等的先进性、可靠性、适用性及经济合理性，在市场经济条件下投资项目的技术选择、设计方案选择主要取决于其经济合理性。

（6）可行性研究是安排基本建设计划，进行项目组织管理、机构设置及劳动定员等的依据　项目组织管理、机构设置及劳动定员等的状况直接关系到项目未来的运作绩效，可行性研究为建立科学有序的项目管理机构和管理制度提供了客观依据，可以保障建设项目的顺利实施。

（7）可行性研究是环保部门审查建设项目对环境影响程度的依据　根据《中华人民共和国环境保护法》《基本建设项目环境保护管理办法》等规定，在编制项目进行可行性研究时，要对建设项目的选址、设计、建设及生产等对环境的影响做出评价，在审批可行性研究报告时，要同时审查环境保护方案，防污、治污设施与项目主体工程必须同时设计、同时施工、同时投产，各项有害物质的排放必须符合国家规定标准。

（8）为企业投资上市提供依据　一般而言，企业成长到一定阶段都要公开发行股票，根据资本市场融资的要求，要在发行股票时，不论是首次公开发行、增资发行还是配股，一般都会包含一些工程项目。按我国有关政府职能部门的要求，这些工程项目都要进行可行性研究，并且要经过审批。因此说可行性研究可以为企业投资上市提供依据。

1.1.4.3　可行性研究的步骤

可行性研究的内容涉及面很广，既有工程技术问题，又有经济财务问题。在进行这项工作时一般要涉及项目建设单位、主管部门、金融机构、工程咨询公司、工程建设承包单位、设备及材料供应单位以及环保、规划、市政公用工程等部门和单位，所以应有市场分析、工业经济、工业管理、工艺、设备、土建和财务等方面的人员参加。此外，在工作过程中还可以根据需要，聘请一些其他专业人员（如地质、土壤、实验室等人员）短期协助工作。可行性研究工作可分为以下几个步骤。

（1）签订委托协议　从国外实践来看，工程项目可行性研究一般都由投资者委托有实力、有信誉的中介机构去做。根据我国有关规定，工程项目可行性研究一般也要委托有资质的工程咨询机构来承担，特别是大型工程项目。可行性研究报告编制单位与委托单位，就项目可行性研究报告编制工作的范围、重点、深度要求、完成时间、费用预算和质量要求交换意见，并签订委托协议，据此开展可行性研究各阶段的工作。

（2）组建工作小组　工作小组一般由编制可行性研究的机构来组织，工作小组的人员可以是咨询机构的专职人员，也可以是外聘的专家。工作小组的人员结构要尽量合理，食品企业可行性研究编制的工作小组一般可包括工业经济专家、市场分析专家、财务分析专家、土木建筑工程师、专业技术工程师和其他辅助人员。根据委托项目可行性研究的工作量、内容、范围、技术难度、时间要求等组建可行性研究报告编制小组。根据委托项目可行性研究的工作量、内容、范围、技术难度、时间要求等组建可行性研究报告编制小组。一般工业项目可分为市场组、工艺技术组、设备组、工程组及公用工程组、环保组、技术经济组等专业组。为使各专业组协调工作，保证可行性研究报告总体质量，一般应由总工程师、总经济师负责统筹协调。

（3）制订工作计划　工作小组成立以后，可按可行性研究的内容进行分工，并分头进行调研，分别撰写详细的提纲，并与委托单位交换意见。提纲内容包括研究工作的范围、重点、深度、进度安排、人员配置、费用预算及可行性研究报告编制大纲，并要求根据大纲开展下一步工作。

（4）调查研究与收集资料　根据分工，工作小组各成员分别进行数据调查、整理、估算、分析及有关指标的计算等。在可行性研究中，数据的调查分析是重点。可行性研究所需要的数据来自三个方面：一是投资者提供的资料。因为投资者在进行项目的初步决策时，已经对与项目有关的问题进行过比较详细的考察，并获取一定量的信息，这可以作为工程咨询机构的重要信息来源渠道。二是工程咨询机构本身所拥有的信息资源。工程咨询机构都是有资质的从事工程项目咨询的机构，拥有丰富的经验和专业知识，同时也占有大量的历史资料、经验资料和关于可行性研究方面的其他相关信息。三是通过调研占有信息。一般而言，投资者提供的资料和工程咨询机构占有的信息不可能满足编制可行性研究报告的要求，还要进行广泛的调研，以获取更多的信息资料。必要时，也可以委托专业调研机构进行专项信息调研，以保证获取更加全面的信息资料。从实践来看，对于结构比较复杂的大型工程项目，在进行可行性研究时，委托专业研究机构进行专业调查研究，往往会取得事半功倍的效果。在实践中，可以有工程咨询机构委托，也可有投资者委托，但从实际效果看，由工程咨询机构委托较为合理。

（5）方案设计与优选　取得信息资料后，要对其进行整理和筛选，并组织有关人员进行分析论证，以考察其全面性和准确性。在此基础上，对项目的建设规模与产品方案、场（厂）址方案、技术方案、设备方案、工程方案、原料供应方案、总图布置与运输方案、公用工程与辅助工程方案、环境保护方案、组织机构设置方案、实施进度方案以及项目投资与资金筹措方案等设计出备选方案，并进行论证、比选、优化，提出项目的整体推荐方案。

（6）项目评价　对推荐的建设方案进行详细的环境评价、财务评价、国民经济评价、社会评价及风险分析，以判别项目经济可行性、社会可行性、环境的可行性和抗风险能力。当有关评价指标结论不足以支持项目方案成立时，应对原设计方案进行调整或重新设计。

（7）编写项目可行性研究报告　提出推荐方案以后，即进入可行性研究报告的编写阶段，首先根据可行性研究报告的要求和编写分工，编写出可行性研究报告的初稿。报告的编写，要求工作小组成员进行很好的衔接、配合和联合工作才能完成。经项目负责人衔接协调综合汇总，编写出可行性研究报告初稿。

（8）论证和修改　编写出可行性研究报告初稿以后，首先要由工作小组成员分析论证。形式是：有工作小组成员介绍各自负责的部分，大家一起讨论，提出修改意见。对于可行性研究报告，要注意前后的一致性、数据的准确性、方法的正确性和内容的全面性等，提出每一个结论，都要有充分的依据。有些项目还可以扩大参加论证的人员范围，可以请有关方面的决策人员、专家和投资者等参加讨论，还必须与委托单位交换意见。在经过充分的讨论后，对可行性研究报告进行修改完善，并最后定稿形成正式的可行性研究报告。

1.1.4.4　可行性研究报告编制的基本要求

由于项目种类繁多，特点各异，所以不同项目可行性研究的内容和重点也是千差万别的，绝不能片面地追求形式上的统一，而损害其内容。但是一般情况下，可行性研究报告的格式和结构是相对一致的，可以相对规范化。可行性研究报告形式的相对规范化不但便于阅读、理解和研究，而且也有利于保证结构内容的完整性。一个较好的可行性研究报告应该做到编制依据可靠、结构内容完整、可行性研究报告文本格式规范、附图附表附件齐全，可行性研究报告表达形式尽可能数字化、图表化，可行性研究报告的深度能满足投资决策和编制项目初步设计的需要。

1.1.4.5　可行性研究报告文本格式

按照国家发展计划委员会审定发行的《投资项目可行性研究指南》的规定，可行性研究报告文本格式如下。

（1）可行性研究报告文本排序

1）封面　项目名称、研究阶段、编制单位、出版年月并加盖编制单位印章。

2）封一　编制单位资格证书。如工程咨询资质证书、工程设计证书。

3）封二　编制单位的项目负责人、技术管理负责人、法人代表名单。

4）封三　编制人、校核人、审核人、审定人名单。

5）目录。

6）正文。

7）附图、附表、附件。

（2）报告文本的外形尺寸统一为 A_4（210 mm×297 mm）纸。

1.1.4.6　可行性研究报告的内容

由于建设项目的性质、任务、规模以及工程复杂程度的差异而有所不同，各有其侧重点，但其基本内容是相同的。我国2002年出版的中国国际工程咨询公司组织编写的《投资项目可行性研究指南》提供的可行性研究报告的结构和内容包括以下几个方面。

（1）总论　项目背景、项目概况、问题与建议。

（2）市场预测　产品市场供应预测、产品市场需求预测、产品目标市场分析、价格现状与预测、市场竞争力分析、市场风险分析。

(3)资源条件分析评价　资源可利用量、资源品质情况、资源赋存条件、资源开发价值。

(4)建设规模与产品方案　建设规模与产品方案的构成、建设规模与产品方案的比选、推荐的建设规模与产品方案、原有设施的利用情况。

(5)场址选择　场址现状、场址条件比选、推荐的场址方案、技术改造项目原有场址的利用情况。

(6)技术方案、设备方案和工程方案　技术方案选择、主要设备方案选择、工程方案选择、技术改造项目改造前后的比较。

(7)主要原材料、燃料供应　主要原材料供应方案、燃料供应方案。

(8)总图、运输与公用辅助工程　总图布置方案、场内外运输方案(运输量及运输方式)、公用工程与公用辅助工程方案、技术改造项目原有公用辅助设施利用情况。

(9)节能措施　节能措施、能耗指标分析。

(10)节水措施　节水措施、水耗指标分析。

(11)环境影响评价　环境条件调查、影响环境因素分析、环境保护方案。

(12)劳动、卫生、安全与消防　危险因素和危害程度分析、安全消防措施、卫生保健措施、消防设施。

(13)组织机构与人力资源配置　组织机构及其适应性分析、人力资源配置、职工培训。

(14)项目实施进度　建设工期、实施进度安排、技术改造项目建设与生产的衔接。

(15)投资估算。

(16)融资方案　融资组织形式、资本金筹措、债务资金筹措、融资方案分析。

(17)财务评价　财务评价基础数据与参数选取、销售收入估算与成本费用估算、财务评价报表、盈利能力分析、偿债能力分析、不确定性分析、财务评价结论。

(18)国民经济评价　影子价格及通用参数选取、效益费用范围与数值调整、国民经济评价报表、国民经济评价指标、国民经济评价结论。

(19)社会评价　项目的社会影响分析、项目与所在地互适性分析、社会风险分析、社会评价结论。

(20)风险分析　项目主要风险因素识别、风险程度分析、社会防范风险对策。

(21)研究结论与建议　推荐方案总体描述、推荐方案优缺点描述、主要对比方案、结论与建议。

1.1.4.7　可行性研究应注意的事项

(1)实事求是,客观公正　在编制可行性研究报告时,必须坚持实事求是,在编制可行性研究报告时,必须坚持实事求是,在调查研究的基础上,做多方案的比较,按客观实际情况进行论证和评价,最终形成科学的结论。不能把可行性研究当成一种目的,为了"可行"而"研究";以它作为争投资、争项目、列计划的"通行证"。可行性研究是一种科学的方法,必须保持编写单位的客观立场和公正性。只有这样,才能保证可行性研究的科学性和严肃性,才能为正确的投资决策提供科学的依据。

(2)承担可行性研究工作的单位应具备的条件　可行性研究工作,目前可以委托经国家正式批准颁发证书的设计单位或工程咨询公司承担。委托单位向承担单位提交项目建议书,说明对拟建项目的基本设想,资金来源的初步打算,并提供基础资料。为保证可行性研究成果的质量,应保证必要的工作周期,不能采取突击方式,草率拿出成果。进行可行性研究一般是由主管部门下达计划,也可采取有关部门或建设单位向承担单位进行委托的方式,由双方签订合同,明确研究工作的范围、前提条件、进度安排、费用支付办法以及协作方式等内容,如果发生问题,可按合同追究责任。

(3)可行性研究报告的审批办法　可行性报告编制完成以后,由委托单位上报进行审批。根据国家规定,大中型项目建设的可行性报告,由各主管部和各省、市、自治区或全国性专业公司负责预审,报国家发展和改革委员会审批,或由国家发展和改革委员会委托有关单位审批。重大项目和特殊项目的可行性研究报告,由国家发展和改革委员会会同有关部门预审,报国务院审批。小型项目的可行性研究报告,按隶属关系由各主管部、各省、市、自治区或全国性专业公司审批。有的建设项目经过可行性研究,已经证明没有建设的必要时,经审定后即将项目取消。为了严格执行基本建设程序,我国还规定,大中型建设项目未附可行性研究报告及其审批意见的,不得审批设计计划任务书。

1.1.5　环境影响、安全、节能评估评价阶段

1.1.5.1　环境影响评价

为充分发挥环境影响评价从源头预防环境污染和生态破坏的作用,推动实现"十三五"绿色发展和改善生态环境质量总体目标,环境保护部研究制定了《"十三五"环境影响评价改革实施方案》。

中华人民共和国主席令第四十八号

《全国人民代表大会常务委员会关于修改〈中华人民共和国节约能源法〉等六部法律的决定》已由中华人民共和国第十二届全国人民代表大会常务委员会第二十一次会议于2016年7月2日通过,现予公布。

《全国人民代表大会常务委员会关于修改〈中华人民共和国节约能源法〉等六部法律的决定》对《中华人民共和国节约能源法》《中华人民共和国水法》《中华人民共和国防洪法》《中华人民共和国职业病防治法》《中华人民共和国航道法》所做的修改,自公布之日起施行;对《中华人民共和国环境影响评价法》所做的修改,自2016年9月1日起施行。

对《中华人民共和国环境影响评价法》做出修改

(1)第十四条增加一款,作为第一款:"审查小组提出修改意见的、专项规划的编制机关应当根据环境影响报告书结论和审查意见对规划草案进行修改完善,并对环境影响报告书结论和审查意见的采纳情况做出说明;不采纳的,应当说明理由。"

(2)删去第十七条第二款。

(3)将第十八条第三款修改为:"已经进行了环境影响评价的规划包含具体建设项目的,规划的环境影响评价结论应当作为建设项目环境影响评价的重要依据,建设项目环境影响评价的内容应当根据规划的环境影响评价审查意见予以简化。"

(4)将第二十二条修改为:"建设项目的环境影响报告书、报告表,由建设单位按照国务院的规定报有审批权的环境保护行政主管部门审批。

“海洋工程建设项目的海洋环境影响报告书的审批，依照《中华人民共和国海洋环境保护法》的规定办理。

“审批部门应当自收到环境影响报告书之日起六十日内，收到环境影响报告表之日起三十日内，分别做出审批决定并书面通知建设单位。

“国家对环境影响登记表实行备案管理。

“审核、审批建设项目环境影响报告书、报告表以及备案环境影响登记表，不得收取任何费用。”

（5）将第二十五条修改为：“建设项目的环境影响评价文件未依法经审批部门审查或者审查后未予批准的，建设单位不得开工建设。”

（6）将第二十九条修改为：“规划编制机关违反本法规定，未组织环境影响评价，或者组织环境影响评价时弄虚作假或者有失职行为，造成环境影响评价严重失实的，对直接负责的主管人员和其他直接责任人员，由上级机关或者监察机关依法给予行政处分。”

（7）将第三十一条修改为：“建设单位未依法报批建设项目环境影响报告书、报告表，或者未依照本法第二十四条的规定重新报批或者报请重新审核环境影响报告书、报告表，擅自开工建设的，由县级以上环境保护行政主管部门责令停止建设，根据违法情节和危害后果，处建设项目总投资额百分之一以上百分之五以下的罚款，并可以责令恢复原状；对建设单位直接负责的主管人员和其他直接责任人员，依法给予行政处分。

“建设项目环境影响报告书、报告表未经批准或者未经原审批部门重新审核同意，建设单位擅自开工建设的，依照前款的规定处罚、处分。

“建设单位未依法备案建设项目环境影响登记表的，由县级以上环境保护行政主管部门责令备案，处五万元以下的罚款。

“海洋工程建设项目的建设单位有本条所列违法行为的，依照《中华人民共和国海洋环境保护法》的规定处罚。”

（8）删去第三十二条。

（9）第三十四条改为第三十三条，修改为：“负责审核、审批、备案建设项目环境影响评价文件的部门在审批、备案中收取费用的，由其上级机关或者监察机关责令退还；情节严重的，对直接负责的主管人员和其他直接责任人员依法给予行政处分。”

1.1.5.2 安全评价

国外也称为风险评价或危险评价，它是以《中华人民共和国安全生产法》为依据，以实现工程、系统安全为目的，应用安全系统工程原理和方法，对工程、系统中存在的危险、有害因素进行辨识与分析，判断工程、系统发生事故和职业危害的可能性及其严重程度，从而为制定防范措施和管理决策提供科学依据。安全评价既需要安全评价理论的支撑，又需要理论与实际经验的结合，二者缺一不可。

1.1.5.3 节能评估评价

节约资源是我国的基本国策。国家实施节约与开发并举、把节约放在首位的能源发展战略。节约能源是指加强用能管理，采取技术上可行、经济上合理以及环境和社会可以承受的措施，从能源生产到消费的各个环节，降低消耗、减少损失和污染物排放、制止浪费，有效、合理地利用能源。主要依据为 2016 年 7 月修订的《中华人民共和国节约能源法》。

(1)将第十五条修改为:“国家实行固定资产投资项目节能评估和审查制度。不符合强制性节能标准的项目,建设单位不得开工建设;已经建成的,不得投入生产、使用。政府投资项目不符合强制性节能标准的,依法负责项目审批的机关不得批准建设。具体办法由国务院管理节能工作的部门会同国务院有关部门制定。”

(2)将第六十八条第一款修改为:“负责审批政府投资项目的机关违反本法规定,对不符合强制性节能标准的项目予以批准建设的,对直接负责的主管人员和其他直接责任人员依法给予处分。”

1.1.6 备案、核准、审批阶段

中共中央国务院关于深化投融资体制改革的意见

(2016年7月5日)

党的十八大以来,党中央、国务院大力推进简政放权、放管结合、优化服务改革,投融资体制改革取得新的突破,投资项目审批范围大幅度缩减,投资管理工作重心逐步从事前审批转向过程服务和事中事后监管,企业投资自主权进一步落实,调动了社会资本积极性。

按照“五位一体”总体布局和“四个全面”战略布局,牢固树立和贯彻落实创新、协调、绿色、开放、共享的新发展理念,着力推进结构性改革尤其是供给侧结构性改革,充分发挥市场在资源配置中的决定性作用和更好发挥政府作用。进一步转变政府职能,深入推进简政放权、放管结合、优化服务改革,建立完善企业自主决策、融资渠道畅通,职能转变到位、政府行为规范,宏观调控有效、法治保障健全的新型投融资体制。

——企业为主,政府引导。科学界定并严格控制政府投资范围,平等对待各类投资主体,确立企业投资主体地位,放宽放活社会投资,激发民间投资潜力和创新活力。充分发挥政府投资的引导作用和放大效应,完善政府和社会资本合作模式。

——放管结合,优化服务。将投资管理工作的立足点放到为企业投资活动做好服务上,在服务中实施管理,在管理中实现服务。更加注重事前政策引导、事中事后监管约束和过程服务,创新服务方式,简化服务流程,提高综合服务能力。

——创新机制,畅通渠道。打通投融资渠道,拓宽投资项目资金来源,充分挖掘社会资金潜力,让更多储蓄转化为有效投资,有效缓解投资项目融资难融资贵问题。

——统筹兼顾,协同推进。投融资体制改革要与供给侧结构性改革以及财税、金融、国有企业等领域改革有机衔接、整体推进,建立上下联动、横向协同工作机制,形成改革合力。

改善企业投资管理,充分激发社会投资动力和活力

(1)确立企业投资主体地位。坚持企业投资核准范围最小化,原则上由企业依法依规自主决策投资行为。在一定领域、区域内先行试点企业投资项目承诺制,探索创新以政策性条件引导、企业信用承诺、监管有效约束为核心的管理模式。对极少数关系国家安全和生态安全、涉及全国重大生产力布局、战略性资源开发和重大公共利益等项目,政

府从维护社会公共利益角度确需依法进行审查把关的,应将相关事项以清单方式列明,最大限度缩减核准事项。

(2)建立投资项目“三个清单”管理制度。及时修订并公布政府核准的投资项目目录,实行企业投资项目管理负面清单制度,除目录范围内的项目外,一律实行备案制,由企业按照有关规定向备案机关备案。建立企业投资项目管理权力清单制度,将各级政府部门行使的企业投资项目管理职权以清单形式明确下来,严格遵循职权法定原则,规范职权行使,优化管理流程。建立企业投资项目管理责任清单制度,厘清各级政府部门企业投资项目管理职权所对应的责任事项,明确责任主体,健全问责机制。建立健全“三个清单”动态管理机制,根据情况变化适时调整。清单应及时向社会公布,接受社会监督,做到依法、公开、透明。

(3)优化管理流程。实行备案制的投资项目,备案机关要通过投资项目在线审批监管平台或政务服务大厅,提供快捷备案服务,不得设置任何前置条件。实行核准制的投资项目,政府部门要依托投资项目在线审批监管平台或政务服务大厅实行并联核准。精简投资项目准入阶段的相关手续,只保留选址意见、用地(用海)预审以及重特大项目的环评审批作为前置条件;按照并联办理、联合评审的要求,相关部门要协同下放审批权限,探索建立多评合一、统一评审的新模式。加快推进中介服务市场化进程,打破行业、地区壁垒和部门垄断,切断中介服务机构与政府部门间的利益关联,建立公开透明的中介服务市场。进一步简化、整合投资项目报建手续,取消投资项目报建阶段技术审查类的相关审批手续,探索实行先建后验的管理模式。

(4)规范企业投资行为。各类企业要严格遵守城乡规划、土地管理、环境保护、安全生产等方面的法律法规,认真执行相关政策和标准规定,依法落实项目法人责任制、招标投标制、工程监理制和合同管理制,切实加强信用体系建设,自觉规范投资行为。对于以不正当手段取得核准或备案手续以及未按照核准内容进行建设的项目,核准、备案机关应当根据情节轻重依法给予警告、责令停止建设、责令停产等处罚;对于未依法办理其他相关手续擅自开工建设,以及建设过程中违反城乡规划、土地管理、环境保护、安全生产等方面的法律法规的项目,相关部门应依法予以处罚。相关责任人员涉嫌犯罪的,依法移送司法机关处理。各类投资中介服务机构要坚持诚信原则,加强自我约束,增强服务意识和社会责任意识,塑造诚信高效、社会信赖的行业形象。有关行业协会要加强行业自律,健全行业规范和标准,提高服务质量,不得变相审批。

完善政府投资体制,发挥好政府投资的引导和带动作用

(1)进一步明确政府投资范围。政府投资资金只投向市场不能有效配置资源的社会公益服务、公共基础设施、农业农村、生态环境保护和修复、重大科技进步、社会管理、国家安全等公共领域的项目,以非经营性项目为主,原则上不支持经营性项目。建立政府投资范围定期评估调整机制,不断优化投资方向和结构,提高投资效率。

(2)优化政府投资安排方式。政府投资资金按项目安排,以直接投资方式为主。对确需支持的经营性项目,主要采取资本金注入方式投入,也可适当采取投资补助、贷款贴息等方式进行引导。安排政府投资资金应当在明确各方权益的基础上平等对待各类投资主体,不得设置歧视性条件。根据发展需要,依法发起设立基础设施建设基金、公共服务发展基金、住房保障发展基金、政府出资产业投资基金等各类基金,充分发挥政府资金

的引导作用和放大效应。加快地方政府融资平台的市场化转型。

(3)规范政府投资管理。依据国民经济和社会发展规划及国家宏观调控总体要求,编制三年滚动政府投资计划,明确计划期内的重大项目,并与中期财政规划相衔接,统筹安排、规范使用各类政府投资资金。依据三年滚动政府投资计划及国家宏观调控政策,编制政府投资年度计划,合理安排政府投资。建立覆盖各地区各部门的政府投资项目库,未入库项目原则上不予安排政府投资。完善政府投资项目信息统一管理机制,建立贯通各地区各部门的项目信息平台,并尽快拓展至企业投资项目,实现项目信息共享。改进和规范政府投资项目审批制,采用直接投资和资本金注入方式的项目,对经济社会发展、社会公众利益有重大影响或者投资规模较大的,要在咨询机构评估、公众参与、专家评议、风险评估等科学论证基础上,严格审批项目建议书、可行性研究报告、初步设计。经国务院及有关部门批准的专项规划、区域规划中已经明确的项目,部分改扩建项目,以及建设内容单一、投资规模较小、技术方案简单的项目,可以简化相关文件内容和审批程序。

(4)加强政府投资事中事后监管。加强政府投资项目建设管理,严格投资概算、建设标准、建设工期等要求。严格按照项目建设进度下达投资计划,确保政府投资及时发挥效益。严格概算执行和造价控制,健全概算审批、调整等管理制度。进一步完善政府投资项目代理建设制度。在社会事业、基础设施等领域,推广应用建筑信息模型技术。鼓励有条件的政府投资项目通过市场化方式进行运营管理。完善政府投资监管机制,加强投资项目审计监督,强化重大项目稽查制度,完善竣工验收制度,建立后评价制度,健全政府投资责任追究制度。建立社会监督机制,推动政府投资信息公开,鼓励公众和媒体对政府投资进行监督。

(5)鼓励政府和社会资本合作。各地区各部门可以根据需要和财力状况,通过特许经营、政府购买服务等方式,在交通、环保、医疗、养老等领域采取单个项目、组合项目、连片开发等多种形式,扩大公共产品和服务供给。要合理把握价格、土地、金融等方面的政策支持力度,稳定项目预期收益。要发挥工程咨询、金融、财务、法律等方面专业机构作用,提高项目决策的科学性、项目管理的专业性和项目实施的有效性。

(6)创新服务管理方式。探索建立并逐步推行投资项目审批首问负责制,投资主管部门或审批协调机构作为首家受理单位"一站式"受理、"全流程"服务,一家负责到底。充分运用互联网和大数据等技术,加快建设投资项目在线审批监管平台,联通各级政府部门,覆盖全国各类投资项目,实现一口受理、网上办理、规范透明、限时办结。加快建立投资项目统一代码制度,统一汇集审批、建设、监管等项目信息,实现信息共享,推动信息公开,提高透明度。各有关部门要制定项目审批工作规则和办事指南,及时公开受理情况、办理过程、审批结果,发布政策信息、投资信息、中介服务信息等,为企业投资决策提供参考和帮助。鼓励新闻媒体、公民、法人和其他组织依法对政府的服务管理行为进行监督。下移服务管理重心,加强业务指导和基层投资管理队伍建设,给予地方更多自主权,充分调动地方积极性。

(7)加强规划政策引导。充分发挥发展规划、产业政策、行业标准等对投资活动的引导作用,并为监管提供依据。把发展规划作为引导投资方向,稳定投资运行,规范项目准入,优化项目布局,合理配置资金、土地(海域)、能源资源、人力资源等要素的重要手段。

完善产业结构调整指导目录、外商投资产业指导目录等，为各类投资活动提供依据和指导。构建更加科学、更加完善、更具操作性的行业准入标准体系，加快制定修订能耗、水耗、用地、碳排放、污染物排放、安全生产等技术标准，实施能效和排污强度“领跑者”制度，鼓励各地区结合实际依法制定更加严格的地方标准。

(8)健全监管约束机制。按照谁审批谁监管、谁主管谁监管的原则，明确监管责任，注重发挥投资主管部门综合监管职能、地方政府就近就便监管作用和行业管理部门专业优势，整合监管力量，共享监管信息，实现协同监管。依托投资项目在线审批监管平台，加强项目建设全过程监管，确保项目合法开工、建设过程合规有序。各有关部门要完善规章制度，制定监管工作指南和操作规程，促进监管工作标准具体化、公开化。要严格执法，依法纠正和查处违法违规投资建设行为。实施投融资领域相关主体信用承诺制度，建立异常信用记录和严重违法失信“黑名单”，纳入全国信用信息共享平台，强化并提升政府和投资者的契约意识和诚信意识，形成守信激励、失信惩戒的约束机制，促使相关主体切实强化责任，履行法定义务，确保投资建设市场安全高效运行。

1.1.7 设计计划任务书阶段

设计计划任务书简称计划任务书或设计任务书，是确定建设项目及其建设方案，包括建设规模、建设依据、建设布局和建设进度的重要文件，是编制工程设计文件的主要依据。设计任务书是在对可行性研究报告中最佳方案做进一步的实施性研究，并在些基础上形成的制约建设项目全过程的指导性文件。建设项目经可行性研究，证明其建设是必要和可行的，则编制设计任务书。

编制设计任务书由建设单位委托专业设计单位、工程咨询单位来承担，也可以由建设单位主管部门组织专门人员来进行。

1.1.7.1 设计任务书的内容

编制设计任务书的主要目的是根据可行性研究的结论，提出建设一个食品工厂的计划，它的内容大致如下：

(1)建厂理由　叙述原料供应、产品生产及市场销售三方面的市场状况。同时，说明建厂后对国民经济的作用(即调查研究的主要结论)。

(2)建厂规模　说明项目产品的年产量、生产范围及发展远景。工厂建设是否分期进行，若分期建设，则应说明每期投产能力及最终生产能力。

(3)产品　包括产品品种、规格标准和各种产品的产量。

(4)生产方式　提出主要产品的生产方式，应说明这种方式在技术上是先进的、成熟的、有根据的，并对主要设备提出订货计划。

(5)工厂组成　新建厂包括哪些部门，有哪几个生产车间及辅助车间，有多少仓库，使用哪些交通运输工具。还有哪些半成品、辅助材料或包装材料是与其他单位协同解决的，以及工厂中人员的配备和来源状况等。

(6)工厂的总占地面积和地形图。

(7)工厂总的建筑面积和要求。

(8)公用设施　包括给水排水、电、汽、通风、采暖及“三废”治理等方面的要求。

(9)交通运输　说明交通运输条件(是否有公路、码头、专用铁路)，全年吞吐量，需要多少厂内外运输设备。

(10)投资估算　包括各方面的总投资。

(11)建厂进度　设计、施工由什么单位负责,何时完工、试产,何时正式投产。

(12)估算建成后的经济效果　设计任务书中经济效益应着重说明工厂建成后应达到的各项技术经济指标和投资利润率。投资利润率表示工厂建成投产后每年所获得的利润与投资总额的比值。投资利润率越大,说明投资效果越好。

技术经济指标包括:产量、原材料消耗、产品质量指标、生产每吨成品的水电汽耗量、生产成本和利润等。

1.1.7.2　设计任务书附件

为了说明设计任务书有关内容,报上级审批,以便更好地指导设计,还应附上必要的附件资料。主要有如下内容:

(1)矿山资源、工程地质、水文地质的勘探、勘察报告,要按照规定,有主管部门的正式批准文件。

(2)主要原料、材料和燃料、动力需要外部供应的,要有供应单位或主管部门签署的协议草案文件或意见书。

(3)厂址的地形、地势工程地质、水文、气象和地震等资料。

(4)交通运输、供排水、市政公用设施等的配合,要有协作单位或主管部门草签的协作意见书或协议文件。

(5)建设用地要有当地政府同意接受的意向性协议文件。

(6)产品销路、经济效果和社会效益应有技术、经济负责人签署的调查分析和论证计算资料。

(7)环保情况要有环保部门的鉴定意见。

(8)采用新技术、新工艺时,要有技术部门签署的技术工艺成熟、可用于工程建设的鉴定书。如引进国外的技术和设备,要附国家批准文件。

(9)建设资金来源,如中央预算,地方预算内统筹、自筹、银行贷款、合资联营、利用外资,均需注明。凡金融机构提供贷款的,应附上有关金融机构签署的意见。

1.1.8　设计工作阶段

设计单位接受设计任务后,必须严格按照基本建设程序办事。设计工作必须以已批准的可行性报告、设计任务书以及其他有关资料为依据。设计工作是在市场预测(包括建设规模)和厂址选择之后的一个工作环节。在市场、规模和厂址这几个因素中,市场(即需要)和原料(可能)是项目存在的前提,也是建设规模的根据。而规模和厂址又是工厂设计的前提。只有当规模和厂址方案都确定了,才能进行工厂设计;工厂设计完成后,才能进行投资、成本的概算。

1.1.8.1　设计的准备工作

设计单位接受设计任务后,首先对与项目设计有关的资料进行分析研究,然后对其不足的部分资料,再进一步进行收集。

(1)到拟建项目现场收集资料　设计者到现场对有关资料进行核实,对不清楚的问题加以了解直至弄清为止。如:拟建食品工厂厂址的地形、地貌、地物情况,四周有否特殊的污染源,水源水质问题,等等。要与当地水、电、热、交通运输部门研究和了解对新建食品工厂的供应和对设计的要求。要了解当地的气候、水文、地质资料,同时向有关单位了解工厂所在地的发展方向,新厂与有关单位协作分工的情况和建筑加工的预算价格等。

(2)到同类工厂工程项目收集资料　到同类工程项目的食品工厂了解一些技术性、关键性问题,使设计水平不断提高。

(3)到政府有关部门收集资料　从政府有关部门收集国民经济发展规划、城市发展规划、环境保护执行标准、基础设施现状与规划资料等。

1.1.8.2　食品工厂的设计工作

食品工厂的设计工作一般是在收集资料以后进行的。首先拟定设计方案,而后根据项目的大小和重要性,一般分为二阶段设计和三阶段设计两种。对于一般性的大、中型建设项目,采用二阶段设计,即扩大初步设计和施工图设计。对于重大的复杂项目或援外项目,采用三阶段设计,即初步设计、技术设计和施工图设计。小型项目有的也可指定只做施工图设计。目前,国内食品工厂设计项目,一般只做二阶段设计。

(1)扩大初步设计(简称扩初设计)　所谓扩初设计,就是在设计范围内做详细全面的计算和安排,使之足以说明本食品厂的全貌,但图纸深度不深,还不能作为施工指导,而可供有关部门审批,这种深度的设计叫扩初设计。根据轻工业部颁发的“轻工业企业初步设计内容暂行规定(试行)”共分:总论;技术经济;总平面布置及运输;工艺;自动控制测量仪表;建筑结构;给排水;供电;供信;供热;采暖通风;空压站、氮氧站、冷冻站;环境保护及综合利用;维修;中心化验室(站);仓库(堆场);劳动保护;生活福利设施和总概算等十九个部分,分别进行扩初设计。

1)扩初设计的深度要求

①满足对专业设备和通用设备的订货要求,并对需要试验的设备,提出委托设计或试制的技术要求。

②主要建筑材料、安装材料(钢材、木材、水泥、大型管材、高中压阀门及贵重材料等)的估算数量和预安排。

③控制基本建设投资。

④征用土地。

⑤确定劳动指标。

⑥核定经济效益。

⑦设计审查。

⑧建设准备。

⑨满足编制施工图设计要求。

2)扩初设计文件(或叫初步设计文件)的编制内容　根据扩初设计的深度要求,设计人员通过设计说明书、附件和总概算书三部分的形式,对食品工厂整个工程的全貌(如厂址、全厂面积、建筑形式、生产方法与方式、产品规格、设备选型、公用配套设施和投资总数等)做出轮廓性的定局,供有关上级部门审批。我们把扩初设计说明书、附件和总概算书总称为“扩初设计文件”。

扩初设计说明书中有按总平面、工艺、建筑等各部分分别进行叙述的内容；附件中包括图纸、设备表、材料表等内容；总概算书是将整个项目的所有工程费和其他费用汇总编写而成，下面以初步设计文件中工艺部分的内容为例加以说明。

①初步设计说明书　说明书的内容应根据食品工业的特点。工程的繁简条件和车间的多少分别进行编写。其内容如下：

a. 概述：说明车间设计的生产规模、产品方案、生产方法、工艺流程的特点；论证其技术先进、经济合理和安全可靠；说明论证的根据和多方案比较的要求；说明车间组成、工作制度、年工作日、日工作小时、生产班数、连续或间歇生产情况等。

b. 成品或半成品的主要技术规格或质量标准。

c. 生产流程简述：叙述物料经过工艺设备的顺序及生成物的去向，产品及原料的运输和储备方式；说明主要操作技术条件，如温度、压力、流量、配比等参数（如果是间歇操作，需说明一次操作的加料量、生产周期及时间）；说明易爆工序或设备的防护设施和操作要点。

d. 说明采用新技术的内容、效益及其试验鉴定经过。

e. 原料、辅助材料、中间产品的费用及主要技术规格或质量标准，单位产品的原材料、动力消耗指标（如水、电、汽等）与国内已达到的先进指标的比较说明（表 1.1）。

表 1.1　原材料、动力消耗指标及需用量

序号	名称	规格及质量标准	单位	单位产品消耗指标	需用量			国内已达到的先进水平	备注
					时	天	年		

f. 主要设备选择。主要设备的选型、数量和生产能力的计算，论证其技术先进性和经济合理性。需引进设备的名称、数量及说明。

g. 物料平衡图（表）、热能平衡图（表）及说明。

h. 节能措施及效果。

i. 室外工艺管道有特殊要求的应加以说明。

j. 存在问题及解决办法意见。

②附件

a. 设备表（表 1.2）。

b. 材料估算表（表 1.3）。

表1.2 设备表

序号	布置图设备编号	设备名称	型号与名称	主要材料	数量	设备负荷总质量/kg	每台设备所附电动机或电热器				电动机或电热器		设备来源及图号	设备单价	备注
							型号	容量/kW	电压/V	台数	总容量	总台数			

表1.3 材料估算表

序号	名称规格	材料	单位	数量	单位质量/kg	总质量/kg	备注

c.图纸:工艺流程图(标明原料、辅助材料、各种介质的流向和工艺参数等);设备布置图(标明平面、剖面布置);新技术或技术复杂的第二、第三……比选方案图;项目内自行设计的关键设备草图。

③总概算书。

(2)施工图设计　初步设计文件或扩初设计文件批准后,就要进行施工图设计。在施工图设计中只是对已批准的初步设计在深度上进一步深化,使设计更具体、更详细地达到施工指导的要求。所谓施工图,是一个技术语言。它用图纸的形式使施工者了解设计意图,使用什么材料和如何施工等。在施工图设计时,对已批准的初步设计,在图纸上应将所有尺寸都注写清楚,便于施工。而在初步设计或扩初设计中只注写主要尺寸,仅供上级审批。在施工图设计时,允许对已批准的初步设计中发现的问题做修正和补充,使设计更合理化。但对重大设施和主要设备等不能更改。若要更改调整时,必须经批准机关同意方可;在施工图设计时,应有设备和管道安装图、各种大样图和标准图等。例如食品工厂工艺设计的扩初设计图纸中没有管道安装图(管路透视图、管路平面图和管路支架等),而在施工图中就必不可少。在食品工厂工艺设计中的车间管道平面图、车间管道透视图及管道支架详图等都属工艺设计施工图。对于车间平面布置图,若无更改,则将图中所有尺寸注写清楚即可。

在施工图设计中,不需另写施工图设计说明书,而一般将施工说明注写在有关的施工图上,所有文字必须简单明了。

工艺设计人员不仅要完成工艺设计施工图,而且还要向有关设计工种提出各种数据和要求,使整个设计和谐、协调。施工图完成后,交付施工单位施工。设计人员需要向施工单位进行技术交底,对相互不了解的问题加以说明磋商。如施工图在施工有困难时,设计人员应与施工单位共同研究解决办法,必要时在施工图上做合理的修改。

三阶段设计中的初步设计近似于扩初设计,深度可稍浅一些。通过审批后再做技术设计。技术设计的深度往往较扩初设计深,特别一些技术复杂的工程,不仅要有详细的设计内容,还应包括计算公式和参数选择。施工图设计深度应满足以下要求:

1)全部设备材料的订货和交货安排。

2)各种非标设备的订货、制作和交货安排。

3)能作为施工安装预算和施工组织设计的依据。

4)控制施工安装质量,并根据施工说明要求进行验收。

1.1.9 开工准备阶段

项目开工准备阶段的工作较多,主要工作包括申请列入固定资产投资计划及开展各项施工准备工作。这一阶段的工作质量,对保证项目顺利建设具有决定性作用。

1.1.9.1 施工准备

施工准备工作包括:

(1)征地、拆迁。

(2)采用招标、承包方式选定施工单位。

(3)落实施工用水、电、路等外部协作条件。

(4)进行场地平整。

(5)组织大型、专用设备预安排和特殊材料订货。

(6)落实地方建筑材料的供应。

(7)准备必要的施工图。

这一阶段工作就绪,即可编制开工报告,申请正式开工。

1.1.9.2 开工报告

开工报告由建设单位和施工单位共同提出并上报。其基本内容如下:

(1)初步设计的批准文件。

(2)场地四通一平情况。

(3)满足年度计划要求的投资和物资落实情况。

(4)施工图(包括施工图预算)和施工组织设计。

(5)建设资金落实文件。

(6)与施工单位或总承包单位签订施工合同。

(7)其他建设准备情况。

1.1.10 施工阶段

1.1.10.1 组织施工

无论是新建项目还是技改项目,工程施工均可分为两大部分,一是建筑工程的施工,二是安装工程的施工。按照建设程序,原则上是在建筑工程施工结束验收后才能进行安装工程的施工,但两者有相互联系,如设备基础的砌筑、管道的留孔埋件等均宜在建筑施工中配合进行。特殊情况下,也有安装工程施工赶在土建工程未最后结束就进行的,但此时应注意因安装工程引起建筑装修上的损坏等,需由建筑施工单位进行最后修补完善。

施工前设计单位要对施工图进行技术交底，施工单位要对施工图进行会审，明确质量要求。大、中型工程项目组织施工、安装时，设计单位一般都派有现场设计代表。

施工单位要严格执行设计规定和施工及验收规范，确保工程质量。施工图在施工中出现困难时，施工单位无权更改图纸，应由设计人员与施工单位共同商讨，必须更改时，由设计单位出具设计变更联系单，对施工图做合理的修改和补充。

整个施工过程中由有资质的项目管理公司或监理公司全程监管。

1.1.10.2 试产准备及试生产

建设单位在建设项目完成后，应及时组织专门班子或机构，抓好生产调试和生产准备工作，保证项目或工程建成后能及时投产。要经过负荷运转和生产调试，以期在正常情况下能够生产出合格产品。试产准备工作主要内容如下：

(1)招收和培训必要的生产人员，组织生产人员参加设备安装、调试和工程验收，特别要掌握好生产技术和工艺流程。

(2)落实原、辅材料以及燃料、水、电、汽等公用设施工程的协作配合条件。

(3)组织工具、器具、备品、备件的制造和订货。

(4)组织生产指挥管理机构，制定必要的管理制度，收集生产技术资料、产品样品等。

试生产是衔接基本建设和生产的一个重要程序，通过试生产，可使项目尽快达到设计能力，保证项目建成后及时投产，充分发挥投资效果，及时组织验收。

1.1.11 竣工验收阶段

这一阶段是项目建设实施过程的最后一个阶段，是考核项目建设成果，检验设计和施工质量的重要环节，也是建设项目能否由建设阶段顺利转入生产或使用阶段的一个重要阶段。

1.1.11.1 竣工验收的范围

根据国家规定，建设项目按照批准的设计文件所规定的内容全部建成，并符合验收标准，即生产运行合格，形成生产能力，能正常生产出合格产品；或项目符合设计要求能正常使用的。应按竣工验收报告规定的内容，及时组织竣工验收和投产使用，并办理固定资产移交手续和办理工程决算。

1.1.11.2 竣工验收报告的内容

(1)设计文件规定的各项技术、经济指标经试生产初步考核的结论。

(2)全部工程竣工图。

(3)实际建设工期和建筑、安装工程质量评定结果。

(4)各项生产准备工作的落实状况。

(5)工程总投资决算。

(6)各项建设遗留问题及处理意见。

竣工项目验收交接后，应迅速办理固定资产交付使用的转账手续，加强固定资产的管理。

1.1.12 后评价阶段

在改革开放前，我国的基本建设程序中没有明确规定这一阶段，近几年随着建设重点要求转到讲求投资效益的轨道,国家开始对一些重大建设项目在竣工验收若干年后,规定要进行后评价工作,并正式列为基本建设的程序之一。这主要是为了总结项目建设成功和失败的经验教训,供以后项目决策借鉴。

1.1.12.1　项目后评价的定义

项目后评价是对投资项目建成投产后或交付使用后的经济效益、社会效益、环境效益所进行的总体的综合评价。它一般在项目生产运营一段时间后(一般为2年)进行。通过项目的后评价,既能考察项目在投产后的生产经营状况是否达到投资决策时确定的目标,又可以对项目投资建设全过程的经济效益、社会效益和环境影响进行总体和综合评价并反映出项目在经营过程中存在的问题。因此,项目的后评价是项目建设程序中不可缺少的组成部分和重要环节。

我国目前开展的建设项目后评价一般都按三个层次组织实施,即项目单位的自我评价、项目所在行业的评价和各级发展计划部门(或主要投资方)的评价。

1.1.12.2　项目后评价的内容

(1)项目的技术经济后评价　在投资决策前的技术经济评估阶段所做出的技术方案、工艺流程、设备选型、财务分析、经济评价、环境保护措施、社会影响分析等,都是根据当时的条件和对以后可能发生的情况进行的预测和计算的结果。随着时间的推移,科技在进步,市场条件、项目建设外部环境、竞争对手都在变化。为了做到知己知彼,使企业立于不败之地,就有必要对原先所做的技术选择、财务分析、经济评价的结论重新进行审视。

(2)项目的环境影响后评价　项目的环境影响后评价,是指对照项目前评估时批准的《环境影响报告书》,重新审查项目环境影响的实际结果。审核项目环境管理的决策、规定、规范、参数的可靠性和实际效果,实施环境影响评价应遵照国家环保法的规定,根据国家和地方环境质量标准和污染物排放标准以及相关产业部门的环保规定。在审核已实施的环评报告和评价环境影响现状的同时,要对未来进行预测。对有可能产生突发性事故的项目,要有环境影响的风险分析。如果项目生产或使用对人类和生态危害极大的剧毒的物品,或项目位于环境高度敏感的地区,或项目已发生严重的污染事件,那么,还需要提出一份单独的项目环境影响评价报告。环境影响后评价一般包括5部分内容:项目的污染控制、区域的环境质量、自然资源的利用、区域的生态平衡和环境管理能力。

(3)项目社会评价　社会评价是总结了已有经验,借鉴、吸收了国外社会费用效益分析、社会影响评价与社会分析方法的经验设计等。它包括社会效益与影响评价和项目与社会两相适应的分析。既分析项目对社会的贡献与影响,又分析项目对社会政策贯彻的效用,研究项目与社会的相互适应性,揭示防止社会风险,从项目的社会可行性方面为项目决策提供科学分析依据。

1.2　工厂设计的任务和内容

1.2.1　工厂设计的任务

工厂设计的主要依据是可行性研究报告和有关部门的批文。工厂设计的主要任务是通过图纸的形式,更好地、更合理地来体现可行性研究报告提出的设想。可行性研究报告是项目建设的总体思路,在工厂设计中应很好地体现这个思路,将项目总体设计的指导思想贯彻在工厂设计中,遵循技术上先进成熟、经济上合理的原则,工厂设计不可千篇一律,应从具体建设项目的具体条件和实际情况出发。例如布局在工业发达地区的工厂与布局在工业欠发达地区的工厂或布局在少数民族地区的工厂的设计,不能一律追求设备的先进性,要考虑到当地的技术力量和施工条件及设备的实用性。又如在劳动力过剩的地区,在工厂设计中适当考虑劳动力的就业问题。

在完成施工图纸后,设计单位还没有完全完成设计任务,设计单位要对图纸负责,必须向施工单位进行技术交底,介绍设计意图,与施工单位共同研究施工中的问题,做必要的修改,使施工顺利进行,直至安装完毕。当安装完毕后,设计单位还必须参与试车运行,看所选用的设备是否达到预计的效果。而后再与有关部门、有关单位共同验收签字。在整个项目结束后可根据需要,做好竣工图的存档工作。

工厂设计是技术、工程、经济的结合体,工厂设计所采用的技术必须是成熟的技术。科研是先进技术的先导,科研成果必须经过中试、放大后才能应用到设计中来,这样才能保证设计中所选用技术的成熟程度。目前国内外有很多设计单位,为了采用先进技术,承担“技术开发”工作,将科研成果根据需要加以放大实验,改进提高,成为生产性的技术,这是设计单位非常重要的工作内容。科研成果的中试放大虽不是设计本身的工作,但为设计提供了新技术和新设备,从而提高了设计水平和经济效果。在设计工作中一般会涉及城市规划、卫生、环境保护、消防及防空等部门,设计单位有责任按各部门的规范和指标进行设计,从而保证项目建成后能够正常运转。

1.2.2　食品工厂设计的内容

工厂设计包括工艺设计和非工艺设计两大组成部分。所谓工艺设计,就是按工艺要求进行工厂设计,其中又以车间工艺设计为主,并对其他设计部门提出各种数据和要求,作为非工艺设计的设计依据。

1.2.2.1　工艺设计

食品工厂工艺设计的内容大致包括:全厂总体工艺布局;产品方案及班产量的确定;主要产品和综合利用产品生产工艺流程的确定;物料计算;设备生产能力的计算、选型及设备清单;车间平面布置;劳动力计算及平衡;水、电、汽、冷、风、暖等用量的估算;管道布置、安装及材料清单和施工说明等。

食品工厂工艺设计除了上述内容外,还必须提出工艺对总平面布置中相对位置的要求;对车间建筑、采光、通风、卫生设施的要求;对生产车间的水、电、汽、冷、能耗量的要求;对各类仓库面积的计算及仓库温湿度的特殊要求等。

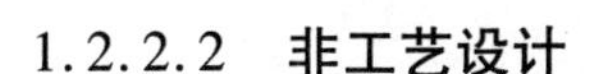

1.2.2.2　非工艺设计

食品工厂非工艺设计包括：总平面、土建、采暖通风、给排水、供电及自控、制冷、动力、环保等的设计，有时还包括设备的设计。非工艺设计都是根据工艺设计的要求和所提出的数据进行设计的。

食品工厂工艺设计与非工艺设计之间的相互关系体现为工艺向土建提出工艺要求，而土建给工艺提供符合工艺要求的建筑；工艺向给排水、电、汽、冷、暖、风等提出工艺要求和有关数据，而水、电、汽等又反过来为工艺提供有关车间安装图；土建对给排水、电、汽、冷、暖、风等提供有关建筑，而给排水、电、汽等又给建筑提供有关涉及建筑布置的资料，用电各工程工种如工艺、冷、风、汽、暖等向供电提供出用电资料，用水各工程工种如工艺、冷、风、汽、消防等给排水提出用水资料。因为整个设计涉及工种多，而且纵横交叉，所以，各工种间的相互配合是搞好工厂设计的关键。

思考题

1. 什么是基本建设？
2. 新建一个食品厂的基本建设程序是怎么样的？并说明各主要环节的作用和目的是什么？
3. 可行性研究报告及设计任务书的内容有哪些？
4. 项目评估和可行性研究有什么联系和区别？
5. 初步设计、施工图设计有何区别？
6. 食品工厂设计的任务是什么？

第2章　厂址选择及总平面设计

食品工厂的建设必须根据拟建设项目的性质对建厂地区及地址的相关条件进行实地考察和论证分析，最后确定食品工厂建设地点。食品项目的建设条件是保证项目建设和生产经营顺利进行的必要条件，包括项目本身的建设施工条件和项目建成后交付使用的生产经营条件。项目建设的条件既包括项目本身系统内部的条件，也包括与项目建设有关的外部协作条件，项目建设条件的重点是项目建设的外部条件，包括项目建设的资源条件、厂址条件和环境条件等。

2.1　厂址选择和技术勘查

食品企业建设按照类型可分为新建、改建、扩建三种。对于扩建厂不存在厂址选择问题。对于改建厂来说，厂址选择只需要考虑所要建的食品工厂的特点。而新建厂比较复杂，存在厂址选择问题。厂址选择是在指定的某一地区内，根据新建厂所必须具备的条件，结合食品工厂的特点，进行详尽的调查（或复查）、勘测工作，就可能建厂的几个厂址的技术经济条件，列出几个方案，进行综合分析比较，从中择优确定厂址。

2.1.1　厂址选择的重要性和基本原则

2.1.1.1　厂址选择的重要性

厂址选择是从几个不同地区、地点范围内可供考虑的厂址方案中选择最优厂址方案的分析评价过程。从某种意义上讲，厂址条件选择是项目建设条件分析的核心内容。项目的厂址选择不仅关系到工业布局的落实、投资的地区分配、经济结构、生态平衡等具有全局性、长远性的重要问题，还将直接或间接地影响着项目投产后的生产经营，可以说，它直接或间接地决定着项目能否以最省的投资费用，按质、按量、按期完成工厂设计中所提出的各项指标；它的选择是否合理对投产后的长期生产、技术管理和发展远景有着很大的影响；并且同国家、地区的工业布局和城市规划有着密切的关系。所以，厂址选择问题是项目投资决策的重要环节，对于我们从事食品工厂设计的技术人员来说，决不可轻视处置，而应深思熟虑和严谨从事，必须从国民经济和社会发展的全局出发，运用系统观点和科学方法来分析评价建厂的相关条件，正确选择建厂地址，实现资源的合理配置。

2.1.1.2　厂址选择的原则

不同类型的食品厂选择相适合的建厂环境，因为不同的建厂环境具备不同食品项目所需要的建厂条件。一般来说，食品厂址选择应考虑的建厂条件包括建厂地区条件选择和建厂地址条件选择。先对建厂地区条件进行分析并选择，然后再对建厂地址条件进行分析并确定建厂地址。

食品工厂的厂址选择必须遵守国家法律、法规，符合国家和地方的长远规划和行政布局、国土开发整治规划、城镇发展规划。同时从全局出发，正确处理工业与农业、城市与乡村、远期与近期以及协作配套等各种关系，并因地制宜、节约用地、不占或少占耕地及林地。注意资源合理开发和综合利用；节约能源，节约劳动力；注意环境保护和生态平衡；保护风景和名胜古迹；另外，还要做到有利生产、方便生活、便于施工，并提供有多个可供选择的方案进行比较和评价。一般食品工厂厂址选择的原则主要是从两个方面综合考虑。

(1)生产条件

1)从原料供应方面考虑　食品工厂一般倾向于设在原料产地附近的大中城市的郊区。食品企业多数是以农产品为主要原料的加工企业，在加工中需要大量的农产品为原料，因此选择原料产地附近的地域可以保证获得足够数量和质量的新鲜原材料。同时食品生产过程中还需要工业性的辅助材料和包装材料，这又要求厂址选择要具有一定的工业性原料供应方便的优势。另外，从食品工厂产品的销售市场看，食品生产的目的是提供高品质、方便的食品给消费者，因此，主要的消费市场是以人口集中的城市为主。选择食品工厂建立在城乡结合地带是满足生产、销售的需求。但由于食品工厂种类的复杂性，在选择厂址的时候可以根据具体情况是以选择原料的便利性为主，还是以销售的方便性为主，不能一概而论。

2)从地理和环境条件考虑　地理环境要能保证食品工厂的长久安全性，而环境条件主要保证食品生产的安全卫生性。

①所选厂址，必须要有可靠的地理条件，特别是应避免将工厂设在流沙、淤泥、土崩断裂层上。尽量避免特殊地质如溶洞、湿陷性黄土、孔性土等。在山坡上建厂则要注意避免滑坡、塌方等。同时也要避免将工厂设在矿场、文物区域上。同时厂址要具有一定的地耐力，一般要求不低于 2×10^5 N/m^2。建筑冷库的地方，地下水位不能过高；避免在地震烈度在7度或7度以上地区建厂。

②厂址所在地区的地形要尽量平坦，以减少土地平整所需工程量和费用；也方便厂区内各车间之间的运输。厂区的标高应高于当地历史最高洪水位约0.5～1 m，特别是主厂房和仓库的标高更应高于历史洪水位。厂区自然排水坡度最好在0.004～0.008。

③所选厂址附近应有良好的卫生条件，避免有害气体、放射性源、粉尘和其他扩散性的污染源(包括污水、传染病医院等)，特别是对于上风向地区的工矿企业、附近医院的处理物等，要注意它们是否会对食品工厂的生产产生危害。厂址不应选在受污染河流的下游。还应尽量避免在古坟、文物、风景区和机场附近建厂，并避免高压线、国防专用线穿越厂区。

(2)投资和经济效果

1)要有一定的供电、供水条件　在供电距离和容量上应得到供电部门的保证。同时所选厂址，必须要有充分的水源，而且水质也应较好。食品工厂生产使用的水质必须符合卫生部门颁发的饮用水质标准，在城市一般采用自来水，均能符合饮用水标准。若采用江、河、湖水，则需加以处理。若要采用地下水，则需向当地了解，是否允许开凿深井。同时，还得注意其水质是否符合饮用水要求。水源水质是食品工厂选择厂址的重要条件，其中对于要求较高的工艺用水，需在工厂内对水源提供的水做进一步处理，以保证合格的水质来生产食品。对一些饮料厂和酿造厂，对水质的要求更高，而且需水量也很大，因此在选择厂址时要保证能得到充分、优质的用水。厂内排除废渣,应就近处理。废水经处理后排放。要尽可能对废渣、废水做综合利用。

2)运输条件　所选厂址附近应有便捷的交通运输(靠近公路、铁路、水路),如需要建新的公路或专用铁路线,应该选择最短距离为好,以减少运输成本和投资成本。

3)生活条件　厂址最好选择在居民区附近。方便职工生活,同时也可以减少企业建设宿舍、学校等辅助设施的投资。

4)所选厂址面积　应能尽量满足生产要求,并有发展余地和留有适当的空余场地。

对于绿色食品加工企业的厂址选择应考虑到其场地及其周围不得有废气、污水等污染源,一般要求厂址与公路、铁路有300 m以上的距离,并要远离重工业区(如果在重工业区选址,要根据污染情况,设500~1000 m的防护林带;如在居民区选址,25 m内不得有排放烟尘和有害气体的企业,50 m内不得有垃圾堆或露天厕所,500 m内不得有传染病院)厂址还应根据常年主导风向,选在有污染源的上风向,或选在居民区、饮水水源的下风向。

下面两种食品厂的厂址选择原则。

例如:

(1)罐头食品厂厂址的选择原则

1)原料　厂址要靠近原料基地,原料的数量和质量要满足建厂要求。关于“靠近”的尺度,厂址离鲜活农副产品收购地的距离宜控制在汽车运输2 h路程之内。

2)周围环境　厂区周围应具有良好的卫生环境。厂区附近不得有有害气体、粉尘和其他扩散性的污染源,厂址不应设在受污染河流的下游和传染病医院近旁。

3)地势　地势应基本平坦,厂区标高应高出通常最高洪水水位,且能保障排水顺利。

4)劳动力来源　季节产品的生产需要大量的季节工,厂址应靠近城镇或居民集中点。

(2)饮料厂厂址选择原则

1)符合国家方针政策、行业布局、地方规划等。

2)要有充足可靠的水源,水质应符合国家《生活饮用水卫生标准》。天然矿泉水应设置于水源地或由水源地以管路接引原料水之地点,其水源应符合《饮用天然矿泉水》的国家标准,并得到地矿、食品工业、卫生(防疫)部门等的鉴定认可。

3)要有良好的卫生环境,厂区周围不得有有害气体、粉尘和其他扩散性污染源,不受其他烟尘及污染源影响(包括传染病源区、污染严重的河流下游)。

4)要有良好的工程地质、地形和水文条件,地下避免流沙、断层、溶洞;要高于最高洪水位;地势宜平坦或略带倾斜,排水要畅。

5)要有方便的交通运输条件。

6)注意节约投资及各种费用,提高项目综合效益。

除了浓缩果汁厂、天然矿泉水厂处于原料基地之外,一般饮料厂由于成品量及容器用量大,占据的体积大,均宜设置在城市或近郊。

2.1.2　厂址选择工作程序及要求

厂址选择一般分为三个部分,首先对建厂地区条件进行分析并选择,然后再对建厂地址条件进行分析并确定建厂地址。

2.1.2.1　厂址区域的选择

选择建厂地区要考察的因素既有政治方面的,也有经济方面,有自然方面的,还有社会方面的。

(1)区域的自然环境　自然环境包括气候条件和生态要求两个方面。

1)气候条件　气候在选择建厂地区时是一个重要因素。除了直接影响项目成本以外,对环境方面的影响也很重要。由于食品项目类型不同,气候条件对项目起作用的方式也不同。特别是在有大量运输和建筑工程的项目中,天气是影响项目的主要因素。在厂址选择时,应从气温、湿度、日照时间、风向、降水量等方面说明气候条件。这些方面中的每一项都可以进行更详细的分析,如平均日最高气温和最低气温及日平均气温等。

2)生态要求　有些食品厂可能本身并不对环境产生不利影响,但环境条件则可能严重影响着食品厂的正常运行。食品厂多数为农产品加工项目,明显依赖于使用的原材料,这些原材料可能由于其他因素(如被污染的水和土壤)而降低等级。有的食品项目,用水量很大,而且对水质要求也很高,如果附近的工厂将废水排入河中,影响工厂水源的卫生质量,则该项目将受到严重损害。

(2)区域的社会经济因素　考虑建厂区域是否有相应的国家政策支持和倾斜等。

(3)区域的基础设施条件　食品企业的正常运行对各种基础设施条件(像燃料动力、人力资源、基础服务设施等)有很强的依赖性。从食品厂经营的角度来说,可利用的、发达的、多样的经济及社会基础设施是不可或缺的。分析评价基础设施的满足程度。项目规模也可能对建厂地区构成严重的制约。如果项目相对较大,则可能只有少数几个建厂地区能够满足项目在建设和生产期对能源、设备、劳动力、土地等的质量与数量的需要。

总之选择建厂地区最简单的方式是:根据原材料来源地及主要市场的交通情况,提出几个可供选择的厂区方案,并计算其运输、生产成本。以资源为基础的食品项目,由于运输费用较高,应选择建设在基本原材料产地附近;对易变质的食品工业则应面向市场,这类项目一般建在主要消费中心附近。但是,许多食品不可能由一个特定的因素就决定其厂址,既可以建在资源地,也可建在消费中心附近,甚至可以设在中间的某些点上。对于不过分面向资源或市场的食品项目,最好的建厂地区能够将下列因素很好地结合起来:距原材料和市场的距离合理,良好的环境条件,劳动力储备丰富,能以合理的价格取得充足的动力和燃料,运输条件良好以及具有废物处理设施等。

2.1.2.2　厂址选择

在建厂地区基本确定后,应在可行性研究中,确定项目厂址。在可能的情况下,尽可能确定几个备选方案,然后从自然条件、基建条件、生产条件、环境保护和成本费用等方面进行综合比较论证,从中选择一个最佳的厂址方案。

厂址条件分析的基本内容与建厂地区分析基本一致。对在选定的区域内的可能的厂址来说,应当分析下列需要和条件。

(1)厂址的生态条件。包括所选地区的土壤、地址的场地上的危险因素和当地的气候等。

(2)厂址所在地的基础设施(现有的工业基础设施、经济和社会基础设施,如交通道路等设施;关键性的项目投入物,如劳动力和燃料动力的来源情况)。

(3)战略问题。预计今后的发展趋势、供应和销售政策的战略。

(4)土地费用。

在一个区域内原材料的取得和供应,公用设施、运输方式和通信条件有着明显的差异,对此,需要进一步分析。

2.1.2.3 厂址方案的选择

可以采用下面三种方法进行比较,从而选择一个最合适的建厂地址。

(1)方案比较法　这种方法是通过对项目不同选址方案的投资费用和经营费用的对比,做出选址决定。它是一种偏重于经济效益方面的厂址优选方法。其基本步骤是先在建厂地区内选择几个厂址,列出可比较因素,进行初步分析比较后,从中选出两三个较为合适的厂址方案,再进行详细的调查、勘查。并分别计算出各方案的建设投资和经营费用。其中,建设投资和经营费用均为最低的方案,为可取方案。如果建设投资和经营费用不一致时,可用追加投资回收期的方法来计算.

(2)评分优选法　这种方法可分三步进行,首先,在厂址方案比较表中列出主要判断因素;其次,将主要判断因素按其重要程度给予一定的比重因子和评价值;最后,将各方案所有比重因子与对应的评价值相乘,得出指标评价分,其中评价分最高者为最佳方案。

(3)最小运输费用法　如果项目几个选择方案中的其他因素都基本相同,只有运输费用是不同的,则可用最小运输费用法来确定厂址。

最小运输费用法的基本做法是分别计算不同选址方案的运输费用,包括原材料、燃料的运进费用和产品销售的运出费用,选择其中运输费用最小的方案作为选址方案。在计算时,要全面考虑运输距离、运输方式、运输价格等因素。

2.1.3 厂址选择报告

根据现场调查和踏勘所取得的资料,在具体条件落实后,对可选的几个地址进行综合比较分析,提出推荐的厂址方案,形成一个正式的厂址选择报告并向上级部门呈报,以便依据此报告正式确认厂址。厂址选择报告的编写内容可按《轻工业建设项目厂(场)址选择报告编制内容深度规定》(QBJS 20)执行。内容包括:

(1)选厂依据及简况　说明选厂依据、指导思想、选址范围、内容和选址经过、初步结论等。

(2)拟建厂的基本情况　包括工艺流程概述及对厂址的要求、排污状况、拟建厂的基本条件等。

(3)厂址方案比较　概述各厂址的地理环境条件、社会经济条件、自然环境、建厂条件及协作条件,列出厂址方案比较表。内容包括:技术条件比较,建设投资比较,年经营费用比较,社会、环境影响比较等。

(4)厂址方案推荐　提出各方案综合论证与推荐方案论述。

(5)结论、存在问题和建议。

(6)附件　包括:厂址预选文件;选厂工作组成员表;各建厂地区规划示意图;区域位置图、厂址地形图、各厂址方案总平面示意图;各厂址工程地质、水文地质选址阶段的勘察资料;区域地质构造及地震烈度鉴定书;环境保护部门对厂址要求的文件;有关协议文件及有关单位对厂址方案的讨论意见等。

例如:2000吨苹果果酱加工项目厂址选择报告

(1)建厂地址 河北省沧州市南郊50里工业开发区

(2)选址原因

1)厂址邻近原料产地,原料采购、运输方便。

2)长途运输便利,厂址紧挨襄阳火车站,方便外运。

3)厂址环境好,地址条件满足工厂建设要求,在建筑物强度满足的情况下能够充分防震。此处场地平整,没有待拆迁建筑物,无水塘需填平,无流沙淤泥以及断层地质。

4)电力、供水充足,二级线路保证了工厂平日用电的要求。

5)工厂附近有医院、小学、初中、高中、大学一应俱全,职工医疗以及子女读书非常方便。

6)土地投资少,而且不可预见未来土地升值的可能性,附近道路已经修好,只需进行厂房建设和厂内道路修建,为建厂提供了很大的方便。

(3)厂址方案比较分析见表2.1。

表2.1 厂址方案比较分析表

厂址	技术论证	经济分析	对环境影响
沧州市南郊工业开发区	水、电、汽供应方便,交通便利	投资一般	对环境影响一般
青县开发区	水、电、汽供应方便,但距离较远	投资较小	对环境影响较轻
沧州市新工业园	水、电、汽供应方便,交通便利	投资较大	对环境影响较重

(4)沧州市玫瑰风向图见图2.1。

(5)附件。平面设计图见图2.2。

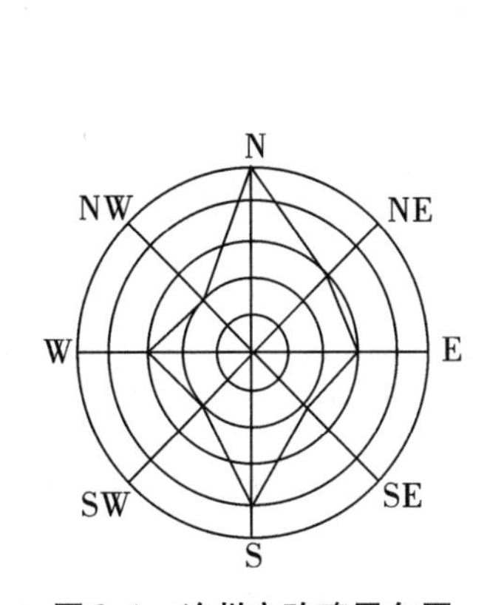

图2.1 沧州市玫瑰风向图

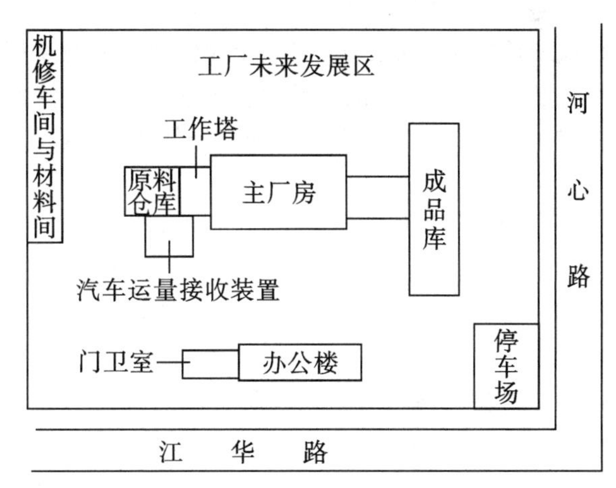

图2.2 2000吨苹果果酱平面设计图

2.1.4 技术勘查

技术勘查非常重要,它关系到厂建筑物的建设。技术勘查的主要任务是根据厂址选择的基本原则到现场进行调查研究,收集资料,具体落实厂址条件,以便判断该地区建厂的可能性。主要勘查的内容有:场地地形、地貌、地层、地质构造、岩土性质及其均匀性;各项岩土性质指标,岩土的强度参数、变形参数、地基承载力的建议值;地下水埋藏情况、类型、水位及其变化;土和水对建筑材料的腐蚀性;可能影响工程稳定的不良地质作用的描述和对工程危害程度的评价;场地稳定性和适宜性的评价。

2.1.4.1 技术勘查的目的

(1)勘查地形图所标示的地形、地物的实际状况,研究食品工厂自然地形改造和利用方式以及地内原有设施加以保留或利用的可能。

(2)研究食品工厂在现场基本区中几种可供选择的方案。

(3)确定铁路专用线的接轨地点和线路的走向,巷道和码头的适宜建造地点,公路的连接和厂区主要出入口位置。

(4)实地调查厂区规划位置历史上洪水淹没情况。

(5)工程地质现象(滑坡、溶洞等)实地观察。

(6)工厂水源地、排水口及厂外各种管线可能走向勘查。

(7)现场及周边环境污染状况的了解。

(8)调查和研究厂区周围其他工厂分布和居民区协调要求。

2.1.4.2 技术勘查的内容

(1)气象资料

1)气温　月平均气温和年平均气温,绝对最高温度和绝对最低温度,最热月的干球温度和湿球温度,采暖天数,土壤冻结深度。

2)湿度　平均、最大和最小相对湿度。

3)降水　当地采用的雨量公式,历年和逐月的平均、最大和最小降雨量,暴雨持续时间及最大降雨量,积雪最大深度。

4)风　历年平均及最大风速,全年的风向和频率(风向玫瑰图)。

5)日照　全年晴天、雨天及大雾天数。

6)气压　年平均、绝对最高、绝对最低气压。

(2)地形资料

1)区域地形图　比例尺 1∶5000 ~ 1∶50000,等高距 1 ~ 5 m,范围包括厂址及厂外工程。

2)厂址地形图　比例尺 1∶500 ~ 1∶2000,等高距 0.5 ~ 1.0 m,范围包括厂址及周围 100 m 左右。

3)厂外工程(铁路、公路、水源地、渣场及厂外管线等)的沿线带状地形图　比例尺 1∶500 ~ 1∶2000,范围为地带宽带 50 m 左右。

4)采用的测量坐标系统和标高系统　注意地形图、水位资料和铁路系统的坐标和标高系统是否一致。

(3)工程地质　厂区及附近地区的地质钻探报告,土壤特性及允许耐力,当地对于工程地质现象(滑坡、溶洞等)的防治和处理手段,水文地质资料,地震基本烈度。

(4)交通运输

1)铁路　接轨车站或专用线的位置,车站现有和规划的股道及有效长度,机务设施,接轨点的坐标和标高,专用线进入厂区的可能走向,当地铁路局对新建专用线的规定,超限超重设施运输沿线桥涵和隧道条件。

2)公路　厂区临近公路等级和路面宽度,公路连接点的坐标和标高,适合当地采用的路面结构,当地运输及装卸能力,超限超重设备运输沿线桥涵和隧道条件。

3)水路　工厂附近通航河流通行季节的航道宽度,水深变化,通行船只吨位,当地采用的船型(船只吨位、宽度及吃水深度),当地运输能力及运输价格,建造码头的地点、前沿水域情况。

(5)厂区及邻近地区情况　所在城市或工业区规划情况,相邻企业的生产品种、规模及厂区布置情况,附近居民点位置、人口和居住情况,当地农作物特别是与食品工厂原料直接相关的农作物耕作情况,厂区现有设施(居民点、铁路、公路、树木等)的使用状况和邻近拆迁可能及费用要求。

(6)环境保护　所在地区大气、河流、土壤的污染状况,临近工厂废水、废气、废渣的排放情况。

(7)水源

1)地面水　历年最大、最小和平均流量和含沙量,最高和最低水位,洪水持续时间,水质分析及水文资料,上游城市和工业现有取水点位置、数量及排放水质、水文情况,取水构筑物建造地点附近河岸和河床的变迁和河床断面。

2)地下水　附近现有深井的地质柱状图、井群剖面图,说明含水层位置、厚度和静、动水位变化;现有深井的涌水量和影响半径,不同含水层的水质和水温,扬水实验报告。

3)自来水　城市自来水管网联接点的位置、管径和水压,自来水水质分析和水温、水价。

(8)排洪和排水　所在地区降雨强度公式,厂区所在山区洪水汇水面积,排洪渠道走向和排水地点,河流最高洪水位淹没的实地调查和核实,城市下水道采用分流或合流制,城市下水道联结点的坐标、标高与管径。

(9)供电与通信　区域变电站地址,现有或规划容量及允许供电容量,供电电压及回路,输电线路敷设方式及距离,最低功率因素、短路容量及继电器容许最大动作时间等技术要求,电价、附近电话、网络设施情况及装设电话的可能,电话线路敷设方式及距离。

收集基本资料之后,随即进行技术勘查,两项工作如有较长时间间隔须注意各种数据有无变化和更新。

2.2　总平面设计

厂区总平面设计是对一个食品工厂的各个部分,包括各建(构)筑物、堆场、运输路线、工程管网等进行经济合理的安排,使人员、设备与物料的移动能够密切有效地配合,从而保证各区域功能明确、管理方便、生产协调、互不干扰。因此,总平面设计是否合理,不仅与建厂投资、生产管理、安全生产、降低成本直接相关,而且也会对工厂实行科学管理和高效生产带来重大影响。

总平面布置图是将厂区范围内各项建筑物（包括架空、地面、地下）总体布置在水平面和剖面上的投影图。根据工厂的生产性质、规模和生产工艺流程等要求，对厂区内所设置的一定数量的生产车间、辅助设施和生活用房等不同使用功能的建筑物按生产工艺、管理、生活等方面的要求，并结合用地条件进行科学全面的布局，这个过程称之为食品工厂的总平面设计。

2.2.1 总平面设计的内容

（1）合理进行厂区的建筑物、构筑物及其他工程设施的平面布置　确定区域划分，建筑物、构筑物及其他室外设施的相互关系及其位置，并注意与区域规划相协调。

（2）厂内外运输系统的合理安排　合理组织用地范围内的交通运输线路的布置，即人流货流分开，避免往返交差，布置合理。厂区道路一般采取水泥或者沥青路面，以保持清洁；厂区道路应按运输量及运输工具情况决定其宽度，运输货物道路应与车间间隔，特别是运煤和煤渣的车；一般道路应为环形道，道路两旁有绿化。

（3）结合地形合理进行厂区竖向布置　确定厂房的室外整平标高和室内地坪标高，也就是把地形设计成一定形态，既要平坦又便于排水。

（4）协调室外各种生产、生活的管线敷设，进行厂区管线综合布置　确定地上、地下管线的走向、平行敷设顺序、管线间距、架设高度和埋设深度，解决其相互干扰，尽量和人流，货流分开。

（5）环境保护　三废综合治理和绿化安排。绿地率一般在20%左右较好。

2.2.2 总平面设计的基本原则

（1）总平面设计应按批准的设计任务书和城市规划要求，总平面布置应做到紧凑、合理。

（2）建筑物、构筑物的布置必须符合生产工艺要求，保证生产过程的连续性。互相联系比较密切的车间、仓库，应尽量考虑组合厂房，既有分隔又缩短物流线路，避免往返交叉，合理组织人流和货流。

（3）建筑物、构筑物的布置必须符合城市规划要求和结合地形、地质、水文、气象等自然条件，在满足生产作业的要求下，根据生产性质、动力供应、货运周转、卫生、防火等分区布置。有大量烟尘及有害气体排出的车间，应布置在厂边缘及厂区常年下风方向。

（4）动力供应设施应靠近负荷中心。

（5）建筑物、构筑物之间的距离，应满足生产、防火、卫生、防震、防尘、噪声、日照、通风等条件的要求，并使建筑物、构筑物之间距最小。

（6）食品工厂卫生要求较高，生产车间要注意朝向，保证通风良好；生产厂房要离公路有一定距离，通常考虑30～50 m，中间设有绿化地带；对卫生有不良影响的车间应远离其他车间；生产区和生活区尽量分开，厂区尽量不搞居室。

（7）厂区道路一般采用混凝土路面。厂区尽可能采用环行道，运煤、出灰不穿越生产区。厂区应注意合理绿化。

（8）合理地确定建筑物、构筑物的标高，尽可能减少土石方工程量，并应保证厂区场地排水畅通。

(9)总平面布置应考虑工厂扩建的可能性,留有适当的发展余地。

2.2.3 总平面设计的具体要求

2.2.3.1 不同使用功能的建(构)筑物在总平面中的关系

(1)食品工厂中主要的建筑物　食品工厂中有较多的建筑物,根据它们的使用功能可分为:

1)生产车间　如榨汁车间、浓缩车间、灌装车间、饼干车间、饮料车间、综合利用车间等。

2)辅助车间(部门)　车间办公室、中心实验室、化验室、机修车间等。

3)动力部门　发电间、变电所、锅炉房、冷机房和真空泵房等。

4)仓库　原材料库、成品库、包装材料库、各种堆场等。

5)供排水设施　水泵房、水处理设施、水井、水塔、废水处理设施等。

6)全厂性设施　办公室、食堂、医务室、厕所、传达室、围墙、宿舍、自行车棚等。

(2)建筑物相互之间的关系　食品工厂中各建筑物在总平面布置图中的相互关系,可以用图2.3来说明分析。

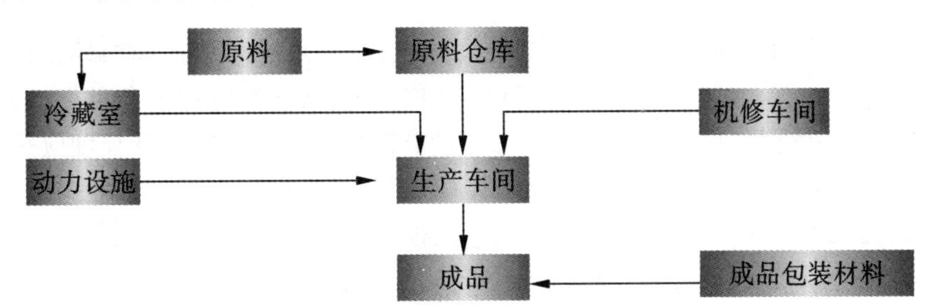

图2.3　主要不同使用功能的建(构)筑物在总平面图中的关系

由图2.3可以看出,食品工厂总平面设计中生产车间是食品工厂的主体建筑物,其他建筑物一般都是围绕生产车间进行排布,也就是说一般把生产车间布置在中心位置,其他车间、部门及公共设施都围绕主体车间进行排布。不过,以上仅仅是一个比较理想的典型,实际上由于地形地貌、周围环境、车间组成以及数量上的不同,都会影响总平面布置图中的建筑物的布置。

2.2.3.2 各类建(构)筑物的布置

建筑物布置应严格符合食品卫生要求和现行国家规程、规范规定,尤其遵守《出口食品生产企业卫生要求》《食品生产加工企业必备条件》《建筑设计防火规范》中的有关条文。

各有关建筑物应相互衔接,并符合运输线路及管线短捷、节约能源等原则。生产区的相关车间及仓库可组成联合厂房,也可形成各自独立的建筑物。

(1)生产车间的布置　生产车间的布置应按工艺生产过程的顺序进行配置,生产线路尽可能做到径直和短捷,但并不是要求所有生产车间都安排在一条直线上。如果这样安排,当生产车间较多时,势必形成一长条,从而使仓库、辅助车间的配置及车间管理等方面带来困难和不便。为使生产车间的配置达到线性的目的,同时又不形成长条,可将建筑物设计成T形、L形或U形。

车间生产线路一般分为水平和垂直两种,此外也有多线生产的。加工物料在同一平面由一车间送到另一车间的叫水平生产线路;而由上层(或下层)车间送到下层(或上层)车间的叫垂直生产线路。多线生产线路是一开始为一条主线,而后分成两条以上的支线,或是一开始即是两条或多条支线,而后汇合成一条主线。但不论选择何种布置形式,希望车间之间的距离是最小的,并符合卫生要求。

(2)辅助车间及动力设施的布置　锅炉房应尽可能布置在使用蒸汽较多的地方,这样可以使管路缩短,减少压力和热能损耗。在其附近应有燃料堆场,煤、灰场应布置在锅炉房的下风向。煤场的周围应有消防通道及消防设施。

污水处理站应布置在厂区和生活区的下风向,并保持一定的卫生防护距离;同时应利用标高较低的地段,使污水尽量自行流到污水处理站。污水排放口应在取水的下游。污水处理站的污泥干化场地应设在下风向,并要考虑汽车运输条件。

压缩空气主要用于仪表动力、鼓风、搅拌、清扫等。因此空压站应尽量布置在空气较清洁的地段,并尽量靠近用气部门。空压站冷却水量和用电量都较大,故应尽可能靠近循环冷水设施和变电所。由于空压机工作时振动大,故应考虑振动、噪声对邻近建筑物的影响。

食品工厂生产中冷却水用量较大,为节省开支,冷却水尽可能达到循环使用。循环水冷却构筑物主要有冷却喷水池、自然通风冷却塔及机械通风冷却塔几种。在布置时,这些设施应布置在通风良好的开阔地带,并尽量靠近使用车间;同时,其长轴应垂直于夏季主导风向。为避免冬季产生结冰,这些设施应位于主建(构)筑物的冬季主导风向的下侧。水池类构筑物应注意有漏水的可能,应与其他建筑物之间保持一定的防护距离。

维修设施一般布置在厂区的边缘和侧风向,并应与其他生产区保持一定的距离。为保护维修设备及精密机床,应避免火车、重型汽车等振动对它们的影响。

仓库的位置应尽量靠近相应的生产车间和辅助车间,并应靠近运输干线(铁路,河道,公路)。应根据储存原料的不同,选定符合防火安全所要求的间距与结构。

行政管理部门包括工厂各部门的管理机构、公共会议室、食堂、保健站、托儿所、单身宿舍、中心试验室、车库、传达室等,一般布置在生产区的边缘或厂外,最好位于工厂的上风向位置,通称厂前区。

2.2.3.3 竖向布置

竖向布置和平面布置是工厂布置的不可分割的两个部分。平面布置的任务是确定全厂建(构)筑物,露天仓库、铁路、道路、码头和工程管线的坐标。竖向布置的任务则是反映它们的标高,目的是确定建设场地上的高程(标高)关系,利用和改造自然地形使土方工程量为最小,并合理地组织场地排水。

竖向布置方式一般采用平坡式、阶梯式和混合式3种。

(1)平坡布置形式　这种布置形式的场地是由连续的不同坡度的坡面组成,但没有急剧变化,其特点是将整个厂区进行全部平整。因此,在平原地区(一般自然地形坡度<3%)采用平坡式布置是合理的。适用于建筑密度较大,地下管线复杂,道路较密的工厂。这种布置形式又可分为水平型平坡式、斜面型平坡式、组合型平坡式。图2.4就是几种斜面型平坡式示意图。

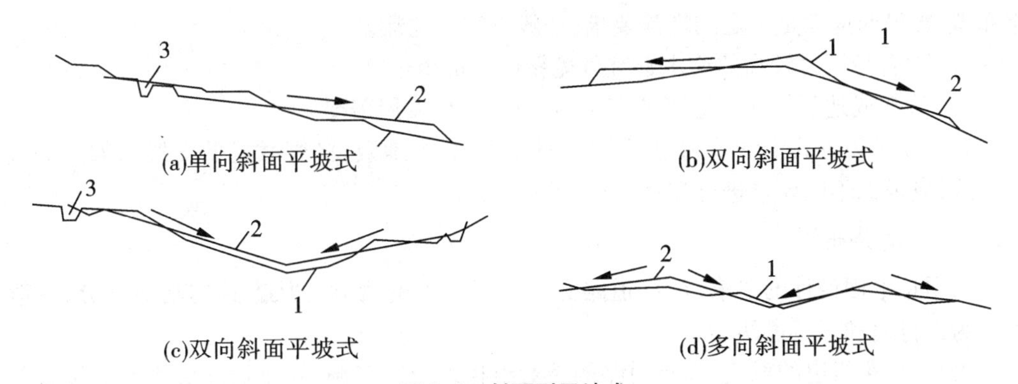

图2.4　斜面型平坡式

1-原自然地面;2-整平地面;3-排洪沟

(2)阶梯布置形式(图2.5)　这个工程场地是由不连续的不同地面标高的台地组成。这种设计的优点是当自然地形坡度较大时,在满足厂内交通和管线布置的条件下,可减少土石方工程量,排水条件好。阶梯式布置适用于对建筑密度不大,建筑系数小于15%,运输简单,管线不多的山区、丘陵地带,必要时应架设护坡挡墙装置。

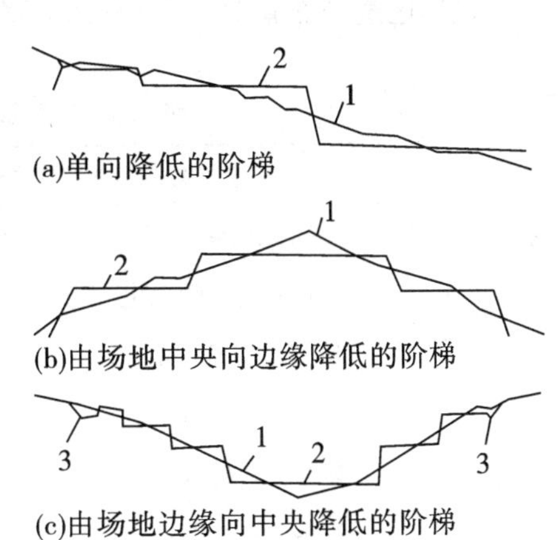

图2.5　阶梯布置形式

1-原自然地面;2-整平地面;3-排洪沟

(3)混合式布置方式　混合式平坡式和阶梯式兼用的设计方法称为混合式竖向设计,这种方法吸取两者的优点,多用于厂区面积较大、局部地形变化较大的场地设计中。

在食品工厂设计中,采用哪种竖向布置方式,必须视厂区的自然地形条件,根据工厂的规模、组成等具体情况确定。

2.2.3.4　管线布置

食品工厂的工程管线较多,除各种公用工程管线外,还有许多物料输送管线。了解各种管线的特点和要求,选择适当的敷设方式,对总平面设计有密切关系。处理好各种管线的布置,不但可节约用地,减少费用,而且可使施工、检修及安全生产带来很大的方便。因此,在总平面设计中,对全厂管线的布置必须予以足够重视。

管线布置时一般应注意下列原则和要求:

(1)满足生产使用,力求短捷,方便操作和施工维修。

(2)宜直线敷设,并与道路、建筑物的轴线以及相邻管线平行。干管应布置在靠近主要用户及支管较多的一侧。

(3)尽量减少管线交叉。管线交叉时,其避让原则:小管让大管;压力管让重力管;软管让硬管;临时管让永久管。

(4)应避开露天堆场及建筑物的护建用地。

(5)除雨水、下水管外,其他管线一般不宜布置在道路以下。地下管线应尽量集中共架布置，敷设时应满足一定的埋深要求，一般不宜重叠敷设。

(6)大管径压力较高的给水管宜避免靠近建筑物布置。

(7)管架或地下管线应适当留有余地，以备工厂发展需要。

管线在敷设方式上常采用地下直埋、地下管沟、沿地敷设(管墩或低支架)，架空等敷设方式，应根据不同要求进行选择。

2.2.3.5 道路布置

根据总平面设计的要求，厂区道路必须进行统一的规划。从道路的功能来分，一般可分为人行道和车行道两类。

人行道、车行道的宽度，车行道路的转弯半径以及回车场、停车场的大小都应按有关规定执行。在厂内道路布置设计中，在各主要建(构)筑物与主干道、次干道之间应有连接通道，这种通道的路面宽度应能使消防车顺利通过。

在厂区道路布置时，还应考虑道路与建(构)筑物之间的距离(见表2.2)。

表2.2 道路边缘至相邻建筑物的最小距离

相邻建筑物名称	最小距离/m
1. 建筑物外墙面向	
面向道路一侧无出入口	1.5
有出入口，但不通行汽车	3.0
有汽车出入口	6～8.0
有电瓶车出入口	4.5
2. 各类管线支架	1～1.5
3. 围墙	1.5

2.2.3.6 绿化布置

厂区绿化布置是总平面设计的一个重要组成部分，应在总平面设计中统一考虑。食品工厂的绿化一般要求厂房之间、厂房与公路或道路之间应有不少于15 m的防护带，厂区内的裸露地面应进行绿化。

在进行厂区绿化应注意下列的原则和要求：

(1)绿化主要功能是达到改善生产环境，改善劳动条件，提高生产效率等方面的作用。因此工厂绿化一定要因地制宜，节约投资，防止脱离实际，单纯追求美观的倾向，力求做到整齐、经济、美观。

(2)绿化应与生产要求相适应，并努力满足生产和生活的要求。因此绿化种植不应影响人流往来、物货运输、管道布置、污水排除、天然采光等方面的要求。

(3)绿化布置应突出重点，并兼顾一般。厂区绿化一般分生产区、厂前区以及生产区与生活区之间的绿化隔离带。

厂前区及主要出入口周围的绿化，是工厂绿化的重点，应从美化设施及建筑群体组合进行整体设计；对绿化隔离带应结合当地气象条件和防护要求选择布置方式；厂区道路绿化,是工厂绿化的又一重点,应结合道路的具体条件进行统一考虑;对主要车间周围及一切零星场地都应充分利用,进行绿化布置。

(4)进行绿化布置,一定要有绿化意识、科学态度和审美观点。缺乏绿化意识,就不会重视绿化。缺少科学态度和审美观点,就不可能把绿化工作搞好。种什么树、栽什么花,什么时间种,怎样进行栽,都必须有一个科学的态度和审美的观点。

总之,工厂绿化在工厂设计中是一个重要的问题。诚然,绿化专业设计人员理应负责,但工艺设计人员也责无旁贷。在整个工厂设计中,我们不仅要求设计经济合理,技术先进可靠,还应在科学管理和文明生产的基础上为全厂职工创造和提供一个安全、整洁的工作场所和舒畅、雅静的娱乐、休息、学习环境。

2.2.3.7 总平面布置的形式

(1)整体式 将厂内的主要车间、仓库、动力等布置在一个整体的厂房内。这种布置形式具有节约用地、节省管路和线路、缩短运输距离等优点。国外食品工厂多用此形式。

(2)区带式 将厂区建筑物、构筑物按性质、要求的不同而布置成不同的区域,并用厂区道路分隔开。此类布置形式具有通风采光好、管理方便、便于扩建等优点,但是也存在着占地多,运输线路、管线长等缺点。我国的食品工厂多采用这种布置形式。

(3)组合式 由整体式和区带式组合而成,主车间一般采用整体布置,而动力设施等辅助设施则采用区带式布置。

(4)周边式 将主要厂房建筑物沿街道、马路布置,组成高层建筑物。这种布置形式节约用地,景象较好;但是需辅以人工采光和机械,有时朝向受到某些限制。

2.2.4 总平面设计方案的评价

总平面设计将工厂不同功能的建筑物合理排布,组成一个有机整体。由于总平面设计直接影响新建工厂的投资效果、生产和经济效益,故必须认真考虑,全面衡量。评价一个总平面设计方案的优劣,主要从以下技术经济指标进行分析。

2.2.4.1 建筑系数和土地利用系数

建筑系数反映了总体布置是否合理紧凑,用地面积是否节省。这个指标是指建筑物、构筑物和有固定装卸设备的堆场、作业区的占地面积与厂区占地面积的百分比,计算公式为式(2.1)。

$$J = \frac{Z + I}{G} \times 100\% \tag{2.1}$$

式中 J——建筑系数,%;

Z——建筑物、构筑物面积,m^2;

I——露天仓库、操作场地面积,m^2;

G——厂区总占地面积,m^2。

土地利用系数是指有建筑物、构筑物、露天堆场、道路和地上、地下工程总管线占地面积与厂地总面积的百分比,计算公式为式(2.2)。

$$Y = \frac{Z + I + T + D}{G} \times 100\% \tag{2.2}$$

式中 Y——厂区场地利用系数,%;

T——铁路、道路、绿化占地面积，m^2；

D——地下、地上工程管线的占地面积，m^2。

建筑系数尚不能完全反映厂区土地利用情况，而土地利用系数能全面反映厂区的场地利用是否经济合理。表 2.3 表明了不同类型食品工厂的建筑系数及土地利用系数。

表 2.3 部分食品工厂的建筑系数和土地利用系数

工厂类型	建筑系数	土地利用系数
罐头食品厂	25%~35%	45%~65%
乳品厂	25%~40%	40%~65%
面包厂	17%~23%	50%~70%
糖果食品厂	22%~27%	65%~80%
粮食加工厂	22%~28%	40%~52%
啤酒厂	34%~37%	—

2.2.4.2 工程量指标

这个指标表示是否充分利用地形。工程量指标包括平整场地的土方工程量、修建铁路和道路的工程量、给排水工程量和厂区围墙长度。

2.2.4.3 经营费用指标

这个指标反映从原料进厂到成品出厂，生产流程是否合理，设备选择和布置是否得当，仓库和车间之间是否紧凑。当原料、燃料、产品的运输流向比较合理，运输距离比较短，水、电、汽能耗较低时，经营费用指标就小，因而产品的总成本也越低。

2.2.4.4 投资费用指标

投资费用指工厂基本建设总投资额。在对不同方案的投资费用指标进行比较时，可能出现甲方案所需的基本建设投资大，但预计工厂生产后的经营费用小；而乙方案所需的基本建设投资小，但预计工厂投入生产后经营费用大。此时，要评价一个方案的经济效果，需计算追加投资回收期指标（τ_α），τ_α计算公式为式（2.3）。

$$\tau_\alpha = \frac{K_1 - K_2}{C_2 - C_1} = \frac{\Delta K}{\Delta C} \tag{2.3}$$

式中 K_1、K_2——甲、乙方案的基本建设投资额，元；

C_1、C_2——甲、乙方案的经营费用，元/年；

ΔK、ΔC——基本建设投资和经营费用的节约或增加值。

如部门的追加投资回收定额已经规定，也可用计算费用指标来比较不同的基本建设方案的经济效果，计算费用的公式为式（2.4）。

$$C_c = \frac{K}{\tau_{an}} = C \tag{2.4}$$

式中 C_c——计算费用；

K——基建投资额；

τ_{an}——追加投资回收期定额,年;

C——年产品总成本。

如果考虑基建投资贷款的时间因素(贷款的利率为 i),则式(2.4)可以推导出式(2.5)。

$$C_c = \frac{1}{\tau_{an}}\left[K(1+i)^{\tau_{an}} + C\frac{(1+i)^{\tau_{an}} - 1}{i}\right] \tag{2.5}$$

【例2.1】 设3个总平面设计方案,生产规模相同,费用指标:方案一的年产品成本为1 600万元,方案二为1 500万元,方案三为1 400万元。基建投资:方案一为500万元,方案二为550万元,方案三为600万元。追加投资回收期定额为4年,年利率14.4%,比较其经济效果。

解 按计算费用公式(2.4)计算

方案一:(1 600+500/4)万元=1 725万元

方案二:(1 500+550/4)万元=1 637.5万元

方案三:(1 400+600/4)万元=1 550万元

如果考虑投资贷款利息,则代入公式(2.5)得

方案一:C=614.1万元

方案二:C=610.5万元

方案三:C=606.9万元

以上结果表明:方案三费用最小,所以经济效益最好。

2.2.4.5 定性分析指标

定性分析指标是指在进行设计方案比较时,不能用数值衡量的指标。例如总平面设计中主要生产车间的通风和采光条件是否良好;行政区和生活区的环境条件是否会受到工厂产生的废气污染;生产区与管理区、生活区的联系是否方便等。这类指标,一般只能通过分析、比较来评价。

通过以上指标的比较,就能确认平面设计方案的优劣。

2.2.5 总平面布置设计实例

2.2.5.1 总平面图的绘制要求与图例

总平面布置设计的内容常包括总平面图和设计说明。有时仅有平面布置图,图内既包括了建筑物、构筑物和道路等布置。又包括设计说明书,必要的时候还要附有区域位置。具体的要求有:

(1)图的比例、图例及有关文字说明总平面图上反映的范围面积很大,所以绘制时都用较小的比例,如1∶500、1∶1 000、1∶2 000等。总平面图上标注尺寸,一律以米为单位,图中的图例和符号,必须按国标绘制,表2.4为国标中规定的在总图中常用的几种图例。

表 2.4 国标总图常用的图例

图例	说明	图例	说明	图例	说明
	建设中的建筑物		拆除原有的建筑物		河流
	改建的原有建筑物		地下建筑物		土坑、稻田区
	计划扩建的预留地		公路、桥		山脚坡
	保留原有的建筑物		土路		围墙

在较复杂的总图中，还需要一些其他图例，如图 2.6 所示，该图中各图例的含义如下：

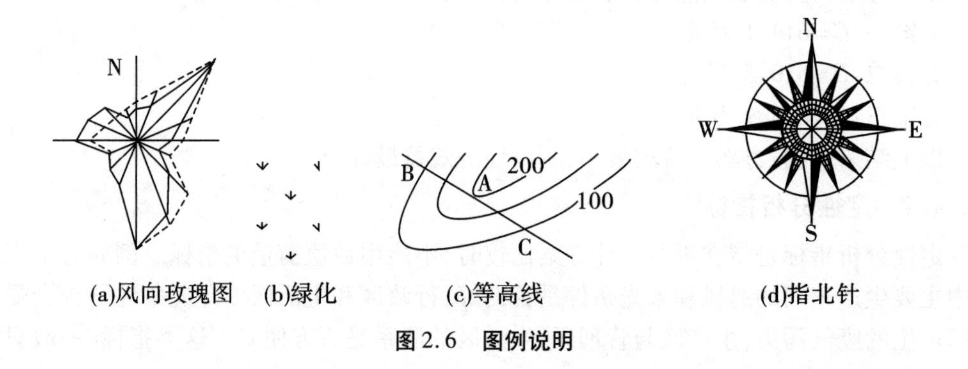

(a)风向玫瑰图 (b)绿化 (c)等高线 (d)指北针

图 2.6 图例说明

1）风向玫瑰图　风向玫瑰图表示风向和风向频率。风向频率是在一定时间内各种风向出现次数占所观测总次数的百分比。根据各方向风的出现频率，以相应的比例长度，按风向中心吹描在 8 个或 16 个方位所表示的图线上，然后将各相邻方向的端点用直线连接就形成了风向玫瑰图，由于图形类似玫瑰花所以称之为风向玫瑰图[图 2.6(a)]。看风向玫瑰图时要注意：最长者为当地主导风向；风向是由外缘吹向中心；粗实线为全年风频情况，虚线为 6～8 月夏季。

在某些场合也可用风速玫瑰图代替风向玫瑰图使用，风速玫瑰图同风向玫瑰图类似，不同的是在各方位的方向线上是按平均风速(m/s)而不是风向频率取点。

在总平面布置图上标明风向玫瑰图的主要目的是为了表明厂区的污染指数。有害气体和空气中微粒对邻近地区空气的污染不仅与风向频率有关，同时也受风速影响，其污染程度一般用污染系数表示：

$$污染系数 = 风向频率/平均风速$$

它表明污染程度与风向频率成正比，与平均风速成反比。也就是说某一方向的风向频率越大，则下风受到污染的机会就越多，而该方向的平均风速越大，则上风位置有害物质很快被吹走或扩散，受到的污染也就越少。

食品工厂总平面布置时，应该将污染性大的车间或部门，布置在污染系数最小的方位，如南方地区将食品原辅料仓库、生产车间等布置在夏季主导风向的上风向，而锅炉、煤堆等则应布置在下风向。同时注意风玫瑰图的局限性，应该指出，风玫瑰图是一个地区，特别是平原地区的一般情况，而不包括局部地方小气候，因此地形、地物的不同，也会对当地的风、气候起着直接的影响。所以，当厂址选择在地形复杂位置时，也要注意小气候的影响，并在设计中善于利用地形、地势及产生的局部地方风。

2）绿化图例　本图例[图2.6(b)]中表示草坪，同样也可用树木、灌木等作为绿化。

3）总平面图　一般是画在地形图上。而对于地形起伏较大的地区，则需绘出等高线。[图2.6(c)]中每条等高线所经过的地方，它们的高度都等于等高线上所注的标高。地形图通常说明厂址的地理位置，比例一般为1∶5 000、1∶10 000，该图也可附在总平面图的一角上，以反映总平面周围环境的情况。

4）指北针　在没有风玫瑰图时，必须在总平面图上画出指北针[图2.6(d)]。指北针箭头所指的方向为正北，由此来确定房屋的建筑方位。按照国标规定：指北针的圆圈约25 mm（视图纸、图形大小比例而定），指北针箭头下端的宽约等于圆圈直径的1/8。

（2）工程的性质、用地范围、地形地貌和周围环境情况　可以用文字说明在总平面布置图的右边或右下方。

（3）原有建筑物、新建的和将来拟建的建筑物的布置位置、层数和朝向，地坪标高、绿化布置、厂区道路等　按建筑标准绘制在总平面布置图上。

2.2.5.2　总平面设计的步骤

（1）设计准备　总平面设计工作开始之前，应具备以下资料。

1）已经批准的设计任务书。

2）已经确定的厂址具体位置、场地面积、地质、地形资料。

3）厂区地形图。

4）风向玫瑰图。

（2）设计方案的比较和确定。

（3）初步设计　完成初步设计时需提交一张总平面布置图和一份总平面设计说明书。图纸中要展示各建（构）筑物、道路、管线的布置情况，并要画出风向玫瑰图。设计说明书则要写明设计的依据、本平面设计的特点、该厂的各项主要经济技术指标以及概算情况。主要经济技术指标包括：厂区总占地面积、生产区占地面积、生活区占地面积、办公区面积、各建筑物和构筑物面积、道路长度、露天堆场面积、绿化带面积、建筑系数和土地利用系数等。

（4）施工设计　初步设计经上级主管部门批准后进行施工设计，施工设计将深化和细化初步设计，全面落实设计意图，精心设计和绘制全部施工图纸，提交总平面布置施工设计说明书。

施工图主要包括：建筑总平面图、竖向布置图和管线布置图。施工设计说明书要求说明设计意图、施工顺序及施工中应当注意的问题，可以将主要建筑物和构筑物列表加以说明，同时提供各种经济技术指标。

施工图是整个食品工厂总平面的施工依据，由具备设计资质的单位和工程师设计、校对、审核和审定，交付施工单位进行施工，在施工过程中如果需要变更，必须经设计单位和施工单位会签并注明变更原因和时间，同时留有必要的文字性文件。

2.2.5.3 总平面布置实例

图2.7是年产2 000 t苹果果酱厂总平面布置图。在这个设计方案中，生产、生活、管理区分开，生产区围绕实罐车间布置，动力车间和污水处理车间均布置在主生产车间附近，布局合理。生活区与生产区间用绿化带进行隔离，保证了各区域的相互独立性。

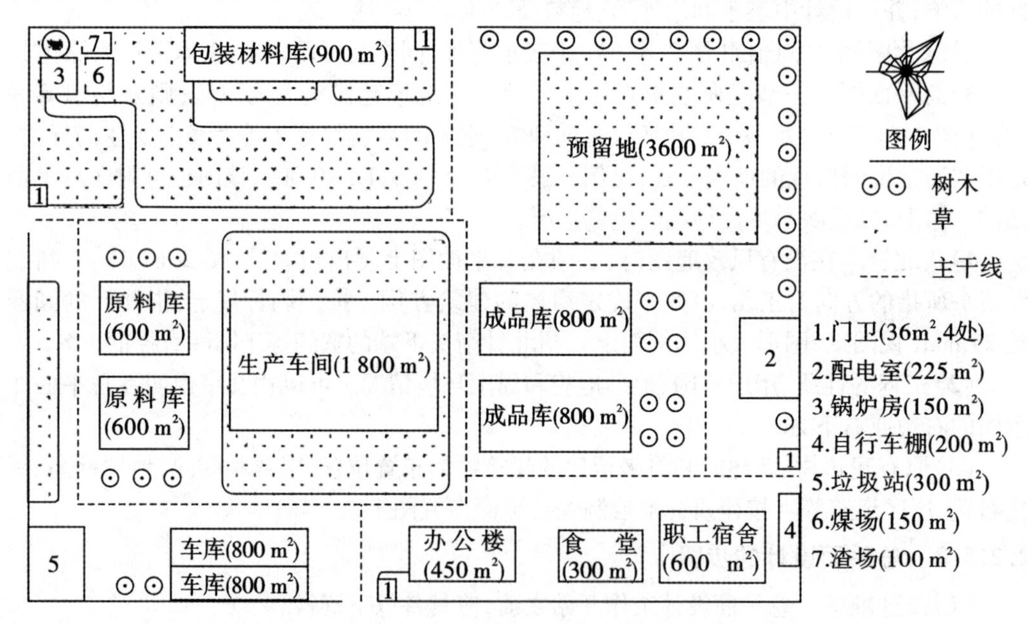

图2.7 年产2 000 t苹果果酱厂总平面布置图

无论食品工厂的新建，还是改建和扩建，工艺技术人员都要进行食品工厂工艺设计，而食品工厂工艺设计必须对非工艺设计部分提供设计参数和要求。因此，食品工艺技术人员，了解厂房建筑的基本知识，不仅有利于设计工作的正常进行，而且对工艺路线的合理安排。工艺方案的正确实施等方面都十分重要。

思考题

1. 食品工厂厂址选择的基本程序和要求是什么？

2. 食品工厂技术勘查有哪些内容？食品工厂平面布置包括哪些内容？食品工厂总平面设计基本原则是什么？

第3章　食品工厂工艺设计

3.1　概述

食品工厂设计是由食品工艺设计人员和其他专业设计人员相互配合、协同设计而完成的。评价一个工厂设计最关键点是看它的工艺生产技术是否先进可靠、安全适用，在经济上是否合理有利。因此，一个技术上先进可靠，经济上合理有利的优秀的工厂设计，它的生产工艺、设备选择及车间布置都应该是先进合理的。可见生产工艺设计在整个设计中占有非常重要的地位。

食品工厂工艺设计是整个设计的主体和中心，决定全厂生产和技术的合理性，并对建厂的投资和生产的产品质量、生产成本、劳动强度有着重要的影响，同时又是非工艺设计的依据。因此，食品工厂工艺设计具有重要的地位和作用。

3.2　工艺设计的内容和步骤

不论食品工厂的总体设计还是车间设计，都是由工艺设计和非工艺设计（包括土建、采暖、通风、给排水、供电、供汽等）组成，其中工艺设计是整个设计的主体和中心。工艺设计的好坏直接影响到全厂生产和技术的合理性，并且对建厂的费用和生产的产品质量、产品成本、劳动强度等有密切的关系，是决定工艺计算、车间组成、生产设备及设备布置等方面内容的关键步骤，所以工艺设计在整个工厂设计中占有很重要的地位。

3.2.1　工艺设计的依据和内容

3.2.1.1　生产工艺设计的依据

食品工艺专业设计人员在进行生产工艺设计时必须以项目建议书和可行性研究报告中规定的生产纲领为依据。根据原料的产地、特性和产品的质量要求，以及厂址的水文地理条件，并结合国内设备制造供应条件和引进国外技术与装备的可能性，尽量采用先进的工艺技术和设备。设计的主要依据为：

1）项目建议书和可行性研究报告。

2）环境影响预评价报告。

3）厂址选择报告。

4）项目负责人下达的设计工作提纲和技术决定。

5）若采用新工艺、新技术和新设备时，必须在技术上有切实把握并且依据了正式的试验研究报告和技术鉴定书，经有关方面核准后方可作为设计依据。

3.2.1.2 生产工艺设计的内容

设计阶段一般分为初步设计和施工图设计。初步设计主要解决生产技术经济问题；施工图设计主要解决工程项目的施工、安装、制造及生产问题。

(1)初步设计阶段　初步设计是根据批准的《可行性研究报告》《环境影响预评价报告》《厂址选择报告》等设计基础资料，对项目进行系统的研究，在投资额度内和质量要求下，在指定的时间、空间限制条件下，做出技术上可行、经济上合理的设计和规定，并编制项目总概算。根据轻工业建设项目初步设计编制内容，生产工艺设计的主要内容有：

1)设计依据和范围。

2)全厂生产车间组成(如空罐车间、实罐车间、杀菌车间等)。

3)全厂生产工艺流程比较、选择和阐述。

4)各生产车间综合叙述。

①车间概况及特点：阐述车间设计的生产规模、生产方案、生产方法及工艺流程等的特点，其技术的先进性、布置的合理性、生产的安全性及多方案比较。

②车间劳动组织：车间主任、工段长、班长及员工。

③工作制度：年工作日、日工作小时、生产班数等。

④成品或半成品的主要技术规格及标准(国家标准、行业标准、企业标准)。

⑤生产流程简述：物料经过设备的顺序及生成物的去向，产品及原料的运输和储备方式，主要操作技术条件及操作要点。

⑥采用新技术的内容、效益及来源(专利或中试报告)。

⑦主要工艺技术指标和工艺参数(需列表说明)。

⑧原料、辅料、水、电、汽等的消耗量，物料平衡、热能平衡等的计算，并与国内先进技术指标比较。

⑨设备选型及计算，确定生产设备的规格和台数。

⑩车间设备布置及说明、设备一览表。

5)存在的问题及建议。

6)附件。

①生产工艺流程图。需标明原料、辅料、设备名称及代号、各种介质流向、工艺参数和控制点等。

②生产工艺设备布置图。需绘制生产工艺设备平面、剖面布置图(有时需要做"渲染图"或"鸟瞰图")。

③生产设备一览表。需标明设备名称、规格、型号、台数、重量和动力等。

④主要材料估算表。

(2)施工图设计阶段　在初步设计的基础上，进行施工图设计，使工程设计达到施工、安装的要求(详细化、具体化)，并编制项目施工预算。根据轻工业建设项目施工图设计编制内容，施工图设计阶段的主要内容有：

1)设计文件目录、列表。需列出所有标准图、非标准图、复用图并统计图纸量。

2)生产工艺设计说明。对批准的初步设计内容若有所变化，需说明之并补充说明理由；对遗留问题需提出解决办法及建议。

3)工艺安装说明。设备和管道安装标准及规范；安装技术程序及特殊说明(如设备吊装、基础做法、管道连接及保温等)。

4)详细的设备一览表和各种材料汇总表,满足订货需要。设备一览表内设备的名称、规格。型号、台数、重量、主要材质、性能和动力等必须准确详细,特殊设备标明生产厂家(通用设备一般不允许注明生产厂家);材料汇总表需注明材料规格、型号、数量、单重、总重及余量等。

5)带控制点的工艺流程图。

6)工艺设备布置图。

7)工艺管道布置图。

8)非标准设备制造图。

3.2.2 食品工厂工艺设计的步骤

(1)根据前期可行性调查研究,确定产品方案及生产规模。

(2)根据当前的技术,经济水平选择生产方法。

(3)生产工艺流程设计。

(4)物料衡算和能量衡算(包括热量、耗冷量、供电量、给水量计算)。

(5)选择设备。

(6)车间工艺布置。

(7)管路设计。

(8)其他工艺设计。

(9)编制工艺流程图、管道设计图及说明书等。

3.3 产品方案及班产量的确定

3.3.1 制订产品方案的要求

产品方案又称生产纲领,实际是食品厂准备全年(季度、月)生产品种和各种产品的规格、产量、生产周期、生产班次等的计划安排。当然市场经济条件下的工厂要“以销定产”,产品方案既作为设计依据,又是工厂实际生产能力的确定及挖潜余量的测算。影响产品方案制订的因素有很多,主要有:产品的市场销售、人们的生活习惯、地区的气候和不同季节的影响。因此在制订产品方案时,首先,要调查研究,优先安排受季节性影响强的产品;其次,要用调节产品用以调节生产忙闲不均的现象;最后,尽可能把原料综合利用及储存半成品,以合理调剂生产中的淡、旺季节。

总之,在安排产品方案时,应尽量做到“四个满足”和“五个平衡”。

“四个满足”是:

(1)满足主要产品产量的要求;

(2)满足原料综合利用的要求;

(3)满足淡旺季平衡生产的要求;

(4)满足经济效益的要求 。

“五个平衡”是:

(1)产品产量与原料供应量平衡;

(2)生产季节性与劳动力平衡;

(3)生产班次要平衡;

(4)产品生产量与设备生产能力要平衡;

(5)水、电、汽负荷要平衡。

如北方地区水果蔬菜罐头厂在生产草莓罐头时就要充分考虑原料的生长季节性。每年五六月是草莓的收获季节,因其肉质娇嫩,不好储存,应及时安排生产。有些食品的消费也是有季节性的,如夏季是冰激凌的销售旺季,而鲜奶在冬季销量较好,因此,在安排生产方案时要充分考虑到这一点。

除此之外,在确定生产方案时还要考虑全厂劳动力的平衡、原料的综合利用、设备及厂房的综合利用等问题。

在确定生产方案时,全年生产日按300天计算,若考虑到原料供应、设备检修等其他原因,全年的生产日数一般不少于250天。每天生产班次为1~2班,生产高峰期按3班考虑。管理人员和服务人员按白班或两班。

3.3.2 产品方案的确定

一种原料生产多种规格的产品时,为便于机械化生产,应力求精简。但是,为了尽可能地提高原料的利用率和使用价值,或为了满足消费者的需求,往往有必要将一种原料生产成几种规格的产品(即进行产品品种搭配)。猪肉类罐头的生产:3~4级冻猪肉出肉率在65%~80%,其中可用于:① 午餐肉罐头(净去皮去骨肉)55%~60%,扣肉罐头(带皮去骨肉)8%~10%,圆蹄罐头1%~2%,其余的可生产其他猪肉罐头。② 午餐肉罐头(去皮去骨肉)55%~60%,排骨罐头(带皮去骨肉)5%,圆蹄罐头1%~2%,其余的可生产其他猪肉罐头。③ 也可将冻猪片加工成其他种类罐头,如香菇肉酱罐头34%,香菇猪腿罐头21%,红烧排骨罐头15%,红烧猪肉罐头3%,圆蹄罐头1%,笋干肉丝罐头5%,西式火腿罐头35%等。水果罐头品种的搭配:在生产糖水水果罐头的同时,应考虑果汁、果酱罐头的生产;也可将大块的水果生产糖水罐头,而碎的果肉用于生产果汁、果粒和果酱罐头。各种产品量的多少可以视原料情况而定。

食品工厂的产品方案是用表格形式表现的,其内容包括产品名称、年产量、班产量、1~12月的生产安排,用线条或数字两种形式表示。表3.1~表3.3列出几种不同类型食品工厂的产品方案供参考。

3.3.3 产品方案比较

制订产品方案时,为保证方案合理,有利于食品工厂发展和管理,应按设计计划任务书中确定的年产量和品种,制订出两个以上的产品方案,按下述原则进行分析,对方案进行技术上的先进性和可行性进行比较,并结合市场、经济、生产、社会综合考虑,从中找出一个最佳方案作为设计依据。比较的内容有:主要产品年产值和年产量的比较;每天所需工人数及最多最少之差的比较;劳动生产率(年产量/工人总数)的比较;每天(月)原料、产品数之差比较;平均每人年产值(元/人·年)的比较;季节性和设备平衡比较;水、电、汽消耗量比较;组织生产难易的比较;基建投资的比较;社会、经济效益的比较。不过产品方案的比较常用表3.4的形式。

表3.1 南方地区年产5 000～6 000 t罐头车间生产方案

产品	年产量/t	班产量/t	1月	2月	3月	4月	5月	6月	7月	8月	9月	10月	11月	12月
青豆	400	16												
蘑菇	600	20												
番茄	300	10												
番茄酱	300	4												
糖水橘子	1 200	12												
橘子酱	100	2												
竹笋	180	8												
糖水桃子	400	8												
糖水杨梅	400	20												
茄汁黄豆	250	5												
午餐肉	1500	10												
红烧肉	250	8												

注：表中短横线表示生产安排，下同

表 3.2 北方地区年产 4 000 t 罐头工厂产品方案

产品	年产量/t	班产量/t	1 月	2 月	3 月	4 月	5 月	6 月	7 月	8 月	9 月	10 月	11 月	12 月
草莓酱	400	4												
糖水杏	250	5												
糖水黄桃	500	8												
糖水梨	500	5												
糖水苹果	1 200	8												
苹果酱	800	3												

表 3.3 日处理 50 ~ 100 t 原乳乳品厂产品方案

产品	年产量/t	1月	2月	3月	4月	5月	6月	7月	8月	9月	10月	11月	12月
无菌灌装奶	7 500												
酸奶	2 500												
乳酸菌饮料	7 500												
固体饮料	5 000												
奶油	200												
冰激凌	2 000												
甜炼乳	200												
淡炼乳	200												

表 3.4 产品方案比较与分析表

项目方案	方案一	方案二	方案三
产品年产值			
劳动生产率/[吨/(人·年)]			
平均每人年产值/[元/(人·年)]			
基建投资/元			
经济效益			
水、电、汽消耗量			
员工人数			
原料损耗率			

3.3.4 班产量的确定

食品工厂的生产规模就是食品厂的生产能力,即年产量。根据项目建议书和可行性研究报告,可知生产规模的大小,再结合工厂全年的实际生产日数,就可确定班产量的大小。

食品工厂生产规模确定的正确与否直接影响到工厂投产后的经济效益。同时它也是工艺设计中主要的计算基础,决定设备生产能力的大小、车间布置方案、厂房面积、劳动人员的定员等方面的因素。通常在确定生产规模时需考虑如下几个方面的因素:①国内、国外对产品需求的预测和同类产品在其他食品厂生产能力的大小。②原料供应情况预测。③规模经济分析。规模经济是指生产规模多大时,成本最低,利润最高,或投资效益最好。

一般来说,规模越大,单位产品的固定成本越低,效益越好。但在某些条件不具备的情况下,规模大,销售难,经济效益反而低。所以,对生产规模的确定,一定要经过仔细的调查,周密的分析,选择能够达到经济效益最好的规模进行建厂。

班产量是工艺设计的最主要经济基础,直接影响到车间布置、设备配套、占地面积、劳动定员和产品经济效益。一般情况下,食品工厂班产量越大,单位产品成本越低,效益越好,由于投资局限及其他方面制约,班产量有一定的限制,但是必须达到或超过经济规模的班产量。最适宜的班产量实质上就是经济效益最好的规模。

(1)决定班产量的因素

1)原料的供应量多少。

2)生产季节的长短。

3)延长生产期的条件。

4)定型作业线或主要设备的能力。

5)厂房、公用设施的综合能力。

(2)年产量的确定　年生产能力按如下估算:

$$Q=Q_1+Q_2-Q_3-Q_4+Q_5 \tag{3.1}$$

式中　Q——新建厂某类食品年产量;

Q_1——本地区该类食品消费量;

Q_2——本地区该类食品年调出量;

Q_3——本地区该类食品年调入量;

Q_4——本地区该类食品原有厂家的年产量;

Q_5——本厂准备销出本地区以外的量。

对于淡旺季明显的产品,如饮料、月饼、巧克力可按式(3.2)计算:

$$Q=Q_{旺}+Q_{中}+Q_{淡} \tag{3.2}$$

式中　$Q_{旺}$——旺季产量;

$Q_{中}$——中季产量;

$Q_{淡}$——淡季产量。

(3)生产班制　食品工厂的全年工作日数一般为250~300 d,对于生产性连续强的食品工厂,一般要求每天24 h,3班连续生产;对于连续性不强的食品工厂,每天生产班次为1～2班，淡季一班，中季二班，旺季三班制，这根据食品工厂工艺和原料特性及设备生产能力来决定，若原料供应正常，或厂有冷库储藏室及半成品加工设备，可以延长生产期，不必突击多开班次，这样有利于劳动力平衡、设备利用充分、成品正常销售，便于生产管理，经济效益提高。

(4)工作日及日产量 连续生产工厂全年生产日数为300 d左右，一般不宜少于250 d。

$$T = T_{旺} + T_{中} + T_{淡} \tag{3.3}$$

日产量用公式表示为：

$$Q_{日} = Q_{班} \times nK \tag{3.4}$$

式中 $Q_{日}$——平均日产量，t/d；

$Q_{班}$——班产量，吨/班；

n——生产班次1，2，3；

K——设备不均衡系数。

(5)班产量 班产量可由式(3.5)求得：

$$Q_{班} = \frac{Q}{K(3T_{旺} + 2T_{中} + T_{淡})} \tag{3.5}$$

式中 $Q_{班}$——班产量，吨/班；

Q——年产量，t；

K——设备不均衡系数，可取$K=0.7 \sim 0.8$；

$T_{旺}$、$T_{中}$、$T_{淡}$——旺季、中季、淡季的生产天数。

3.4 生产工艺流程设计原则及设计步骤

生产工艺流程设计是工艺设计的一个重要内容。选用先进合理的工艺流程并进行正确设计对食品工厂建成投产后的产品质量、生产成本、生产能力、操作条件等产生重要影响。工艺流程设计是原料到成品的整个生产过程的设计，是根据原料的性质、成品的要求把所采用的生产过程及设备组合起来，并通过工艺流程图的形式，形象地反映食品生产由原料进入到产品输出的过程，其中包括物料和能量的变化、物料的流向以及生产中所经历的工艺过程和使用的设备仪表。因此，生产工艺流程设计的主要任务包括两个方面：一是确定生产流程中各个生产过程的具体内容、顺序和组合方式，达到由原料制得所需产品的目的；二是绘制工艺流程图，要求以图解的形式表示生产过程中，当原料经过各个单元操作过程制得产品时，物料和能量发生的变化及其流向，以及采用了哪些生产过程和设备，再进一步通过图解形式表示出管道流程和计量控制流程。

3.4.1 工艺流程设计的原则、依据和步骤

3.4.1.1 工艺流程设计的原则

(1)选用先进、成熟、可靠的新工艺、新技术、新设备，生产过程尽量地连续化和机械化。例如，味精厂糖化车间工艺流程设计，传统采用酸法糖化或酶酸法糖化的工艺，现在

采用较先进的双酶法糖化工艺流程，有着转化率高、糖液质量好、提取率及收得率高的优点。应用表明，味精行业采用新糖化技术后，大米糖转化率可达到95%以上，比酸法或酶酸法工艺提高3%～5%，所制得的糖液透光率在85%～90%，比酸法或酶酸法提高1倍左右。

(2)采用先进可行的工艺指标，在能达到该工艺指标的前提下，尽量缩短工艺流程的线路，减少输送设备。

(3)充分利用原料，在获得高产品得率和保证产品质量优良的同时，尽量做到综合利用。

(4)要考虑加工不同原料和生产不同产品的可能性。

(5)要考虑生产调度的许可性，估计到生产中可能发生的故障，使生产能正常进行。

(6)保证安全生产，工艺过程要配备较完善的控制仪表和安全设施，如安全阀、报警器、阻火器、呼吸阀、压力表、温度计等。加热介质尽量采用高温、低压、非易燃易爆物质。

3.4.1.2 工艺流程设计的依据

(1)加工原料的性质　依据加工原料品种和性质的不同，选用和设计不同的工艺流程。如经常需要改变原料品种，就应选择适应多种原料生产的工艺，但这种工艺和设备配置通常较复杂。如加工原料品种单一，应选择单纯的生产工艺，以简化工艺和节省设备投资。

(2)产品质量和品种　依据产品用途和质量等级要求的不同，设计不同的工艺流程。

(3)生产能力　生产能力取决于：原料的来源和数量；配套设备的生产能力；生产的实际情况预测；加工品种的搭配；市场的需求情况。一般生产能力大的工厂，有条件选择较复杂的工艺流程和较先进的设备；生产能力小的工厂，根据条件可选择较简单的工艺流程和设备。

(4)地方条件　在设计工艺流程时，还应考虑当地的工业基础、技术力量、设备制造能力、原材料供应情况及投产后的操作水平等。确定适合当前情况的工艺流程，并对今后的发展做出规划。

(5)辅助材料　如水、电、汽、燃料的预计消耗量和供应量

3.4.1.3 工艺流程设计的步骤

工艺流程设计过程所涉及的内容繁多，往往要经过几个反复才能确定，是一个由定性到定量的过程，可分为以下几个步骤：

(1)工艺流程方块图(定性图)设计

1)确定生产方法和生产过程：在这个阶段，要对工艺流程进行方案比选。因为，一个优秀的工艺流程设计只有在多种方案的比较中才能产生。进行方案比较首先要明确判据，工程上常用的判据有产品得率、原材料消耗、能量消耗、产品成本、工程投资等。此外，也要考虑环保、安全、占地面积等因素。

2)绘制工艺流程方块图。

3)进行工艺计算，包括物料衡算、热量衡算以及用水量、用汽量的计算等。

4)进行设备计算和选型。

(2)绘制工艺流程草图(定量图)

1)验证并优化工艺路线。此时,应初步进行车间平面布置设计,审查生产工艺流程是否合理。

2)确定设备之间的立面连接位置。

(3)绘制正式工艺流程图。

3.4.2 工艺流程图

把各个生产单元按照一定的目的和要求,有机地组合在一起,形成一个完整的生产工艺过程,并用图形描绘出来,即是工艺流程图。工艺流程图的图样有若干种,它们都用来表达生产工艺过程。但由于它们的用途不同,所以在内容、重点和深度方面也不一致,但这些图样之间有紧密联系。

3.4.2.1 工艺流程图的类型

(1)物料流程图　物料流程图(称工艺流程示意图)又可分为全厂物料流程图和车间(工序或工段)物料流程图。全厂物料流程图(或全厂工艺流程图)是在食品工厂设计中,为总说明部分提供的全厂总流程图样。对综合性食品工厂则是全厂物料平衡图。它表明各车间(各工段)之间的物料关系,图上各车间(各工段)用细实线画成方框来表示,流程线可以只画出主要物料,用粗实线表示。流程方向用箭头画在流程线上。图上还注明了车间名称,各车间原料、半成品和成品的名称,平衡数据及来源、去向等。如图3.1所示,是以方框形式表达的车间物料平衡图。

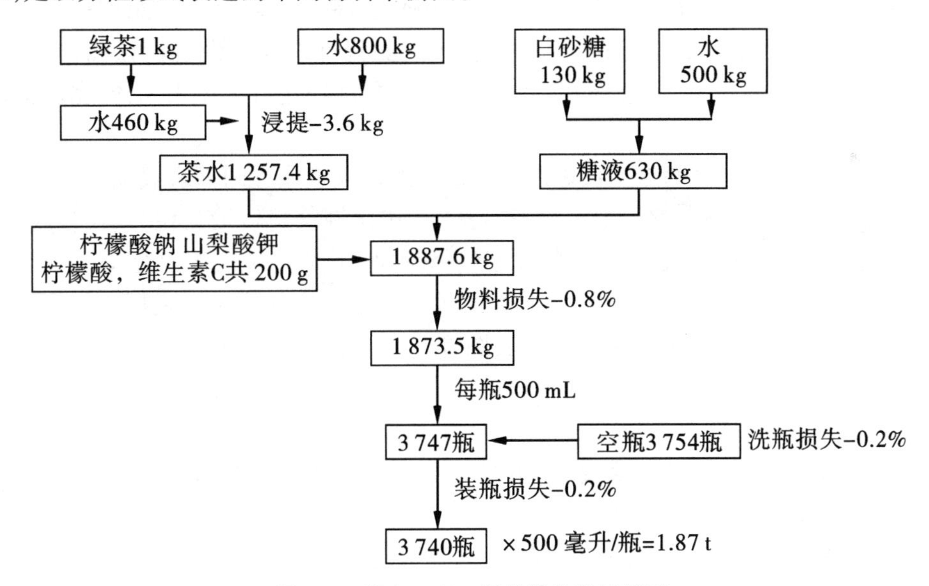

图3.1　班产1.87 t绿茶的物料平衡图

车间物料流程图是在全厂物料流程图的基础上绘制的、表明车间内部工艺物料流程的图样,是进行物料衡算和热量衡算的依据,也是设备选型和设备设计的基础。它可以是用方框的形式来表示生产过程中各工序或设备的简化的工艺流程图。图中应包括工序名称或设备名称、物料流向、工艺条件等。在方框图中,应以箭头表示物料流动方向。

茶饮料生产工艺流程如图 3.2 所示。

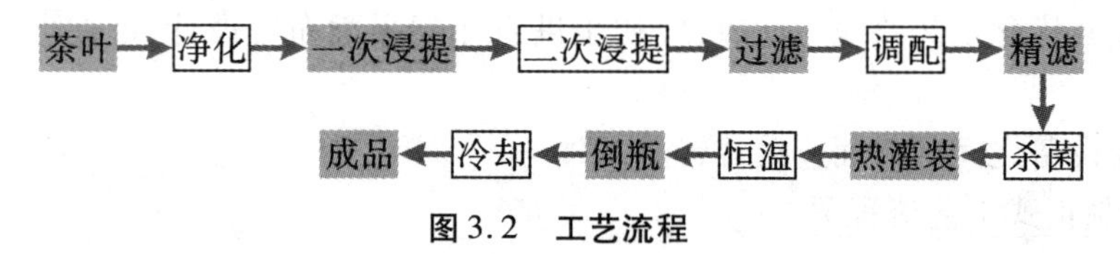

图 3.2 工艺流程

(2)生产工艺流程图 生产工艺流程图是在物料衡算、热量衡算以及设备选型后绘制的。工艺流程图的绘制需大致按比例进行,在图样内容的表达上比物料流程图更为全面。

(3)工艺管道及仪表流程图 工艺管道及仪表流程图又称带控制点工艺流程图,是以物料流程图为依据,在生产工艺流程图的基础上绘制的,内容较为详细,其主要目的和作用是清楚地标出设备、配管、阀门、仪表以及自动控制等方面的内容和数据,直接用于工程施工。

上述三种类型图的差别,主要是反映在工艺流程图上内容的详尽与否。在扩大初步设计阶段,所绘制的流程图称为方案流程图;在工艺计算阶段,所绘制的流程图称为物料流程图;在施工图设计阶段,所绘制的流程图称为施工流程图,也就是带控制点工艺流程图。

3.4.2.2 工艺流程图举例

在物料流程图完成之后,即可着手物料衡算和热量衡算。从计算结果便可知道车间原料、半成品、成品、副产品以及废弃物的流量,由此就可以开始设备设计和设备选型。设备外形尺寸确定之后,结合生产车间的布置,对物料的输送方式做出选择,完成工艺流程图。

工艺流程图相对于作为施工图之用的工艺管道及仪表流程图而言仅能算是草图,因此又称之为工艺流程草图,它一般有设备示意图(按比例绘制)、设备位号、流程线、管线上的主要阀门、附件、计量仪表、必要的文字注释、图例、设备一览表等内容。

在生产工艺比较简单的情况下,生产工艺流程图也可以作为施工之用。但工艺管道及仪表流程图才是施工图设计阶段的主要图样。工艺管道及仪表流程图工艺管道及仪表流程图也称控制点工艺流程图,是工程设计中的重要图种,与之配套的还有辅助管道及仪表流程图、公用系统管道及仪表流程图。它用图示的方法把生产工艺流程和所需的全部设备、管道、阀门及管件和仪表表示出来。它是设计和施工的依据,也是操作运行及检修的指南。

下面举例几种主要罐头产品及乳制品的生产工艺流程。

(1) 蘑菇罐头生产作业线,见图 3.3。

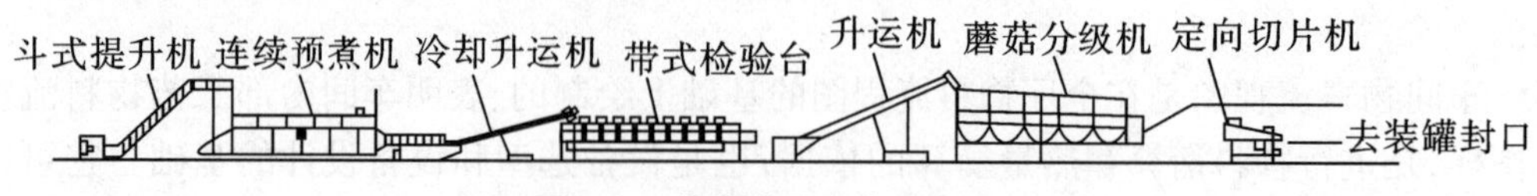

图 3.3 蘑菇罐头生产作业线

(2)青刀豆罐头生产作业线,见图3.4。

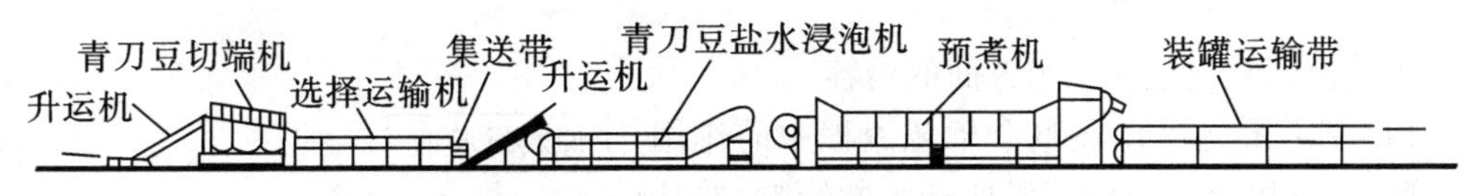

图3.4 青刀豆罐头生产作业线

(3)全脂奶粉生产线,见图3.5。

(4)冰激凌生产工艺,见图3.6。

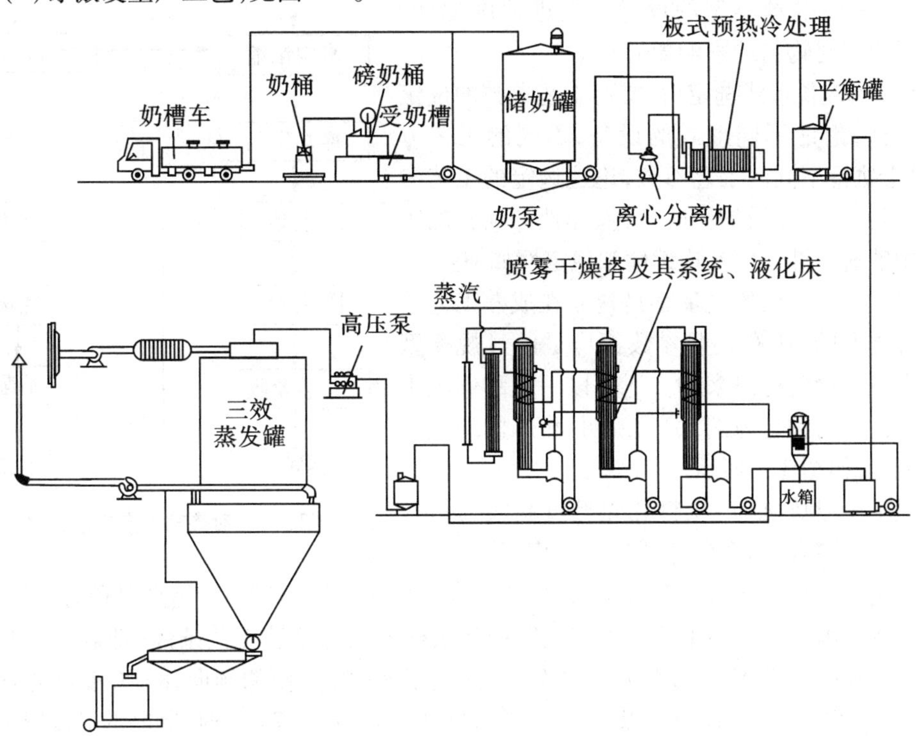

图3.5 全脂奶粉生产工艺流程图

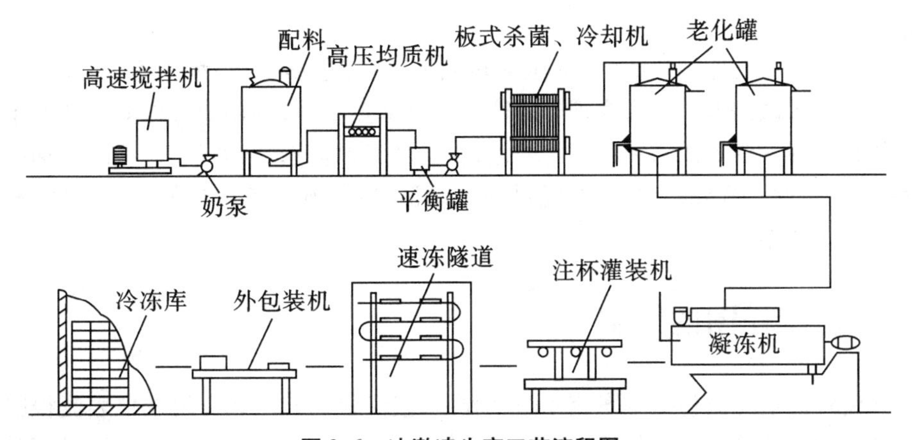

图3.6 冰激凌生产工艺流程图

3.4.3 生产工艺条件论证

工艺论证主要包括三个方面的内容。

(1)基本单元操作在整个工艺流程中的作用和必要性,它将会对前后工段所产生的影响,并从工艺、设备以及对原料的加工利用角度,从理化、生化、微生物以及工艺技术的原理进行阐述。

(2)论述采用何种方法或手段来实现其工艺目的,即采用哪种类型的设备?先进程度如何?加工过程中对物料的影响如何?

(3)当设备形式选定后,要对工艺参数的确定进行论证,论证不同形式的设备,不同的工艺方法,将会执行不同的工艺参数,论述选定的工艺参数对原料、成品品质的影响,可操作性如何?加工过程中的安全性如何?连续性和稳定性如何?

以上三个方面的论证都是建立在成熟工艺条件基础之上的,所有工艺参数都应是经过规模型生产实践的检验得出来的。下面以一般甜炼乳生产工艺流程的确定为例,加以说明:甜炼乳的生产工艺流程,如图 3.7 所示。

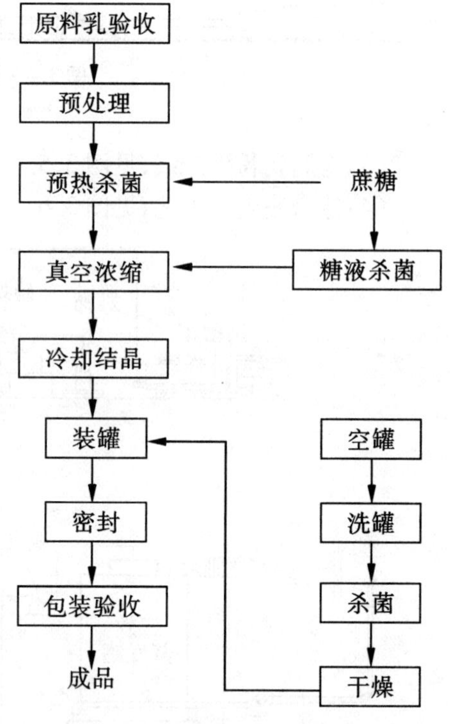

图 3.7 甜炼乳生产工艺流程

在生产甜炼乳时,原料乳先经过验收、称量、净化、冷却、储乳、标准化等预处理工序,然后进行预热杀菌。预热杀菌可以在 63 ℃、30 min 的低温长时间到 150 ℃、超高温瞬时杀菌这样广泛的范围内进行。在本设计中究竟选用什么样的预热杀菌工艺条件(即温度和时间)为最好?经过实践及查阅有关资料发现,预热至 80 ℃有变稠倾向,85 ℃变稠很明显,90 ~ 100 ℃更明显,但在沸点以上,变稠趋势减弱,而在 60 ~ 75 ℃时,制品的黏度降低,特别在 65 ℃以下时,黏度很低,有引起脂肪分离的危险。由此看来,预热杀菌温度在100 ℃左右和 65 ℃以下最不利,而选用 110 ~ 120 ℃瞬时加热或 75 ℃、10 min 左右的加热保温比较适当。

浓缩的方法有常压加热浓缩、减压加热浓缩、冷冻浓缩、离心浓缩等,而在本设计中究竟选用哪一种浓缩方法较为合理?若选用真空加热浓缩,则还要考虑究竟选用单效盘管浓缩锅还是连续多效浓缩装置。此外,蒸发温度又如何选择为好?这些问题均要进行论证后确定。食品生产的工艺流程经过逐步论证之后,确定了最佳的工艺条件,从而设计计算就有了依据。

3.5 工艺流程图的绘制

工艺流程图的绘制包括方案流程图、生产工艺流程图和工艺管道及仪表流程图的绘制。工艺流程图的绘制是工艺设计的关键文件。它表示工艺过程选用设备的排列情况、物流的连接、物流的流量和组成以及操作的条件。人们阅读图纸后,会对该工艺设计的总体部分有一个大致的轮廓和印象。

工艺流程图的图幅一般采用 A2 或者 A3,也可以是它的加长图,但不宜太长,以阅读方便为前提,所以必要时可以适当缩小比例进行绘制。一般流程图用展开画法,实际上并不全按比例绘制,故标题栏内不予注明比例大小。

3.5.1 方案流程图的绘制

方案流程图是用来表达物料从原料到成品或半成品的工艺过程,表达整个工厂或者某个车间生产流程以及所使用的设备的图样。主要将各设备的简单外形按工艺流程次序,从左至右展开在同一平面上,然后绘图例,最后设备一览表和标题栏。图 3.8 所示为残液蒸馏处理系统的方案流程图。

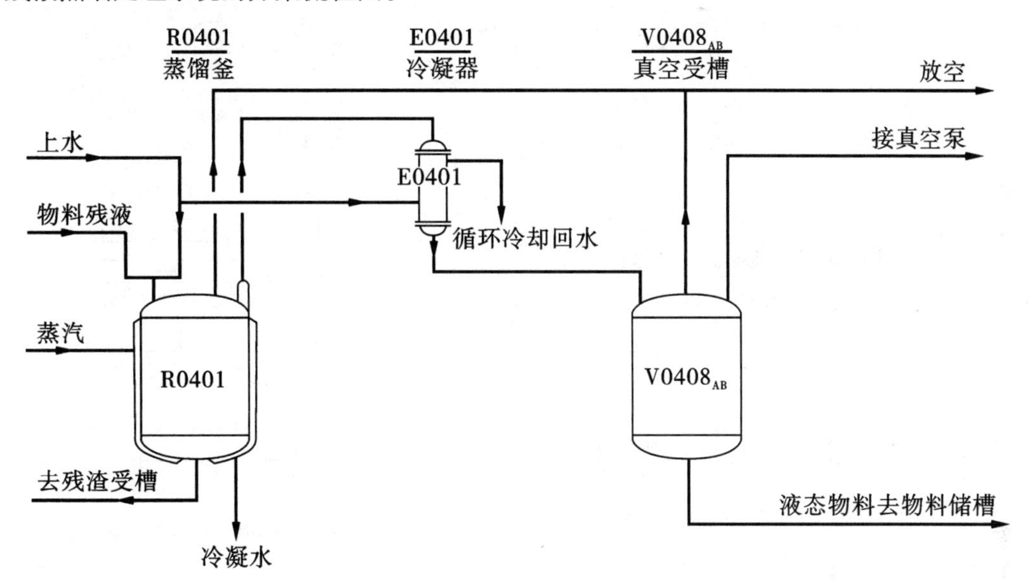

图 3.8 残液蒸馏处理系统的方案流程图

从图 3.8 中可知,方案流程图主要包括以下三方面内容。

3.5.1.1 主要设备

用细实线表示生产过程中所使用的设备、机器示意图,并用文字、字母或者数字标注设备的名称和位号。

在绘制方案流程图时,设备按流程顺序用细实线画出其大致轮廓或示意图,一般不按比例,但应保持它们的相对大小,同一张图中,同类设备的外形尺寸和比例应有一个定值或一规定范围;各图例在绘制时允许方位变化,或者进行组合或叠加。各设备的高低位置及设备上重要接口的位置应基本符合实际情况,各设备之间应保留适当距离以布置流程线。同样的设备可只画一套,备用设备可省略不画。常用设备图例见表 3.5。

表3.5　常用设备、机器图例

设备类别及代号	图　例	设备类别及代号	图　例
塔(T)	填料塔　筛板塔　浮阀塔　泡罩塔	工业炉(F)	箱式炉　圆筒炉　圆筒炉
塔内件	降液管　受液管　升气管 浮阀塔塔板　泡罩塔塔板　格栅板 球塔　泡罩塔塔板　格栅板 筛板塔塔板　丝网除沫层　填料除沫层	鼓风机压缩机(C)	鼓风机　卧式旋转式压缩机　立式旋转式压缩机 离心式压缩机　往复式压缩机 二段往复式压缩机　四段往复式压缩机
反应器(R)	变换器　转化器　聚合釜	换热器冷却器蒸发器(E)	固定管板式换热器 浮头式换热器　平板式换热器 冷却器 蒸发器
称重设备(W)	带式定量给料称　地上衡		
泵(P)	离心泵　液下泵　齿轮泵 螺杆泵　活塞泵　柱塞泵		

续表3.5　常用设备、机器图例

设备类别及代号	图　例	设备类别及代号	图　例
容器槽、罐(V)	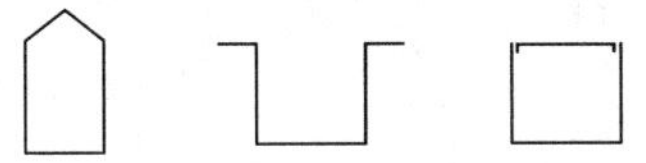 锥顶罐　地下半地下池槽坑　浮顶罐 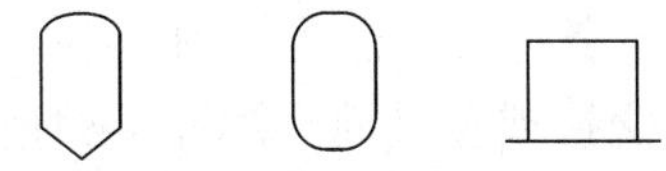 圆顶锥底罐　蝶形封头容器　平顶容器 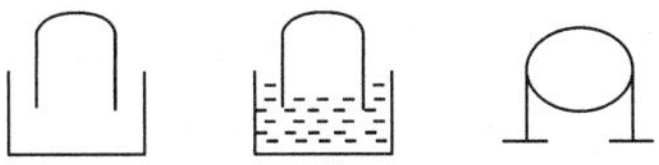 干式气柜　湿式气柜　球罐 卧式容器　卧式容器 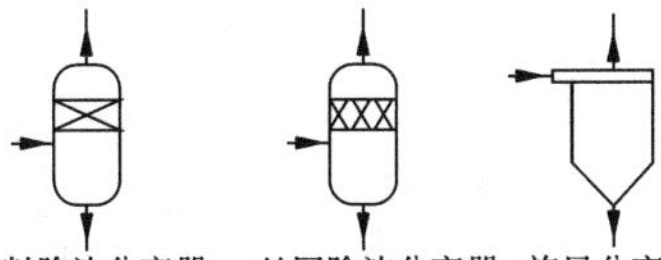 填料除沫分离器　丝网除沫分离器　旋风分离器 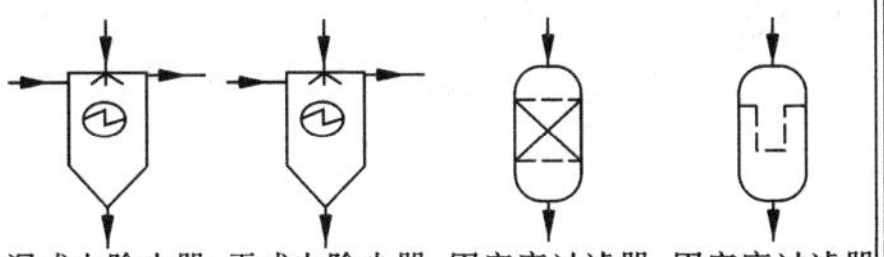 湿式电除尘器　干式电除尘器　固定床过滤器　固定床过滤器	起重机械设备(L)	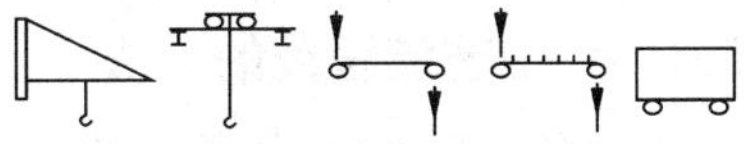 手动葫芦　手动单梁起重机　带式输送机　刮板输送机　手推车 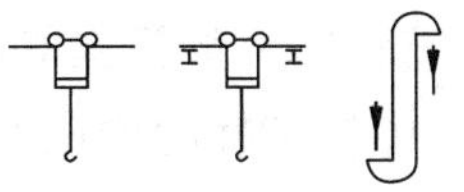 电动葫芦　电动单梁起重机　斗式提升机
		其他机械设备(M)	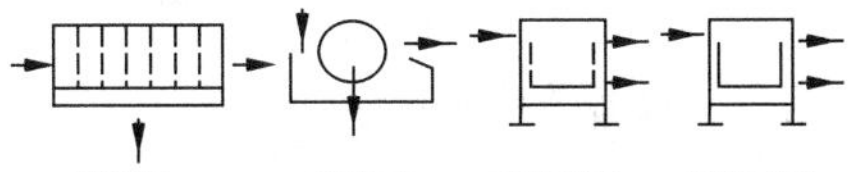 压滤机　转鼓式过滤机　有孔壳体离心机　无孔壳体离心机 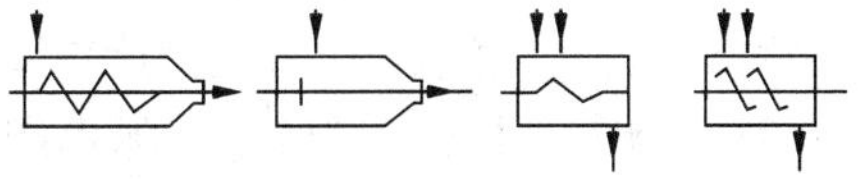 螺杆压力机　挤压机　揉合机　混合机

设备一般在两个地方标注：一是在设备的上方或下方进行标注，要求排列整齐，并尽可能正对设备。标注形式如分式，在位号的上方（分子）标注设备位号，在位号的下方（分母）标注设备名称。二是在设备内或其近旁进行标注，仅标注设备位号，不标注设备名称。设备位号由设备分类代号、车间（或工段）号、设备序号和相同设备序号组成，如图3.9所示。设备位号在整个车间内不得重复。施工图设计与初步设计流程图中设备编号应一致。如果施工图设计中设备有增减，则位号应按顺序补充或取消，另外施工图和初步设计图中的设备名称保持一致，对于同一设备，在不同设计阶段必须是同一位号。

3.5.1.2 **工艺流程**

用粗实线表达物料由原料到成品或半成品的工艺流程路线；用文字注明各管道路线的名称；用箭头注明物料的流向。

近年来，为了给进一步讨论和设计提供更详细的资料，常在方案流程图上画出工艺流程中流量、温度、压力、液面以及成分分析等测量控制点，这种图同物料流程图和施工图比较接近。

3.5.1.3 **工艺流程线的画法**

在方案流程图中，用粗实线来绘制主要物料的工艺流程线，用箭头标明物料的流向，并在流程线的起始和终止位置注明物料的名称、来源和去向。

在方案流程图中，一般只画出主要工艺流程线，其他辅助流程线则不必一一画出。

如遇到流程线之间或流程线与设备之间发生交错或重叠而实际并不相连时，应将其中的一线断开或曲折绕过，如图 3.10 所示，断开处的间隙应为线宽的 5 倍左右。

方案流程图一般只保留在设计说明书中，施工时不使用，因此，方案流程图的图幅无统一规定，图框和标题栏也可以省略。

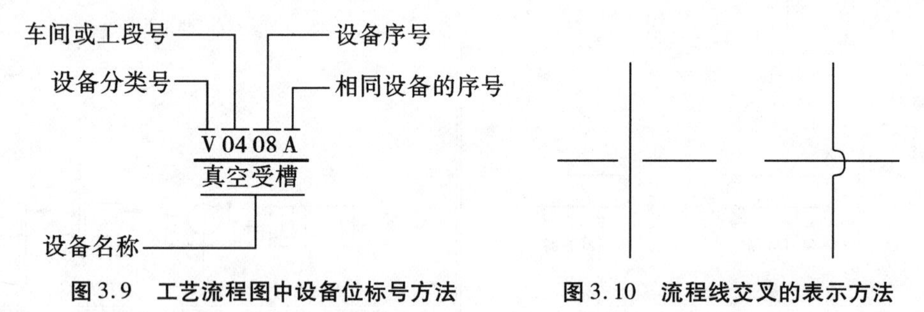

图 3.9 工艺流程图中设备位标号方法　　**图 3.10 流程线交叉的表示方法**

3.5.2 生产工艺流程图的绘制

生产工艺流程图也称为物料流程图，是在方案流程图的基础上，进行物料衡算和热量衡算，以图形和表格相结合的形式，反映设计计算结果，表达各车间内部工艺物料流程的图样，为审查提供资料，为实际生产操作提供参考，为施工图设计提供依据。

生产工艺流程图画法是按照工艺流程次序，从左至右画出一系列设备的示意图，并配以物料流程线和必要的标注与说明。在流程上标注出个物料的组分、流量以及设备特性数据等。如果生产工艺比较简单，也可以作为施工图用。生产工艺流程图如图 3.11 所示。

从图 3.11 中可以看出，生产工艺流程图与方案流程图相比，增加了以下内容：

(1)在设备位号及名称的下方加注了设备特性数据或参数，如换热设备的换热面积，塔设备的直径、高度，储罐的容积，机器的型号等；

(2)在流程的起始处以及使物料产生变化的设备后，列表注明物料变化前后其组分的名称、流量(kg/h)、摩尔分率(%)等参数及各项的总和，实际书写项目依具体情况而定。表格线和指引线都用细实线绘制。

(3)物料在流程中的一些工艺参数(如温度、压力等)可在流程线旁注写。

(4)物料流程图需画出图框和标题栏，图幅大小要符合《技术制图》相关标准。

生产工艺流程图中设备示意图和流程线的画法和规定同方案流程图。

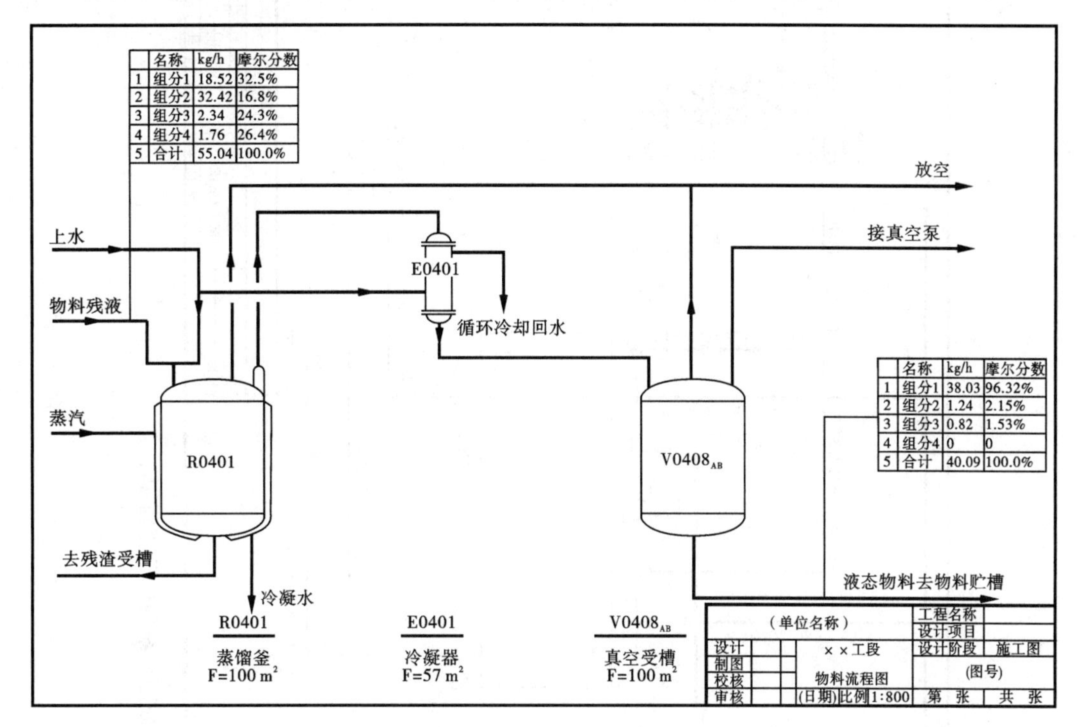

图3.11　生产工艺流程图

3.5.3　工艺管道及仪表流程图的绘制

工艺管道及仪表流程图又称为带控制点工艺流程图，是内容较为详细的一种工艺流程图。在图中应把生产中涉及的所有设备、管道、阀门以及各种仪表控制点等都画出。它是设计、绘制设备布置图和管道布置图的基础，又是施工安装和生产操作时的主要参考依据。图3.12所示为某物料残液蒸馏处理系统的施工流程图。

从图中可知，施工流程图的内容主要有：

① 设备示意图——带接管口的设备示意图，注写设备位号及名称。

② 管道流程线——带阀门等管件和仪表控制点(测温、测压、测流量及分析点等)的管道流程线，注写管道代号。

③ 对阀门等管件和仪表控制点的图例符号的说明以及标题栏等。

带控制点工艺流程图中设备示意图和流程线的画法和规定与方案流程图的绘制方法相同，不同的是带控制点工艺流程图中有管路和仪表，所以下面着重讲解管路和仪表的画法。

3.5.3.1　管道流程线的画法及标注

(1)管道流程线的画法　在施工流程图中，一般应画出所有工艺物料和辅助物料(如蒸汽、冷却水)的管道。当辅助管道系统比较简单时，可将其总管道绘制在流程图的上方，其支管道则引至有关设备。当辅助管道比较复杂时，另绘制管道系统图予以补充，此时流程图中只绘制与设备相连接位置的一段辅助管路(包括操作所需的阀门)。

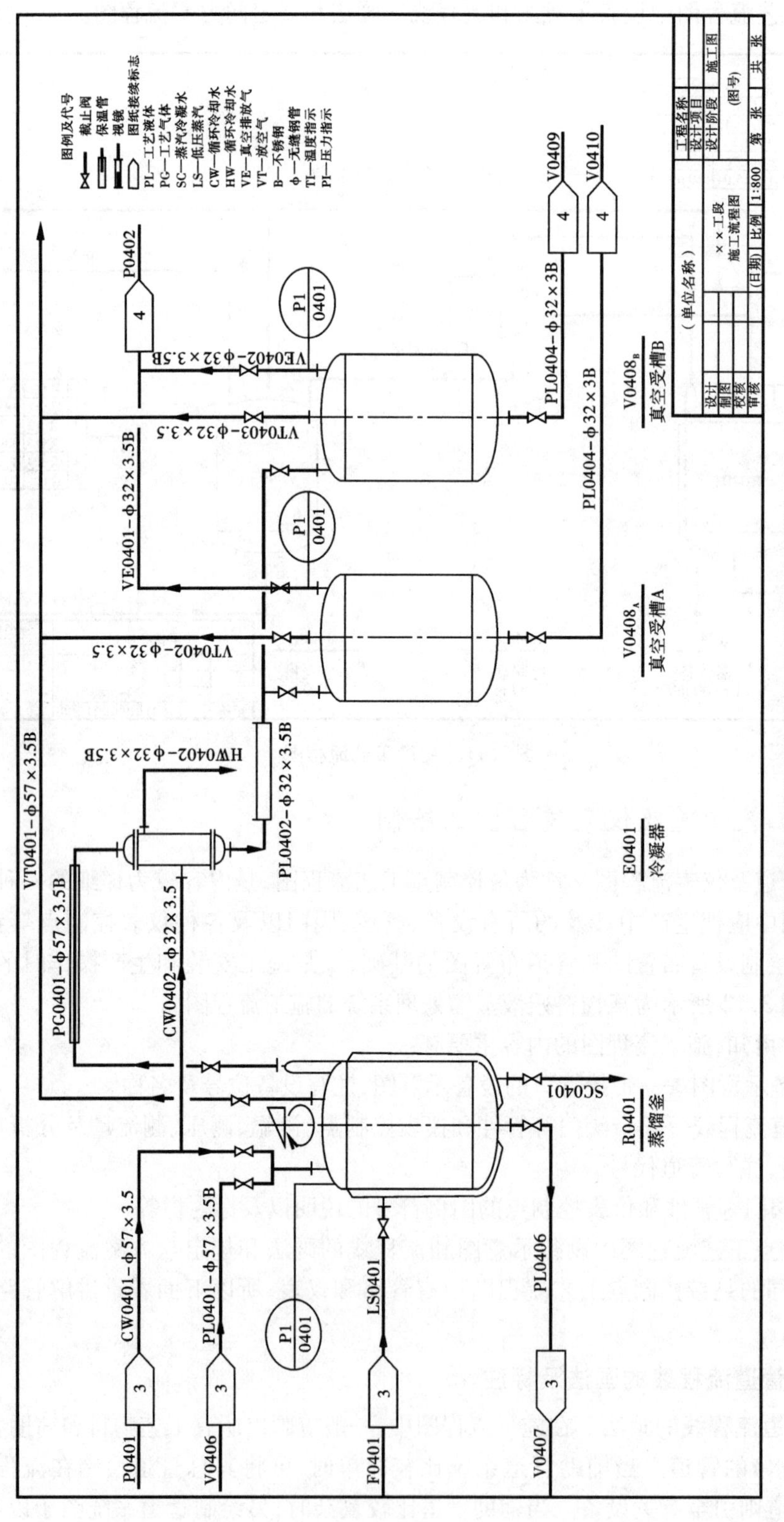

图3.12 某物料残液蒸馏处理系统的施工流程图

起不同作用的管道用不同规格的图线表示，工艺物料管道用粗实线(b=0.9 mm)绘制，辅助管道用中实线(0.6 mm)，仪表管路则用细虚线或细实线(0.3 mm)表示。有关各种常用管道的规定线型见表3.6。

表3.6　常用管道线路的表达方式

名称	图例	名称	图例
主要物料管道	b=0.9 mm	蒸汽伴热管	
主要物料埋地管道	b	电伴热管	
辅助物料及公用系统管道	(1/2 ~ 2/3)b	保温管	
辅助物料及公用系统埋地管道	(1/2 ~ 2/3)b	夹套管	
仪表管路	(1/3)b	保护管	
原有管路	b	柔性管	
		异径管	

在绘制管道时，管道流程线要用水平和垂直线表示，不允许用斜线。另外尽量注意管道避免穿过设备或交叉。不可避免时，在管道交叉处，把其中的一条断开，如图3.10(前面流程图中)所示。管道转弯时，一律画成直角。

管道流程线上应用箭头表示物料的流向。图中的管道与其他图纸有关时，应将其端点绘制在图的左方或右方，并用空心箭头标出物料的流向(入或出)，在空心箭头内注明与其相关图纸的图号或序号，在其附近注明来或去的设备位号或管道号，空心箭头的画法如图3.13所示。

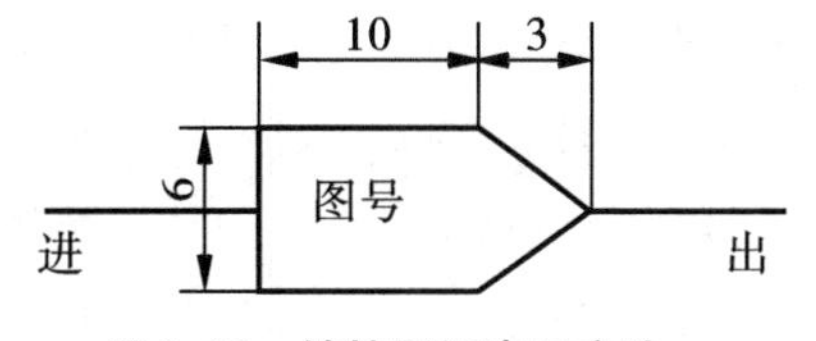

图3.13　续接图纸表示方法

(2)管道流程线的标注　施工流程图中的每条管道都要标注管道代号。横向管道的管道代号注写在管道线的上方，竖向管道则注写在管道线左侧，字头向左。管道代号主要包括：公称直径、介质代号、顺序号、管道等级、隔热要求及管道类别组成，如图3.14所示。对于有隔热(或隔音)要求的管道，将隔热(或隔音)代号注写在管径代号之后，其格式如图3.14、图3.15所示。在管道代号中，物料代号见表3.7。管径一般标注公称直径，公制管只标数字，单位(mm)省略不注；英制管需标出单位。管道材料代号和隔热隔音代号可分别参考表3.8、表3.9。管道顺序号可按工艺流程顺序编写，其中第一位数字为工段(或分区号)，如果工段有10个以上，则可用两位数字表示。如图3.15中的"2006"即第二工段中该物料管道的第6段。有些图样不按物料编号，而是用与物料管道相连接的设备编号和管道编号表示，具有容易辨识的特点，给施工安装带来方便。一般第二、三位数字表示管道连接的设备编号；第四位数字表示与该设备连接的管道编号。例如图3.14

的“1205”表示与第1工段第20号设备连接的第5段管道。管道等级号是按照温度、压力、介质腐蚀等情况，预先设计各种不同管材、壁厚及阀门等附件的规格，做出等级规定，管道标注等级号，便于按等级规定施工。

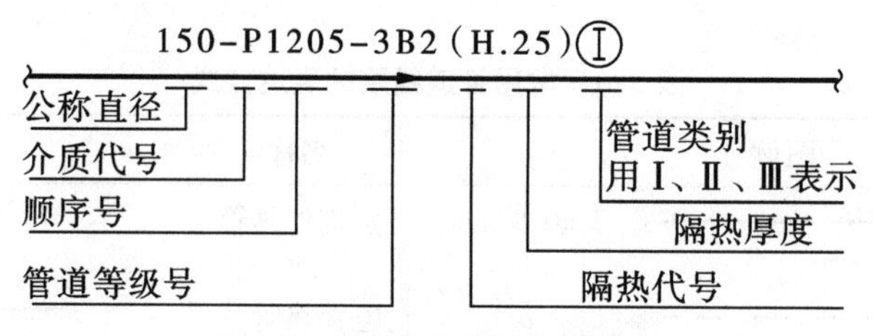

图3.14 管道代号的注写格式

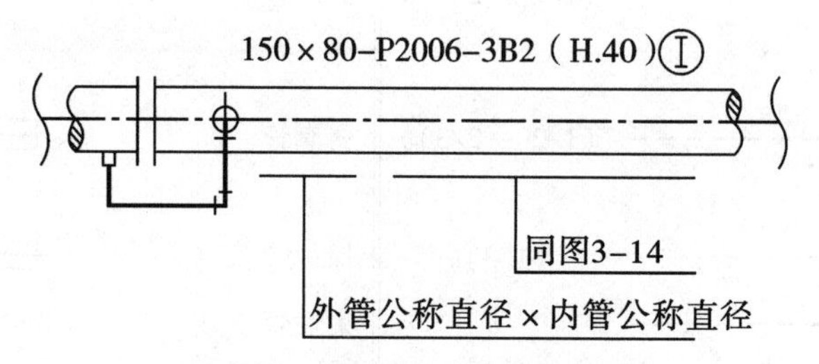

图3.15 夹套管管号的表示方法

表3.7 物料名称及代号

代号	物料名称	代号	物料名称	代号	物料名称	代号	物料名称
A	空气	DR	排液、排水	IA	仪表空气	PW	工艺水
AM	氨	DW	饮用水	IG	惰性气体	R	冷冻剂
BD	排污	F	火炬排放气	LO	润滑油	RO	原料油
BF	锅炉给水	FG	燃料气	LS	低压蒸汽	RW	原水
BR	盐水	FO	燃料油	MS	中压蒸汽	SC	蒸汽冷凝水
CA	压缩空气	FS	熔盐	NG	天然气	SL	泥浆
CS	化学污水	GO	填料油	N	氮	SO	密封油
CW	循环冷却水上水	H	氢	O	氧	SW	软水
CWR	冷冻盐水回水	HM	载热体	PA	工艺空气	TS	伴热蒸汽
CWS	冷冻盐水上水	HS	高压蒸汽	PG	工艺气体	VE	真空排放气
DM	脱盐水	HW	循环冷却水回水	PL	工艺液体	VT	放空气

表3.8　管道材料代号

材料类别	铸铁	碳钢	普通低合钢	合金钢	不锈钢	有色金属	非金属	衬里及内防腐
代号	A	B	C	D	E	F	G	H

表3.9　隔热类别代号

隔热类型	代号
保温	H
保冷	C
蒸汽伴热	ST
热水伴热	HWT
冷水伴冷	CWT
防烫保温	PP

3.5.3.2　阀门等管件的画法与标注

管道上的管道附件有阀门、管接头、异径管接头、弯头、三通、四通、法兰、盲板等。这些管件可以使管道改换方向、变化口径，可以连通和分流以及调节和切换管道中的流体。

在管道布置图中，管件一般用简单的图形和符号表示，并在管道相应位置处画出。常用阀门的图形符号见表3.10，阀门图形符号一般长为6 mm，宽为3 mm（或者长8 mm，宽4 mm），且用细实线绘制。其他常用管件的图形符号如图3.16所示。

为了安装和检修等目的所加的法兰、螺纹连接件等也应在施工流程图中画出。

管道上的阀门、管件要按需要进行标注。当它们的公称直径同所在管道通径不同时，要注出它们的尺寸。当阀门两端的管道等级不同时，应标出管道等级的分界线，阀门的等级应满足高等级管的要求。对于异径管标注大端公称通径乘以小端公称通径。

表3.10　常用阀门的图形符号

名称	符号	名称	符号
截止阀		弹簧式安全阀	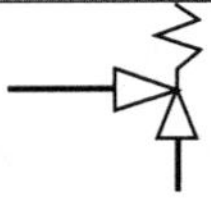
闸阀		旋塞阀	
节流阀		角阀	
球阀		三通阀	
碟阀		四通阀	
止回阀			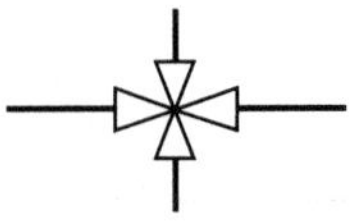
减压阀			

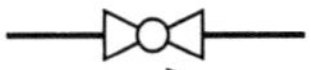

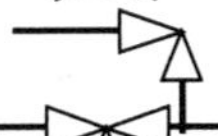

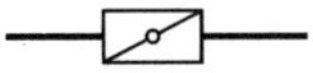

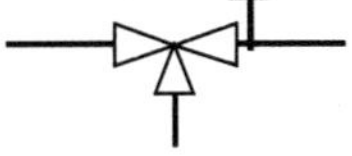

3.5.3.3 仪表控制点的画法与标注

在施工流程图上要画出所有与工艺有关的检测仪表、调节控制系统、分析取样点和取样阀(组),这些仪表控制点用细实线在相应的管道上的大致安装位置用规定符号画出。该符号包括图形符号和字母代号,它们组合起来表达工业仪表所处理的被测变量和功能,或表示仪表、设备、元件、管线的名称。

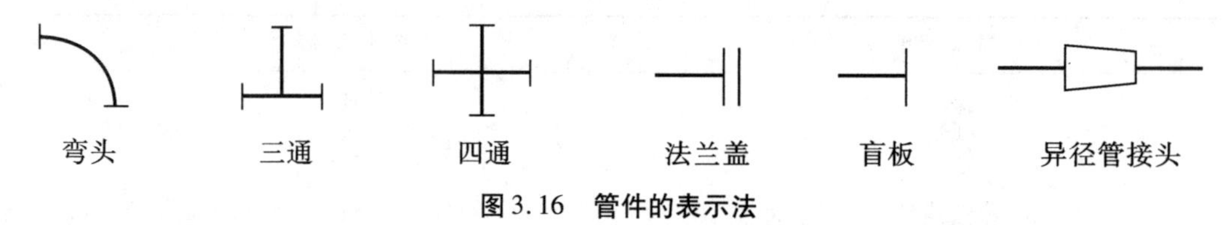

图 3.16 管件的表示法

(1)图形符号 检测、显示、控制等仪表的图形符号是一个细实线圆,其直径约为 10 mm,圈外用一条细实线指向工艺管线或设备轮廓线上的检测点,如图 3.17 所示。表示仪表安装位置的图形符号见表 3.11。

表 3.11 仪器安装位置的图形符号

安装位置	图形符号	安装位置	图形符号
就地安装仪表		就地安装仪表(嵌在管道中)	
集中仪表盘面安装仪表		集中仪表盘后面安装仪表	
就地仪表盘面安装仪表		就地仪表盘后面安装仪表	

(2)仪表位号 在检测系统中,构成一个回路的每个仪表(或元件)都有自己的仪表号。仪表位号由字母代号组合与阿拉伯数字编号组成。如图 3.18 所示。仪表位号的标注方法是把字母代号填写在圆圈的上半圆中,数字编号填写在圆圈的下半圆中。其中,上半圆中第一位字母表示被测变量,常用的参量代号见表 3.12 所示;后继数字编号表示工段号和回路顺序号,一般用三位或四位数字表示;下半圆中字母表示仪表的功能,常用的仪表功能代号如表 3.12 所示。

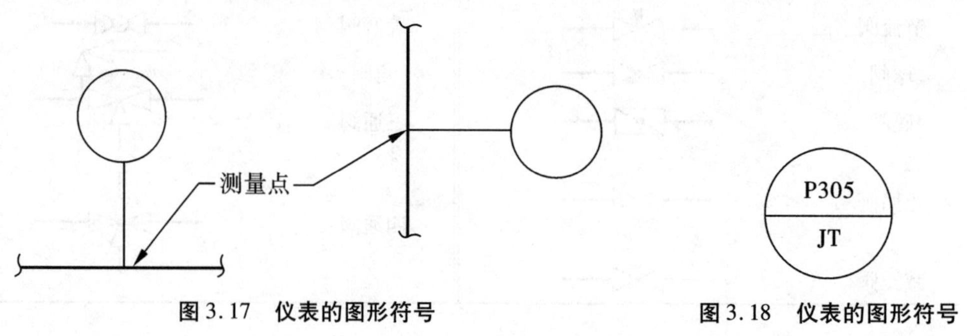

图 3.17 仪表的图形符号

图 3.18 仪表的图形符号

表 3.12　被测量变量和仪表功能的字母代号

	第一位字母		第二位字母		
	被测变量或初始变量	修饰词	读出功能	输出功能	修饰词
A	分析		报警		
B	烧嘴、火焰		供选用	供选用	供选用
C	电导率			控制	
D	密度	差			
E	电压(电动势)		检测元件		
F	流量	比(分数)			
G	供选用		视镜、观察		
H	手动				高
I	电流		指示		
J	功率	扫描			
K	时间、时间程序	变化频率		操作器	
L	物位		灯		低
M	水分或湿度	瞬动			中、中间
N	供选用		供选用	供选用	供选用
O	供选用		节流孔		
P	压力、真空		连接点、测试点		
Q	数量	积算、累计			
R	核辐射		记录		
S	速度、频率	安全		开关联锁	
T	温度			传送	
U	多变量		多功能	多功能	多功能
V	振动、机械监视			阀、风门、百叶窗	
W	重量、力		套管		
X	未分类	X 轴	未分类	未分类	未分类
Y	事件、状态	Y 轴		继动器、计算器、转换器	
Z	位置	Z 轴		驱动器、执行机构未分类的最终执行元件	

表 3.12 的几点说明如下：

(1)“供选用”指的是在个别设计中多次使用，而表中没有规定其含义。

(2)字母“X”未分类，即表中未规定其含义。适用于在设计中一次或有限几次使用。

(3)后续字母确切含义，根据实际需要可以有不同的解释。

(4)被测变量的任何第一位字母若与修饰字母 D(差)、F(比)、M(瞬间)、K(变化频率)、Q(积算、累计)中任何一个组合在一起，则表示另外一种含义的被测变量。例如 TD1

和 T1 分别表示温差指示和温度指示。

(5)分析变量的字母“A”,当有必要表明具体的分析项目时,在圆圈外右上方写出具体的分析项目。例如:分析二氧化碳,圆圈内标 A,圆圈外标注 CO_2。

(6)用后续字母“Y”表示继动或计算功能时,应在仪表圆圈外(一般在右上方)标注它的具体功能。如果功能明显时,也可以不标注。

(7)后续字母修饰词 H(高)、M(中)、L(低)可分别写在仪表圆圈外的右上方。

(8)当 H(高)、L(低)用来表示阀或其他开关装置的位置时,“H”表示阀在全开式接近全开位置,“L” 表示阀在全关式接近全关位置。

(9)后续字母“K”表示设置在控制回路内的自动-手动操作器。例如流量控制回路的自动-手动操作器为“FK”,它区别于 HC——手动操作器

3.6 工艺计算

食品工厂工艺计算主要是应用守恒定律来研究生产过程的物料衡算和热量衡算问题。物料衡算和能量衡算是进行食品工厂工艺设计、过程经济评价、节能分析以及过程优化的基础。此外,还要对生产用水、用汽做出计算。

3.6.1 物料衡算

物料衡算是工艺计算中最基本也是最重要的内容之一,它是能量衡算的基础。物料衡算的理论依据是质量守恒定律,即在一个孤立体系中,不论物质发生任何变化,它的质量始终不变(不包括核反应,因为核反应能量变化非常大,此定律不适用)。根据这一定律,输入某一设备的原料量必定等于生产后所得产品的量加上生产过程中物料损失的量。物料衡算适用于整个生产过程,也适用于生产过程的每一阶段。计算时,既可做总的物料衡算,也可以对混合物中某一组分做物料衡算。

经过物料衡算,可以得出加入设备和离开设备的物料(包括原料、中间产品、产品)各组分的质量和体积。由此可以进一步计算出产品的原料消耗定额、昼夜或年消耗量,以及有关的排出物料量。在设计中往往要进行全厂的物料衡算和工序的物料衡算两种计算,根据计算结果分别绘制出全厂的物料平衡图和工序的物料平衡图。

3.6.1.1 物料衡算的作用

(1)取得原料、辅助材料的消耗量及主、副产品的得率。

(2)为热量衡算、设备计算和设备选型提供依据。

(3)是编制设计说明书的原始资料。

(4)帮助制定最经济合理的工艺条件,确定最佳工艺路线。

(5)为成本核算提供计算依据。

3.6.1.2 物料衡算的依据

(1)生产工艺流程示意图。

(2)所需的理化参数和选定的工艺参数,产成品的质量指标。

3.6.1.3 物料衡算的结果

(1)加入设备和离开设备的物料各组分名称。

(2)各组分的质量。

(3)各组分的成分。

(4)各组分的100%物料质量(即干物料量)。

(5)各组分物料的相对密度。

(6)各组分物料的体积。

3.6.1.4　计算步骤

(1)收集计算数据,列出已知条件和选定工艺参数。

(2)按工艺流程顺序用方块图和箭头画出物料衡算示意图。图中用简单的方框表示过程中的设备,用线条和箭头表示每个流股的途径和流向,并标出每个流股的已知变量(如流量、组成)及单位。对一些未知的变量,可用符号表示。

(3)选定计算基准,一般以 t/d 或 kg/h 为单位。

(4)列出物料衡算式,然后用数学方法求解。

在食品生产过程中,一些只有物理变化、未发生化学反应的单元操作,如混合、蒸馏、干燥、吸收、结晶、萃取等,这些过程可以根据物料衡算式,列出总物料和各组分的衡算式,再用代数法求解。

图3.19表示无化学反应的连续过程物料流程图中方框表示一个体系,虚线表示体系边界。有三个流股,即进料 F、出料 P 和出料 W,有两个组分,每个流股的流量及组成如图所示。图中 x 为质量分数。

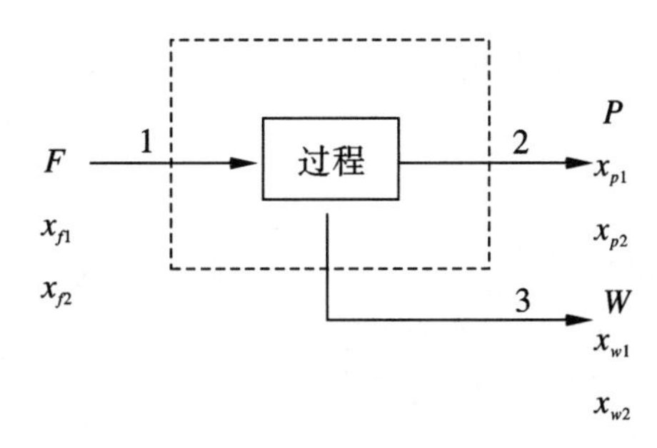

图3.19　无化学反应的连续过程物料流程

无化学反应的连续过程物料流程可列出物料衡算式:

总物料衡算式

$$F=P+W \tag{3.6}$$

每种组分衡算式

$$F \cdot x_{f1}=P \cdot x_{p1}+W \cdot x_{w1} \tag{3.7}$$

$$F \cdot x_{f2}=P \cdot x_{p2}+W \cdot x_{w2} \tag{3.8}$$

(5)将计算结果用物料平衡图或物料平衡表(输入-输出物料平衡表)表示。物料平衡图是根据任何一种物料的质量与经过加工处理后得到的成品及少量损耗之和在数值上是相等的原理绘制的。平衡图的内容包括:物料名称、质量、物料流向、投料顺序等。绘制平衡图(见图3.20)时,实线箭头表示物料主流向,必要时用细实线表示物料支流向。

(6)校核计算结果。

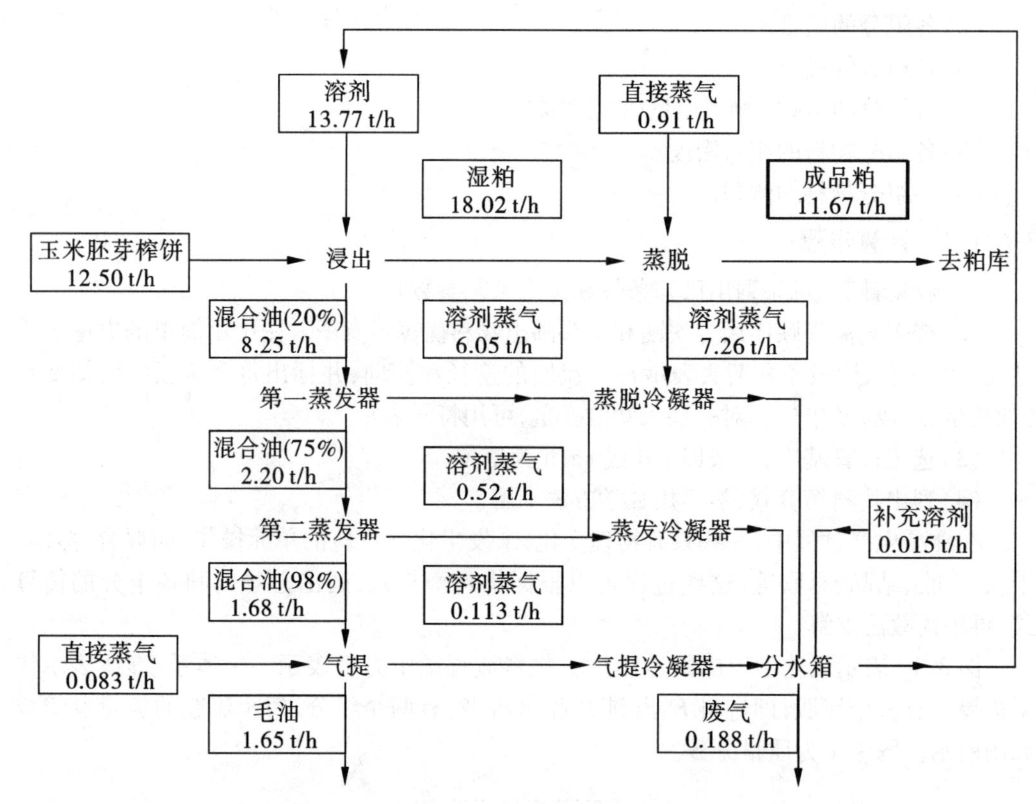

图 3.20 油脂浸出车间混合油蒸发工序物料平衡图

3.6.1.5 物料衡算计算题

【例 3.1】 将含有 40%(质量百分率,下同)硫酸的废液与 98% 浓硫酸混合生产 90% 的硫酸,产量为 1 000 kg/h。各溶液的第二组分为水,试完成其物料衡算。

解 (1)求解系统为简单的混合系统。

(2)计算基准:1 h。

(3)设 40% 硫酸的废液为 F_1;98% 浓硫酸为 F_2;90% 硫酸为 F_3。

(4)应用通式可列出衡算式。

水的平衡:$0.60F_1+0.02F_2=1\ 000\ kg/h\times0.1$

总体衡算:$F_1+F_2=F_3=1\ 000\ kg/h$

联解以上两式得:$F_1=138\ kg/h$

$F_2=862\ kg/h$

【例 3.2】 年产 2 000 t 大豆发酵饮料的物料计算。

(1)大豆发酵饮料生产工艺流程图

大豆→筛选→热烫→浸泡→磨浆→均质→暂存(需加糖)→熟化与杀菌→冷却→发酵→调配→均质→罐装→杀菌→冷却→检验→成品

(2)工艺技术经济指标及基础数据

1)主要工艺技术经济指标及基础数据见表3.13。

表3.13 大豆发酵饮料主要工艺技术经济指标及基础数据

指标名称	指标	指标名称	指标
生产规模	2 000(t/a)	磨浆浆液损失率	1%
生产天数	250(d/a)	饮料含糖量	9%
发酵周期	72 h	发酵菌液添加量	4%
日产量	8(t/a)	检样损失系数	0.6%
出浆率(豆:浆)	1:14	罐装浆液损失率	0.8%

2)调配时添加配料配方见表3.14。

表3.14 配料配方

序号	配料名称	添加比例	序号	配料名称	添加比例
1	多聚磷酸盐	0.015%	4	水	稳定剂的50倍
2	乳酸、柠檬酸	0.32%	5	乳化剂	0.02%
3	稳定剂	0.5%	6	糖	水的9%

注:百分比均为质量分数

(3)以1 t大豆(原料量)为计算基准进行计算

1)1 t大豆出浆

$$(14-14\times1\%)\times10^3\ kg=13\ 860\ kg$$

2)暂存时需加糖

$$13\ 860\ kg\times9\%=1\ 247.4\ kg$$

此时豆液质量

$$13\ 860+1\ 247.4=15\ 107.4\ kg$$

3)发酵时需加入发酵菌液

$$15\ 107.4\times4\%=604.296\ kg$$

发酵时豆液质量

$$15\ 107.4+604.296=15\ 711.696\ kg$$

4)除去0.6%的检样损失,调配时豆液质量

$$15\ 711.696-15\ 711.696\times0.6\%=15\ 617.426\ kg$$

5)调配时,各配料加入量 计算结果见表3.15。

表 3.15 各配料加入量

序号	配料名称	添加量/kg
1	多聚磷酸盐	15 617.426×0.015% = 2.343
2	乳酸、柠檬酸	15 617.426×0.32% = 49.976
3	稳定剂	15 617.426×0.5% = 78.087
4	水	78.087×50 = 3 904.356
5	乳化剂	15 617.426×0.02% = 3.123
6	糖	3 904.356×9% = 351.392
	合计	4 389.277

6）调配后浆液质量

$$15\ 617.426+4\ 389.277=20\ 006.703\ \text{kg}$$

7）减去罐装损失，1 t 大豆可生产饮料量

$$20\ 006.703-20\ 006.703\times0.8\%=19\ 846.649\ \text{kg}$$

（4）年产 2 000 t 大豆发酵饮料所需原料、辅料量　计算结果见表 3.16。

表 3.16 年产 2 000 t 大豆发酵饮料所需原料、辅料量

物料名称	物料量/kg	每日物料量/kg
大豆	100 772.68	403.09
糖	161 114.56	644.46
多聚磷酸盐	236.11	0.94
乳酸、柠檬酸	5 036.22	20.14
稳定剂	7 869.04	31.48
乳化剂	314.71	1.26
发酵菌液	60 896.53	243.59

3.6.2 热量衡算

在食品工厂生产中，能量的消耗是一项重要的技术经济指标，它是衡量工艺过程、设备设计、操作制度是否先进合理的主要指标之一。

能量衡算的基础是物料衡算，只有在进行完物料衡算后才能做能量衡算。

3.6.2.1 热量衡算的作用

热量衡算是能量衡算的一种表现形式，遵循能量守恒定律，即输入的总热量等于输出的总热量。

（1）可确定输入、输出热量，从而确定传热剂和制冷剂的消耗量，确定传热面积。

（2）提供选择传热设备的依据。

(3)优化节能方案。

3.6.2.2 热量衡算的依据

(1)基本工艺流程及工艺参数。

(2)物料计算结果中有关物料流量或用量。

(3)介质(加热或冷却)名称、数量及确定的参数(如温度、压力等)。

(4)基本物性参数(热交换介质及单一物料的物化参数:热焓、潜热、始末状态以及混合物性能参数等)。

3.6.2.3 热量衡算的方法和步骤

(1)列出已知条件,即物料衡算的量和选定的工艺参数。

(2)选定计算基准,一般以 kJ/h 计。

(3)对输入、输出热量分项进行计算。

(4)列出热平衡方程式,求出传热介质的量。

热量衡算式如下:

$$Q_1+Q_2=Q_3+Q_4+Q_5 \tag{3.9}$$

式中 Q_1——所处理原料带入热量,kJ;

Q_2——由加热剂(或制冷剂)传给设备(或物料)的热量,kJ;

Q_3——所处理的物料从设备中带走的热量,kJ;

Q_4——消耗在设备上的热量,kJ;

Q_5——设备向四周散发的热量(热损失),kJ。

3.6.2.4 连续式与间歇式设备操作的热量衡算的区别

(1)间歇式操作的条件是随时间的变化而周期性变化的,因此,热量衡算须按每一周期为单位进行,计算单位用千焦/一次循环,然后再换算成 kJ/h,热损失取最大值。

(2)连续设备操作则不受时间变化的影响,仅取其平均值即可,单位用 kJ/h。

3.6.3 用水量计算

在食品生产中水是必不可少的物料。食品生产用水量的多少随生产性质和产品种类的不同而异。用水量计算即根据不同食品生产中对水的不同需求对其用水量进行计算。

食品工厂生产车间用水量的计算方法有两种,即按单位产品耗水量定额估算和按实际生产用水量计算。

3.6.3.1 按单位产品耗水量定额估算

即根据目前我国相应食品工厂的生产用水量经验数值来估算生产用水量。这种方法简单,但因不同食品工厂所在地区不同、原料品种差异以及设备条件、生产能力大小、管理水平等不同,同类食品工厂的技术经济指标会有较大幅度的差异,故用这种方法估算的用水量只能是粗略的。如:每生产 1 t 肉类罐头,用水量在 35 t 以上;每生产 1 t 啤酒,用水量在 10 t 以上(不包括麦芽生产);每生产 1 t 软饮料,用水量在 7 t 以上;每生产 1 t 全脂奶粉,用水量在 130 t 以上等。表 3.17、表 3.18 列出了我国部分罐头食品生产和乳制品生产的单位产品耗水量,可供参考。

表 3.17 部分罐头食品的单位耗水量

成品类别或产品名称	耗水量/($t/t_{成品}$)	备注
肉类罐头	30 ~ 50	不包括原料的速冻及冷藏
禽类罐头	40 ~ 60	
水产类罐头	50 ~ 70	
水果类罐头	60 ~ 85	以橘子、桃子、菠萝为高
蔬菜类罐头	50 ~ 80	番茄酱例外,180 ~ 200 $t/t_{成品}$

表 3.18 部分乳制品平均每吨成品耗水量

产品名称	耗水量/($t/t_{成品}$)	产品名称	耗水量/($t/t_{成品}$)
消毒乳	8 ~ 10	奶油	28 ~ 40
全脂乳粉	130 ~ 150	干酪素	380 ~ 400
全脂甜乳粉	100 ~ 120	乳粉	40 ~ 50
甜炼乳	45 ~ 60		

3.6.3.2 按实际生产用水量计算

对于规模较大的食品工厂,在进行用水量计算时必须认真计算,保证用水量的准确性。

(1)首先弄清题意和计算的目的及要求　例如,要做一个生产过程设计,就要对其中的每一个设备和整个生产过程做详细的用水量计算,计算项目要全面、细致,以便为后一步设备计算提供可靠依据。

(2)绘出用水量计算流程示意图　为了使研究的问题形象化和具体化,使计算的目的准确、明了,通常使用框图显示所研究的系统。图形表达的内容应准确、详细。

(3)收集设计基础数据　需收集的数据资料一般应包括:生产规模,年生产天数,原料、辅料和产品的规格、组成及质量等。

(4)确定工艺指标及消耗定额等　设计所需的工艺指标、原料消耗定额及其他经验数据,根据所用生产方法、工艺流程和设备,对照同类生产工厂的实际水平来确定,这必须是先进而又可行的。

(5)选定计算基准　计算基准是工艺计算的出发点,正确的选取能使计算过程大为简化且保证结果的准确。因此,应该根据生产过程特点,选定计算基准,食品工厂常用的基准如下。

1)以单位时间产品或单位时间原料作为计算基准。

2)以单位质量、单位体积的产品或原料为计算基准。如肉制品生产用水量计算,可以 100 kg 原料作为基准进行计算。

3)以加入设备的一批物料量为计算基准,如啤酒生产就可以投入糖化锅、发酵罐的每批次用水量作为计算基准。

(6)由已知数据根据质量守恒定律进行用水量计算　此计算既适用于整个生产过程,也适用于某一个工序和设备。根据质量守恒定律列出相关数学关联式,并求解。

(7)列出计算表　校核并处理计算结果,列出用水量计算表。

3.6.4 用汽量计算

用汽量计算的目的在于通过用汽量计算了解生产过程蒸汽消耗的定额指标,以便进行生产成本核算和管理,以及对工艺技术和操作进行优化改进。

食品生产用汽量计算的方法有两种:按单位产品耗汽量定额估算和用汽量的计算的方法。

3.6.4.1 按单位产品耗汽量定额估算法

对于规模较小的食品工厂,其生产用汽量可采用按单位产品耗汽量定额估算法。它又可分为3个方法,即按每1 t产品耗汽量估算、按主要设备的用汽量估算及按食品工厂生产规模拟定给汽能力。表3.19列出了部分乳制品平均每1 t产品耗汽量,表3.20列出了部分罐头和乳品生产用汽设备的用汽量,供参考。

表3.19　部分乳制品平均每吨产品耗汽量

产品名称	耗水量/(t/$t_{成品}$)	产品名称	耗水量/(t/$t_{成品}$)
消毒乳	0.25~0.4	奶油	1.0~2.0
全脂乳粉	10~15	甜炼乳	3.5~4.6

表3.20　部分罐头和乳品用气设备的用汽量表

设备名称	设备能力	用汽量/(kg/h)	进汽管径/DN	用汽性质
可倾式夹层锅	300 L	120~150	25	间歇
五链排水箱	10212号235罐	150~200	32	连续
立式杀菌锅	8113号522罐	200~250	32	间歇
卧式杀菌锅	8113号2300罐	450~500	40	间歇
常压连续杀菌机	8113号608罐	250~300	32	连续
番茄酱预热器	5 t/h	300~350	32	连续
双效浓缩锅	蒸发量1 000 kg/h	400~500	50	连续
双效浓缩锅	蒸发量4 000 kg/h	2 000~2 500	100	连续
蘑菇预煮机	3~4 t/h	300~400	50	连续
青刀豆预煮机	2~2.5 t/h	200~250	40	连续
擦罐机	6 000罐/小时	60~80	25	连续
KDK保温缸	100 L	340	50	间歇

续表 3.20

设备名称	设备能力	用气量/(kg/h)	进气管径/DN	用气性质
片式热交换器	3 t/h	130	25	连续
洗瓶机	2 000 瓶/小时	600	50	连续
洗桶机	180 个/h	200	32	连续
真空浓缩锅	300 L/h	350	50	间歇或连续
真空浓缩锅	700 L/h	800	70	间歇或连续
真空浓缩锅	1 000 L/h	1 130	80	间歇或连续
双效真空浓缩锅	1 200 L/h	500 ~ 720	50	连续
三效真空浓缩锅	3 000 L/h	800	70	连续
喷雾干燥塔	75 kg/h	300	50	连续
喷雾干燥塔	150 kg/h	570	50	连续
喷雾干燥塔	250 kg/h	875	70	连续
喷雾干燥塔	350 kg/h	1050	80	连续
喷雾干燥塔	700 kg/h	1960	100	连续

3.6.4.2 用汽量的计算法

对于规模较大的食品工厂，在进行用汽量计算时必须采用计算方法，保证用汽量的准确性。

(1)画出单元设备的物料流向及变化的示意图。

(2)分析物料流向及变化，写出热量计算式。

$$\sum Q_{入} = \sum Q_{出} + \sum Q_{损}Q_5 \tag{3.10}$$

式中 $\sum Q_{入}$——输入的能量总和，kJ；

$\sum Q_{出}$——输出的能量总和，kJ；

$\sum Q_{损}$——损失的能量总和，kJ。

通常

$$\sum Q_{入} = Q_1 + Q_2 + Q_3$$

$$\sum Q_{出} = Q_4 + Q_5 + Q_6 + Q_7$$

$$\sum Q_{损} = Q_8$$

式中 Q_1——物料带入的热量，kJ；

Q_2——由加热剂(或冷却剂)传给设备和所处理的物料的热量，kJ；

Q_3——过程的热效应，包括生物反应热、搅拌热等，kJ；

Q_4——物料带出的热量，kJ；

Q_5——加热设备需要的热量，kJ；

Q_6——加热物料需要的热量，kJ；

Q_7——气体或蒸汽带出的热量,kJ;

Q_8——设备向环境散发的热量,kJ。

值得注意的是,对具体的单元设备,上述的 $Q_1 \sim Q_8$ 各项的热量不一定都存在,故进行热量计算时,必须根据具体情况进行具体分析。

(3)收集数据　为了使热量计算顺利进行,计算结果准确无误和节约时间,首先要收集数据,如物料量、工艺条件以及必需的物性数据等。这些有用的数据可以从专门手册中查阅或取自工厂实际生产数据,或根据试验研究结果选定。

(4)确定合适的计算基准　在热量计算中,取不同的基准温度,按照热量计算式所得到的结果就不同。所以必须选准一个设计温度,且每一物料进出口基准温度必须一致。通常,取 0 ℃为基准温度可简化计算。此外,为使计算方便、准确,可灵活选取适当的基准,如按 100 kg 原料(或成品)、每小时(或每批次处理量)等作为基准进行计算。

(5)进行具体的热量计算

1)物料带入的热量 Q_1 或带出的热量 Q_4　按式(3.11)计算,即

$$Q_1(\text{或 } Q_4) = \sum m_1 c_1 t_1 \tag{3.11}$$

式中　m_1——物料质量,kg;

c_1——物料比热容,kJ/(kg·K);

t_1——物料进入或离开设备的温度,℃。

2)过程的热效应 Q_3　过程的热效应主要有合成热 Q_B、搅拌热 Q_S 和状态热(例如汽化热、溶解热、结晶热等):

$$Q_3 = Q_B + Q_S \tag{3.12}$$

式中　Q_B——合成热(呼吸热),kJ,视不同条件、环境进行计算;

Q_S——搅拌热,$Q_S = 3\,600\ P\eta$,kJ。其中 P 为搅拌功率,kW;η 为搅拌过程功热转化率,通常 $\eta = 92\%$。

3)加热设备耗热量 Q_5　为了简化计算,忽略设备不同部分的温度差异,则:

$$Q_5 = m_2 c_2 (t_2 - t_1) \tag{3.13}$$

式中　m_2——设备总质量,kg;

c_2——设备材料比热容,kJ/(kg·K);

t_1、t_2——设备加热前后的平均温度,℃。

4)气体或蒸汽带出热量 Q_7

$$Q_7 = \sum m_3 (c_3 t + r) \tag{3.14}$$

式中　m_3——离开设备的气体物料(如空气、CO_2 等)量,kg;

c_3——液态材料由 0 ℃升温至蒸发温度的平均比热容,kJ/(kg·K);

t——气态物料温度,℃;

r——蒸发潜热,kJ/(kg·K)。

5)设备向环境散热 Q_8　为了简化计算,假定设备壁面的温度是相同的,则

$$Q_8 = A \lambda_T (t_w - t_a) \tau \tag{3.15}$$

式中　A——设备总表面积,m^2;

λ_T——壁面对空气的联合热导率,W/(m·℃);空气做自然对流时,$\lambda_T = 8 +$

$0.05\ t_w$;空气做强制对流时,$\lambda_T = 5.3+3.6\ v$(空气流速 $v=5$ m/s)或 $\lambda_T = 6.7\lambda_T(v>5$ m/s);

t_w——壁面温度,℃;

t_a——环境空气温度,℃;

τ——操作过程时间,s。

6)加热物料需要的热量 Q_6

$$Q_6 = m_1 c_1 (t_2 - t_1) \tag{3.16}$$

式中 m_1——物料质量,kg;

c_1——物料比热容,kJ/(kg·K);

t_1、t_2——物料加热前后的温度,℃。

7)加热(或冷却)介质传入(或带出)的热量 Q_2　对于热量计算的设计任务,Q_2是待求量,也称为有效热负荷。若计算出的 Q_2为正值,则过程需加热;若 Q_2为负值,则过程需从操作系统移出热量,即需冷却。

最后,根据 Q_2来确定加热(或冷却)介质及其用量。

思考题

1. 食品工厂车间工艺布置的原则是什么?
2. 生产车间工艺布置对非工艺设计都有哪些要求?
3. 食品厂常用的管材有哪些,在选择管材时应注意哪些问题?
4. 为什么在水汽用量计算时要选定计算基准?
5. 管路安装与试验时应注意哪些问题?

第 4 章　设备计算与选型

4.1 概　述

4.1.1 设备计算与选型的任务

设备计算与选型是在工艺计算的基础上，确定车间内所有工艺设备的台数、型号和主要尺寸。据此，为后续的车间布置设计，并为下一步施工图设计以及其他非工艺设计项目（如设备的机械设计、土建、仪表控制设计等）提供足够的有关条件，为设备的制作、订购等提供必要的资料。

4.1.2 设备计算与选型的原则

从设备的计算与选型情况，就可以反映出整个工厂设计的先进性和生产的可靠性。因此在设备的工艺计算和选型时应考虑如下原则：

（1）安全性。要求安全可靠、操作稳定、弹性好、无事故隐患，对工艺和建筑、地基、厂房等无苛刻要求；工人在操作时，劳动强度低，尽量避免高温、高压、高空作业，尽量不用有毒有害的设备附件、附料。

（2）合理性。即设备必须满足工艺一般要求，设备与工艺流程、生产规模、工艺操作条件、工艺控制水平相适应，又能充分发挥设备的能力。

（3）先进性。要求设备的运转可靠性、自控水平、生产能力、转化率、收率、效率要尽可能达到先进水平。

（4）经济性。设备投资省，结构紧凑，易于加工、维修、更新，备品配件供应可靠，没有特殊的维护要求，运行费用低。引用先进设备，亦应反复对比报价，参考设备性能，考虑是否易于被国内消化吸收和改进利用，避免盲目性。

（5）考虑生产波动与设备平衡，留有一定余量。

（6）考虑设备故障及检修的备用。

在进行设备计算与选型时，应充分了解本行业的发展动向，同时结合实际遵循上述原则进行工艺设计与设备选型。

4.2 通用设备的计算与选型

通用设备的内容较多，本节主要针对食品厂常用的液体输送设备、气体输送设备及固体输送设备的计算与选型进行介绍。

4.2.1 液体输送设备选型

对于乳品厂、饮料厂、啤酒厂等食品工厂,在加工过程往往需要将液体物料从低处输送至高处或从一个地方输送到另一个地方。食品加工中,对于液体物料的输送常选用各种类型的泵及真空吸力装置等来完成,以下仅讨论泵类。

4.2.1.1 泵的分类与特点

食品工业有许多类型的泵,按照工作原理和结构特征不同,可分为叶片式泵和容积式泵,其主要特点见表4.1。

表4.1 泵的特点介绍

指标	叶片式			容积式	
	离心式	轴流式	旋涡式	活塞式	日转式
液体排出状态	流率均匀			有脉动	流率均匀
液体品质	均一液体(或含固体液体)	均一液体	均一液体	均一液体	均一液体
允许吸上真空高/m	4~8	—	2.5~7	4~5	4~5
扬程(或排除压力)	范围大,低至10 m,高至600 m(多级)	低,2~20 m	较高,单级可达100 m以上	范围大,排出压力高,可达60 MPa	
体积流量/(m^3/h)	范围大,低至5,高至30 000	大,可达60 000	较小,0.4~20	范围较大,1~600	
流量与扬程关系	流量减少,扬程增大;反之,流量增大,扬程降低	同离心式	同离心式,但增率和降率较大(即曲线较陡)	流量增减,排出压力不变。压力减,流量几乎为定值	
构造特点	转速高,体积小,运转平稳,基础小,设备维修较易		与离心式基本相同,翼轮较离心式叶片结构简单,制造成本低	转速低,能力小,设备外形庞大,基础大。与电动机连接较复杂	同离心泵
流量与轴功率关系	依泵比转数而定。离心式泵当流量减少时,轴功率减少	依泵比转速定。轴流式泵流量减少,轴功率增加	流量减少,轴功率增加	当排出压力一定时,轴功率减少	同活塞泵

离心泵属于叶片式泵,是食品加工中应用比较广泛的流体输送设备。离心泵构造简单,便于拆卸、清理、冲洗和消毒,机械效率较高,适用于输送水、乳品、冰激凌、糖蜜和油脂等,也可以用来输送带有固体悬浮物的料液。旋涡泵属于叶片式泵,是一种特殊形式的离心泵,旋涡泵的流量小而扬程高,泵体构造简单而紧凑,由于液体多次高速流过叶片,易造成叶片磨损,且其效率较低,一般低于40%,仅适用于黏度较低、不含颗粒的料液。活塞泵和隔膜泵同属于往复式容积泵,活塞泵适用于输送流量较小、压力较高的各种介质,隔膜泵则适用于输送中等、高黏度液体以及腐蚀性浆料。齿轮泵的结构简单,流量小而扬程高,但效率低,噪声较大,主要用来输送如糖浆、油类等黏稠料液。螺杆泵属于容积泵,具有效率高、自吸能力强,适用范围广的特点,主要用于高黏度黏稠液体及带有固体物料的浆体,如奶粉、麦乳精、淀粉、番茄、酱油、发酵液、蜂蜜、巧克力混合料、牛奶、奶油、奶酪及未稀释的啤酒醪液等食品原料的抽吸输送。

4.2.1.2 泵的选择

(1)泵的选择原则

1)流量　在食品工厂的装置设计时,考虑要留有一定的富余能力。在选择泵时,应按设计要求达到的能力确定泵的流量,并使之与其他设备能力协调平衡。另一方面,泵的流量的确定也应考虑适应不同原料或不同产品的要求等因素,所以应综合考虑以下两点:一是装置的富余能力及装置内各设备能力的协调平衡;二是工艺过程影响流量变化的范围。

2)扬程　泵的扬程需要留有适当余量,一般为正常需要的1.05~1.1倍。

3)装置(系统)的有效汽蚀余量　装置的有效汽蚀余量应大于泵所需要的允许汽蚀余量。对于进口侧物料处于减压状态或其操作温度接近汽化条件时,泵的汽蚀安全系数宜取较大值,如减压塔的塔压泵的汽蚀安全系数至少取1.3。

4)液面　介质液面高于(或低于)泵中心,应取最低液面。

(2)泵的选择方法及步骤

1)列出基本数据

①介质的物料化学性质:介质名称、输送条件下的相对密度、黏度、蒸汽压、挥发性、毒性、化学腐蚀性、溶解性等。

②介质中所含固体颗粒的粒径和含量。

③介质中气体含量(体积%)。

④操作条件:温度、压力(进口侧设备压力、出口侧设备压力、出口侧管系压力降)、流量(正常、最小及最大)、动力来源。

⑤泵的位置信息:环境温度,标高,装置平立面要求,进出口侧设备液面至泵中心距离及管线的当量长度等。

2)确定流量及扬程

①流量:若已知正常、最大、最小流量,选泵时应按照最大流量考虑;若只给出正常流量,应按装置及工艺情况可能出现的波动,开车和停车的需要等,在正常流量的基础上乘以1.1~1.2倍的安全系数。

②扬程(压差):按泵的布置情况,利用伯努利方程求取泵的扬程,再根据具体的工艺过程情况,考虑适当的安全系数(1.05~1.1倍)。

③确定泵型及泵的具体型号:根据介质的物性、已确定的流量、扬程,以及泵的工作范围表,确定泵的型式。再从有关厂商的产品目录中选择泵的具体型号,并列出该型号及其性能参数(流量、扬程或压差、效率、允许吸上高度或允许容量)。

④泵的性能核算:按照实际情况对泵的性能核算。列出核算后的性能参数,如符合工艺要求,则所选的泵可用。必要时,可绘制核算后的性能曲线及管路系统性能曲线,确定泵的工作点。

⑤确定泵的安装高度。

⑥校核泵的轴功率:泵的样本上给定的功率和效率都是用水试验出来的,输送介质不是清水时,应考虑流体密度、黏度等对泵的流量、扬程性能的影响。

⑦选定泵的材料及轴封。

⑧确定冷却水或驱动蒸汽的耗用量。

⑨选用电动机。

⑩确定泵的台数和备用率:按泵的操作台数,一般只设一台泵,在特殊情况下,也可采用两台泵同时操作。输送含有固体颗粒及其他杂质的泵和一些重要操作岗位用泵应设有备用泵。对于大型的连续化流程,可适当提高泵的备用率,而对于间歇性操作、泵的维修简易、操作很成熟的常常不考虑备用泵。

⑪泵的串联与并联。

⑫填写选泵规格表。

4.2.2 气体输送设备选型

气体输送设备与液体输送设备有很多相似之处,但是气体具有可压缩性,输送设备对气体或蒸汽均有不同程度的压缩作用,因此对气体的输送与压缩二者不可分割。气体输送机械的一般特点为:动力消耗大;气体输送机械体积一般都很庞大;在输送机械内部气体压力变化的同时,体积和温度也将随之发生变化。

4.2.2.1 气体输送设备的分类与特点

食品厂常常需要用于输送或压缩工作介质(如空气、制冷剂蒸汽等)的风机、压缩机,以及用于形成负压环境的真空泵等,这些设备可归为可压缩流体输送设备,按终压与压缩比分类,见表4.2。

表4.2 可压缩流体输送机械按终压与压缩比分类

输送设备	终压/kPa	压缩比	输送设备	终压/kPa	压缩比
通风机	<1.47(表压)	1~1.15	压缩机	>300(表压)	>4
鼓风机	14.7~300(表压)	1.15~4	真空泵	98(表压)	与真空度有关

(1)风机

1)通风机　也称送风机,分离心式和轴流式两种。离心式通风机常用于气体输送,按产生的风压不同,分为低压(980 Pa 以下)、中压(980~2 940 Pa)和高压(2 940~35 700 Pa)三种。轴流式通风机效率一般较高,范围在60%~65%,但由于产生的风压较小(通常在255 Pa以下,但也有高达980 Pa的),一般常用于通风。

2)鼓风机 生产中常用的鼓风机有旋转式和离心式两种。旋转式鼓风机特别适用于要求稳定风量的工艺过程,一般在输气量不大,压强为10~200 kPa下使用,但这种鼓风机在压强较高时,具有泄漏量大,磨损较严重,噪声大的缺点。离心式鼓风机的排气压强不高,一般单级离心式鼓风机出口表压多在30 kPa以内,多级可达0.3 MPa。

(2)压缩机 压缩机可用于食品工厂中需要压缩气体或其他气体的场合。例如,罐头反压杀菌、气流式喷雾干燥、蒸汽压缩制冷、充气包装、热泵蒸发等许多工艺过程都要使用压缩机。常见的压缩机有往复式和离心式两种。

1)往复式压缩机 又称活塞式压缩机,其结构和原理类似于往复泵,其容量范围广,价格较便宜,操作和维修较为方便。往复式压缩机按其气缸排列位置不同,有V型、W型、L型……按排气压力不同,可分为高压(8.0~10.0 MPa)、中压(1.0 ~8.0 MPa)和低压(小于1.0 MPa)三类。由于往复式压缩机排气量是间歇式的,输气量不均匀,压出气体中常夹带油沫、水沫,因此必须在排气出口处安装储气罐。

2)离心式压缩机 离心式压缩机体积和质量都很小而流量很大,构造简单、结构紧凑,供气量均匀,运转平稳,易损部件少、维护方便,特别适合于现代食品工厂的要求,用于输送或压缩空气以及排放其他气体。但离心式压缩机的压缩比值不大,效率也低于往复式压缩机。

(3)真空泵 食品工厂中许多单元操作,如过滤、脱气、成型、包装、冷却、蒸发、结晶、造粒、干燥、蒸馏以及冷冻升华干燥等都会用到真空泵。真空泵大致可分为两大类:干式真空泵和湿式真空泵。干式真空泵只从容器中抽出气体,效率较高,可获得96% ~99.9%的真空度。湿式真空泵在抽吸气体的同时,还夹带有许多的水汽,只能产生85% ~90%的真空度。

按其结构特点,还可将真空泵分为往复式、水环式真空泵、油封旋转式真空泵、蒸汽喷射泵和水力喷射真空泵等数种。

1)往复式真空泵 往复式真空泵的极限压强一般在1 333 Pa左右,可满足食品真空浓缩、真空干燥等操作的真空度要求。这种真空泵具有较大的抽气速率,如食品厂常用的W型系列真空泵的抽气速率范围为8~770 m^3/h。

2)水环式真空泵 水环式真空泵是一种旋转式泵,属于湿式真空泵,须在不断通水的情况下才能正常工作,其最高真空度可达85%。这种真空泵的结构简单、紧凑,没有活门,经久耐用。常用于食品加工的真空封罐和真空浓缩等操作。

3)蒸汽喷射泵 蒸汽喷射泵是利用蒸汽流动时发生静压能与动能的相互转化,以吸收并排出气体的。可用于食品加工中的减压蒸发、减压蒸馏及真空冷却等操作。

4)水力喷射真空泵 水力喷射真空泵兼具产生真空和冷凝蒸汽的双重作用,其效率通常在30%以下,一般只能达到93.3 kPa左右的真空度,属于粗真空设备,可用于食品加工中的真空蒸发、真空冷却等操作。

4.2.2.2 气体输送设备的选择

由于气体输送设备种类繁多,涉及的压力和风量范围大,因此气体输送设备的选择只能粗略介绍一下步骤,更具体的选择方法要按风机、压缩机、真空泵三类分别叙述。气体输送设备的选择方法及步骤如下:

(1)列出基本数据

1)气体的名称、特性、湿含量、有无易燃易爆及毒性等。

2)气体中所含的固形物和菌数量。

3)操作条件:温度、进出口压力、流量等。

4)设备所在环境及对电机的要求等。

(2)确定生产能力及压头

1)生产能力:选择最大的生产能力,并取适当的安全系数。

2)压头:按工艺要求分别计算通过设备和管道等的阻力,并考虑增加1.05~1.1倍的安全系数。

(3)选择机型及具体型号。根据生产特点,计算出生产能力、压头以及实际经验,查询产品目录或产品手册,选出具体型号并记录该设备在标准条件下的性能参数,配用电极辅助设备等资料。

(4)设备性能核算。对已查到的设备,列出性能参数,并核对能否满足生产要求。

(5)确定设备的安装尺寸。

(6)校核轴功率。

(7)确定冷却剂耗量。

(8)选用电动机。

(9)确定备用台数。

(10)确定设备规格表,作为订货依据和选择设备的数据汇总。

4.2.3 固体输送设备选型

常用的固体物料输送设备有带式输送机、斗式提升机、螺旋输送机、气流输送系统和刮板式输送机等。下面简述常用气体输送设备的特点及选型。

4.2.3.1 带式输送机

(1)带式输送机的特点　带式输送机,又称皮带运输机,是各行各业通用的运输设备,主要用于水平或有一定倾斜角的物料移送。它可以输送松散的或成包成件的物料,且可做成固定位置或者移动式的运输机,使用非常方便,操作连续性强,输送能力较高,在输送相同距离和质量的物料时,带式输送机的动力消耗最小,因此在工厂中应用广泛,如原料卸车与堆垛、成品的入库与堆垛、散煤转送等。

(2)带式输送机的计算选型

1)带式输送机的生产能力可按式(4.1)计算:

$$G=3600Bh\rho v\varphi \tag{4.1}$$

式中 G——水平带式输送机生产能力,t/h;

B——带宽,m;

ρ——物料堆积密度,kg/m³;

h——堆放物料的平均高度,m;

v——带的运动速度,m/s,运输时取 $v=0.8\sim2.5$ m/s;

φ——装载系数,取 $\varphi=0.6\sim0.8$,一般取 $\varphi=0.75$。

2)倾斜带式输送机的输送量可按式(4.2)计算:

$$G_0 = G/\varphi_0 \tag{4.2}$$

式中 G——水平带式输送机的输送量,t/h;

φ_0——倾斜系数,见表4.3。

表4.3 倾斜系数

倾斜角度	0°~10°	11°~15°	16°~18°	19°~20°
φ_0	1.00	1.05	1.10	1.15

注:凡是用带式输送机原理设计的其他设备,如预煮、干燥、杀菌等设备,均可用此公式

3)带式输送机功率可按式(4.3)估算:

$$P = K_1 A(0.000545KLv + 0.000147GL) \pm 0.00274GH \tag{4.3}$$

式中 P——带式输送机功率,kW;

K_1——起动附加系数,$K_1 = 1.3 \sim 1.8$;

A——长度系数,超过45 m长,$A = 1$,通常$A = 1.0 \sim 1.2$;

K——轴承宽度系数,带越宽,数值越大,通常滚动轴承$K = 20 \sim 50$;滑动轴承$K = 30 \sim 70$;

L——输送机长度,m;

v——输送带的速度,m/s;

G——输送带的输送能力,t/h;

H——输送机将物料提升的高度,m。

4.2.3.2 斗式提升机

斗式提升机是一种垂直或大倾角向上输送粉状、粒状或小块状物料的连续性输送机械。在我国粮油加工业中使用非常广泛,如玉米淀粉的加工、各种罐头生产线等,都用斗式提升机提升物料。斗式提升机占地面积小,运行平稳无噪声,效率高,可将物料提升至较高位置(30~50 m),生产率范围较广(3~160 m^3/h)。但斗式提升机对过载较敏感,要求供料均匀一致。

目前,我国生产的斗式提升机型号主要有TD型、TH型、NE型、TG型等。TD型采用橡胶带为牵引构件,TH型采用锻造环链为牵引构件,NE型采用板链为牵引构件,TG型采用钢丝胶带作为牵引构件。食品工厂常用的是以胶带作为牵引构件的TD型和TG型斗式提升机。斗式提升机的选型计算如下:

(1)生产能力计算 斗式提升机的生产能力,可用式(4.4)计算:

$$G = 3.6\frac{V}{L}\rho w\varphi \tag{4.4}$$

式中 G——斗式提升机的生产能力,t/h;

V——斗的容量,L;

L——相邻两料斗距离,m;

w——料斗提升速度,m/s;

φ——料斗填充系数,一般取0.7~0.8;

ρ——物料的堆积密度,t/m³。

(2)功率计算　斗式提升机所需要的驱动功率决定于料斗运动时所克服的一系列阻力,其中包括:

1)提升物料的阻力。

2)运行部分的阻力。

3)料斗挖料时所产生的阻力,此项阻力较为复杂,只能通过实验确定。

斗式提升机驱动轴上所需要的轴功率,可近似地按式(4.5)求出:

$$P_0 = \frac{1.15GH}{367} + \frac{K_3 q_0 H v}{367} = \frac{GH}{367}(1.15 + K_2 K_3 v)\ (\text{kW}) \tag{4.5}$$

式中　P_0——轴功率,kW;

G——斗式提升机的生产能力,t/h;

H——提升高度,m;

q_0——牵引构件和料斗的每米长度质量(kg/m),$q_0 = K_2 G$;

v——牵引构件的运动速度,m/s;

K_2、K_3——与料斗型式有关的系数。

(3)电动机功率计算

$$P_a = \frac{P_0}{\eta} K'\ (\text{kW}) \tag{4.6}$$

式中　η——传动总效率,$\eta = 0.85 \sim 0.9$;

K'——功率储备系数,$H<10$ m 时,$K'=1.45$;$H>20$ m 时,$K'=1.15$。

TD 型斗式提升机的技术性能见表4.4。

表4.4　常用TD型斗式提升机技术性能表

型号	TD160				TD250				TD315			
料斗形式	浅斗 Q制	弧底斗 H制	中深斗 ZD制	深斗 SD制	浅斗 Q制	弧底斗 H制	中深斗 ZD制	深斗 SD制	浅斗 Q制	弧底斗 H制	中深斗 ZD制	深斗 SD制
输送量/(m³/h)	5.4	9.6	9.6	16	12	22	23	35	17	30	25	40
斗宽/mm	160				250				315			
斗容/L	0.0	0.9	4.2	1.9	1.3	2.2	3.0	4.6	2	3.6	3.8	5.8
斗距/mm	280		350		360		450		400		500	
带宽/mm	200				300				400			
斗速/(m/s)	1.4				1.6				1.6			
物料量大块/mm	25				35				45			

续表 4.4　常用 TD 型斗式提升机技术性能表

型号	TD400				TD500				TD630		
料斗形式	浅斗 Q 制	弧底斗 H 制	中深斗 ZD 制	深斗 SD 制	浅斗 Q 制	弧底斗 H 制	中深斗 ZD 制	深斗 SD 制	弧底斗 H 制	中深斗 ZD 制	深斗 SD 制
输送量 /(m^3/h)	24	46	41	66	38	70	58	92	85	89	142
斗宽/mm	400				500				630		
斗容/L	3.1	5.6	5.9	9.4	4.8	9.0	9.3	15	14	14.6	23.5
斗距/mm	480		560		500		625		710		
带宽/mm	500				600				700		
斗速/(m/s)	1.8				1.8				2		
物料量大块/mm	55				60				70		

4.2.3.3　螺旋输送机

螺旋输送机，俗称绞龙，在食品工厂中常用来输送潮湿的或松散的物料。由于它密闭性好，故常用于粉尘大的物料或同时用于输送和混料等场合。目前，我国食品工厂使用的螺旋输送机有些是根据工艺需要而设计的非定型设备，有些是采用专业厂生产的标准化设备。

设计时，螺旋输送机的直径可采用式(4.7)计算：

$$D = K^{2.5}\sqrt{\frac{G}{\phi\rho C}} \tag{4.7}$$

式中　D——螺旋输送机的螺旋直径，m；

G——输送量，t/h；

ρ——物料堆积密度，t/m^3；

K——物料综合特性经验系数，当输送分离装原料、谷物、干粉时，为 0.04 ~ 0.06，当输送湿粉料时取 0.07；

φ——填充系数，即物料占螺旋器内的容积，一般对粉料式粒状物料取 0.25 ~ 0.35，对于湿粉料、混合时取 0.125 ~ 0.20；

C——螺旋倾斜时操作校正系数，水平工作时取 $C=1$。

螺旋输送机最大极限转速计算：

$$n = \frac{A}{\sqrt{D}} \tag{4.8}$$

式中　n——螺旋轴的极限转速，r/min；

A——综合特性系数，对于粉状原料取 75 ~ 65；对于粒状原料取 50 ~ 30；对于大块原料取 30 ~ 15；

D——螺旋输送机螺旋直径，m。

螺旋输送机的功率消耗计算：

$$P_0 = K\frac{G}{367}(LC + H) \tag{4.9}$$

式中 P_0——螺旋输送机的功率消耗，kW；

G——输送量，t/h；

L——输送长度，m；

K——阻力系数，谷物 1.3，粉料 1.8；

H——输送垂直高度，m；

C——功率备用系数，1.2～1.4。

常用的螺旋直径系列（单位，mm）：150，200，250，300，400，500，600

常用螺旋输送机的转数系列（单位：r/min）：20，30，35，45，60，75，90，120，150，190

具体计算和产品目录请参考相关资料。

4.2.4 空气洁净设备选型

食品加工生产的某些工序、工段，比如奶粉的包装间及某些食品的无菌包装间，某些食品的发酵过程等，对空气的洁净程度要求较高，因此需要配备适当的无菌空气设备。近些年来，国内外在无菌空气制备方面已取得了长足的进步。新型过滤介质、过滤材料的研制，已经结束了传统采用棉花过滤器的时代，现在更多的是选用那些过滤效率高、阻力小的膜过滤、超细纤维过滤材料。下面对食品工厂中的一些空气洁净设备进行简单叙述。

4.2.4.1 空气过滤器

空气过滤器是空气洁净技术的主要设备，也是创造空气洁净环境不可缺少的设备。

我国于 2008 年分别颁布了空气过滤器（GB/T 14295—2008）和高效空气过滤器（GB/T 13554—2008）两个国家标准，按照性能，可将此类过滤器分为 5 种类别，见表 4.5。

表 4.5 我国空气过滤器分类

项目		额定风量下的效率/%	额定风量下的初限力/Pa	注
粗效		粒径≥5μm, 80>η≥20	≤50	效率为大气尘计数效率
中效		粒径≥1μm, 70>η≥20	≤80	
高中效		粒径≥1μm, 99>η≥70	≤100	
亚高效		粒径≥0.5μm, 99.9>η≥95	≤120	
高效	A	η≥99.9	≤190	A，B，C 三类效率为钠焰法效率；D 类效率为计数效率；C、D 类出厂要检测
	B	η≥99.99	≤220	
	C	η≥99.999	≤250	
	D	粒径≥0.1μm，η≥99.999	≤280	

（1）粗效过滤器 作为首道过滤器考虑，应截留大微粒，主要是 5 μm 以上的悬浮性颗粒物和 10 μm 以上的沉降性微粒以及各种异物，防止其进入净化系统，所以粗效过滤

器的效率应以5 μm为准。

(2)中效过滤器　由于粗效过滤器已截留了大微粒,它又可作为一般空调系统的最后过滤器和高效过滤器的预过滤器,主要用于截留1~10 μm的悬浮性颗粒物,它的效率以过滤1 μm为准。

(3)高中效过滤器　可以用作一般净化程度的系统的末端过滤器,也可以提高系统净化效果,更好地保护高效过滤器为目的,作为中间过滤器使用,主要用于截留1~5 μm的悬浮性颗粒物,它的效率也以过滤1 μm为准。

(4)亚高效过滤器　既可作为洁净室末端过滤器使用,达到一定的空气洁净度等级,也可以作为高校过滤器的预过滤器,进一步确保送风的洁净度,还可以作为新风的末级过滤,提高新风品质。所以,和高效过滤器一样,它主要用于截留1 μm以下的亚微米级微粒,其效率以过滤0.5 μm为准。

(5)高效过滤器　它是洁净室最主要的末级过滤器,以实现0.5 μm的各洁净度级别为目的,但其效率习惯以过滤0.3 μm为准。如果进一步细分,若以实现0.1 μm的洁净度等级为目的,则其效率就以过滤0.1 μm为准,这习惯称为超高效过滤器。

4.2.4.2　洁净工作台

洁净工作台是一种放置在洁净室或一般室内,可根据产品生产要求或其他用途要求,在操作台上保持高洁净度的局部净化设备。主要由预过滤器、高效过滤器、可变风量送风机组、中效过滤器、台面、外壳和配套的电器元器件组成。

在实际使用中,根据用途不同,可按使用单位的要求定制各种类型的专用洁净工作台,如化学处理用洁净工作台、实验室用洁净工作台,储存保管用洁净工作台灭菌操作洁净工作台,带温度控制的洁净工作台等。

4.2.4.3　层流罩

层流罩是垂直单向流的局部洁净送风装置,局部区域的空气洁净度可达到100级或更高级别的洁净环境,洁净度的高低取决于高效过滤器的性能。层流罩按结构分为风机和无风机、前回风型和后回风型;按照安装方式可风味立(柱)式和吊装式。其基本组成有外壳、预过滤器、风机(有风机型)、高效过滤器、静压箱和配套电气、自控装置等。图4.1所示为有风机层流(单向流)罩示意图,它的进风一般取自洁净厂房内,亦可取自技术夹层,但其结构将会有所不同,设计时应注意。图4.2所示为无风机层流罩示意图,主要由高校过滤器和箱体组成,其进风取自净化空调系统。

层流罩的出风速度多数在0.35~0.5 m/s,噪声≤62dB(A)。层流罩可单体使用,也可多个单体拼装组成洁净隧道或局部洁净区,以适应产品生产的需要,图4.3所示为层流罩结构形式。

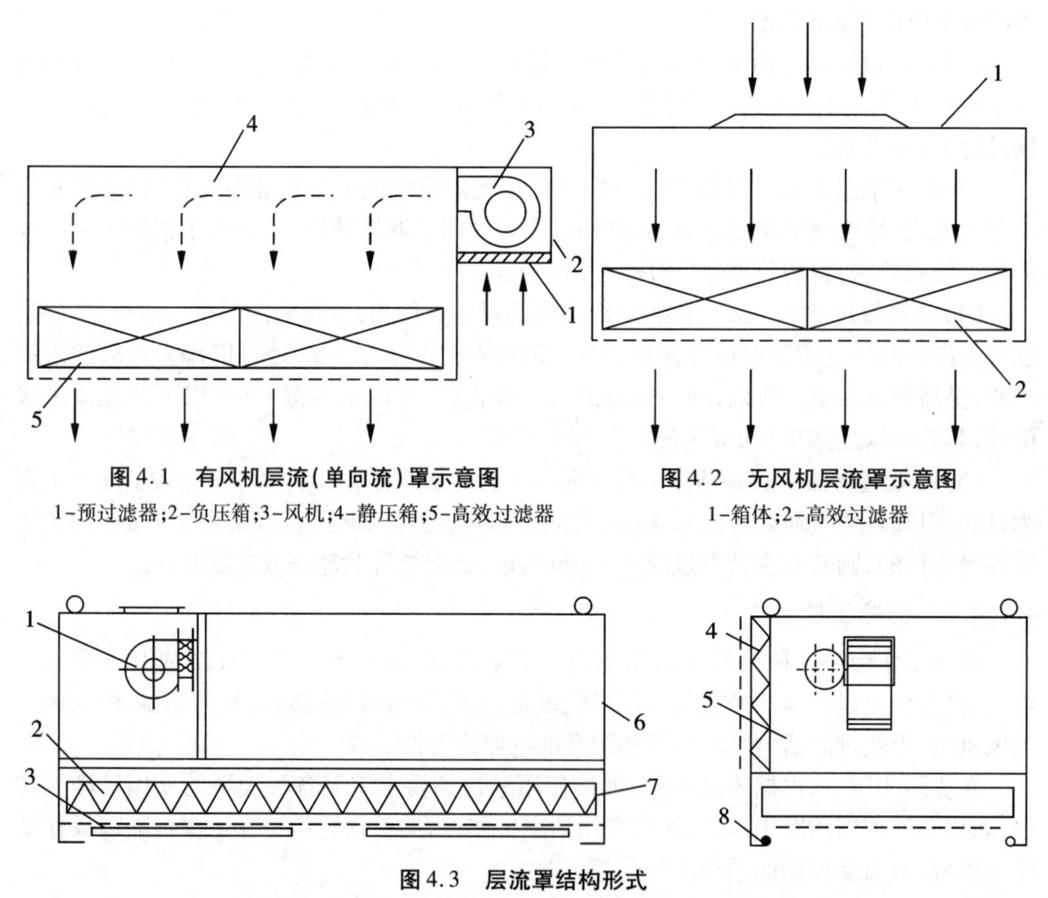

图 4.1 有风机层流(单向流)罩示意图

1-预过滤器;2-负压箱;3-风机;4-静压箱;5-高效过滤器

图 4.2 无风机层流罩示意图

1-箱体;2-高效过滤器

图 4.3 层流罩结构形式

1-风机机组;2-高效过滤器;3-保护网;4-预过滤器;5-负压箱;6-外壳;7-正压箱;8-日光灯

4.2.5 通用设备选型注意事项

4.2.5.1 液体输送设备选型注意事项

(1)泵的选型,首先应根据输送物料的特性和输送要求考虑,然后再根据输送流量、总扬程,并考虑泵的效率,选择具体型号。

食品工厂种类繁多,输送物料的性质及输送要求也各不相同,在进行泵型选择时,应区别对待。例如,输送的物料中粉浆固形物含量高,黏度大,输送压头高,流量要求稳定,应选择双缸双动往复泵或三缸往复泵,可保证不堵塞、高压头和稳流量。在啤酒厂设备选型中,选择煮沸麦汁输送泵时,因麦汁中含有已经絮凝的蛋白质,为了防止絮凝蛋白质被打破,应选择低转速(850 r/min)的涡旋泵,用大流量,变形(变直径)来达到高扬程。如果认为麦汁是清液,选用高转速的清水泵,达到高扬程,在工艺上是欠妥的。

(2)对于间歇操作的泵选择时,注意在满足压头、耐腐蚀、防爆等方面的要求的前提下,把生产能力尽量选得大些,尽可能快地将物料输送完毕,尽快腾出设备,节约人力。

(3)对于连续操作的泵,在考虑输送物料特性、压头、安全等方面要求的同时,应选择流量略高于工艺要求的泵,以便留有调节余地,保证生产均衡进行。此外,为保证生产连续进行,重要工序应考虑备用泵一台。

4.2.5.2　气体输送设备选型注意事项

食品工厂中用于车间通风换气的,一般选用轴流式风机。机械搅拌罐和各种生化反应器等的送风设备,一般选用往复式空压机、涡轮压缩机。用于固体厚层气流输送、气流干燥、气体输送的送风设备,一般选用离心式通风机。注意连续操作的应设备用设备。

4.2.5.3　固体输送设备选型注意事项

(1)如无特殊需要,应尽量选用机械式提升设备,因其能耗,视不同类型,比气流输送要低3~10倍。

(2)带式输送机、螺旋输送机,以水平输送为主,也可以有些升扬,但倾角不应大于20°,否则效率大大下降,甚至造成失误。

(3)在通用设备选型时,不要选择那些已经淘汰的老产品。

4.3　专业设备的计算与选型

4.3.1　专业设备计算与选型依据

(1)工艺计算所确定的进料量、出料量、耗水量、耗电量、耗汽量、耗冷量等。

(2)工艺操作的最适外部条件(温度、压力、真空度等)。

(3)设备的构造类型与性能。

4.3.2　专业设备计算与选型的程序和内容

(1)设备所承担的工艺操作任务,工作性质、工作参数的确定。

(2)设备选型及该型号设备的性能、特点概述。

(3)设备生产能力的确定。

(4)设备台数的确定(充分考虑生产波动与设备平衡,设备故障及检修,留有一定余量)。

(5)设备主要尺寸的确定。

(6)设备化工过程(换热、过滤、干燥面积、塔板数等)的计算。

(7)设备的传动搅拌和动力消耗计算。

(8)设备结构的工艺设计。

(9)支撑方式的计算选型。

(10)壁厚的计算选择。

(11)材质的选择和用量计算。

(12)其他特殊问题的考虑。

4.3.3　专业设备计算与选型的特点

食品工业的产品种类繁多,在具体生产过程中的要求也不一样,其专业设备的设计选型差距很大。即使同一产品工厂,由于采用不同的操作方式,其专业设备的设计选型也不一样。设计人员应当在对各种产品生产全过程充分认识的基础上着手进行设计。其中主要考虑各种产品的生产特点、原材料性质及来源、产品的技术经济指标、有效生产天数、各个生产环节的周期与操作方式等因素。

4.3.4 容器类设备的设计

食品工厂中有许多设备,它们有的用来储存物料,如储罐、计量罐、高位槽等;有的进行物理过程,如换热器、蒸发器、蒸馏塔等;有的用来进行化学反应,如中和锅、皂化锅、氢化釜、酸化锅等,这些设备虽然尺寸大小不一,形状结构各不相同,内部构件的形式更是多种多样,但它们都可以归为容器类设备。

容器类设备的外壳一般由筒体(又称壳体)、封头(又称端盖)、法兰、支座、接管及人孔、手孔、视镜等部件组成,如图 4.4 所示。

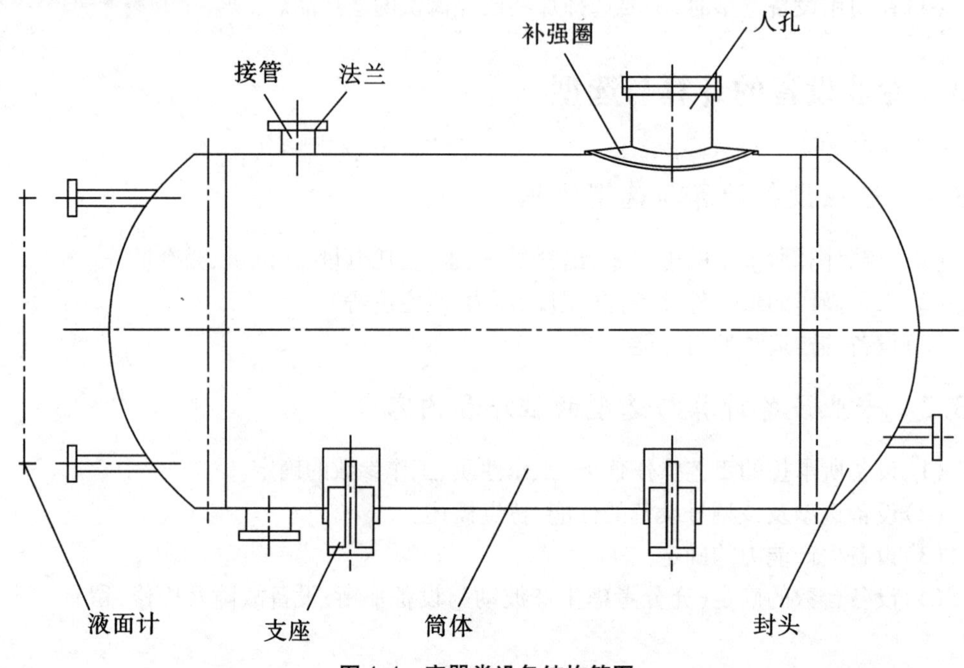

图 4.4 容器类设备结构简图

4.3.4.1 食品工厂中常见的容器

(1)方形或柜形容器　由平板焊成,制造简单,但承受压力较差,只用作小型常压储槽。

(2)圆筒形容器　它由圆筒形筒体和各种成型封头所组成。作为容器主体的圆柱形筒体,制造容易,安装内件方便,而且承压能力较好,应用最为广泛。

容器按承受压力的性质可分为内压容器和外压容器,即当容器内容的压力大于外界压力时为内压容器;反之,为外压容器。内压容器的设计压力低于 10 MPa 时,成为中低压容器。习惯上将压力为 1.6 ~ 10 MPa 的容器成为中压容器,压力为 0.07 ~ 1.6 MPa 的称为低压容器,压力低于 0.07 MPa 的称为常压容器。

4.3.4.2 容器设计的一般程序

(1)汇集工艺设计数据包括物料衡算和热量衡算的计算结果数据,储存物料的温度和压力,最大使用压力,最高使用温度,最低使用温度,腐蚀性,毒性,蒸汽压,进出量,储罐的工艺方案等。

(2)选择容器材料对有腐蚀性的物料可选用不锈钢等金属材料,在温度压力允许时可用非金属储罐、搪瓷容器或由钢制压力容器衬胶、搪瓷、衬聚四氟乙烯等。

(3)容器形式的选用我国已有许多化工储罐实现了标准化和系列化。在储罐形式选用时,应尽量选择已经标准化的产品。

(4)计算容器容积。计算容积是储罐工艺设计的尺寸设计的核心,液体储罐的容积可按式(4.10)计算:

$$V = \frac{m}{\gamma\lambda} \tag{4.10}$$

式中 V——容积,m^3;

m——所储液体的质量,t;

γ——所储液体的重度,t/m;

λ——容器的填充系数。

液体的重度随温度而变化,可按式(4.11)校正:

$$\gamma_t = \gamma_{15\ ^\circ\mathrm{C}} 0.0007 \times (t - 15) \tag{4.11}$$

根据容器的用途不同,可将储罐分为:原料储罐或产品储罐(一般至少有一个月的储量,罐的填充系数一般取0.8),中间储罐(一般为24 h的储量),计量罐(一般至少10 ~ 15 min的储量,多则2 h的储量,填充系数一般取0.6 ~ 0.7),缓冲罐(其容量通常是下游设备5 ~ 10 min用量,有时可以超过20 min用量)等。对于连续流进、流出的容器,所储液体的质量要根据设备内存液体的周转量及周转时间来确定。

(5)确定储罐基本尺寸。根据物料密度、卧式或立式的基本要求、安装场地的大小,按"压力容器公称直径DN"系列数确定储罐的直径,然后再确定容器相应的长度,核实长径比,并依据国家规定的设备零部件即简体与封头的规范确定封头的形状与尺寸。

(6)确定简体和封头的壁厚等,选择标准型号。

(7)开口和支座在选择标准图纸之后,要设计并核对设备的管口。在设备上考虑进料、出料、温度、压力(真空)、放空、液面计、排液、放净以及人孔、手孔、吊装等装置,并留有一定数目的备用孔。如标准图纸的开孔及管口方位不符合工艺要求而又必须重新设计时,可以利用标准系列型号在订货时加以说明并附有管口方位图。容器的支承方式和支座的方位在标准图系列上也是固定的,如位置和形式有变更时,则在利用标准图订货时加以说明,并附有草图。

(8)绘制设备草图(条件图)绘制设备草图并标注尺寸,提出设计条件和订货要求。选用标准图系列的有关图纸,应在标准图的基础上提出管口方位、支座等的局部修改和要求,并附有图纸,作为订货的要求。

4.3.5 换热器设备的设计

在食品工厂中,换热器应用很广泛,例如冷却、冷凝、加热、蒸发等工序都要用。列管式换热器是目前生产上应用最广泛的一种传热设备，它的结构紧凑、制造工艺较成熟、适应性强、使用材料范围广。

4.3.5.1 换热器设计的一般原则

（1）基本要求　换热器设计要满足工艺操作条件，能长期运转，安全可靠，不泄漏，维修清洗方便，满足工艺要求的传热面积，尽量有较高的传热效率，流体阻力尽量小，还要满足工艺布置的安装尺寸等要求。

（2）介质流程　何种介质走管程，何种介质走壳程，可按下列情况确定：腐蚀性介质走管程，可以降低对外壳材质的要求；毒性介质走管程，泄漏的概率小；易结垢的介质走管程，便于清洗与清扫；压力较高的介质走管程，这样可以减小对壳体的机械强度要求；温度高的介质走管程，可以改变材质，满足介质要求；黏度较大、流量小的介质走壳程，可提高传热系数。从压降考虑，雷诺数小介质的走壳程。

（3）终端温差　换热器的终端温差通常由工艺过程的需要而定。但在工艺确定温差时，应考虑换热器的经济合理性和传热效率，使换热器在较佳范围内操作。一般认为：

1）热端的温差应在 20 ℃以上；

2）用水或其他冷却介质冷却时，冷端温差可以小一些，但不要低于 5 ℃；

3）当用冷却剂冷凝工艺流体时，冷却剂的进口温度应当高于工艺流体中最高凝点组分的凝点 59 ℃以上；

4）空冷器的最小温差应大于 20 ℃；

5）冷凝含有惰性气体的流体时，冷却剂出口温度至少比冷凝组分的露点低 5 ℃。

（4）流速　在换热器内，一般希望采用较高的流速，这样可以提高传热效率，有利于冲刷污垢和沉积。但流速过大，磨损严重，甚至造成设备振动，影响操作和使用寿命，能量消耗亦将增加。因此，比较适宜的流速需经过经济核算来确定。

（5）压力降　压力降一般随操作压力不同而有一个大致的范围。压力降的影响因素较多。

（6）传热系数　传热面两侧的传热膜系数 α_1、α_2 若相差很大时，α 值较小的一侧将成为控制传热效果的主要因素。设计换热器时，应设法增大该侧的传热膜系数。计算传热面积时，常以小的一侧为准。增大 α 值的方法通常是：

1）缩小通道截面积，以增大流速；

2）增设挡板或促进产生湍流的插入物；

3）管壁上加翅片，提高湍流程度也增大了传热面积；

4）糙化传热面积，用沟槽或多孔表面，对于冷凝、沸腾等有相变化的传热过程来说，可获得大的膜系数。

（7）污垢系数　换热器使用中会在壁面产生污垢，在设计换热器时慎重考虑流速和壁温的影响。从工艺上降低污垢系数，如改进水质，消除死区，增加流速，防止局部过热等。

（8）尽量选用标准设计和标准系列　这样可以提高工程的工作效率，缩短施工周期，降低工程投资。

4.4 非标准设备的设计

食品工厂非标准设备,是指生产车间中除专业设备和通用设备之外,用于与生产配套的起储存、计量等作用的设备和设施。

4.4.1 非标准设备计算和选型的主要工作和程序

(1)根据工艺流程和工艺要求确定设备类型。

(2)根据各类设备的性能、使用特点和适用范围选定设备的基本结构形式。

(3)确定设备材质。根据工艺操作条件和设备的工艺要求,确定适应要求的设备材质。

(4)汇集设计条件。根据物料衡算和热量衡算,确定设备负荷、转化率和效率要求,确定设备的工艺操作条件如温度、压力、流量、流速、投料方式和投料量、卸料、排渣形式、工作周期等,作为设备设计和工艺计算的主要依据。

(5)根据必要的计算和分析确定设备的基本尺寸。如设备外径、高度、搅拌器主要尺寸、转速、容积、流量、压力等;设备的各种工艺附件,如进出料口、排料装置等。设备基本尺寸计算和设计完成之后,画出设备示意草图,标注各类特性尺寸。应注意,在设计出基本尺寸之后,应查阅有关标准规范,将有关尺寸规范化,尽量选用标准图纸。

(6)向设备设计(机械设计)专业提出设计条件和设备草图,由设备设计人员根据各种规范进行机械设计、强度设计和检验,完成施工图等。

(7)汇总列出设备一览表。

以非标准容器设计为例,其工艺设计由工艺专业人员负责。工艺专业人员根据生产要求,提出工艺技术条件和要求,然后提供给机械设计人员进行施工图设计。设计图纸完成后,再返回给工艺人员核实条件并会签。

4.4.2 工艺专业向机械专业提供的技术条件和要求

(1)设备名称、作用和使用场合。

(2)有关技术参数 ①物料组成、黏度、相对密度等。②操作条件如温度、压力、流量、酸碱度、真空度等。③容积包括全容积、有效容积。④传热面积包括蛇管和夹套传热。⑤工作介质性质是否易燃、易爆、有腐蚀、有毒等。

(3)结构要求 ①材质要求工艺人员应提出材质的建议,供机械人员参考。②主要尺寸要求如容器的外形(轮廓)尺寸;容器的直径、长度、各种管口大小等性能尺寸;管口方位等定位尺寸;设备基础或支架等安装尺寸。③传热面要求如内换热采用盘管或列管;外换热使用夹套是否包括封头等。

(4)其他特殊要求 ①技术特性指示。②管口表。③设备示意图。

图4.5为非标准容器示意图,表4.6为一非标容器的设备条件单。

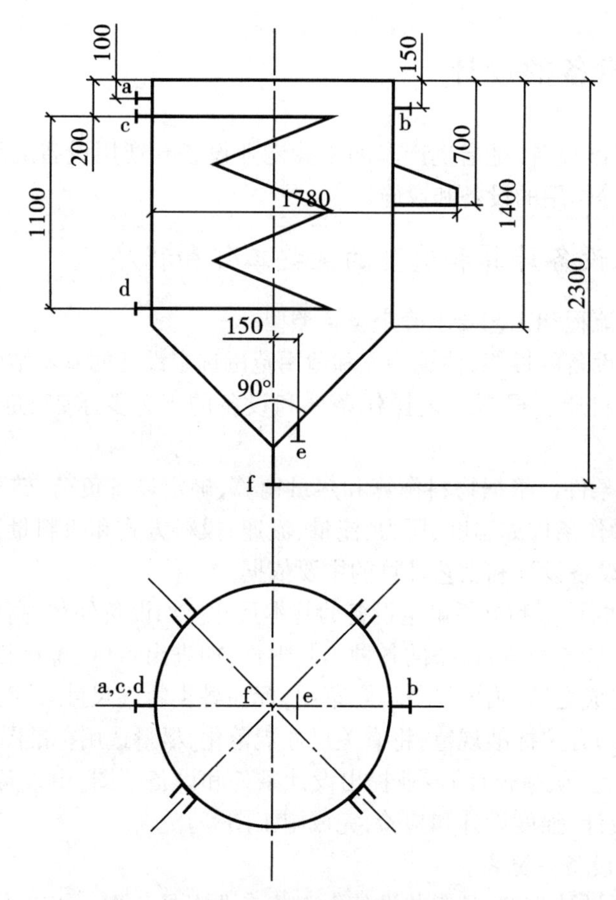

图 4.5　非标准容器示意图

表 4.6　非标准容器的设备条件单

工程项目			设备名称	储槽	设备用途	高位槽
提出专业	工艺		设备型号		制单	
技术特性指标			管口表			
操作压力		常压	编号	用途	管径	连接形式
操作温度		22 ~ 25 ℃	a	进口	*DN*50	平焊法兰
介质	体内	溶剂油	b	回流口	*DN*70	螺纹
	蛇管内	冷却水	c	冷却水入口	*DN*25	平焊法兰
腐蚀情况		无	d	冷却水出口	*DN*25	平焊法兰
冷却面积		~0.18 ㎡	e	出口	*DN*50	平焊法兰
操作容积		2.3 m^3	f	放净口	*DN*70	平焊法兰
计算容积		2.5 m^3				
建议采用材料		A_3				

4.5 设备一览表

在所有设备选型与设计完成以后,按照流程图中的设备图序号,将所有设备逐一汇总编成设备一览表,作为设计说明书的组成部分,并为下一步施工图设计以及其他非工艺设计和设备订货提供必要的条件。

表4.7为供参考的设备一览表。在填写设备一览表时,通常按照生产工艺流程顺序排列各车间的设备。也可把各车间设备按通用设备、专业设备和非标准设备进行分类填写。以便于将各类设备汇总,分别交予各部分组织加工和采购。

表4.7 设备一览表

序号	设备分类	设备位号	设备名称	型号	主要规格	材质	外形尺寸	数量	净重/kg	单价/元	制造厂	备注

4.6 设备图的绘制与表达

食品工厂的设备图绘制通常参照化工设备图的绘制,按国家标准《机械制图》的要求进行。下面介绍的内容,是化工设备图与机械图样不同的表达特点。

4.6.1 基本视图的配置

化工设备的形体以回转形体居多,所以一般用两个基本视图来表达设备的主体。立式设备通常采用主、俯两个基本视图,如图4.6所示。卧式设备通常采用主、左两个基本视图。主视图一般采用全剖视。

4.6.2 多次旋转的表达方式

为了在主视图上清楚地表达设备的管口和零部件,可采用多次旋转的表达方法。即将分布在设备周向方位上的一些管口或零部件结构,分别按机械制图中画旋转视图(或旋转剖视)的方法,在主视图上画出它们的投影,以能反映这些结构的真实形状和位置。必须注意,在应用多次旋转的画法时,不能使视图上出现图形重叠的现象。采用多次旋转画法时,允许不作任何标注。图 4.6 中的手孔、液面计及管口,均采用了多次旋转的画法。

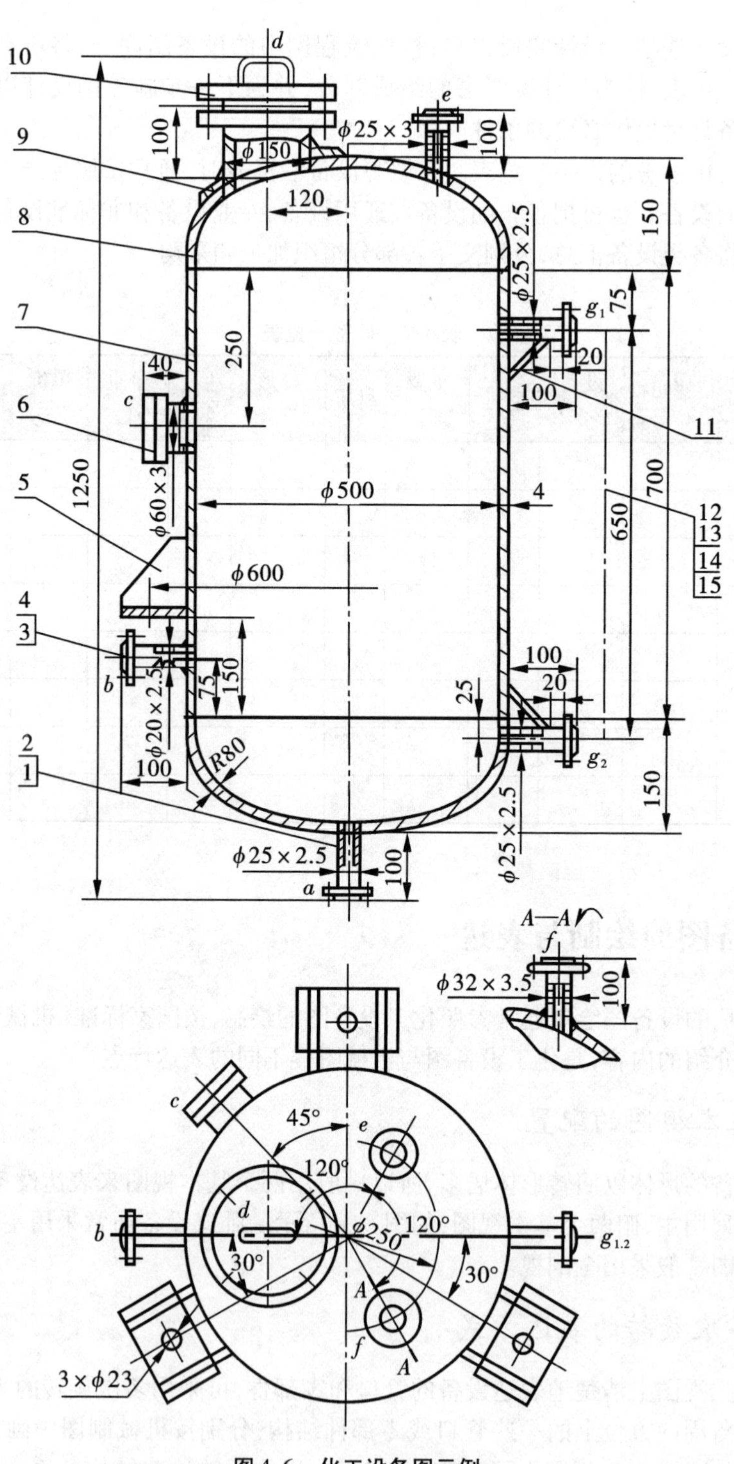

图 4.6 化工设备图示例

4.6.3　局部结构的表达方法

由于化工设备的尺寸相差悬殊，按总体尺寸所选定的绘制比例，往往无法同时将某些局部形状表达清楚。为了解决这个矛盾，在化工设备图上往往较多地采用局部放大图的表达方法，常称节点图。它的画法和要求，和机械制图中局部放大图的画法和要求基本相同。如图 4.6 中，用 M1 ∶ 1 画出了补强圈焊接结构的放大图。

4.6.4　夸大的表达方法

化工设备尺寸相差悬殊的特点，除了采用局部放大的画法外，有时还采用夸大的表达方法。例如，设备的壁厚、垫片、挡板、折流板等，在绘图比例缩小较多（如 M1 ∶ 10）时，其厚度一般无法画出，这就必须用夸大的方法，即不按比例，适当夸大地（用双线）画出它们的厚度。如图 4.6 中的壁厚，是用夸大方法画出的。

4.6.5　管口方位的表达方法

化工设备上的管口较多，一般设备的管口方位由工艺人员画出单独的管口方位图，或在设备的俯（左）视图上表达管口方位，注出管口方位的相应尺寸和角度，并在图纸右边编写设备管口表。

4.6.6　断开和分段（层）的表达方法

当设备的总体尺寸很大，又有相当部分的形状和结构相同，或按规律变化或重复时，可采用断开的画法，以简化作图，便于选用较大的作图比例。

4.6.7　设备整体的表达方法

设备采用断开或分段（层）的画法后，为了有一个完整的图形形象，必须画出设备整体图形。

一般用较大的缩小比例，用单线画出整个设备的主要形状和结构（设备的内件，如塔板等，一般画成虚线。若全剖，可画成实线）。图上一般应表示：设备总高，各管口的定位尺寸和标高，人（手）孔的位置，塔板（或其他主要内件）的总数，顺序号及间距，塔节的总数和标高，以及操作平台、塔箍等附件的标高位置等。

各部门根据多年实践，在化工设备图中，补充规定了一些简化画法，如管法兰、螺栓、螺栓孔、多孔板孔眼、填充物、液面计、衬里、外购零部件（减速机、电动机、人孔、搅拌桨叶等）等的简化画法，请参阅有关化工制图资料。

4.7　食品工厂部分设备的选择

4.7.1　罐头工厂主要设备

罐头食品生产需要的设备主要有各种输送设备、清洗和原料预处理设备、热加工设备、封罐设备、成品包装机械和空罐设备六大类。常用的液体输送设备包括真空吸料装置、流送槽和泵等,常用的固体输送设备主要有带式输送机、斗式提升机等,该部分内容在通用设备部分已经详细叙述,此处不再赘述。下面就其他几类设备进行简述。

4.7.1.1 清洗和原料预处理设备

食品原料在其生长、成熟、运输及储藏环节,会受到尘埃、沙土、微生物及其他污染物的污染。因此,在加工前必须进行清洗。此外,为了保证食品容器的清洁和防止肉类罐头产生油商标等质量事故,故必须有相应的清洗设备。

常用的清洗设备又鼓风式清洗机、空罐清洗机、全自动洗瓶机、实罐清洗机、CIP 清洗技术等。鼓泡式清洗机是利用空气鼓泡搅拌来加速污物从原料上洗去,同时又可使原料在强烈的翻动下而不破坏其完整性,特别适合于果蔬类原料的清洗。全自动洗瓶机可用于果汁、汽水、牛奶、啤酒等玻璃瓶的清洗,对于新瓶和回收瓶均可使用。自 20 世纪 80 年代以来,对设备的清洗工作,开始为机械所代替,特别是在乳品厂、饮料厂以及其他采用管道化连续作业的工厂。在许多乳品厂中采用自动就地清洗,即冲洗用水和洗涤液是在设备管道及生产线中闭合回路循环进行的,无须将设备拆开清洗,这种技术被称为就地清洗(CIP)。就地清洗是使用洗涤剂和洗涤水以高速的液流冲洗设备的内部表面,形成机械作用而把污垢冲走。这种作用于管道、泵、换热器、分离器及阀门等的清洗是有效的。对于大的储罐、储桶等,我国仍普遍采用手工洗刷。但目前,我国已有相当一部分食品企业采用了就地清洗技术。以乳品厂为例,设备(或管路)表面所残留的沉积物是以乳为主的物料,因此,应选择合适的材料和 CIP 程序(若清洗加热过的表面,则 CIP 程序必须要多设置一个酸洗循环程序,以除去热处理后残留在设备表面的凝固蛋白质和钙盐沉淀物)以构成易于清洗的闭合回路。

常用的原料预处理设备有分级机(又分滚筒式分级机、摆动筛、三滚动式分级机、花生米色选机等)、切片机(如蘑菇定向切片机、菠萝切片机、青刀豆切端机等)、多功能切片切丁切丝机(如切胡萝卜片、胡萝卜丁、辣椒丝等)、绞肉机、打浆机、榨汁机、果蔬去皮机、分离机(如奶油分离机等)、斩拌机、真空搅拌机等。滚筒式分级机的分级效率高,目前广泛应用于蘑菇和青豆等的分级。三滚动式分级机适用于球形或近似球形体的果蔬原料,如苹果、柑橘、番茄、桃子和菠萝等,按直径大小不同进行分级。斩拌机和真空搅拌机是生产午餐肉的专用设备。

4.7.1.2 热加工设备

食品工厂热加工设备主要用于原料脱水、抑制或杀灭微生物,排除食品组织中的空气、破坏酶活力、保持产品的颜色和方便其他工序操作等。它包括预煮、预热、蒸发浓缩、干燥、排气和杀菌等设备。常用的有列管式换热器、板式换热器、辊筒式杀菌器、夹层锅、连续预煮机(带式和螺旋式)、真空浓缩设备(盘管式、中央循环式、升膜式、降膜式、片式、刮板式、外加热式等)、排气设备、杀菌设备(立式、卧式、常压连续式、回转式等)等。

(1)热交换设备　热交换设备中,列管式换热器广泛应用在番茄汁、果汁、乳品等液体食品的生产过程中,大多用作高温时间短、超高温瞬时杀菌和杀菌后及时冷却。板式热交换器用于牛奶的高温短时(HTST)或超高温瞬时(UHT)杀菌,也可作食品料液的加热杀菌和冷却。辊筒式杀菌器一般用作鲜奶和稀奶油的消毒。夹层锅(又称二重锅、双重釜等),常用于物料的热烫、预煮、调味液的配制及熬煮一些浓缩产品,连续预煮机广泛用于蘑菇、青刀豆、青豆、蚕豆等各种果蔬原料的预煮。

(2)真空浓缩设备　真空浓缩设备的加热器结构种类很多,按加热器结构可分为盘管式、中央循环式、升膜式、降膜式、片式、刮板式和外加热式等,在选择不同结构的真空浓缩设备时,应根据以下食品溶液的性质来确定。

1)结垢性　一些溶液在加热浓缩过程中,会在加热面上生产垢层,从而增加热阻,降低传热系数,严重时使设备生产能力下降,甚至停产。所以,对易发生垢层的料液,最好选择流速较大的强制循环型或升膜式浓缩设备。

2)结晶性　一些溶液加入时,会有晶粒析出,而且沉积于传热面上,从而影响传热效果,严重时会堵塞加热管。对于这类食品溶液,常采用带有搅拌器的夹套式浓缩设备或带有强制循环的浓缩器。

3)黏滞性　一些食品溶液的黏度随浓度的增加而增加,使流速降低,传热系数变小,生产能力下降。对于黏度较高的食品溶液,一般选用强制循环式、刮板式或降膜式浓缩设备。

4)热敏性　在食品加工生产中,由于原料不同,对热的敏感性也不同,有些产品在加工温度过高时,会影响色泽,使产品质量下降,所以,对这类产品应选用停留时间短、蒸发温度低的真空浓缩设备,一般选用各种薄膜式或真空度较高的浓缩设备。

5)发泡性　一些食品溶液在浓缩过程中会产生大量泡沫,而泡沫易被二次蒸汽带走,增加产品损耗,严重时则无法操作,造成停产。因此,在浓缩器的结构上,要考虑消除发泡的可能,同时要设法分离回收泡沫,一般可采用强制循环型和长管薄膜浓缩器,以提高料液在管内的流速。

真空浓缩装置中除真空浓缩设备外,还需配备一些附属设备,主要包括捕沫器、冷凝器及真空装置等。捕沫器分惯性型捕沫器、离心型捕沫器等,一般安装在浓缩设备的蒸发分离室顶部或侧部,其主要作用是防止蒸发过程中所形成的细微液滴被二次蒸汽夹带逸出。从而可减少料液损失,防止污染管道及其他浓缩器的加热表面。冷凝器一般由大气式冷凝器、表面式冷凝器、低位冷凝器、喷射式冷凝器,其主要作用是将真空浓缩所产生的二次蒸汽进行冷凝,并将其中的不凝结气体分离,以减少真空装置的容积负荷,同时保证达到所需要的真空度。真空装置一般由机械泵和喷射泵两大类,其主要作用是抽取不凝结气体,降低浓缩锅内压力,从而降低料液的沸腾温度,有利于提高食品质量。

(3)杀菌设备　食品厂的杀菌设备种类繁多,按其杀菌温度不同,可分为常压杀菌和加压杀菌。按其操作方法又可分为,间歇杀菌和连续杀菌。常用的间歇式杀菌设备有立式杀菌锅与卧式杀菌锅,其中卧式杀菌锅有分静止式和回转式两种,连续式杀菌设备有常压连续杀菌器、静水压连续杀菌器、火焰杀菌器、真空杀菌器及微波杀菌器等,在我国各罐头工厂中主要是采用立式杀菌器、卧式杀菌器及常压连续杀菌器。

4.7.1.3　封罐设备

罐头加工是食品加工中一个传统、成熟的行业,加工设备有其特殊性,由于罐头的品种繁多,容器形状和罐形的多种多样,以及容器材料的不同,所以,封罐机的形式也各不相同。一般来说,镀锡薄板容器的封罐机有手扳式封罐机、半自动封罐机和全自动封罐机,自动封罐机又分单机头自动封罐机和多机头自动封罐机。玻璃瓶封口机也分为手扳式封罐机、半自动封罐机和全自动封罐机,封罐机的生产能力通常是按每分钟封多少罐计算。

4.7.1.4 成品包装机械设备

常用的成品包装机械包括贴标机、装箱机、封箱机、捆扎机、金属探测机等。

4.7.1.5 空罐设备

常用的空罐罐身设备按焊接方式分为焊锡罐设备(单机和自动焊锡机)、电阻焊设备。焊锡罐中含有重金属铅,对人体有害,锡属于稀有金属,价格昂贵、成本高。故此法已被逐渐淘汰。

空罐罐盖设备:波形剪板机、冲床、原盖机、注胶机、罐盖烘干机及球磨机等。

罐头加工厂常见的设备见表4.8。

表4.8 部分罐头加工设备

产品名称	型号	主要参数规格	外形尺寸(长×宽×高)/mm	净重/t
全自动真空封罐机	TP-300	80~100 罐/min	1 700×1 500×1 900	2.1
异型封罐机	GTY68	68 罐/min	2 000×1 460×1 950	1.9
四头异型封罐机	GTXS200	150~200 罐/min	2 360×2 180×2 000	5.3
绞肉机	JR-250	生产能力3 000 kg/h	1 750×1 500×1 150	2.4
斩拌机	ZB-125	生产能力90 kg/次	2 135×1 460×1 420	1.8
番茄(猕猴桃)去籽机	QZJ-1.2	生产能力1.2 t/h	1 900×670×1 695	
三道打酱机	DJ3-7.5	生产能力7 t/h	1 935×2 275×1 700	
番茄双效真空浓缩锅	JD-FPL-12	生产能力1 200 kg/h		
连续杀菌机	DWLXSJJ	桃1.7 t/h	16 500×1 800×1 200	
可倾式夹层锅	JL-XKJG-D	容量:400 L	1 700×1 300×1 150	

4.7.2 碳酸饮料厂生产设备

碳酸饮料生产过程中常用的设备主要包括水处理设备、配料设备及灌装设备,另外还有卸箱机、洗箱机、洗瓶机、装箱机等,见表4.9。

表4.9 部分碳酸饮料加工设备

产品名称	型号	主要参数规格	外形尺寸(长×宽×高)/mm	净重/t
反渗透水处理器	TY-014180	产水量1~100 t		
电渗透超纯水过滤器	HYW-0.2		1 200×900×1 400	0.23
紫外线饮水消毒器	ZYX-0.3	最大生产能力0.3 t/h	450×250×520	0.02

续表 4.9 部分碳酸饮料加工设备

产品名称	型号	主要参数规格	外形尺寸(长×宽×高)/mm	净重/t
净水器	SST103	生产能力 3~6 t/h	Φ480×1 800	0.3
汽水混合机	QHS-2000	最大生产能力 2 t/h	1 000×900×2 000	0.3
一次性混合机	QHC-B	生产能力 2.5 t/h		0.5
汽水灌装机	GZH-18	7 000~12 000 瓶/8 h	1 800×1 200×980	1.5
二氧化碳净化器	EJQ-100	生产能力 100 kg/h	2 000×1 200×2 500	1.1

4.7.3 乳制品厂主要设备

常用的乳品设备除了夹层锅、奶油分离机、洗瓶机、热交换器、真空浓缩设备和喷雾干燥设备等外,还有均质机、甩油机、凝冻机、冰激凌装杯机等。

均质机是一种特殊的高压泵,利用高压作用,使料液中的脂肪球碎裂至直径小于 2 μm,主要通过一个均质阀的作用,使高压料液从极端狭小的间隙中通过,由于急速降低压力产生的膨胀和冲击作用,使原料中的粒子微细化。生产淡炼乳时,可减少脂肪上浮现象,并能促进人体对脂肪的消化吸收;生产搅拌型酸乳时,可使产品质地均匀,口感细腻爽滑;在果汁生产中,利用均质能使物料中一些残留的果渣小微粒破碎,得到液相均匀的混合物,减少产品中的沉淀;在冰激凌生产中,能降低牛乳表面张力,增加黏度,得到均匀一致的胶黏混合物,提高产品质量。均质机按构造可分为高压均质机、离心均质机和超声波均质机三种,目前常用的为高压均质机,其额定工作压力为 20~60 MPa。

喷雾干燥是利用喷雾器的作用,将溶液、乳浊液、悬浮液或膏糊状物料喷洒成极细的雾状液滴,在干燥介质中雾滴迅速汽化,形成粉状和颗粒状干制品的一种干燥方法。喷雾干燥技术特别适用于干燥初始水分高的物料。它具有干燥速度快、时间短,干燥温度较低,成品分散性和溶解性良好,生产过程简单、操作控制方便,自动化程度高,适宜连续化生产等优点。乳品加工除了利用喷雾干燥设备(压力喷雾、离心喷雾和气流喷雾)外,还应用微波干燥设备、红外辐射干燥设备、真空干燥设备、升华干燥设备、沸腾干燥设备和冷冻干燥设备等。奶粉的生产常使用压力喷雾干燥设备和离心喷雾干燥设备,麦乳精生产中常用真空干燥设备。

凝冻机和冰激凌装杯机主要用于冰激凌生产。甩油机是黄油生产中的主要设备,能使脂肪球互相聚合形成奶油粒,同时分出酪乳。

乳品厂常用机械设备见表 4.10 所示。

表 4.10 部分乳品加工设备

产品名称	型号	主要参数规格	外形尺寸(长×宽×高)/mm	净重/t
磅奶槽	RZGC03-1000	公称容量:1000 L	1 200×1 200×700	0.168
受奶槽	RZWG01-1200	公称容量:1200 L	1 800×940×740	0.178
离心式奶泵	BAW150-5G	流量:5 m^3/h	500×260×370	0.0352

续表 4.10 部分乳品加工设备

产品名称	型号	主要参数规格	外形尺寸(长×宽×高)/mm	净重/t
储奶缸	DHL-2000	容积:2 000 L	1 750×1 600×2 300	
双效降膜蒸发器	AJZ-7	水分蒸发量:700 kg/h	4 400×2 200×6 700	3.6
真空浓缩锅	RP3B1	水分蒸发量:300 kg/h	3 000×2 800×3 200	0.95
离心喷雾干燥机	LPG-150	水分蒸发量:150 kg/h	5 500×4 500×7 000	
吊悬式筛粉机	RFFS01-1000	生产能力:1 000 L/h		0.05
奶油分离机	LP5-2K-100	生产能力:100 L/h	324×288×500	0.01
奶油搅拌机	RPJ180	容量:180 L	1 950×1 640×2 080	0.48
冷热缸	RL10	容积:1 000 L	1 600×1 385×1 660	1.15
高压均质机	GJJ-0.5/25	流量:500 L/h	1 010×616×975	0.4

4.7.4 其他食品加工设备

除上述几类外,还有饼干、面包、方便食品等生产设备,各种糖果生产设备,巧克力生产设备,果蔬保鲜、脱水、速冻、冻干生产设备等,此处不一一叙述,详细资料可查阅《中国食品与包装工程装备手册》(中国轻工业出版社,2000 年 1 月版)及《食品机械产品供应目录》(机械工业出版社,2002 年 7 月版)

思考题

1. 简述食品厂设备的分类。
2. 简述食品厂设备选型的内容及选型原则。
3. 食品厂中真空浓缩设备选型应注意什么?

Food 第 5 章　生产车间工艺布置

5.1 概　述

食品工厂生产车间工艺布置的任务是进行车间厂房的布置和设备的布置以达到食品生产质量管理规范(GMP)对洁净厂房的基本要求。车间工艺布置是工艺设计的重要部分,不仅与车间本身的建设成本及使用功能有很大关系,而且影响到工厂的整体效果。车间布置一经施工就不易改变,所以,在设计过程中必须全面考虑。工艺设计必须与土建,给排水、供电、供汽、通风采暖、制冷以及安全卫生等方面取得统一和协调。在布置时做到深思熟虑、仔细推敲,提出不同方案进行比较,以取得一个最佳方案。

5.1.1 生产车间工艺布置的依据

生产车间工艺布置必须在充分调研的基础上,掌握必要的资料作为设计的依据或参考。这些资料包括:

(1)生产工艺流程图。

(2)物料衡算数据及物料性质,包括原料、半成品、成品的数量及性质,三废的数量及处理方法。

(3)设备资料,包括设备外形尺寸、质量、支撑形式、保温情况及其操作条件,设备一览表等。

(4)公用系统消耗量,给排水、供电、供热、冷冻、压缩空气等。

(5)土建资料和劳动安全、防火、防爆、卫生等标准和食品生产质量管理规范(GMP)。

(6)生产车间对通风、空调、空气净化方面的要求。

(7)车间组织及定员资料。

(8)厂区总平面布置,包括本车间与其他生产车间、辅助车间、生活设施的相互关联,厂内人流、物流的情况与数量。

(9)其他一些与车间布置密切相关的规范资料。

5.1.2 食品工厂生产车间组成

(1)生产设施,包括原料工段、生产工段、成品工段、回收工段、控制室等。

(2)辅助设施,包括通风空调室、变配电室、车间化验室等。

(3)生活行政设施,包括车间办公室、休息室、更衣室、浴室及卫生间等。

车间内部的辅助设施和生活行政类设施,也可称为车间的附属工程。工艺设计人员主要完成车间内部的生产设施设计,辅助设施(变配电室、通风空调室等)、生活行政设施一般由相对应的配套专业人员承担具体设计内容。

在进行生产车间工艺布置时,必须在全面了解和确定生产车间的基本组成及其具体内容和要求的基础上,才能进行车间的平面布置和设备布置,才能防止遗漏和不全。

5.2 生产车间工艺布置的原则及步骤

5.2.1 生产车间工艺布置的原则

(1)要有总体设计的全局观念。生产车间的工艺布置首先必须要能满足生产的要求,同时,还必须从本车间在总平面图上的位置、本车间与其他车间或部门间的关系以及工厂今后的建设发展等方面满足总体设计的要求。

(2)设备布置要尽量按工艺流水线安排。设备布置要尽量按工艺流水线安排,但有些特殊设备可按相同类型做适当集中,务必使生产过程占地最少,生产周期最短、操作最方便。如果车间系多层建筑,要设有垂直运输装置,一般重型设备最好设在底层。

(3)应考虑到进行多品种生产的可能。食品的生产不仅受市场需求变化的影响,同时还受原料供应、原料价格等因素的影响,企业的产品结构经常需要进行一定的调整。因此,在进行生产车间设备布置时,应考虑到进行多品种生产的可能,以便灵活调动设备,并留有适当的余地,以便对生产线进行调整。同时,还应注意设备相互间的间距和设备与建筑物的安全维修距离。既要保证操作方便,又要保证维修装拆和清洁卫生的方便气。

(4)生产车间与其他车间的各工序要相互配合。为保证各物料运输通畅,避免重复往返,生产车间与其他车间的各工序要相互配合。必须注意:要尽可能利用生产车间的空间进行运输;合理安排生产车间各种废料排出;人员进出口要和物料进出口分开。

(5)必须考虑生产卫生和劳动保护。如卫生消毒、防蝇防虫、车间排水、电器防潮及安全防火等措施。

(6)应考虑车间的采光、通风、采暖、降温等设施。对散发热量、气味及有腐蚀性的介质,要单独集中布置。对空压机房、空调机房、真空泵房等既要分隔、又要尽可能接近使用地点,以减少输送管路及管路损失。

(7)可以设在室外的设备,尽可能设在室外,上面可加盖简易棚。

5.2.2 生产车间工艺布置的程序

食品工厂生产车间平面设计一般有两种情况,一种是对原有厂房进行平面布置设计,另一种是新建车间的平面布置。前一种情况比后一种情况更困难些,因为设计受现有厂房条件的限制,但两种情况的设计方法基本相同。

(1)整理好设备清单和生活室等各部分的面积要求,设备清单格式见表5.1。

表5.1 ××食品厂××车间设备清单

序号	设备名称	规格型号	安装尺寸	生产能力	台数	备注
1						
2						
3						
⋮						

在设备清单的备注栏中应对设备是固定的还是移动的、公共的还是专用的以及重量等情况予以说明。其中笨重的、固定的、专用的设备应尽量排在车间四周,轻的、可移动的、简单的设备可排在车间中央,方便更换设备。

(2)确定厂房的建筑结构、建筑形式、朝向、跨度,绘出建筑轮廓和承重柱、墙的位置。一般车间长度 50 ~60 m(不超过 100 m)为宜。在计算纸上画出车间长度、宽度和柱子。

(3)按照工厂总平面图,确定车间的生产流水线方向。

(4)根据设备设施等平面尺寸,按比例用硬纸板剪成小方块,在草图上进行布置,排出多种方案并分析比较,以求较佳方案。此步也可用计算机进行布置,修改起来十分方便。

(5)讨论、修改、画草图,对不同方案可以从以下几个方面进行比较:①建筑结构及造价;②管道安装(包括工艺、水、冷、汽等);③车间运输;④生产卫生条件、操作条件;⑤通风采光。

(6)布置车间卫生室、生活室、车间办公室等。

(7)画出车间主要剖面图(包括门窗)。

(8)审查修改。

(9)画出正式图。

生产车间工艺布置实例如图 5.1 所示。

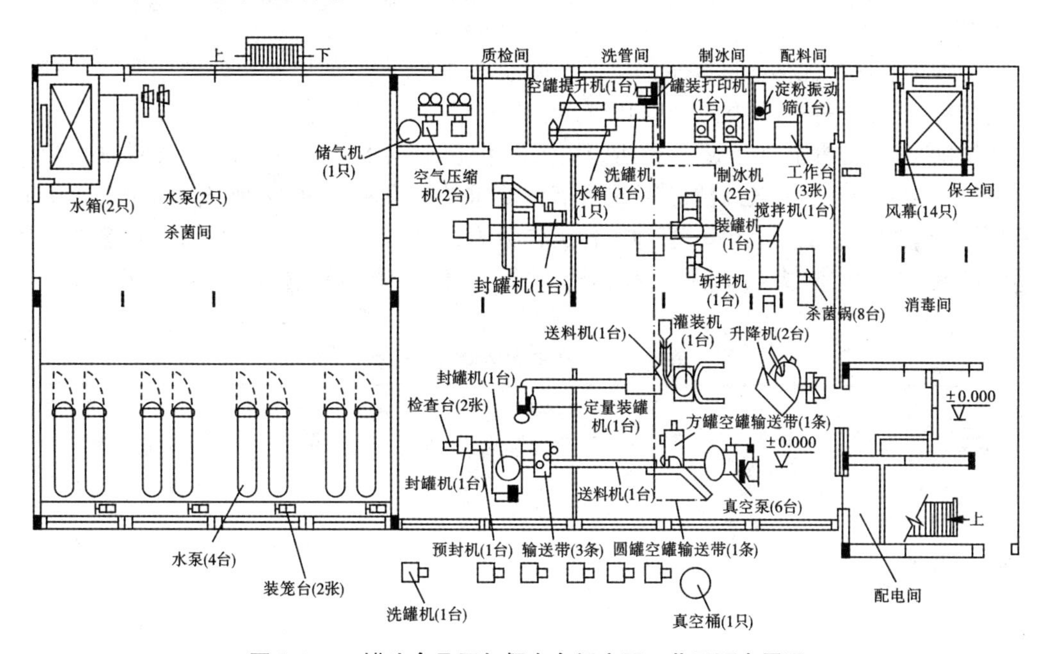

图 5.1 ××罐头食品厂午餐肉车间底层工艺平面布置图

5.3 食品工厂洁净厂房布置设计及 GMP 要求

5.3.1 食品生产质量管理规范(GMP)

食品生产质量管理规范(good manufacturing practice, 简称 GMP),是国际上普遍采用的一种以预防为主的先进管理方法,适用于食品生产的全过程。在食品企业中实施 GMP,可以防止食品在不卫生条件或可能隐私污染或品质变坏的环境下生产,减少生产事故的发生,确保食品安全卫生和品质稳定。

食品 GMP 对工厂的建筑、厂房等硬件设施、卫生设施、设备维护以及与产品相适应的洁净环境都有严格的要求。也就是说,对于各类食品工厂的洁净厂房设计,必须围绕工艺流程要求,综合土建、给排水、供电及仪表、通风、空调净化等专业的要求,遵循 GMP 相关规则,建造一个清洁、卫生的生产环境,生产出质量合格的放心食品。

5.3.2 生产车间环境区域的划分

为便于对于不同功能区域进行设计和卫生管理,通常可将食品工厂车间按车间(区域)的空气洁净度或菌落数不同划分为非食品处理区、一般生产区、控制区和洁净生产区。

一般生产区指无洁净度要求的生产车间及辅助车间等,如原料预处理场所、原料库、外包装室、成品库等;控制区(100000 级)指对空气洁净度或菌落数有一定要求的生产车间及辅助车间,如食品加工调制场所、热处理、内包材料准备室、缓冲间等;洁净生产区(1000 ~ 10000 级)指有较高洁净度或菌落数要求的生产车间,如易腐或即食成品(半成品)的冷却、暂存、内包装场室、菌种接种工作台等;非食品处理区指车间内不直接处理食品的区域,如化验室、办公室、更衣室、卫生间等。对各生产环境区域的要求见表 5.2。

表 5.2 生产车间环境区域分类

生产车间分类	洁净度级别/级	尘埃		沉降菌/皿	分类举例
		粒径/μm	浓度/(个/毫升)		
非食品处理区					化验室、办公室、更衣室、卫生间等
一般生产区	300000	≥0.5	≤10500000	平均≤15	原辅料仓库,材料仓库,原材料处理场所,空瓶(罐)堆放、整理场所,内包装容器清洗场所,杀菌场所(采用密闭设备及管路输送),密闭发酵罐,外包装室,成品仓库,现场检验室,其他相关辅助区域

续表 5.2 生产车间环境区域分类

生产车间分类	洁净度级别/级	尘埃		沉降菌/皿	分类举例
		粒径/μm	浓度/(个/毫升)		
控制区	100000	≥0.5	≤350000	平均≤10	加工制造场所,非易腐即食食品的内包装室,内包装材料准备室,缓冲室,其他相应的辅助区域
洁净生产区	1000~10000	≥0.5	≤350000	平均≤3	易腐即食食品最终半成品的冷却和非密闭储存,易腐即食食品成品的内包装室,微生物接种室,其他相应辅助区域

注:洁净度以动态测定为准;9 cm 双碟露置 30 min

几类食品的洁净生产区空气洁净度要求见表5.3。一些食品的生产管理规范已较为完善,其生产车间的空气洁净度要求也有相应的规定,应严格按其规定执行,如《饮用天然矿泉水厂卫生规范(GB 16330)》规定,饮用天然矿泉水的清洗车间应为100000级洁净厂房,灌装车间应为1000级洁净厂房,或全室10000级,生产线局部100级。总体来说,各类食品工厂的车间布置设计必须符合GMP的洁净厂房要求。

表 5.3 不同食品洁净生产区的空气洁净度要求

产业类别	洁净度(≥0.5 μm 微粒数)/(个/ft^3)				
	1	10	100	1000	10000
牛乳、乳制品			√	√	
食肉、食肉制品				√	√
炼乳制品				√	
清酒、酒类				√	
糕饼、豆腐				√	
制果、面包				√	√
蘑菇、菌类培养			√	√	

注:1ft=0.3048 m

5.3.3 洁净厂房的车间布置

洁净厂房的车间布置设计是食品工厂设计中体现GMP的成败关键。在进行洁净厂房的车间布置设计时,必须遵循以下这些原则。

(1)合理布置厂房 厂房应严格按照生产工艺流程及所要求的空气洁净度进行合理

布局。同一厂房内以及相邻厂房之间的生产操作不等互相妨碍。

(2)尽量减少建筑面积　一般情况下，厂房的洁净等级越高，相应的投资、能耗和运行成本就越高。因此，在满足工艺要求的前提下，应尽量减少洁净厂房的建筑面积。在投资额度有限的条件下，可布置在一般生产区(无洁净度等级要求)进行的操作不要布置在洁净区内进行，可布置在低等级洁净区内进行的操作不要布置到高等级洁净区内进行，以最大限度地减少洁净厂房尤其是高等级洁净厂房的建筑面积。

(3)防止污染或者交叉污染

1)在满足生产工艺要求的前提下，要合理布置人员和物料的进出通道，避免人流、货流的交叉、往返。

2)应尽量减少洁净车间的人员和物料出入口数量，以便于对车间的洁净度控制。

3)进入洁净室(区)的人员和物料应配备各自的净化缓冲室和设施，其空气洁净度应与洁净室(区)的洁净等级相适应。

4)不同等级的洁净室之间的人员和物料往来，应设置防止交叉污染的设施。

5)若产品加工中有臭味或气体(包括蒸汽、油烟、有毒气体)或粉尘产生，则应设置防止污染食品的设施。

6)进入洁净厂房的空气、压缩空气和惰性气体等均应按工艺要求进行相应的净化。

7)根据生产规模的大小，洁净区内应分别设置原料存放区、半成品区、待检产品区、合格品区和不合格品区，以最大限度地减少差错和交叉污染。

8)更衣室、浴室、卫生间的设置不能对洁净室产生不良影响。

9)厂房应有防止昆虫和其他动物进入的设施。

10)洁净室(区)与非洁净室(区)之间必须设置缓冲设施，人流、物流走向合理。

11)洁净室(区)内安装的水池、地漏位置应适宜，不会对食品生产造成污染。100 级的洁净室(区)内不得设地漏。

12)洁净室(区)内的废水应从高清洁区流向低清洁区，且应设计防止逆流设施。

(4)合理布置有洁净等级要求的房间

1)在满足产品生产工艺和微振动、噪声要求的前提下，将洁净等级要求相同的房间尽可能集中布置在一起，以利于通风和空调设施的布置。

2)洁净等级要求不同的房间之间的联系要设置一些防污染设施，如气闸、风淋室、缓冲间及传递窗等。

3)不同空气洁净度级别的房间或区域宜按照空气洁净度级别的高低依次由里向外布置。

4)在有窗的洁净厂房中，一般应将洁净等级要求较高的房间壁纸在内侧或中心部位。若窗户的密闭性较差，且将无菌洁净室布置在外侧时，应设一封闭式的外走廊作为缓冲区。

5)洁净等级要求较高的房间宜靠近空调室，并布置在上风方。易产生污染的工艺设备应布置在靠近回风口的位置或下风方。

6)洁净室(区)的窗户、天棚及进入室内的管道、风口、灯具与墙壁或天棚的连接部位均应密封。洁净车间需要正压送风，空气洁净级别不同的相邻房间之间的静压差应大于 5 Pa，洁净室(区)与室外大气的静压差应大于 10 Pa，并应设有指示压差的装置。

7)洁净室(区)的温度和湿度应与食品生产工艺相适应。

(5)应考虑大型设备安装、维修的运输路线,并预留设备安装口或检修口。

(6)室内装修应有利于清洁　洁净室(区)内的装修应便于清洁工作。洁净室(区)的地面、墙面和顶层应平整、光滑、无裂缝、不积聚静电,接口严密、无颗粒物脱落,易于清洗和消毒。墙壁与地面、墙壁与墙壁、墙壁与顶棚之间的接连处宜做成弧形或采取其他措施,窗台面与水平面夹角应保持45°以上,以减少灰尘的积聚,并有利于清洁工作。

(7)设置安全出口　由于洁净室密闭性高,人流线路往往长且曲折,一旦发生事故,容易造成伤亡,因此,必须考虑发生火灾或其他事故时工作人员的疏散通道。

洁净厂房的耐火等级不能低于二级,洁净厂房每一生产层或洁净区域内的安全出口数目不应少于两个。无窗的厂房应在适当的位置设置门或窗,必备消防人员出入和车间工作人员疏散。

安全出口仅作为应急使用,平时不能作为人员或物流的运输通道,以免产生交叉污染。

5.4　生产车间的工艺布置

5.4.1　厂房布置

厂房的布置包括平面布置和立面布置。厂房的布置主要取决于工艺流程和设备的布置,同时还必须满足生产卫生、安全防火等相关要求。食品加工厂生产车间厂房的柱网及层高应尽量符合建筑模数制的要求。

5.4.1.1　厂房的平面布置

厂房的平面布置主要是确定厂房的面积及柱网的布置(确定柱距、跨度)。

(1)计算所需厂房面积时应考虑的问题如下:

生产车间和储存场所的配置及使用面积与产品质量要求、品种和数量相适应。生产车间人均占地面积(不包括设备占位)不能少于1.50 m^2,高度不应低于3 m。

生产车间内设备与设备间、设备与墙壁之间,应有适当的通道或工作空间(其宽度一般应在90 cm以上),保证使员工操作(包括清洗、消毒、机械维护保养),不致因衣服或身体的接触而污染食品或内包装材料。

其他设施如变电所、操作控制室、隔音装置、采暖通风、防尘、车间卫生所需要的面积。

生产管理和车间生活设施如车间办公室、车间化验室、休息室、更衣室、厕所、浴室等所需要的面积。

辅助间面积,如各种原料辅料、半成品、包装材料的暂存间,机电维修间、工具间等所需要的面积。

各种通道,如楼梯间、电梯间、物流和人流通道等所需要的面积。

(2)卫生要求不同的生产区域应用隔墙分开,卫生及防护条件要求高的控制室、变电所等设施也必须用隔墙分开。

车间应根据生产工艺流程、生产操作需要和生产操作区域清洁度的要求进行隔离,以防止相互污染。

(3)噪声大的设施必须用隔墙分开,并布置在便跨的位置。

(4)在适当的位置设置厂房大门、通道和楼梯,车间厂房的大门设置应符合设备进出、生产运输、人流进出以及食品卫生的需要。车间内布置有大型设备的时候,应考虑预留安装门洞。

(5)各种地下沟,如地坑、地沟、排水沟、电缆沟等,应统一考虑、合理安排,避免与车间建筑物基础发生矛盾,并减少基本建设工程量。

(6)厂房的布置应力求规整,并应考虑今后扩建的可能性,在扩建的时候,应不妨碍或少妨碍现有的生产秩序,不拆除原有的建筑,还能正常地进行扩建工程的施工。

5.4.1.2 厂房的立面布置

厂房的立面布置即厂房的空间布置,主要是确定厂房的层数和高度。

在考虑厂房层高时,不仅要考虑设备本身的高度,还要考虑设备基础的高度、设备顶部突出部分的高度、顶部输送管道的安装高度、生产操作及设备检修的高度等因素。此外,还必须考虑车间厂房建筑的结构对净空的影响,故在立面布置时必须对梁的位置及梁、板的尺寸有所估计。

走廊、地坑、操作平台等通行部分的高度不低于 2.0 m,不经常通行的部分应补低于 1.9 m。空中廊跨越公路或铁路时,公路上方的净空不低于 4.5 m,铁路上方的净空不低于 5.5 m。

对于预煮间、油炸间、杀菌间等高温、高湿加工间,应适当加高这些工作间厂房的高度,并考虑加天窗以利于采光和车间通风排气。

个别设备或设施上方有提升或其中设备时,应在这些设备或设施的上方加高厂房的高度。

5.4.2 生产车间工艺布置对车间建筑的要求

车间工艺布置设计与建筑设计密切相关,在工艺布置过程中应对建筑结构、外形、长度、宽度及其他有关问题提出要求。

5.4.2.1 对建筑外形的选择要求

工厂的车间建筑的外形有长方形、L 形、T 形、U 形等,一般食品厂车间建筑常采用长方形。车间的长度主要取决于生产流水作业线的形式和生产规模,一般以 60 m 左右适宜;车间层高按房屋的跨度(食品工厂生产车间采用的跨度多为 9 m、12 m、15 m、18 m、24 m)和生产工艺要求而定,一般以 6 m 为宜。单层厂房可酌量提高,车间内立柱越少越好。

国外生产车间柱网一般 6 ~ 10 m,车间为 10 ~ 15 m 连跨,一般高度 7 ~ 8 m(吊平顶 4 m),也有车间达 12 m 以上。

5.4.2.2 建筑物的统一模数制

建筑工业化要求建筑物件必须标准化、定型化、预制化。尺寸按统一标准,规定建筑物的基本尺度,即实行建筑物的统一模数制。基本尺度的单位叫模数,用 m_0 表示。我国规定为 100 mm。任何建筑物的尺寸必须是基本尺寸的倍数。模数制是以基本模数(又称模数）为标准，连同一些以基本模数为整倍数的扩大模数和一些以基本模数为分倍数的分模数共同组成。模数中的扩大模数有 $3m_0$（300 mm）、$6m_0$、$15m_0$、$30m_0$、$60m_0$。基本模数连同扩大模数的 $3m_0$、$6m_0$ 主要用于建筑构件的截面、门窗洞口、建筑构配件和建筑物的进深、开间与层高的尺寸基数。扩大模数的 $15m_0$、$3m_0$、$60m_0$ 主要用于工业厂房的跨度、柱距和高度以及这些建筑的建筑构配件。在水平方向和高度方向都使用一个扩大模数，在层高方向，单层为200 mm（$2m_0$）的倍数，多层为600 mm（$6m_0$）的倍数。在水平方向的扩大模数用300 mm（$3m_0$）的倍数，在开间方面可用3.6 m、3.9 m、4.2 m、6 m。其中以4.2 m和6 m在食品厂生产车间用得较普遍。跨度小于或等于18 m时，跨度的建筑模数是3 m；跨度大于18 m时，跨度建筑模数是6 m。

5.4.2.3 对门窗的要求

食品生产的每个车间必须有两道以上的门（门的代号用“M”表示），分别作为人流、货流和设备的出入口。作为设备进出口的门，其规格尺寸应比设备高0.6～1.0 m，比设备宽的0.2～0.5 m。为满足货物或交通工具进出，门的规格应比装货物后的车辆高出0.4 m以上，宽出0.3 m以上。

生产车间的门应按生产工艺及食品卫生的要求进行设计，一般要求设置防蝇、防虫装置，如水幕、风幕、暗道或飞虫控制器，车间的门常用的有空洞门、单扇门、双扇门、单扇推拉门或双扇推拉门、单扇双面弹簧门、双扇双面弹簧门、单扇内外开双层门、双扇内外开双层门等。我国最常用的，效果较好的是双层门（一层纱门和一层开关门）。在车间内部各工段间，生产性质及卫生要求差距不太大时，为便于各工段间往来运输及人员流动一般均采用空洞门。国外食品工厂生产车间几乎很少使用暗道及水幕，亦不单用风幕。为保证有良好的防虫效果，一般用双道门，头道是塑料幕帘，二道门装有风幕（风口宽100 mm）。

对排出大量水蒸气或油烟的车间，应特别注意排汽问题。一般对产生水蒸气或油烟的设备需进行机械通风，可在设备附近的墙上或设备上部的屋顶开孔，用轴流风机在屋顶或墙上直接进行排汽。国外的加工厂，如美国绿色巨人工厂的杀菌锅上部和东方食品厂油锅上部，均在屋顶开孔，并用汽罩加装排汽风机进行排汽。

食品工厂生产车间，对于局部排出大量蒸汽的设备，在平面布置时，应尽量靠墙并设置在当地夏季主导风向的下风向位置，同时，将顶棚做成倾斜式，顶板可用铝合金板，这样，可依靠空气的自然流动使大量蒸汽排至室外。

5.4.2.4 对采光的要求

目前，我国大多数食品工厂生产车间主要采用自然采光，车间的采光系数要求为1/4～1/6。采光系数是指采光面积和房间地坪面积的比值。采光面积不等于窗洞面积，采光面积占窗洞面积的百分比与窗的材料、形式和大小有关，一般木窗的玻璃有效面积占窗洞的46%～64%，钢窗的玻璃有效面积占窗洞的74%～79%。

窗是车间主要透光的部分，窗有侧窗和天窗之分。车间内来自窗的采光主要靠侧窗，它开在四周墙上，工人坐着工作时窗台高 H 可取0.8～0.9 m；站着工作时，窗台高度取1～1.2 m。窗的种类很多，常用的是双层内、外开窗（纱窗和普通玻璃窗）。若房屋跨度过大或层高过低，侧窗采光面积小，采光系数达不到要求，还需在屋子顶上开天窗以增加采光面积。自然采光不能满足需要的情况下，可以日光灯照明、进行采用人工采光，灯高离地2.8 m,每隔2 m安一组。窗的代号用“C”表示。

5.4.2.5 对地坪的要求

食品工厂的生产车间地面经常受水、酸、碱、油等腐蚀性介质侵蚀及运输车轮冲击,地面应使用无毒、不渗水、不吸水、防滑、无裂缝、耐腐蚀、易于清洗消毒的建筑材料铺砌(如耐酸砖、水磨石、混凝土等)。工艺布置中尽量将有腐蚀性介质排出的设备集中布置,做到局部设防,缩小腐蚀范围。

为便于车间地面排水,地面应有适当坡度(以1.0% ~1.5%为宜)。如生产时有液体流至地面、生产环境经常潮湿或以水洗方式清洗作业的区域,其地面的坡度应根据流量大小设计在1.5% ~3.0%。

地面应设足够的排水口。排水口不得直接设在生产设备的下方。所有排水口均应设置存水弯头,并配有相应大小的滤网,以防产生异味及固体废弃物堵塞排水管道。排水沟的侧面与底面交接处应有适当的弧度(曲率半径在3 cm以上),排水沟应有约3.0%的倾斜度,其流向应由高清洗区流向低清洁区,并有防止逆流的设计。排水出口应有防止有害动物侵入的装置。废水应排至废水处理系统或经其他适当方式处理。

5.4.2.6 对内墙面的要求

食品工厂对车间内墙面要求很高,要防霉、防湿、防腐、有利于卫生。转角处理最好设计为圆弧形,具体要求如下:

(1)墙裙 一般有1.5 ~2.0 m的墙裙(护墙)(见图5.2),可用白瓷砖。墙裙可保证墙面少受污染,并易于洗净。

(2)内墙粉刷 一般用白水泥沙浆粉刷,还要涂上耐化学腐蚀的过氯乙烯油漆或六偏水性内墙防霉涂料。也可用仿瓷涂料代替瓷砖,可防水、防霉,这种涂料对食品工厂车间内墙面很适宜。

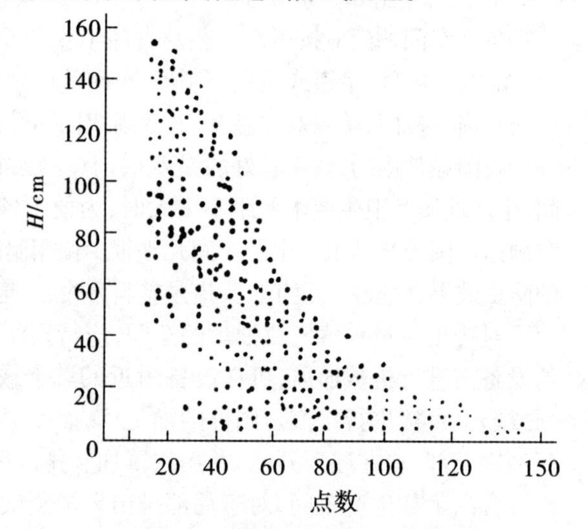

图5.2 墙面高度与溅水关系图

5.4.2.7 对温控的要求

生产车间最好有空调装置。在没有空调的情况下,门窗应设纱门纱窗。在我国南方地区,在没有空调的情况下,除设纱门纱窗外,其车间的层高一般不宜低于6 m,以确保有较好的通风。密闭车间应有机械送风,空气经过过滤后送入车间,屋顶布有通风器,风管一般可用铝板或塑料。产品有特别要求者,局部地区可使用正压系统和采取降温措施。如美国的Echrich肉类包装中心加工车间温度要求控制在50 ~60 ℉(10 ~15 ℃),车间除一般送风外,另有吊顶式冷风机降温。该冷风机之风往车间顶部吹,以防天花板上积聚凝结水。再如皇冠可乐饮料厂的糖浆混合室,要求洁净,不混杂脏空气,就用过滤的空气送入该室,使房间呈正压系统,不让外界空气进入该室(即室内的压力稍高于室外)。

5.4.2.8 楼盖

楼盖是由承重结构、铺面、天花、填充物等组成。承重结构是梁和板,铺面是楼板层表面层，它可保护承重结构，并承受地面上的一切作用力。填充物起隔音、隔热作用。天花起隔音、隔热和美观作用。顶棚必须平整，防止积尘。为防渗水，楼盖最好选用现浇整体式结构，并保持1.5%～2.0%的坡度，以利排水，保证楼盖不渗水、不积水。

5.4.2.9 对建筑结构的要求

食品工厂生产车间厂房的建筑结构大体上可分砖木结构、混合结构、钢筋混凝土结构和钢结构等。

建筑物屋顶支承构件采用木制屋架，建筑物的所有重量由木柱或砖墙（这样的墙叫承重墙）传递到基础和地基上的结构为砖木结构。因受木材长度和强度的限制，这种结构的建筑物的跨度一般为10～20 m，通常会小于15 m。由于食品厂生产车间的温度和湿度较高，木材容易腐烂而影响食品卫生，所以，食品厂生产车间一般不宜选用这种结构。

混合结构的屋架用钢筋混凝土，由承重墙来支持。砖柱大小根据建筑物的重量和楼盖的载荷决定，一般不小于二砖（一砖为24 cm，二砖为49 cm，其中包括二砖中的砂浆1 cm）。混合结构一般只用作单层厂房，跨度在9～18 m，层高可达5～6 m，柱距不超过4 m。混合结构可用于食品工厂生产车间的单层建筑。

所谓钢筋混凝土结构，也叫框架结构，其主要构件梁、柱、屋架、基础均采用钢筋混凝土，而墙只作为防护设施。此结构在建筑的跨度、高度上可按生产要求加以放大，而不受材料的影响。该结构的跨度一般为9～24 m，层高可达5～10 m以上，柱距可按需要，一般为5～6 m。这种结构可以是单层、也可以是多层，并可将不同层高，不同跨度的建筑物组合起来。因为这种结构强度高，耐久性好，所以是食品工厂生产车间和仓库等常用的结构。

钢结构的主要构件采用钢材。以前由于钢结构造价高，且食品生产车间的温、湿度较高，车间建筑材料易于腐蚀，需经常维修，故不常采用。随着钢结构建筑成本与其他结构建筑成本比价的降低、钢结构材料性能的改善，加之钢结构施工工期短的特点，钢结构在食品生产车间建筑中的应用越来越多。

5.5 车间设备布置

5.5.1 车间设备布置

5.5.1.1 车间设备布置的内容

车间设备布置是确定各个设备在车间平面和立面上的位置，确定场地与建筑物、构筑物的尺寸，确定安装、操作与维修所用的通道系统的位置与尺寸，确定管道、电气仪表管线、采暖通风管道的走向和位置。

5.5.1.2 车间设备布置的要求

车间设备布置应在满足工艺要求的基础上，做到经济合理，节约投资，操作、维修方便安全，设备排列整洁、美观、紧凑。

（1）生产工艺对设备布置的要求

1）在布置时，一定要按照工艺流程顺序，保证水平方向和垂直方向的连续性。对于有压差的设备,应充分利用高位差布置,以节约动力设备及费用。一些可以露天化布置的设备可以露天化布置,以减少厂房的建筑面积。在不影响流程顺序的基础上,应将较高设备集中布置,充分利用空间,简化厂房结构,降低建筑造价。但在保证垂直方向连续性的同时,应注意在多层厂房中药避免操作人员在生产过程中过多地往返于楼层之间。

2)功能相同或相似的设备或操作性质相似的有关设备,应尽可能集中布置在一起,便于集中操作、统一管理,同时还可减少备用设备数量。

3)设备布置时,除了要考虑设备本身所占的位置外,还必须留有足够的操作、通行及检修空间。

4)充分考虑相同或相似设备以及通用设备互换使用的可能性,设备排列要整齐,避免排列过于紧密。

5)尽可能缩短设备间管线距离。

6)车间内要留有堆放原料、成品、包装材料、排出物的空地,以及必要的运输通道,同时应尽可能避免物料的交叉往复运输。

7)传动设备要考虑安装防护装置的位置。

8)要考虑物料特性对防火、防爆、防毒及噪声控制方面的要求,对于噪声大的设备可采用封闭式隔间等。

9)适当留有扩建余地。

10)设备之间、设备与建筑物的墙、柱之间的净距离虽无统一规定,但设计者应结合布置要求及设备的大小、设备所连接管线的多少、管径的粗细、检修的难易程度等,同时结合生产经验来决定安全距离。设备的安全距离可参考图5.3和表5.4。

(2)设备安装对设备布置的要求

1)根据设备大小和结构,考虑设备安装、检修及拆卸所需的空间。

2)应考虑设备搬运情况,经常性移动的设备应在设备附件设置门或安装孔,门的宽度要比最大设备宽0.5 cm,不经常搬动和维修的设备科在墙上设置安装孔。

3)通过楼层的设备,楼面上要设置吊装孔,多层楼面的吊装孔应设在每一层的相同位置处。厂房较短时,吊装孔设在靠近山墙一端,厂房长度超过36 m时,吊装孔一般设在厂房中央。

4)必须考虑设备安装、维修及运输物料的起重运输设备,其中起重运输设备又可细分为永久性和临时性两种。

(3)厂房建筑对设备布置的要求

1)凡属笨重的或运转时产生很大振动的设备,如压缩机、离心机、大型通风机等,应尽可能布置在厂房的底层,以减少厂房楼面的载荷和振动。若根据需要不能布置在底层时,则应由土建专业在建筑结构上采取防振措施。

2)有剧烈振动的设备,要有独立的基础,其操作台和基础不得与建筑物的柱、墙连在一起,以免影响建筑物的安全。

3)设备布置时,要避开建筑物的主梁及柱子,如果设备吊装在柱子或梁上时,其荷重及吊装方式应有土建专业人员一同设计。

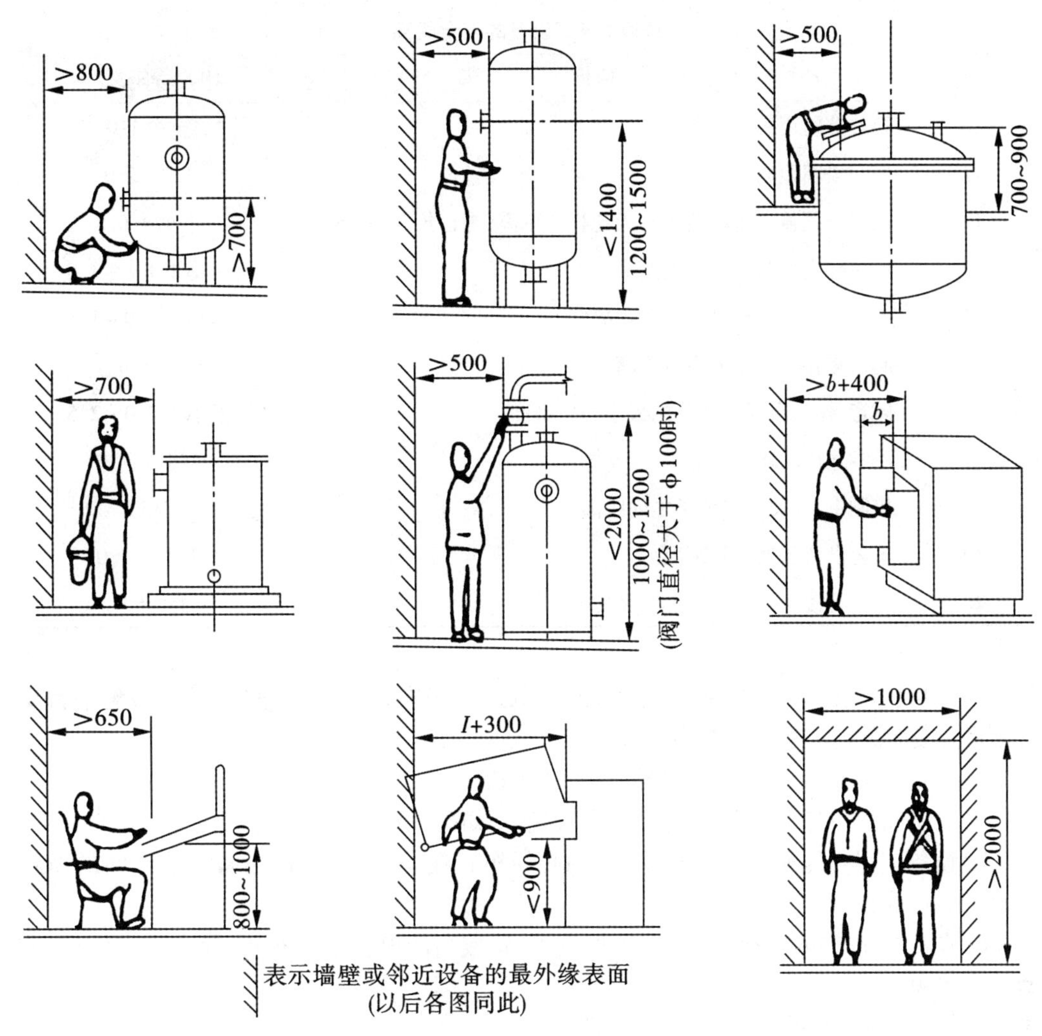

图5.3 操作设备所需最小间距

表5.4 设备的安全距离

序号	项目	净安全距离/m
1	往复运动机械的运动部件离墙距离	不小于1.5
2	回转机械与墙间距离	不小于0.8~1.0
3	回转机械相互间的距离	不小于0.8~1.2
4	泵的间距	不小于0.7
5	泵列与泵列间的距离	不小于1.5
6	离心机周围通道	不小于1.5
7	过滤机周围通道	1.0~1.8
8	储罐间距离	0.4~0.6
9	计量槽间距离	0.4~0.6

续表 5.4 设备的安全距离

序号	项目	净安全距离/m
10	换热器间距离	至少 1.0
11	塔与塔间距离	1.0~2.0
12	反应罐顶盖上传动装置与天花板的距离(考虑拆装空间)	不小于 0.8
13	反应罐底部与人行通道距离	不小于 1.8~2.0
14	反应罐卸料口至离心机的距离	不小于 1.0~1.5
15	起吊物料与设备最高点距离	不小于 0.4
16	廊道、操作台通行部分的最小净空高度	不小于 2.0~2.5
17	不常通行的地方净高	不小于 1.9
18	控制室、开关室与炉子之间距离	15
19	工艺设备和道路间距离	不小于 1.0
20	操作台楼梯的斜度(一般/特殊)	45°/60°

4)厂房内的操作台必须统一考虑,既可节约厂房内结构所占面积,又可避免平台支柱零乱重复,影响美观,妨碍操作。

5)设备不应布置在建筑物的沉降缝或伸缩缝处。

6)设备布置不应影响门窗的启闭和采光,不妨碍人流物流通畅。

7)设备应尽可能避免布置在窗前,如必须布置在此处,需保证设备与墙体间的净距离大于 600 mm。

8)在不严重影响工艺流程顺畅的原则下,将较高的设备集中布置,简化厂房体形,节约厂房体积。

(4)车间辅助间和生活福利室的布置

1)生产规模小的车间,多数是将辅助间和生活福利室集中布置在车间内某一区域内。

2)生产规模较大的车间,辅助间和生活福利室可根据需要布置在有关的单体建筑物内。

(5)安全、卫生和防腐蚀等问题

1)要为工人操作创造良好的采光条件,一般是背光操作。

2)充分利用自然通风和排风条件,同时可安装机械排风装置补其不足,还可在厂房楼板上设置中央通风孔加强自然通风。

3)在火灾危险场所,应将易燃气体或粉尘的浓度限制到不超过极限浓度。采取必要的措施防止静电产生,凡产生腐蚀性介质的设备,周围要考虑防护措施。

5.5.2 车间设备布置图

5.5.2.1 设备布置图的内容

设备布置图是设备布置设计的主要图样,在初步设计阶段和施工图设计阶段都要进行绘制。

设备布置图是按照正投影原理绘制的,其视图内容包括:

(1)一组视图　表示厂房建筑的基本结构和设备在厂房内外的布置情况。平、立面图,剖视图的数量以能表示清楚为原则。

(2)尺寸和标注　在图形中注写与设备布置有关的尺寸和建筑物轴线的编号、设备的位号和名称等。

(3)安装方向标　指示安装方位标准的图标。

(4)说明与附注　对设备安装布置有特殊要求的说明。

(5)设备一览表　列表填写设备位号、名称等。

(6)标题栏　注写图名、图号、比例、设计阶段等。

5.5.2.2　设备布置图的表示方法

(1)比例与图幅　设备布置图的绘图比例通常采用1∶50和1∶100,个别情况下,如设备或仓库等太大时,可考虑采用1∶200和1∶500。对于大的装置,分段绘制设备布置图时,必须采用同一比例。

图幅一般采用一号幅面,不宜加长加宽。特殊情况下也可采用其他图幅。设备布置图如需分绘在几张图纸上,各张图纸的幅面规格力求统一。

(2)视图配置

1)平面图　设备布置图一般以平面图为主,表明各设备在平面内的布置状况。只有当厂房为多层时,应分别绘制出各层的平面布置图,即每层厂房绘制一个平面图。在平面图上,要表示出厂房的方位、占地大小、内部分隔情况,空气洁净度等级,以及与设备安装定位有关的建筑物、构筑物的结构形状和相对位置。

一张图纸内绘制几层平面图时,应以0.00平面开始画起,按照由上而下、由左至右的顺序排列。在平面图下方各注明其相应标高,并在图名下画一粗线。

2)剖视图　剖视图是在厂房建筑的适当位置上,垂直剖切后会出的立面剖视图,以表达在高度方向设备安装布置情况。在保证充分表达清楚的前提下,剖视图的数量应尽可能少,但最少要有一张。

在剖视图中要根据剖切位置和剖视方向,表达出厂房建筑的墙、柱、地面、屋面、平台、栏杆、楼梯以及设备基础、操作平台支架等高度方向的结构与相对位置。

剖视图的剖切位置需在平面图上加以标记。标记方法与机械制图国家标准规定相同,如图5.4(1)所示,也可采用接近建筑制图标准的方法,如图5.4(2)所示。

在剖视图下方应注明相应的剖视名称,如"A-A(剖视)"、"B-B(剖视)"或"Ⅰ-Ⅰ(剖视)"、"Ⅱ-Ⅱ(剖视)"等,在剖视名称下加画一粗线。剖视的名称在同一套图内不得重复。剖切位置需要转折时,一般以一次为限。

剖视图与平面图可以画在同一张图纸上,按剖视顺序,从左至右,由下而上顺序排列。当剖视图与平面图在不同图纸上时,有时就在平面图上的剖切符号下方,用括号标注该剖视图所在图纸的图号,如图5.4所示。

(3)视图表示方法　S设备布置图中视图的表达内容主要有两部分,一是建筑物及构件,二是设备。

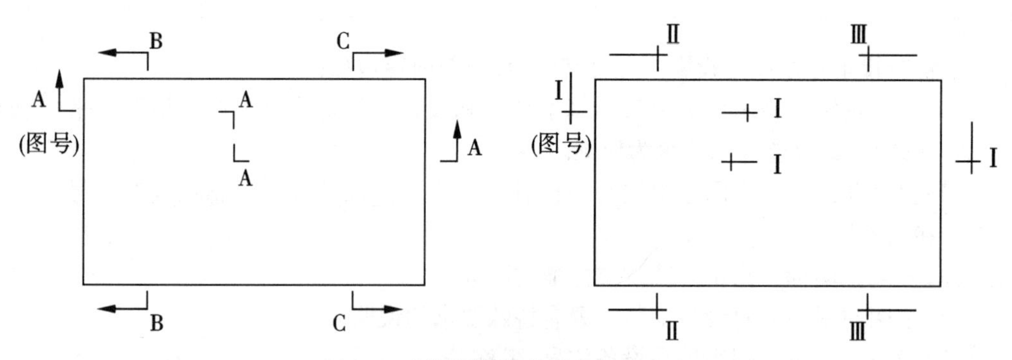

图 5.4 剖视图剖切位置的标记方法

1）建筑物及构件　在设备布置图中，建筑物及构件均用中实线画出。常用建筑结构构件的图例画法根据建筑制图标准的有关规定执行，并结合化工制图特点简化，一些具体要求如下：

①厂房建筑空间大小、内部分隔，以及与设备安装定位相关的基本结构，如墙、柱、地面、楼面、屋面、平台、栏杆、楼梯、安装孔洞、地沟、地坑、吊车梁及设备基础等，在平面图和剖面图上，均应按照比例采用规定的图例表示。

②与设备安装定位关系不大的门窗等构件，一般只在平面图上绘制出它们的位置、门开启的方向等，在剖视图上则一概不予表示。

③在设备布置图中，对于承重墙、柱子等结构，要按照建筑图要求用细点画线画出其建筑定位轴线。

④食品厂洁净厂房空气洁净度等级，应在平面图上，分别用一组斜线、直线、斜网格线、小圆点或小圆圈，表示厂房内不同的空气洁净等级，线型为细实线。表示空气洁净度等级的图型符号需用图例表示。

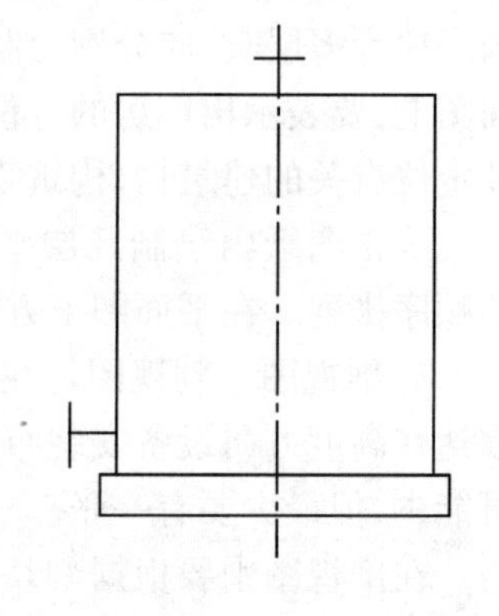

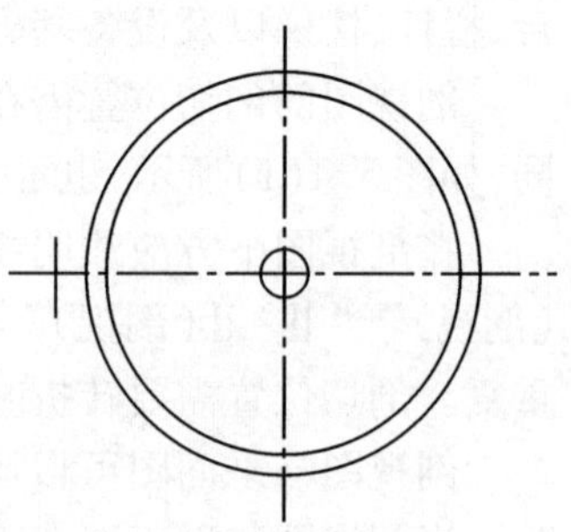

图 5.5 设备基础的画法

2）设备　设备布置情况是图样的主要表达内容，因此图上的设备、设备的金属支架、电机及其传动装置等，都应用粗实线或粗虚线画出。

图样绘有两个以上剖视图时，设备在各剖视图上一般只应出现一次，无特殊必要不予重复画出。位于室外而又与厂房不连接的设备及其支架等，一般只在底层平面图上给以表示。剖视图中设备的钢筋混凝土基础与设备外形轮廓组合在一起时，往往将其与设备一起画成粗线，设备基础的画法见图 5.5。

穿过楼层的设备，在相应的平面图上，可按图 5.6 所示的剖视形式表示。途中楼板孔洞不必画出阴影部分。

设备定型与非定型的规定画法：

①定型设备　一般采用粗实线按比例画出其外形轮廓。对于小型通用设备，如泵、压缩机、风机等，若有多台，且其位号、管口方位与支撑方

位完全相同时,可只画出一台,其余只用粗实线简化画出其基础的矩形轮廓。也可在矩形中相应部位上,用交叉粗实线示意表达电机的安装位置,如图5.7所示。车间中的起重运输装置,如吊车等,也需按规定图例绘出。

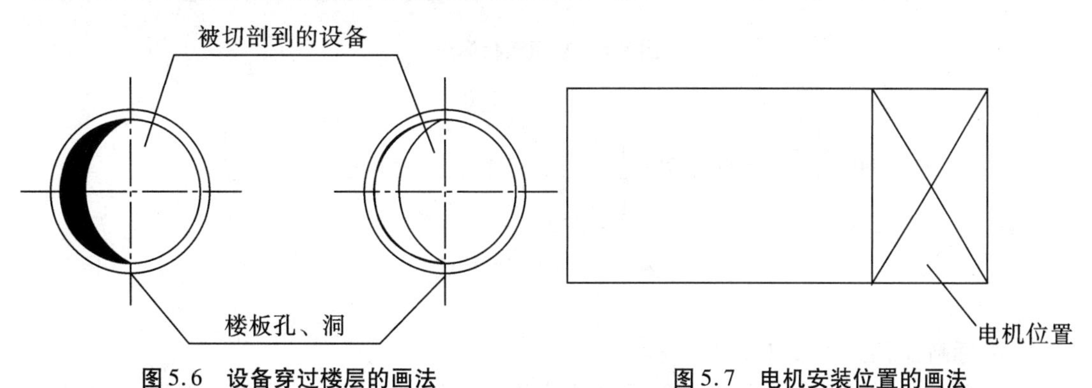

图5.6 设备穿过楼层的画法

图5.7 电机安装位置的画法

②非定型设备 用粗实线按比例画出能表示设备外形特征的轮廓。被遮盖的设备轮廓一般不予画出,如必须表示,可用粗虚线表示,非定型设备若无另绘的管口方位图,则应在图上画出足以表示设备安装方位的管口。管口一般以中实线绘制,但在设备图形的主题轮廓线外的管口,允许以单线表示,线型为粗实线。另绘有管口方位图的设备,其安装方位可按该图确定,管口可省略不画。

(4)设备布置图的标注 设备布置图是供设备定位用的,所以图中与设备布置定位有关的建筑物、构筑物、设备与设备之间、设备与建筑物之间,都必须明确标注定位尺寸,并标注设备的位号、名称、定位轴线编号以及注写必要的文字说明等。

1)厂房建筑及其构件

①尺寸的内容

a.厂房建筑物的长度、宽度总尺寸。

b.柱、墙定位轴线的间距尺寸,必须注意与土建专业图纸完全一致,避免给施工安装带来困难。

c.为设备安装预留的孔、洞以及沟、坑等地为尺寸。

d.地面、楼板、平台、屋面的主要高度尺寸及其他与设备安装定位有关的建筑结构构件的高度尺寸。

②尺寸的标注。尺寸的标注要遵循机械制图标准和建筑制图标准规定的方法进行标注。

a.平面尺寸的标注:厂房建筑平面尺寸的标注应以建筑定位轴线为基准,单位为mm,图中不必注明。

因总体尺寸数值较大,精度要求并不是很高,因此尺寸允许注成封闭链状,如图5.8所示。

尺寸界线一般是建筑定位轴线和设备中心线的延长部分。

尺寸线的起止点可不用箭头而采用45°的细斜线表示。

尺寸数字应尽量标注在尺寸线上方的中间,当尺寸界线距离较窄没有位置注写数字时,可按图5.9所示形式标注。最外边的尺寸数字可以标注在尺寸界线的外侧,中间部分的尺寸数字可分别在尺寸线上下两边错开标注,必要时也可用引出线引出后再行标注。

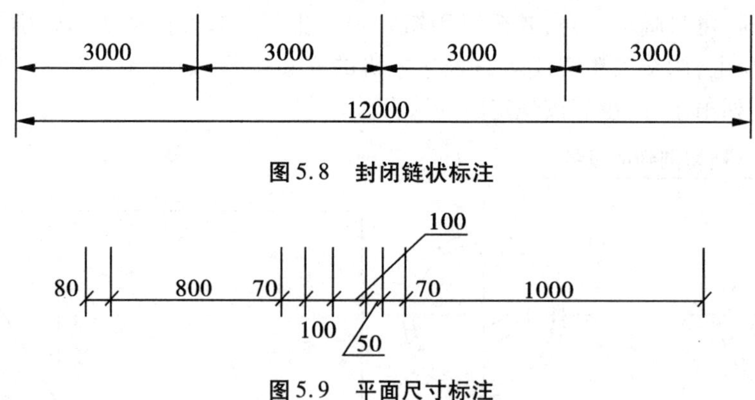

图 5.8　封闭链状标注

图 5.9　平面尺寸标注

b. 标高:高度尺寸以标高形式标注。

一般以主厂房室内地面为基准,作为零点进行标注,单位为 m,数值一般取小数点后两位,单位在图中可不比注明。

标高符号一般采用图 5.10(1)所示形式,符号以细实线绘制。特殊情况下(如标注部位狭窄),则可采用图 5.10(2)所示的形式,高度 h 根据实际需要决定,水平线长度应以注写数字所占的长度为准,有时也可采用图 5.10(3)所示的形式。

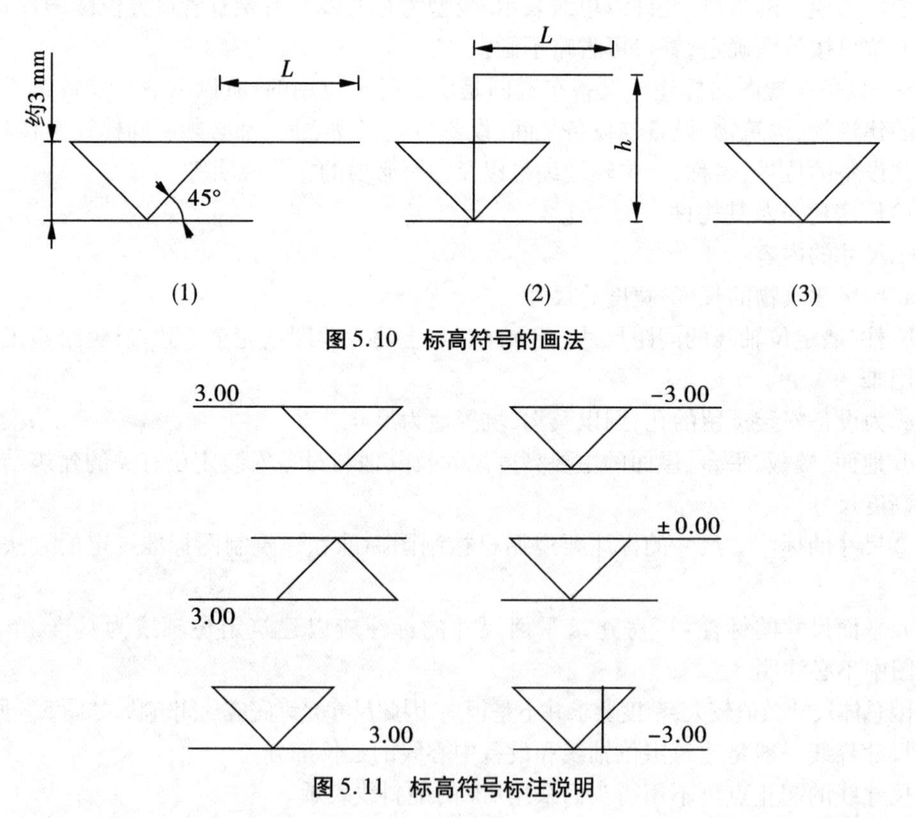

图 5.10　标高符号的画法

图 5.11　标高符号标注说明

零点标高标成"±0.00",高于零点的标高,其数字前一般不需加注"+"号,低于零点的标高,其数字前必须加注"-"号。如图 5.11 所示。

平面图上出现不同于图形下方所注标高的平面时,如地沟、地坑、操作台等,应在相应部位上分别注明其标高。

c.建筑定位轴线的标注:设备布置图中所画的建筑定位轴线,应与建筑图样中的定位轴线编号相应一致进行编号。

标注方法是在图形与尺寸线之外的明显地方,于各州县的端部画出直径为8~10 mm的细线圆,使成水平或垂直方向排列。在水平方向按照自左至右的顺序注以1、2、3…等相应的编号,在垂直方向按照自下而上顺序注以A、B、C…等相应编号(I、O、Z三个字母不用,字母不够用时,可增加AA、AB…,BA、BB…等)。两轴线间需附加轴线时,编号可用分数表示。分母表示前一轴线的编号,分子表示附加轴线,可用阿拉伯数字编号。如"1/3"表示3号轴线以后附加的第一根轴线,"1/R"表示R号轴线以后附加的第一根轴线。如图5.12所示。

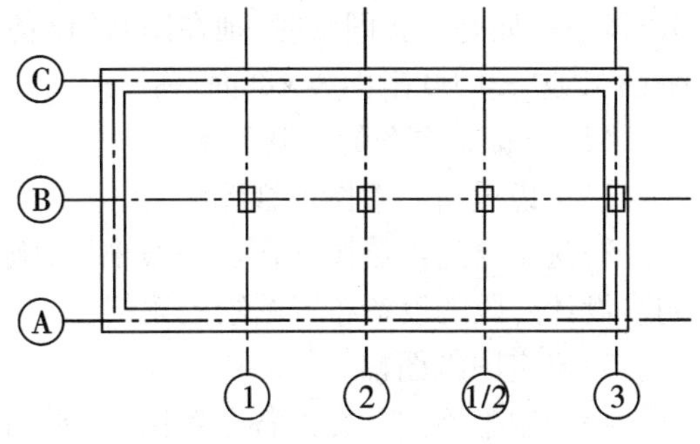

图5.12 定位轴线的编号顺序

2)设备尺寸标注 图上一般不注出设备定型尺寸,而只标注其安装定位尺寸。

①平面定位尺寸 平面图上应标注设备与建筑物及其构件、设备与设备之间的定位尺寸。设备在平面图上的定位尺寸一般应以建筑定位轴线为基准标注出它与设备中心线或设备支座中心线的距离。悬挂于墙上或柱上的设备,应以墙的内壁或外壁、柱子的边作为基准,标注定位尺寸。

当某一设备已采用建筑定位轴线为基准标注定位尺寸后,邻近设备可依次用已标出定位尺寸的设备的中心线为基准来标注定位尺寸。

②高度方向定位尺寸 设备在高度方向的位置,一般是以标注设备的基础面或设备中心线(卧式设备)的标高来确定。必要时也可标注设备的支架、挂架、吊架、法兰面或主要管口中心线、设备最高点(塔器)等的标高。

设备名称和位号在平面图和剖面图上都需标注,一般标注在相应图形的上方或下方,不用指引线,名称在下、位号在上,中间画一粗实线,也有只标位号不标名称的,或者标注在设备图形内不用指引线,标注在图形之外用指引线。

3)安装方位标 设备布置图应在图纸的右上方绘制一个表示设备安装方位基准的符号——方向标,符号以粗实线画出直径为20 mm的圆圈和水平、垂直两轴线,并分别标注0°、90°、180°、270°等字样,如图5.13所示。安装方位标可有各车间或工段设计自行规定一个方位标准,一般均采用北向或接近北向的建筑轴线为零度方位基准。改方位基准一经确定,设计项目中所有必须表示方位的图样,如:管口方位图、管段图等,均应统一。

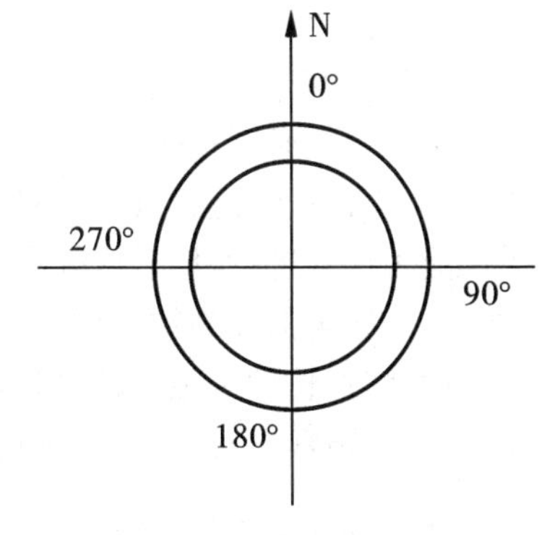

图5.13 安装方位标

4)设备一览表及标题栏　设备布置图可以将设备的位号、名称、规格及设备图号(或标准号)等,在图纸上列表表明,也可不在图上列表,而在设计文件中附出设备一览表。

标题栏的格式与设备图一致,同一车间或工段的设备布置图包括若干张图纸时,每张图纸均应单独编号而不得采用一个图号,并加上第几张、共几张的编法。图名栏,则应分行填写,如有一张图纸时,则在图名“设备布置图”下方标出“±0.00 平面”或“+××.××平面”,或“±0.00 平面、××剖面”等。

(5)设备布置图的绘制步骤

1)考虑设备布置图的视图配置。

2)选定合适的绘图比例。一般来说,施工图设计阶段的设备布置图绘图比例要大于初步设计阶段的设备布置图绘图比例。

3)确定图纸图幅。

4)绘制平面图。在设备布置图中,平面布置图是主要的,因此要先绘制平面图。从底层平面依次逐个绘制。由于设备定位的参照系主要取自建筑物,所以在平面图上,应首先绘制建筑物。

①画建筑定位轴线;

②画与设备安装布置有关的厂房建筑基本结构;

③按照定位尺寸,画设备中心线;

④画设备、支架、基础、操作平台等轮廓形状;

⑤标注尺寸。

⑥标注定位轴线编号及设备位号、名称。

5)绘制剖视图,绘制步骤与平面图大致相同。

6)绘制安装方位标。

7)编制设备一览表,注写有关说明,填写标题栏。

8)检查、校核、完成图样。

5.6　管路计算与设计

食品生产过程中,各种物料、蒸汽、水及气体等介质都要用管路来输送,管路系统是食品工厂生产必不可少的设施。管路设计是食品工厂设计中的一个组成部分和一项重要内容,管路设计是否合理,不仅直接关系到建设指标是否先进合理,而且也关系到生产操作能否正常进行、厂房内外布置是否整齐美观、车间通风与采光是否良好等。对于流体输送任务重的食品加工厂,如乳品厂、饮料厂、啤酒厂等设计来说,在进行食品工厂的工艺设计时,特别是施工图设计阶段,工作量最大、花时间最多的是管路的布置设计。因此,搞好管路计算对整个工艺设计以及建设施工都具有十分重要的意义。

5.6.1　管路设计的标准化与管材选择

5.6.1.1　管路设计的标准化

为便于设计选用、有利于成批生产、降低生产成本和便于互换,国家有关部门制定了管子、法兰和阀门等管道用零部件的尺寸标准。对于管子、法兰和阀门等标准化的最基本参数就是公称直径和公称压力。

(1)公称直径　公称直径又称通称直径、公称通径。所谓管子、法兰和阀门等的公称直径,就是为了使管子、法兰和阀门等的连接尺寸统一,将管子和管道用的零部件的直径加以标准化以后的标准直径。公称直径以 DN 表示,其后附加公称直径的尺寸。例如:公称直径为 100 mm,用 DN100 表示。

管子的公称直径是指管子的名义直径,多数情况下公称直径既不是管子内径,也不是它的外径,而是与管子的外径相近又小于外径的一个数值。只要管子的公称直径一定,管子的外径也就确定了,而管子的内径则根据壁厚不同而不同。如 DN150 的无缝钢管,其外径都是 159 mm,但常用壁厚有 4.5 mm 和 6.0 mm,则内径分别为 150 mm 和 147 mm。

设计管路时应将初步计算得到的所需管子的直径调整到相近的标准管子直径,以便按标准管选择。

在铸铁管和一般钢管中,由于壁厚变化不大,DN 的数值较简单,用起来也方便,所以采用 DN 叫法。但对于管壁变化幅度较大的管道,一般就不采用 DN 的叫法了。无缝钢管就是一个例子,同一外径的无缝钢管,它的壁厚有好几种规格,这样就没有一个合适的尺寸可以代表内径。所以,一般用“外径×壁厚”表示。如外径为 57 mm、壁厚为 4 mm 的无缝钢管,可采用“$\Phi57\times4$”表示。

对于法兰或阀门来说,它们的公称直径是指与它们相配的管子的公称直径。例如公称直径为 200 mm 的管法兰,或公称直径为 200 mm 的阀门,指的是连接公称直径为 200 mm 的管子用的管法兰或阀门。管路的各种附件和阀门的公称直径,一般都等于管件和阀门的实际内径。

目前管子直径的单位除用毫米(mm)表示外,在工厂有的用英制表示,其单位为英寸(in)。例如 1 in管就是 DN26。

(2)公称压力　公称压力也叫通称压力。在制定管道及管道用零部件标准时,只有公称直径这样一个参数是不够的,公称直径相同的管道、法兰或阀门,它们能承受的工作压力是不同的,它们的连接尺寸也不一样。所以要把管道及所用法兰、阀门等零部件所能承受的压力,也分成若干个规定的压力等级,这种规定的标准压力等级就是公称压力。公称压力以 PN 表示,其后附加公称压力的数值。例如:公称压力为 25×10^5 Pa 用 PN25 表示。公称压力的数值,一般指的是管内工作介质温度为 0 ~ 120 ℃的最高允许工作压力,一旦介质温度超出上述范围,则由于材料的机械强度要随温度的升高而下降,因而在相同的公称压力下,其允许的最大工作压力应适当降低。

在管路设计时,所选择管子及管件的可耐受的公称压力必须大于或等于实际工作的最大压力。在选择管道及管道用的法兰或阀门时,应把管道的工作压力调整到与其接近的标准公称压力等级,然后根据 DN 和 PN 就可以选择标准管道及法兰或阀门等管件,同时,可以选择合适的密封结构和密封材料等。

按照现行规定,低压管道的公称压力分为 2.5、6、10、16($\times10^5$ Pa)4 个压力等级,中压管道的公称压力分为 25、40、64、100($\times10^5$ Pa)4 个压力等级,高压管道的公称压力分为 160、200、250、300($\times10^5$ Pa)4 个压力等级。

5.6.1.2 管道材料的选择

在进行管路设计时，不仅需要进行计算管路的尺寸、压力计算，还需要根据输送介质的温度、压力以及食品卫生要求、介质的腐蚀性等选择所用管道材料。常用管道材料有普通碳钢、合金钢、不锈钢、铜、铝、铸铁以及非金属材料。

食品工厂常用的管道材料有以下几种。

(1)钢管

1)无缝钢管　材料为碳钢，用于输送有较大压力的物料、蒸汽、压缩空气等。如果输送介质的温度超过435 ℃，则须用合金钢管。在同等输送能力要求下，根据输送介质压力大小的不同，可选用不同壁厚的钢管。根据无缝钢管的制造工艺，无缝钢管分热轧和冷拉两种。热轧无缝钢管的外径为32～600 mm，壁厚25～50 mm；冷拉钢管外径为4～150 mm，壁厚为1～12 mm。

2)电焊钢管　电焊钢管有螺旋焊接钢管和钢板卷管两种类型。

螺旋电焊钢管：材料是用碳钢板条卷制，连续螺旋焊接。此管壁厚6～8 mm，用于大口径(>Φ200 mm)、低温低压的管道，按公称通径标注。

钢板卷管：材料为碳钢板，卷制后直缝焊接而成。壁厚8～12 mm，用于大口径(>Φ600 mm)低温低压管道，按公称通径标注，一般由安装单位在现场制作。

3)水煤气钢管　材料是碳钢，有普通和加厚两种。根据镀锌与否，分镀锌和不镀锌两种(白铁管和黑铁管)，用于低温低压的水管。普通管壁厚为2.75～4.5 mm，加厚的为3.25～5.5 mm。可按普通或加厚管壁厚和公称通径标注。

4)不锈钢管　若输送有腐蚀性的介质，且介质温度和压力较高或食品卫生要求高的管道，可用不锈钢管(含镍、铬、钼，可耐800～950 ℃高温)，例如酸法糖化管道、啤酒大罐发酵的管道、乳品或果汁等输送管道。对于有腐蚀性，但压力不太高的，也可用衬橡胶的钢管和铸铁管。

(2)铸铁管　用于室外给水和室内排水管线，也可用来输送碱液或浓硫酸，埋于地下或管沟。用砂型离心浇铸的普压管，工作压力<735 kPa(7.5 kg/cm^2)，高压管工作压力<980 kPa(10 kg/cm^2)。

接口为承插式的铸铁管，内径为Φ75～500 mm，壁厚7.5～200 mm。用砂型立式浇铸的铸铁管也有低压(工作压力<441 kPa)、普压和高压三种，壁厚9.0～30.0 mm。铸铁管用公称通径标注。

高硅铸铁管、衬铅铸铁管系输送腐蚀介质用管道，公称通径DN10～400 mm。

(3)有色金属管

1)铜管与黄铜管　铜管及黄铜管多用于制造换热设备，也用作低温管道、仪表的测压管线或传送有压力的流体(如油压系统、润滑系统)，通常不用于食品物料的输送。当输送介质的温度大于250 ℃时，不宜在较大压力下使用。

2)铝管　铝管系由铝材拉制而成的无缝管。常用于输送浓硝酸、醋酸等物料，或用作换热器，但铝管不能抗碱。在温度大于160 ℃时，不宜在较高压力下操作，极限工作温度为200 ℃。

铜管、黄铜管和铝管的规格标注均为外径×壁厚。

(4)非金属管　非金属材料的管道种类很多，常用的非金属材料有硅酸盐材料、塑料、石墨、工业橡胶以及其他非金属衬里材料等。

1)硅酸盐材料管 硅酸盐材料管有陶瓷管、玻璃管、钢筋混凝土管、石棉水泥管等。它们的优点是耐腐蚀性能好,缺点是能耐受的压力低、性脆易碎。

钢筋混凝土管、石棉水泥管用于室外排水管道,管内试验压力:混凝土管 0.3×10^5 Pa ($0.5\ kg/cm^2$);重型钢筋混凝土管 1×10^5 Pa($1.0\ kg/cm^2$)。公称内径:混凝土管 $\Phi75\sim450$ mm,厚度 25 ~ 67 mm;轻型钢筋混凝土管 $\Phi100\sim1\ 800$ mm,厚度 25 ~ 140 mm;重型钢筋混凝土管 $\Phi300\sim1\ 550$ mm,厚度 58 ~ 157 mm,按公称内径标注。近年来,给水管道用内径由 500 ~ 1 000 mm 的预应力钢筋混凝土管日益增多,工作压力可达 6×10^5 Pa ($6\ kg/cm^2$)。

2)塑料管 输送温度在 60 ℃以下的腐蚀性介质可用硬聚氯乙烯管、聚氯乙烯管或聚氯乙烯卷管(用板料卷制焊接)。市购硬聚氯乙烯管的公称通径 DN6 ~ 400 mm,壁厚为 6 ~ 12 mm,按外径×壁厚标注。常温下轻型管材的工作压力不超过 2.5×10^5 Pa,重型管材(管壁较厚)工作压力不超过 6×10^5 Pa。

除硬聚氯乙烯管以外,塑料管还有用软聚氯乙烯塑料、酚醛塑料、尼龙 1010 管、聚四氟乙烯管等制成的管材。

3)橡胶管 橡胶管能耐酸碱,抗蚀性好,且有弹性可任意弯曲。橡胶管一般用作临时管道及某些管道的挠性件,不作为永久性管道。

常用管材选择如表 5.5 所示。

表 5.5 常用管材

介质名称	介质参数	适用管材	备 注
蒸汽	$p<784.8$(kPa)	焊接钢管	
蒸汽	$p=883\sim1\ 275.3$(kPa)	无缝钢管	
热水、凝结水	$p<784.8$(kPa)	焊接钢管	
压缩空气		紫铜管、塑料管	
压缩空气	$p\leqslant784.8$(kPa)	焊接管	DN80 以上
压缩空气	$p>784.8$(kPa)	无缝钢管	
给水、煤气		镀锌焊接钢管	DN150 以上
给水、煤气	埋地	铸铁管	
排水		铸铁管、石棉水泥管	
排水	埋地	铸铁管、陶瓷管、钢筋混凝土管	
真空		焊接钢管	
果汁、糖液、奶油		不锈钢管、聚氯乙烯管	
盐溶液		不锈钢管	
氨液		无缝钢管	
酸、碱液			

5.6.2 给水管道的计算及水泵选择

5.6.2.1 给水管道的计算

(1)管径 D 的确定

1)计算法　计算法是在确定流量及流速的情况下,先计算出管子内径的理论值,然后再按管子规格进行选择。

因为
$$Q = F \times v = \frac{\pi}{4} \times D^2 \times v$$

所以
$$D = \sqrt{\frac{Q}{\pi/4 \times v}} \approx 1.128\sqrt{\frac{Q}{v}} \tag{5.1}$$

式中　D——管道设计断面处的计算内径,m

对于 DN<300 的钢管和铸铁管,考虑到日后管子内壁的锈蚀、沉垢等情况,应加 1 mm 作为管内径,而后再查管子的规格,选用最相近的管子。

Q——通过管道设计断面的水流量,m^2/s;

F——管道设计断面的面积,m^2;

v——管道设计断面处的水流平均速度,m/s。

在设计时,若选用的流速 v 过小,则需较大的管径,管材用量多、一次性投资费用大;若设计时选用的流速 v 较大,则管道的压头损失太大、动力消耗大,能源浪费。因此,在确定管径时,应选取适当的流速。根据工业长期实践的经验,找到了不同介质较为合适的常用流速(如表 5.6 所示)。钢管(水、煤气管)水力计算表(见表 5.7)。

表 5.6　管道输送常用流速

介质名称	管径	流速/(m/s)
给水、冷冻水	DN15~50	0.5~1.0
	DN 50 以上	0.8~2.0
	蛇盘管	<0.1
自流凝结水	DN 15~18	0.1~0.3
压缩空气	小于 DN 50	10~15
煤气	DN 25~50	≤4.0
	DN 70~100	≤6.0
余压冷凝水	DN 15~20	≤0.5
	DN 25~32	≤0.7
	DN 40~50	≤1.0
	DN 70~80	≤1.6

介质名称	管径	流速/(m/s)
饱和蒸汽	DN 15~20	10~15
	DN 25~32	15~20
	DN 40	20~25
	DN 50~80	20~30
	DN 100~150	25~30
真空	DN 15~40	<8.0
	DN 50~100	<10
车间风管	干管	8~12
	支管	2~8
车间排水	暗沟	0.6~4.0
	明沟	0.4~2.0

注:排水管的流量计算,其充满度为 0.4~0.6

表5.7 钢管(水、煤气管)水力计算表

(流量 q_v 为 L/s,管径 DN 为 mm,流速 v 为 m/s,单位管长的水头损失 c 为 mm/m)

q_v	DN15		DN20		DN25		DN32		DN40		DN50		DN70		DN80		DN100	
	v	i	v	i	v	i	v	i	v	i	v	i	v	i	v	i	v	i
0.05	0.29	28.4																
0.07	0.41	51.8	0.22	11.1														
0.10	0.58	98.5	0.31	20.8														
0.12	0.70	137	0.37	28.8	0.23	8.59												
0.14	0.82	182	0.43	38	0.26	11.3												
0.16	0.94	234	0.50	48.5	0.30	14.3												
0.18	1.05	291	0.56	60.1	0.34	17.6												
0.20	1.17	354	0.62	72.7	0.38	21.3	0.21	5.22										
0.25	1.46	551	0.78	109	0.47	31.8	0.26	7.70	0.20	3.92								
0.30	1.76	793	0.93	153	0.56	44.2	0.32	10.7	0.24	5.42								
0.35			1.09	204	0.66	58.6	0.37	14.1	0.28	7.08								
0.40			1.24	263	0.75	74.8	0.42	17.9	0.32	8.98								
0.45			1.40	333	0.85	93.2	0.47	22.1	0.36	11.1	0.21	3.12						
0.50			1.55	411	0.94	113	0.53	26.7	0.40	13.4	0.23	3.74						
0.55			1.71	497	1.04	135	0.58	31.8	0.44	15.9	0.26	4.44						
0.60			1.86	591	1.13	159	0.63	37.3	0.48	18.4	0.28	5.16						
0.65			2.02	694	1.22	185	0.68	43.1	0.52	21.5	0.31	5.97						
0.70					1.32	214	0.74	49.5	0.56	24.6	0.33	6.83	0.20	1.99				
0.75					1.41	246	0.79	56.2	0.60	28.3	0.35	7.70	0.21	2.26				
0.80					1.51	279	0.84	63.2	0.64	31.4	0.38	8.52	0.23	2.53				
0.85					1.60	316	0.90	70.7	0.68	35.1	0.40	9.63	0.24	2.81				
0.90					1.69	354	0.95	78.7	0.72	39.0	0.42	10.7	0.25	3.11				
0.95					1.79	394	1.00	86.9	0.76	43.1	0.45	11.8	0.27	3.42				
1.00					1.88	437	1.05	95.7	0.80	47.3	0.47	12.9	0.28	3.76	0.20	1.64		
1.10					2.07	528	1.16	114	0.87	56.4	0.52	15.3	0.31	4.44	0.22	1.95		
1.20							1.27	135	0.95	66.3	0.56	18	0.34	5.13	0.24	2.27		
1.30							1.37	159	1.03	76.9	0.61	20.8	0.37	5.99	0.26	2.61		
1.40							1.48	184	1.11	88.4	0.66	23.7	0.40	6.83	0.28	2.97		
1.50							1.58	211	1.19	101	0.71	27	0.42	7.72	0.30	3.36		
1.60							1.69	240	1.27	114	0.75	30.4	0.45	8.70	0.32	3.76		
1.70							1.79	271	1.35	129	0.80	34.0	0.48	9.69	0.34	4.19		
1.80							1.90	304	1.43	144	0.85	37.8	0.51	10.7	0.36	4.66		

续表 5.7

q_v	DN15		DN20		DN25		DN32		DN40		DN50		DN70		DN80		DN100	
	v	i	v	i	v	i	v	i	v	i	v	i	v	i	v	i	v	i
1.90							2.00	339	1.51	161	0.89	41.8	0.54	11.9	0.38	5.13		
2.0									1.59	178	0.94	46.0	0.57	13	0.40	5.62	0.23	1.47
2.2									1.75	216	1.04	54.9	0.62	15.5	0.44	6.66	0.25	1.72
2.4									1.91	256	1.13	64.5	0.68	18.2	0.48	7.79	0.28	2.0
2.6									2.07	301	1.22	74.9	0.74	21	0.52	9.03	0.30	2.31
2.8											1.32	86.9	0.79	24.1	0.56	10.3	0.32	2.63
3.0											1.41	99.8	0.80	27.4	0.60	11.7	0.35	2.98
3.5											1.65	136	0.99	36.5	0.70	15.5	0.40	3.93
4.0											1.88	177	1.13	46.8	0.81	19.8	0.46	5.01
4.5											2.12	224	1.28	58.6	0.91	24.6	0.52	6.20
5.0											2.35	277	1.42	72.3	1.01	30	0.58	7.49
5.5											2.59	335	1.56	87.5	0.11	35.8	0.63	8.92
6.0													1.70	104	1.21	42.1	0.69	10.5
6.5													1.84	122	1.31	49.4	0.75	12.1
7.0													1.99	142	1.41	57.3	0.81	13.9
7.5													2.13	163	1.51	65.7	0.87	15.8
8.0													2.27	185	1.61	74.8	0.92	17.8
8.5													2.41	209	1.71	84.4	0.98	19.9
9.0													5.55	234	1.81	94.6	1.04	22.1
9.5															1.91	105	1.10	24.5
10.0															2.01	117	1.15	26.9
10.5															2.11	129	1.21	29.5
11.0															2.21	141	1.27	32.4
11.5															2.32	155	1.33	35.4
12.0															2.42	168	1.39	38.5
12.5															2.52	183	1.44	41.8
13.0																	1.50	45.2
14.0																	1.62	52.4
15.0																	1.73	60.2
16.0																	1.85	68.5
17.0																	1.96	77.3
20.0																	2.31	107

2)查表法　给水钢管(水、煤气管)水力计算表(表3.18)中有 Q、DN、v、i 4个参数,只要知道其中任意3个数值,就可从表中查到剩下的另两个需求的参数。该表是按清水、水温为10 ℃,并且考虑了垢层厚度为0.5 mm的情况算得。水的黏滞性与水的温度有负相关的关系,故 i 与水温也为负相关。但因自来水温与10 ℃相差不大,故一般均可不考虑这项微小的影响。

(2)阻力计算

1)沿程水头损失 h_1(m)　水在沿着管子计算内径(D)和单位长度水头损失(i,又叫水力坡度)不变的匀直管段全程流动时,为克服阻力而损失的水头,叫沿程水头损失 h_1(m)。

当 $v \geqslant 1.2$(m/s)时:

$$h_1 = i \times L = (0.00107 \times \frac{v^2}{D^{1.3}}) \times L \tag{5.2}$$

或

$$h_1 = (0.001735 \times \frac{Q^2}{D^{5.3}}) \times L$$

式中　i——单位管长的水头损失,mm/m;

Q——流量,m^3/s;

L——管长,m;

v——流速,m/s;

D——管子的计算内径,m。

当 $v<1.2$(m/s)时:

$$h_1 = i \times L = \left[0.000912 \times \left(1 + \frac{0.867}{v}\right)^{0.3} \times \frac{v^2}{D^{1.3}}\right] \times L \tag{5.3}$$

或

$$h_1 = K \times \left[0.001756 \times \frac{Q^2}{D^{5.3}}\right] \times L$$

式中　Q、i、L、v、D 同前。

K——修正系数(见表5.8)。

表5.8　不同流速时的修正系数 K 值

v/(m/s)	0.20	0.25	0.30	0.35	0.40	0.45	0.50	0.55	0.60
K	1.41	1.33	1.28	1.24	1.20	1.175	1.15	1.13	1.115
v/(m/s)	0.65	0.70	0.75	0.80	0.85	0.90	1.0	1.1	≥1.20
K	1.10	1.085	1.07	1.06	1.05	1.04	1.03	1.015	1.00

2)局部水头损失 h_2(m)　水流经过断面面积或方向发生改变,从而引起速度发生突变的地方(如阀、缩节、弯头等)时,所损失的水头称为局部水头损失 h_2(m)。局部水头损失可通过局部阻力系数 ξ 来计算,此法称为精确计算法;水头损失亦可用沿程水头损失乘上一个经验系数的方法,这叫概略算法。概略算法较简便,在工程计算中用得较多。

①精确算法

$$h_2 = \sum \xi \times \frac{v^2}{2g} \tag{5.4}$$

式中 ξ——局部阻力系数(见表5.9);

v——流速,m/s;

g——重力加速度,9.81 m/s^2。

②概略算法(常用)

生活给水管网:

$$h_2 = (20\% \sim 30\%)h_1$$

式中 h_1——沿程水头损失,m。

表5.9 局部阻力系数

接头配件、附件名称	图例	阻力系数
三通		2.0
合流三通		3.0
分流三通		1.5
顺流三通		0.05~0.1
带镶边的管子入口		0.5
带固甲边的管子入口		0.25
入水箱的管子出口		1.0
扩张大小头	v	0.073~0.91(v按大管计)
收缩大小头	v	0.24(v按小管计)
90°普通弯头	R/d=1 R/d=2 R	0.08 0.48

续表5.9 局部阻力系数

接头配件、附件名称	图例	阻力系数
闸门		d: 50, 70, 100, 150；ξ: 0.47, 0.27, 0.18, 0.08
普通球阀		3.9
开肩式旋转龙头		1.0
逆止器		1.3～1.7
突然扩大		$\xi = \left(\frac{\Omega}{\omega} - 1\right)^2$
突然收缩		0～0.5

生产给水管网：

$$h_2 = (20\%) \times h_1$$

消防给水管网：

$$h_2 = (10\%) \times h_1$$

生活、生产、消防合用管网：

$$h_2 = (20\%) \times h_1$$

3)总水头损失 H_2(m)　水在流动过程中，用于克服阻力而损耗的(机械)能，叫总水头损失。

①精确算法

$$H_2 = h_1 + h_2 = i \times L + \sum \xi \frac{v^2}{2G}$$

②概略算法

$$H_2 = h_1 + h_2 = h_1 + (0.1 \sim 0.3) h_1 = (1.1 \sim 1.3) h_1$$

5.6.2.2　水泵的选择

水泵的选择是根据流量 Q 和扬程 H 两个参数进行的。

(1)流量 Q 的计算

1)无水箱时，设计采用秒流量 Q。

2)有水箱时，采用最大小时流量计算。

(2)扬程 H 的计算

$$H = H_1 + H_2 + H_3 + H_4 \tag{5.5}$$

式中　H_1——几何扬程，从吸水池最低水位至输水终点的净几何高差；

H_2——阻力扬程，为克服全部吸水、压水、输水管道和配件之总阻力所耗的水头；

H_3——设备扬程，即输水终点必需的流出水头；

H_4——扬程余量(一般采用2~3 m)。

5.6.3 蒸汽管管道的计算与选择

水和蒸汽的最大差别是:水的可压缩性很小,而蒸汽的可压缩性很大。1 m^3水在任何压力下,只要在4 ℃时其重量基本上是1 t;而1 m^3蒸汽的重量,则随蒸汽的压力大小而变化,所以,同一管道,同一流速,但在不同蒸汽压力下,每小时流过的蒸汽重量亦不同。

表5.10中列出6种压力下的流量和阻力,其流速范围为20~40 m/s。在表5.10中可以看出:在不同蒸汽压下,虽然管道和流速相同,但流量和阻力都不同。例如在588 kPa ($6\ kg/cm^2$)表压下的32×3.5管道,在流速为20 m/s时,流量为0.13 t/h;当在883 kPa (9 kg/cm)下,流速仍为20 m/s时,流量却为0.18 t/h。两种压力下的阻力分别为970 Pa/m及135 Pa/m。

5.6.3.1 蒸汽管阻力计算

(1)在相同压力下,流速与流量及阻力的关系:

$$Q_1 = \frac{v_1}{v_2} \times Q_2$$

$$i_1 = \left(\frac{v_1}{v_2}\right)^2 \times i_2$$

【例5.1】 89×4的蒸汽管道,在588 kPa表压下,当流速为20 m/s时的流量为1.34 t/h,阻力为220 Pa/m,试问流速在40 m/s时的流量和阻力各为多少?

解

$$Q_1 = \frac{40}{20} \times 1.34 = 2.68\ (t/h)$$

$$i_1 = \left(\frac{40}{20}\right)^2 \times 22 = 880(Pa/m)$$

则流速在30 m/s时的流量和阻力分别为2.68 t/h和880 Pa/m。

(2)流速相等、管径不同时,流量与管道半径的关系:

$$Q_1 = \left(\frac{d_1}{d_2}\right)^2 \times Q_2$$

式中 d_1, d_2——两根不等径管道的直径,m或mm;

Q_1, Q_2——两根不等径管道中流体的流量,m^3/h或t/h。

(3)管径、流速相同,不同的压力下,流量和阻力变化的计算:

$$Q_1 = \frac{P_1 + 98}{P_2 + 98} \times Q_2$$

式中 P_1, P_2——两根等径管道中的蒸汽表压,kPa;

Q_1, Q_2——两根等径管道中的蒸汽流量,m^3/h或t/h。

$$i_1 = \frac{P_1 + 98}{P_2 + 98} \times i_2$$

【例5.2】 32×35蒸汽管道,在表压588 kPa,流速20 m/s时,流量为0.13 t/h,阻力为970 Pa/m,试问蒸汽表压在883 kPa,流速为20 m/s时的流量和阻力各为多少?

解

1)表压为 883 kPa 时的流量 Q_1 为:

$$Q_1=\frac{883+98}{588+98}\times 0.13=0.188(\text{t/h})$$

2)表压为 883 kPa 时的阻力 i_1 为:

$$i_1=\frac{883+98}{588+98}\times 97=1\ 386\ \text{Pa}$$

5.6.3.2　利用饱和水蒸气管阻力计算表选择管径

【例 5.3】　现需要选一条蒸汽管道,其通过的蒸汽表压力为 588 kPa,流量为 2 t/h,输送路程为 50 m,允许降低压力 49 kPa,试问管径应选多大?

解　假定局部阻力占沿程阻力的 100%,则可按 50 m 的 1 倍(即 100 m)管长来计算每米允许的压力降(即每米管子所允许的阻力大小)。由题中可知,输送路程的允许压力降为 49 kPa,即允许压力降为 50 kPa。由此可得管道每米允许阻力为:

$$\frac{49}{100}\times 50(\text{kPa/m})$$

查表 5.10。在蒸汽压为 588 kPa 的一组里查满足流量为 2 t/h、阻力在 500 Pa/m 左右的管径。在表 5.8 中查得 89×4 管道在流速 32 m/s 时,其流量为 2.14 t/h,阻力为 560 Pa/m,这与本题要求很接近,所以选 89×4 的无缝钢管。

表 5.10　饱和水蒸气管阻力计算表

无缝钢管外径×壁厚/mm	流量/(t/h) 阻力/(10 Pa/m 管长)	69 kPa/(0.7 kg/cm²) 时流速/(m/s)						147 kPa/(1.5 kg/cm²) 时流速/(m/s)						294 kPa/(3 kg/cm²) 时流速/(m/s)					
		20	24	28	32	36	40	20	24	28	32	36	40	20	24	28	32	36	40
32×3.5	蒸汽流量 Q	0.03						0.05						0.08					
	阻力 i	2.5						37						57					
38×3.5	蒸汽流量 Q	0.05						0.07						0.12					
	阻力 i	20						28						44					
45×3.5	蒸汽流量 Q	0.08	0.09	0.11				0.11	0.13	0.16				0.17	0.21	0.24			
	阻力 i	11	16	22				22	32	44				35	50	68			
57×3.5	蒸汽流量 Q	0.13	0.16	0.19				0.19	0.23	0.27				0.30	0.36	0.42			
	阻力 i	10	15	21				15	22	30				20	34	46			
73×4	蒸汽流量 Q	0.23	0.27	0.32	0.36	0.41	0.45	0.33	0.39	0.46	0.52	0.59	0.66	0.51	0.61	0.71	0.81	0.91	1.02
	阻力 i	8	11	15	19	24	30	11	15	21	27	35	43	17	24	33	43	54	67
89×4	蒸汽流量 Q	0.35	0.42	0.50	0.57	0.64	0.71	0.51	0.61	0.71	0.82	0.92	1.02	0.79	0.95	1.10	1.26	1.42	1.57
	阻力 i	6	8	11	15	19	23	8	12	16	21	27	33	13	18	25	33	41	51
108×4	蒸汽流量 Q	0.54	0.65	0.75	0.86	0.97	1.08	0.78	0.93	1.09	1.24	1.49	1.55	1.20	1.44	1.68	1.93	2.16	2.40
	阻力 i	4	6	8	11	14	17	6	9	12	16	20	25	10	14	19	25	31	39

续表 5.10

无缝钢管外径×壁厚/mm	流量/(t/h) 阻力/(10 Pa/m管长)	69 kPa/(0.7 kg/cm²)时流速/(m/s)						147 kPa/(1.5 kg/cm²)时流速/(m/s)						294 kPa/(3 kg/cm²)时流速/(m/s)					
		20	24	28	32	36	40	20	24	28	32	36	40	20	24	28	32	36	40
133×4	蒸汽流量 Q	0.84	1.01	1.18	1.34	1.50	1.68	1.21	1.45	1.69	1.94	2.19	2.42	1.87	2.24	2.62	3.00	3.37	3.74
	阻力 i	3	5	7	9	11	13	5	7	9	12	15	19	7	11	14	19	24	30
159×3.5	蒸汽流量 Q	1.21	1.45	1.69	1.94	2.18	2.42	1.75	2.10	2.44	2.79	3.14	3.50	2.70	3.24	3.78	4.32	4.85	5.40
	阻力 i	3	4	5	7	9	11	4	6	8	10	12	16	6	9	12	15	19	24
219×6	蒸汽流量 Q													5.14	6.16	7.20	8.22	9.25	10.28
	阻力 i													4	6	8	10	13	16
273×8	蒸汽流量 Q													7.92	9.51	11.1	12.66	14.23	15.82
	阻力 i													3	4	6	8	10	12
32×3.5	蒸汽流量 Q	0.13						0.18						0.23					
	阻力 i	97						135						174					
38×3.5	蒸汽流量 Q	0.20						0.27						0.35					
	阻力 i	75						105						134					
45×3.5	蒸汽流量 Q	0.29	0.35	0.41				0.41	0.49	0.58				0.53	0.67	0.74			
	阻力 i	58	84	115				82	117	160				106	152	207			
57×3.5	蒸汽流量 Q	0.51	0.61	0.71				0.71	0.86	1.00				0.92	1.10	1.29			
	阻力 i	39	57	77				56	80	109				72	103	141			
73×4	蒸汽流量 Q	0.86	1.04	1.21	1.38	1.55	1.72	1.21	1.45	1.69	1.93	2.18	2.42	1.55	1.86	2.18	2.48	2.80	3.30
	阻力 i	28	41	56	73	92	114	40	57	78	102	129	159	51	73	100	130	165	204
89×4	蒸汽流量 Q	1.34	1.61	1.88	2.14	2.41	2.68	1.88	2.26	2.46	3.01	3.38	3.76	2.42	2.91	3.39	3.87	4.36	4.48
	阻力 i	22	31	43	56	71	87	30	44	60	78	99	122	39	57	77	100	127	157
108×4	蒸汽流量 Q	2.04	2.45	2.86	3.26	3.68	4.08	2.86	3.44	4.00	4.57	5.15	5.72	3.68	4.42	5.16	5.88	6.27	7.36
	阻力 i	16	24	32	42	53	66	23	33	45	59	75	92	30	43	58	76	96	119
133×4	蒸汽流量 Q	3.18	3.82	4.46	5.08	5.73	6.36	4.46	5.36	6.25	7.14	8.04	8.72	5.72	6.86	8.01	9.15	10.3	11.44
	阻力 i	13	18	25	32	41	50	18	25	34	45	57	70	22	32	44	58	73	90
159×3.5	蒸汽流量 Q	4.58	5.50	6.41	7.33	8.25	9.16	6.44	7.44	9.02	10.30	11.60	12.68	8.28	9.94	11.60	13.24	14.90	16.56
	阻力 i	10	14	20	26	32	40	14	20	28	36	46	57	18	26	36	47	59	73
219×6	蒸汽流量 Q	8.71	10.45	12.20	13.92	15.70	17.41	12.24	14.70	17.14	19.60	22.02	24.48	15.72	18.88	22.00	25.09	28.3	31.44
	阻力 i	7	9	13	17	21	26	9	13	18	24	30	37	12	17	23	30	38	47
273×8	蒸汽流量 Q	13.48	16.18	18.88	21.59	24.21	26.98	18.90	22.66	26.45	30.22	34.02	37.80	24.40	29.30	33.42	39.10	43.90	48.80
	阻力 i	5	7	10	13	17	20	7	10	14	18	23	29	9	13	18	24	30	37

5.6.4　制冷系统管道的计算及泵的选择

冷库制冷系统管道是整个密闭系统的组成部分，它把制冷机器与设备连接起来，使液体和蒸汽制冷剂在系统内循环流动。制冷系统管道的管子要具有一定的抗拉、抗压、抗弯的强度，并能耐腐蚀。

5.6.4.1　制冷系统对管道的总阻力要求

制冷系统管道中的液体和气体制冷剂是在一定的压力下流动的，随着流动速度的加快，它在管道内的摩擦阻力就会增加。对于液体制冷剂来说，在流动过程中会引起蒸发；对气体制冷剂来说，则引起气体过热。这都会直接降低有效的制冷量，或者增加制冷循环的功率消耗。所以，在系统管道设计中，视管内制冷剂的温度不同，规定了允许的压力损失总和，即总阻力 $\sum \Delta P$ 。

(1)吸入管道允许的总阻力 $\sum \Delta P$ ，不应超过下列数值：

蒸发温度-40 ℃时，3 900 Pa；

蒸发温度-33 ℃时，4 900 Pa；

蒸发温度-28 ℃时，5 900 Pa；

蒸发温度-15 ℃时，12 000 Pa。

(2)排汽管道允许的总阻力 $\sum \Delta P$ 不超过 14 700 Pa。

(3)冷凝器与储液桶之间的液体管道总阻力 $\sum \Delta P$ 不超过 1 170 Pa。

(4)储液桶与调节站之间的液体管道总阻力 $\sum \Delta P$ 不超过 24 000 Pa。

(5)盐水管道允许的总阻力 $\sum \Delta P$ 不超过 49 000 Pa。

5.6.4.2　管道的选择

管道系统的管径由制冷剂的流量(或热负荷)、摩擦阻力(压力降)和流体流速决定。在管道系统中，制冷剂的流动速度参阅表 5.11 和表 5.12 来确定。

根据管长(包括局部阻力在内的管子当量长度)和每小时的耗冷量，可以从有关图表中查出制冷系统中各部分的管径。

表 5.11　氨制冷剂在管道内的允许流动速度　　单位：m/s

管道名称	允许流速	管道名称	允许流速
回汽管、吸入管	10～16	冷凝器至高压储液桶的液体管	<0.6
排气管	12～25	冷凝器至膨胀阀的液体管	1.2～2.0
氨泵供液的进液管	0.1～1.0	高压供液管	1.0～1.5
氨泵的回液管	0.25	低压供液管	0.8～1.4
重力供液、氨液分离器至液体分配站的供液管	0.2～0.25	自膨胀阀至蒸发器的液体管	0.8～1.4

表5.12　F-12,F-22 制冷剂在管道内的流动速度

制冷剂	吸入管5 ℃饱和	排气管	液　管	
			冷凝器到储液桶	储液桶到蒸发器
F-12,F-22	5.8~20	10~16	0.5	0.5~1.25
氯甲烷	5.8~20	10~20	0.5	0.5~1.25

(1)氨系统管道

1)排气管　氨气在排气管中的压力损失对能量的影响较小,但对制冷压缩机需用功率有较大的影响。由于排气比容较小,故所用的管径也小。这个压力损失相当于增加用电量1%。图5.14为氨排气管的管径计算图。

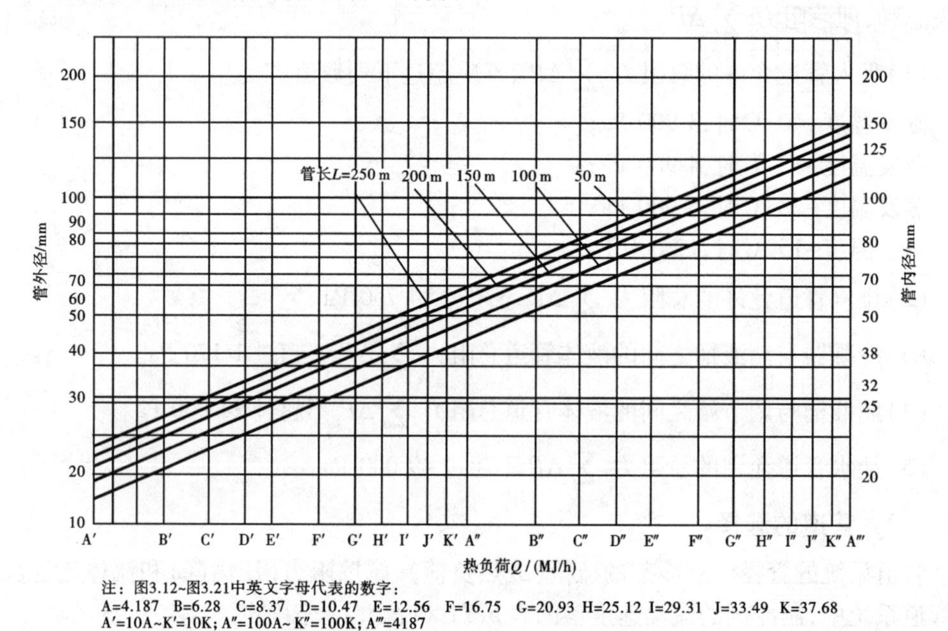

图5.14　氨排气管的管径计算图

【例5.4】　设一排气管负荷为837 MJ/h,管长包括局部阻力在内的当量长度为100 m,试确定排气管直径。

解　从图5.14中的横坐标找出 $Q=837$ MJ/h 的点,同时在五根斜线中找出管长100 m的斜线,从横坐标已找出的点向上作垂直线交于斜线的 A 点,即为排出管的直径。这个直径等于62 mm,近似公称直径 D 70 mm。

2)吸入管　吸入管中的压力损失,直接影响制冷压缩机的能量。蒸发温度越低,允许的压力损失越小。这个压力损失的数值,相当于饱和蒸发温度差1 ℃及制冷压缩机制冷量降低4%。图5.15至图5.18分别为-15 ℃、-28 ℃、-33 ℃、-40 ℃蒸发温度时吸入管管径计算图。

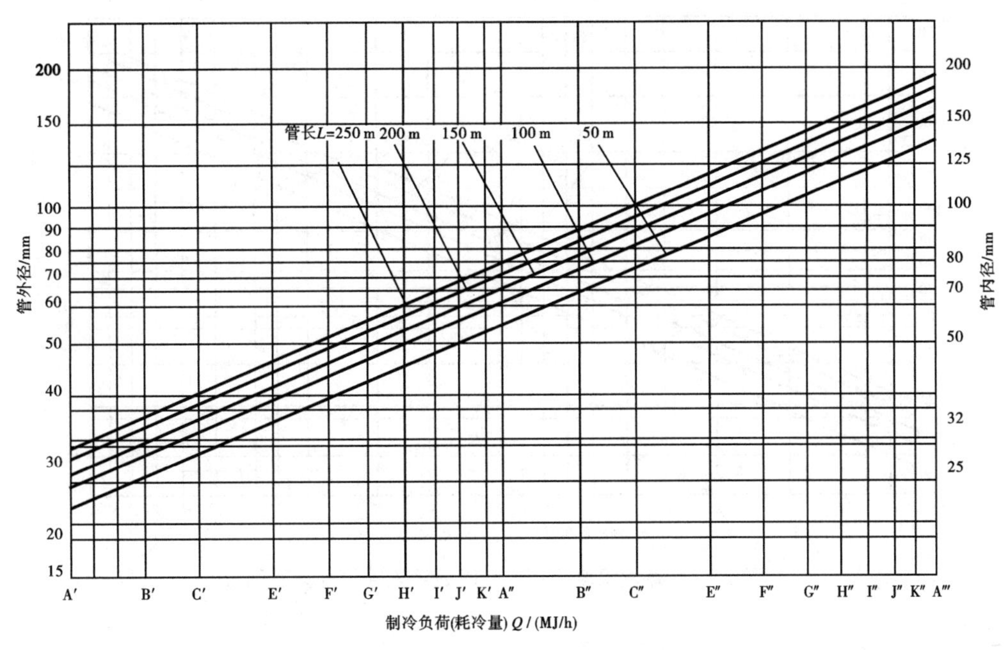

图5.15 蒸发温度为-15 ℃时氨吸入管管径计算图

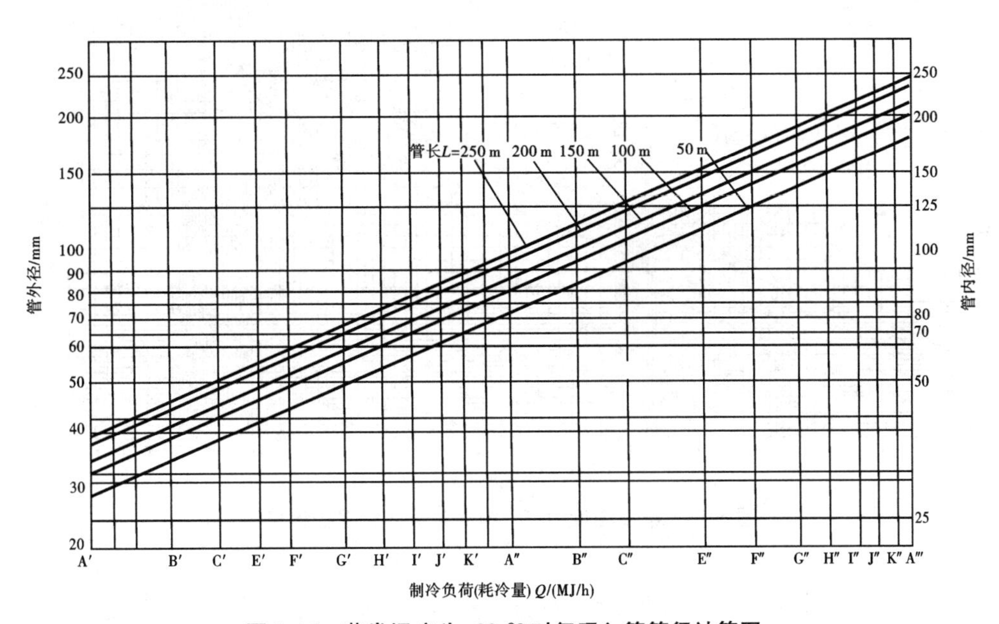

图5.16 蒸发温度为-28 ℃时氨吸入管管径计算图

当管长小于100 m时,仍可用图5.15至图5.18查找排气管及吸入管的管径,管长小于30 m时,可参照图5.19查找。

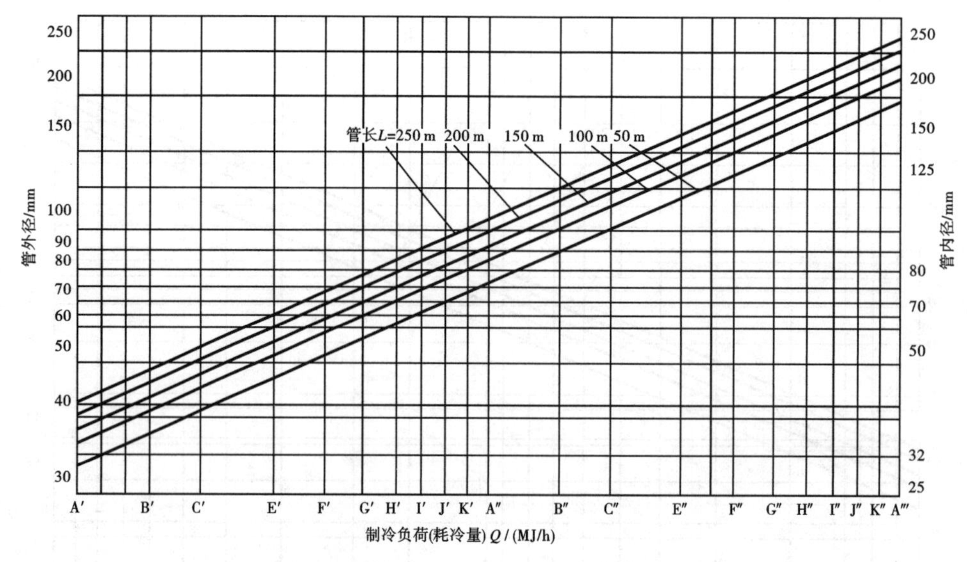

图 5.17　蒸发温度为-33 ℃时氨吸入管管径计算图

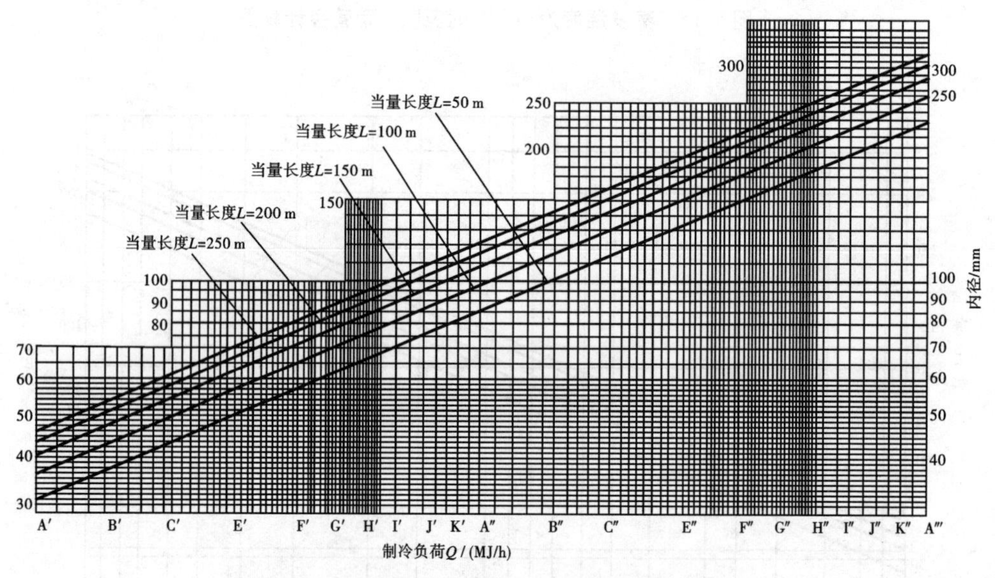

图 5.18　蒸发温度为-33 ℃时氨吸入管管径计算图

3）供液管　供液管可分为两个管段：自冷凝器至膨胀阀之间的供液管段是高压供液管；自膨胀阀至冷却设备之间的供液管段是低压供液管。

①高压供液管　氨液在管内流速为 1.0 ~ 1.5 m/s。这部分管道的直径一般选用 20 ~ 38 mm。图 5.20 为高压储液桶与调节站之间的氨液管管径计算图。

自冷凝器至高压储液桶的管段，氨液在管内的流速小于 0.6 m/s。这部分管道直径一般选用 32 ~ 57 mm。图 5.21 为冷凝器与高压储液桶之间的氨液管管径计算图。冷凝器与高压储液桶的均压管道直径，一般选用 18 ~ 25 mm。

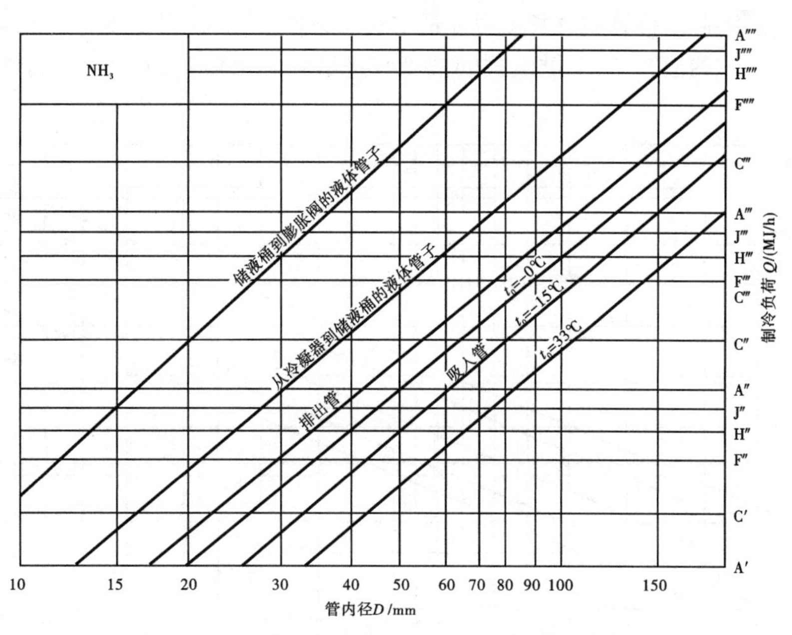

图 5.19　总管径长度小于 30 m 时氨管管径计算图

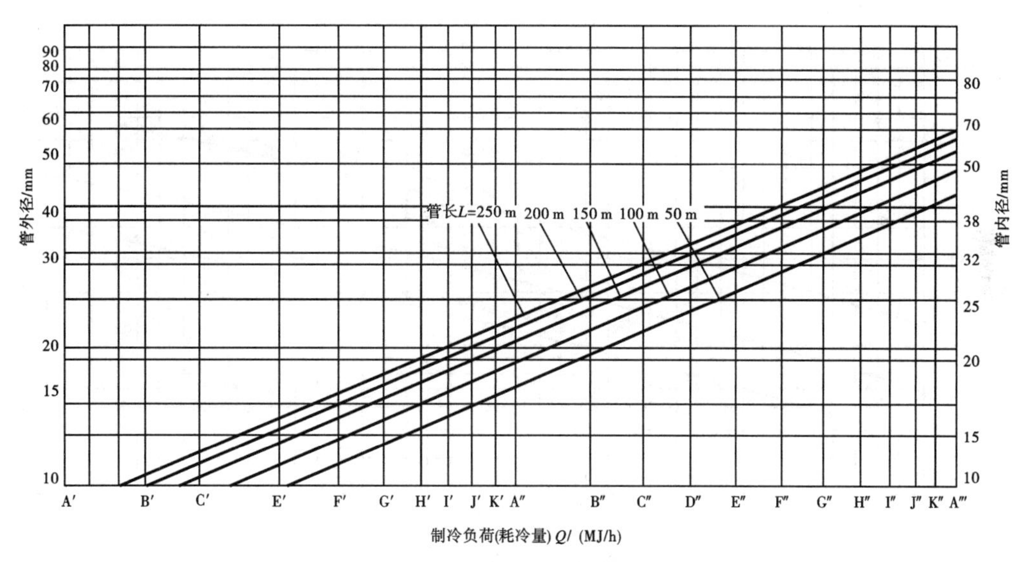

图 5.20　高压储液桶与调节站之间的氨液管管径计算图

②低压供液管　氨通过膨胀阀降低压力后向冷却设备供液的管段,都属于低压供液管。

直接膨胀供液式的液管:一般供液管的管径采用 20 ~ 30 mm,当采用热力膨胀阀供液时,冷却排管的允许最大制冷负荷见图 5.22。

重力供液式的液管:重力供液式的液管连接冷却设备必须自下而上流出。液体通过冷却排管的阻力,是靠液位差的静压来克服的。所以,重力供液的排管每一通路的允许管长受压差所限制。排管的总长度也要适应这个条件,才能起到有效的作用。

氨泵供液式的液管:氨泵供液式的液管有进液管和出液管,直径的大小要与氨泵进出口直径相适应。

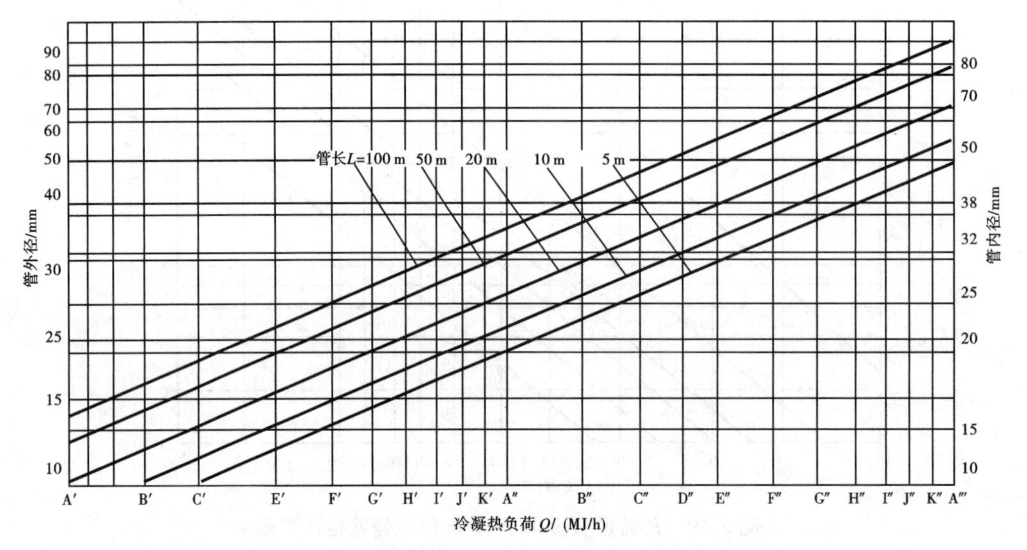

图 5.21 冷凝器与高压储液桶之间的氨液管管径计算图

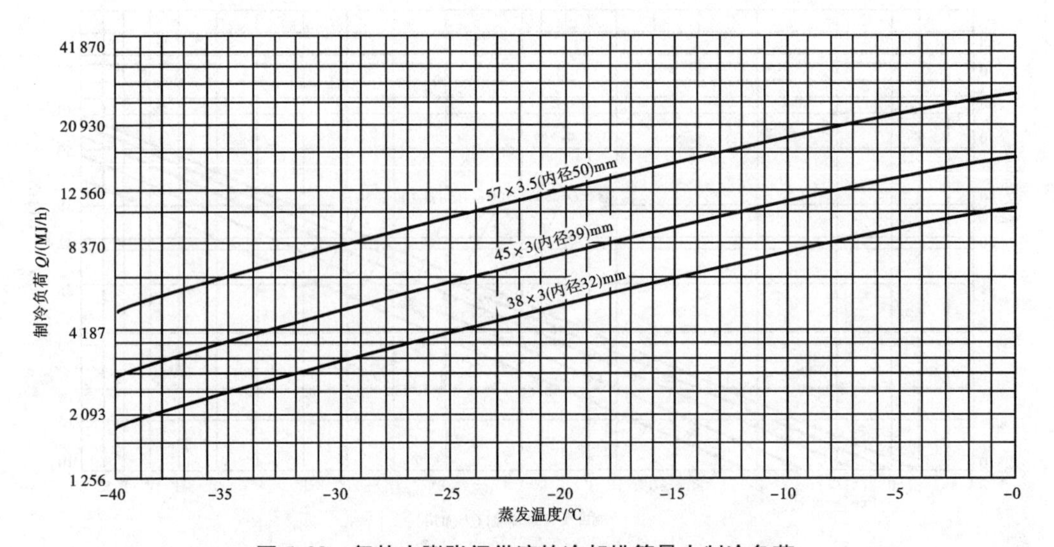

图 5.22 氨热力膨胀阀供液的冷却排管最大制冷负荷

氨泵的进液管以低压循环储液桶接出时,应尽可能为直管,要求液体进泵时流速为 0.5 ~ 0.75 m/s,以减少氨液由于摩擦引起汽化,影响泵的正常工作。

氨泵的出液管是供给冷却设备氨液的液管,有从泵直接向冷却设备供液者,也有将出液管接至液体分调节站,然后由分调节站向各冷却设备供液者。在冷库制冷系统中,大都使用后者。氨泵出液管至分调节站的管段,其管径一般采用 45 ~ 57 mm 的管子,而自分调节站至冷却设备的管径采用 32 ~ 38 mm 的管子。每个通路管子长度一般不超过

350 m。

4)热氨管 热氨管专门供给冷却设备冲霜和低压设备加压需用的高压氨气。为避免将润滑油带进冷却系统,高压氨气先通过油氨分离器,将油蒸气分离后,再供给冷却设备。因此,热氨管有的从油分离器与冷凝器之间的管道中接出。如需设热氨站,可在高压排出管加接油分离器,使油分离,之后再去热氨站。

热氨管管径:用于冲霜的采用直径 38 ~ 57 mm 管子;用于加压的采用直径 25 ~ 38 mm的管子。

一般供冷却设备冲霜的热氨管,为了避免进入设备前热氨温度下降,都要包敷石棉隔热层。

5)排液管 排液管是把冷却设备中存在的氨液以及热氨气进入冷却设备后冷凝的液体一起排至排液桶或低压循环储液桶的管道。在冷库制冷系统中,这种液管大部分是从液体分调节站接出,通常采用的管径为 32 ~ 38 mm。

6)放油管 放油管是供设备放油时,将油排进集油器,然后从集油器放出之用。放油管直径一般采用 25 ~ 32 mm。

7)盐水管 在盐水系统中,盐水管道大部采用镀铬钢管,以防盐水的腐蚀。盐水从盐水冷却器输出,通过盐水泵输送到冷却设备,然后再由冷却设备返回至盐水冷却器,整段管道一般采用 DN40 ~ DN50 公称直径的镀锌管。图 5.23 为盐水管管径计算图。

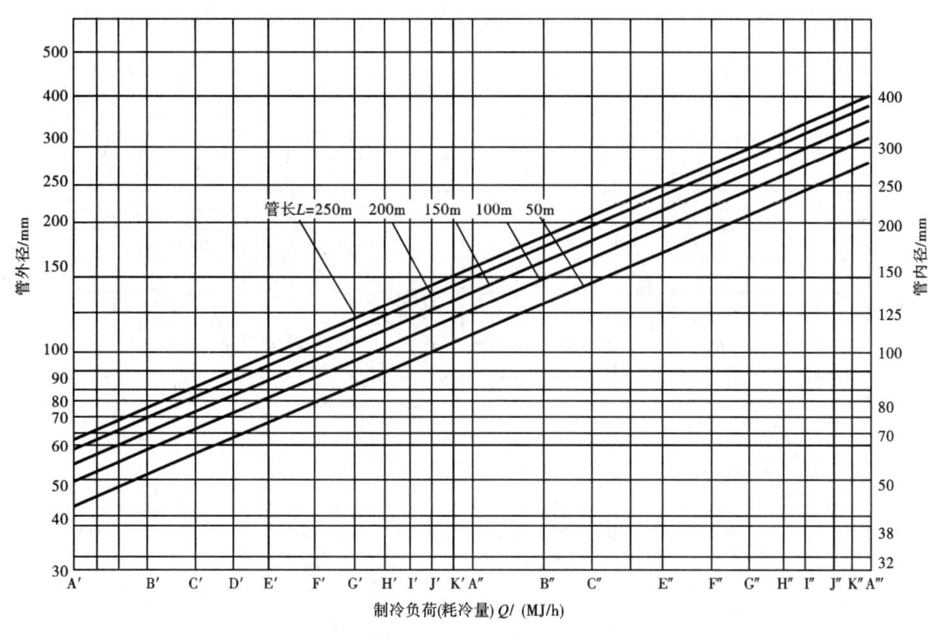

图 5.23 盐水管管径计算图

8)冷却水管和冲霜管 制冷压缩机用的冷却水管管径为 DN15 ~ DN25,冷凝器用的冷却水管的公称直径为 DN50 ~ DN150。

冲霜水管一般管径为 DN57 ~ DN108(或公称直径 DN50 ~ DN100)的管子。

9)其他管道

①安全管:一般采用直径 25 ~28 mm 管子。

②均压管:一般采用直径 25 mm 管子。

③冷凝器的放空气管:一般采用直径 25 ~32 mm 管子。

④降压管:放空气器、集油器、排液桶上的降压管,一般使用直径 25 ~57 mm 的管子。

⑤抽气管:连接在氨泵供液管段上的抽气管,一般采用直径 25 mm 的管子。

(2)氟利昂系统管道　相当于饱和蒸发温度差 1 ℃的氟利昂压力损失见表 5.13。

表 5.13　相当于饱和蒸发温度差 1 ℃的氟利昂压力损失

饱和蒸发温度/ ℃	相当于饱和蒸发温度差 1 ℃的压力损失/Pa	
	F-12	F-22
-40	2.942×10^3	4.903×10^3
-30	4.413×10^3	6.865×10^3
-20	5.884×10^3	9.807×10^3
-10	7.845×10^3	12.749×10^3
0	9.807×10^3	16.671×10^3
10	12.749×10^3	20.594×10^3

1)排气管　氟利昂排气管管径的选择原则与氨一样,要把排气管中压力损失控制在相当于饱和冷凝温度差为0.5 ℃这样的压力损失,即 F-12 的压力损失为 11.768×10^3 Pa,F-22 的压力损失为 19.6133×10^3 Pa。F-12、F-22 排气管管径计算见图 5.24 与图 5.25。

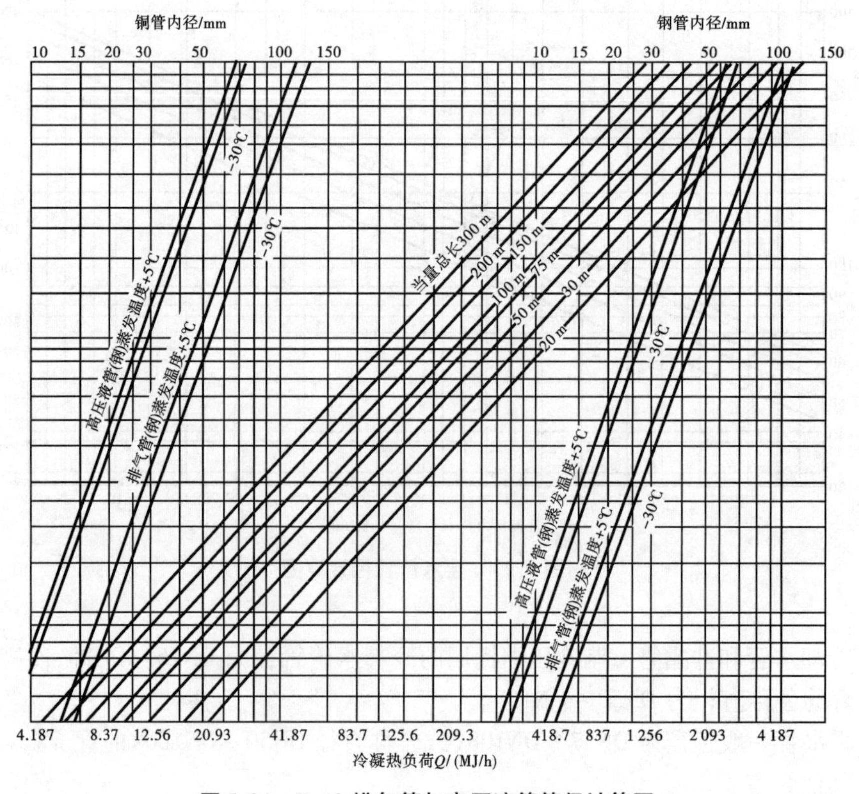

图 5.24　F-12 排气管与高压液管管径计算图

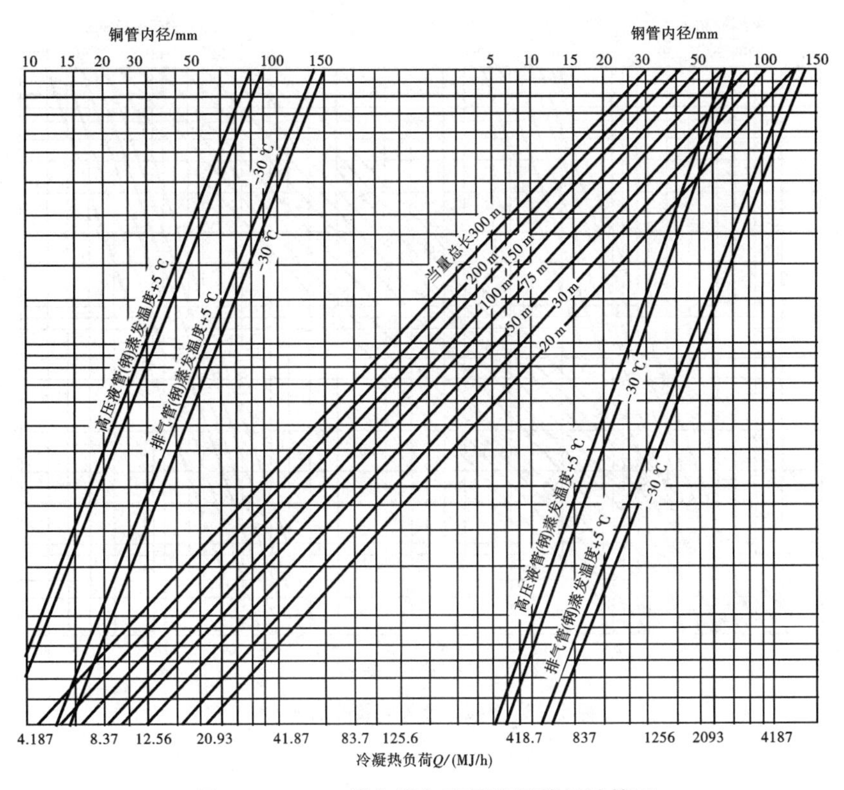

图 5.25　F-22 排气管与高压液管管径计算图

2)吸入管　吸入管中的压力损失直接影响制冷压缩机的能量。

①高压供液管　一般认为高压供液管中的压力损失控制在相当于饱和温度差 0.5 ℃比较适当。F-12 和 F-22 的高压供液管管径计算图见图 5.26 与图 5.27。液温采用 40 ℃。

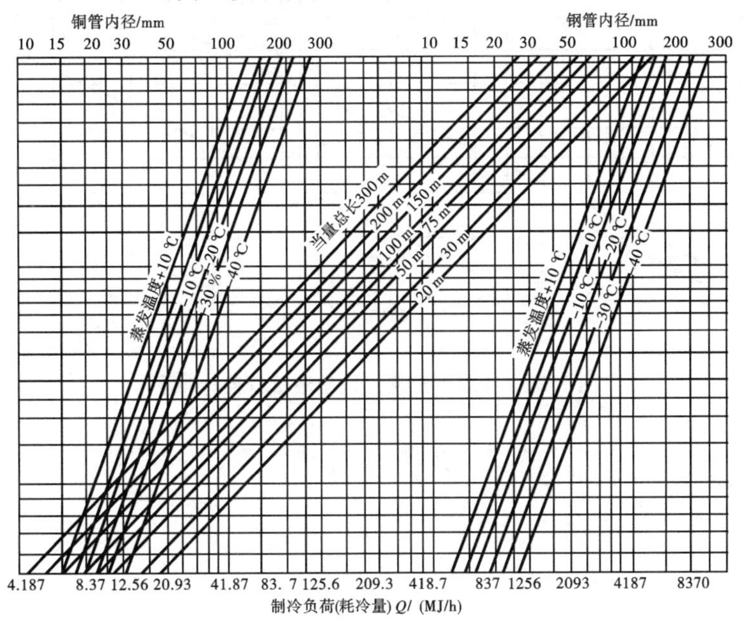

图 5.26　F-12 吸入管管径计算图

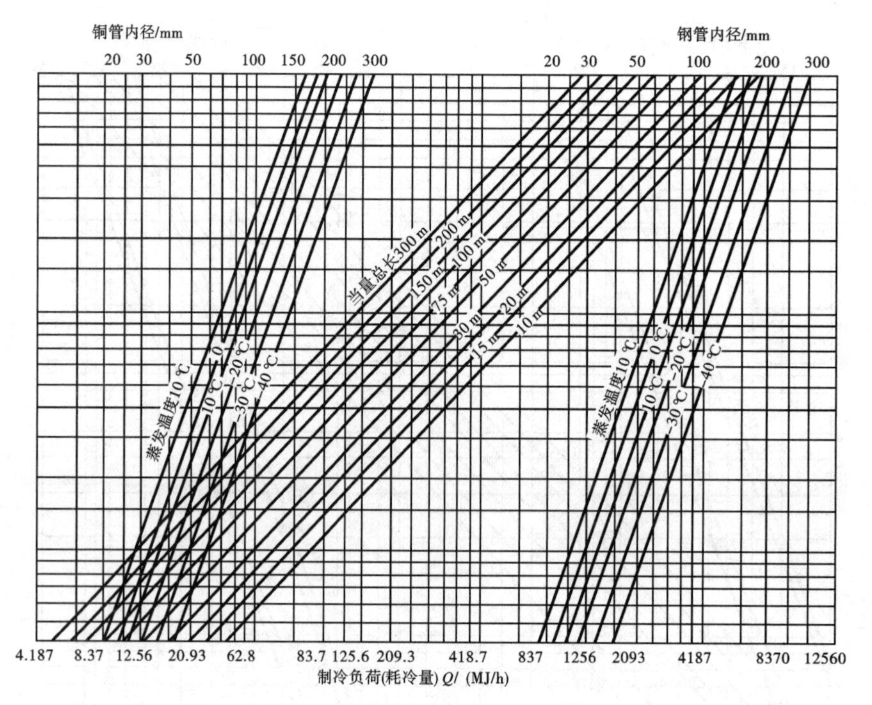

图 5.27 F-22 吸入管管径计算图

从冷凝器到储液桶的出液管一般将流速限制在 0.5 m/s,管径的计算见图 5.28。

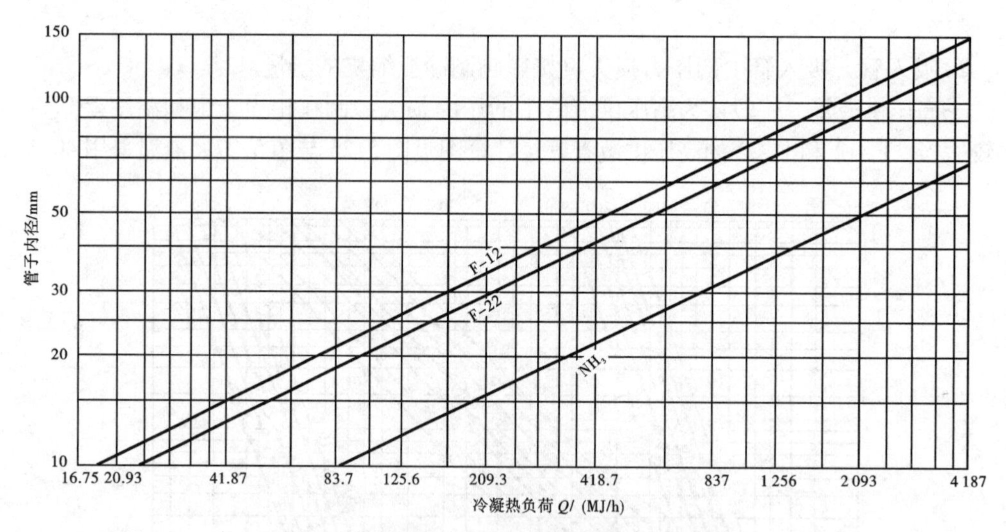

图 5.28 冷凝器至储液桶出液管管径计算图

冷凝器与储液桶之间的均压管管径见表 5.14。

表5.14　均压管管径

公称直径		15	20	25	32	40	50
最大能量/(MJ/h)	F-12	502.4(12)	1 005(24)	1 675(40)	2 931(70)	3 977(95)	6 699(160)
	F-22	628(150)	1 256(300)	2 093(500)	3 768(900)	5 024(1200)	8 374(2000)

②低压供液管　热力膨胀阀的低压供液管中不可避免地带有大量的蒸发气体,故属于两相流动,阻力比纯液体大得多,此阻力可按高压供液管的阻力乘以表5.15中的倍数。

低压供液管管径的大小,可按供液的通路长度和每个通路负荷来决定。氟利昂系统的每个通路允许长度取决于允许压力损失,对F-12一般宜控制在饱和蒸发温度降2 ℃以内;F-22一般宜控制在饱和蒸发温度降1 ℃以内。按这个条件算出允许通路长度或允许负荷,见图5.29至图5.32。

表5.15　热力膨胀阀后低压供液管的阻力倍数

膨胀阀前的液温/℃	蒸发温度/℃	阻力倍数		膨胀阀前的液温/℃	蒸发温度/℃	阻力倍数	
		F-12	F-22			F-12	F-22
30	10	24	12	40	10	19	17
	0	21.5	18.5		0	29	24.5
	-10	33.5	28.5		-10	43	35.5
	-20	52	43.5		-20	61	51
	-30	76.5	64		-30	93	77

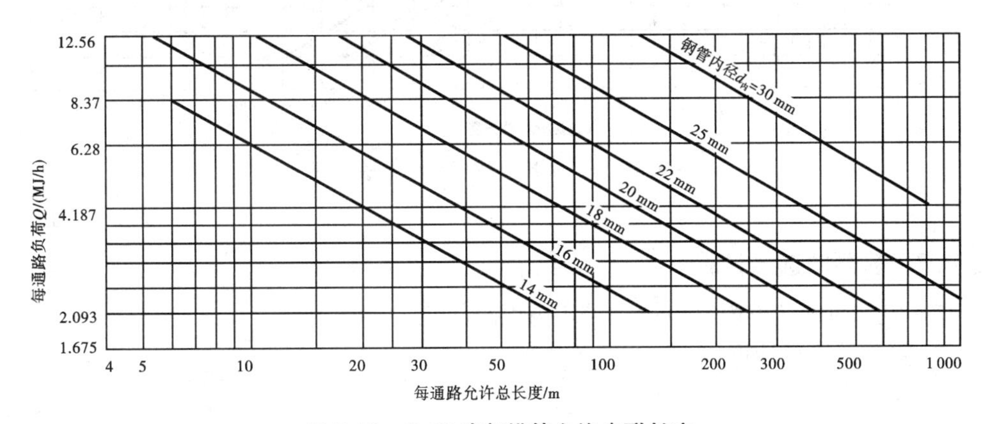

图5.29　F-12冷却排管允许串联长度

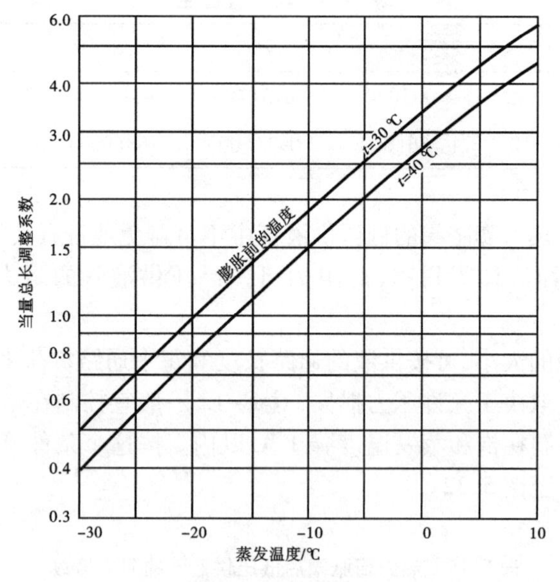

图 5.30 调整系数

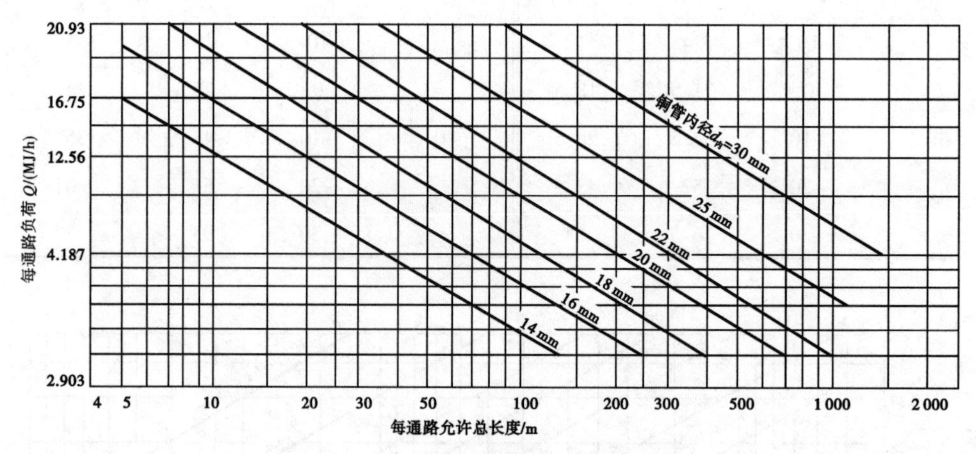

图 5.31 F-22 冷却排管允许串联长度

5.6.4.3 氨泵的选择计算

选择氨泵时的计算内容包括流量和扬程两部分。

(1)氨泵的流量计算

$$Q=\frac{n\times G\times v}{\gamma} \tag{5.6}$$

式中 Q——氨泵的流量,m^3/h;

n——氨循环倍数,$n=5\sim6$;

G——系统所需的制冷量,J/h;

v——氨液比容,m^3/kg;

γ——氨液的汽化潜热,J/kg。

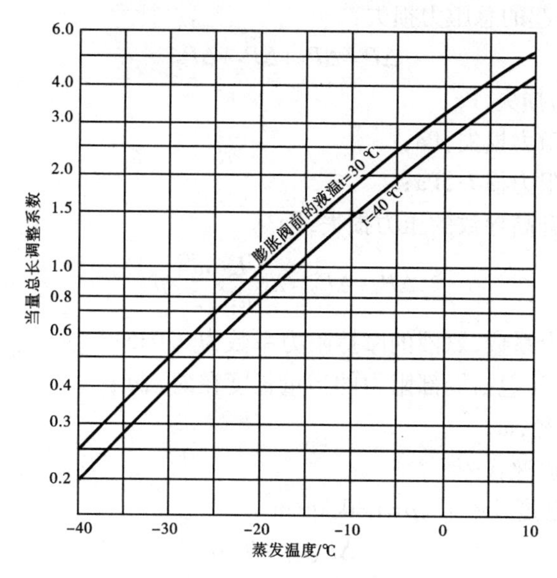

图 5.32　调整系数

(2)氨泵扬程的计算　氨泵的排出压力应能克服管件、管道和高度上的各项阻力。有的设计单位为了保证氨泵能稳定输液,考虑增加一些余量,余量一般为 74 ~98 kPa。

1)先计算出管子长度和管件的当量长度,然后计算阻力损失。

管件的当量长度换算公式为:

$$I=n\times A\times d_1(\mathrm{m}) \tag{5.7}$$

式中　I——管件的当量长度,m;

n——该管件的个数;

A——折算系数(见表 5.16);

d_1——管子内径,m。

表 5.16　折算系数 A 的数值

管件	折算系数	管件	折算系数
45°弯头	15	角阀全开	170
90°弯头	32	扩径 $d/D=1/4$	30
180°小弯头	75	扩径 $d/D=1/2$	20
180°小型弯头	50	扩径 $d/D=3/4$	17
三通 L/A ├→	60	缩径 $d/D=1/4$	15
三通 L/A ┬↓	90	缩径 $d/D=1/2$	12
球阀全开	300	缩径 $d/D=3/4$	7

表中　d—小管子外径,m;D—大管子外径,m

2)各项阻力所引起的总压力损失：

$$\Delta P=\Delta P_1+\Delta P_2+\Delta P_3 \tag{5.8}$$

式中 ΔP——总压力损失，Pa；

ΔP_1——沿程阻力损失，Pa；

ΔP_2——局部阻力损失，Pa；

ΔP_3——液位升高导致的压力损失，Pa。

$$\Delta P_1+\Delta P_2=\lambda\times\frac{L}{d_1}\times\frac{\omega^2}{2}\times\rho \tag{5.9}$$

式中 λ——摩擦阻力系数，氨液的摩擦阻力系数为0.035；

L——管子长度(包括局部阻力的当量长度在内)，m；

d_1——管子内径，m；

ω——氨液的流速，m/s；

ρ——氨液的密度，kg/m³，$\rho=680\ kg/m^3$。

$$\Delta P_3=\rho+H+G \tag{5.10}$$

式中 ρ——氨液的密度，kg/m³；

H——输液高度，m；

G——重力加速度，m/s²，$G=9.8(m/s^2)$。

5.7.5 生产车间水、汽等总管的确定

车间总管管径的确定可按两种方法进行：一种是根据生产车间耗水(或耗汽等)高峰期时的消耗量来计算管径；另一种是按生产车间耗水(或耗汽等)高峰时同时使用的设备及各工种所用的管径截面积之和来计算。后一种方法的优点是计算简单方便，余量较大，比较适合工厂的生产实际情况，故多被设计时采用。

后种方法的具体做法是：根据产品的方案，分别做出各产品在生产过程中用水(或用汽等)的操作图表，看哪一个产品在什么时候用水(或用汽等)的设备最多、消耗量最大。因设备上的进水管管径是固定的，所以，进入生产车间的水管或蒸汽管的总管内径，其平方值应等于高峰期各同时用水或用汽之管道内径的平方和。根据算出的内径再查标准管型即可。厂区总管亦可按此法进行计算。

5.7.6 管道附件、管道连接及管道补偿

5.7.6.1 管道附件

管路中除管子以外，为满足生产工艺和安装检修的需要，管路中还有许多其他构件，如短管、弯头、三通、异径管、法兰、盲板、阀门等，我们通常称这些构件为管路附件，简称管件和阀件。管道附件是管路不可缺少的构成部分，有了管路附件，可以使管路改换方向、变化口径、连通和分流，以及调节和切换管路中的流体等，管路的安装和检修也方便得多。以下是管道中常用的几种管路附件。

(1)弯头 弯头的作用主要是用来改变管路的走向。常用弯头根据其弯头程度的不同，有45°、90°、180°弯头。180°弯头又称“U”形弯管，在冷库冷排中用得较多。根据工艺配管的需要，还可以在管路中使用特定角度的弯头。

(2)三通　当一条管路与另一条管路相连通或管路需要有旁路分流时,其接头处的管件称为三通。三通的类型按接入管的角度不同,有垂直接入的正接三通,有斜度的斜接三通。此外,还可按入口的口径大小差异分为等径三通、异径三通等。除常见的三通管件外,根据管路工艺需要,还有更多接口的管件,如四通、五通、异径斜接五通等。

(3)短接管和异径管　当管路装配中短缺一小段,或因检修需要在管路中设置一小段可拆的管段阀,经常采用短接管。它是一短段直管,有的带连接头(如法兰、丝扣等)。

将两个不等管径和管口连通起来的管件称为异径管,通常叫大小头,用于连接不同管径的管子。

(4)法兰、活络管接头、盲板　为便于安装和检修,管路中有些地方需采用可拆连接,法兰、活络管接头是常用的连接零件。活络管接头大多用于管径不大(Φ100 mm)的水煤气钢管,绝大多数钢管管道采用法兰连接。

在有的管路上,为清理和检修需要设置手孔盲板,也有的直接在管端装盲板,或在管道中的某一段中断管道与系统联系。

(5)阀门　阀门在管道中用来调节流量、切断或切换管道,或对管道起安全、控制作用。阀门的选择依据是介质的工作压力、介质温度、介质性质(含有固体颗粒、黏度大小、腐蚀性)和操作要求(启闭或调节等)。食品工厂常用的阀门如下。

1)旋塞　旋塞具有结构简单、外形尺寸小、启闭迅速、操作方便、管路阻力损失小等特点。旋塞可用于压力和温度较低的流体管道中,也适用于介质中含有晶体和悬浮物的流体管道中;旋塞不适合用于控制流量,不宜使用在压力较高、温度较高的流体管道和蒸汽管道中。适宜输送的介质:水、煤气、油品、黏度低的介质。

2)截止阀　具有操作可靠,容易密封,容易调节流量和压力,耐最高温达300 ℃的特点。缺点是阻力大,杀菌蒸汽不易排掉,灭菌不完全,不得用于输送含晶体和悬浮物的管道中。常用于水、蒸汽、压缩空气、真空、油品等介质的输送。

3)闸阀　闸阀的特点是阻力小、没有方向性、不易堵塞,适用于不沉淀物料管路安装用,一般用于大管道中做启闭阀。使用介质:水、蒸汽、压缩空气等。

4)隔膜阀　结构简单,密封可靠,便于检修,流体阻力小,适用于输送酸性介质和带悬浮物质流体的管路,特别适用于发酵食品,但所采用的橡皮隔膜应耐高温。

5)球阀　结构简单,体积小、开关迅速,阻力小,常用于食品生产中罐的配管中。

6)针形阀　能精确地控制流体流量,在食品工厂中主要用于取样管道上。

7)止回阀　止回阀也称单向阀,靠流体自身的力量开闭,不需要人工操作,其作用是阻止流体倒流。

8)安全阀　在锅炉、管路和各种压力容器中,为了控制压力不超过允许数值,需要安装安全阀。安全阀能根据介质工作压力自动启闭。

9)减压阀　减压阀的作用是自动地把外来较高压力的介质降低到需要压力。减压阀适用于蒸汽、水、空气等非腐蚀性流体介质,在蒸汽管道中应用最广。

10)疏水器　作用是排除加热设备或蒸汽管路中的蒸汽凝结水,同时能阻止蒸汽的泄漏。

11)蝶阀　又称翻板阀,其结构简单,外形尺寸小,是用一个可以在管内转动的圆盘(或椭圆盘)来控制管道启闭的。由于蝶阀不易和管壁严密配合,密封性差,适用于调节管路流量。在输送水、空气和煤气等介质的管道中较常见,用于调节流量。

5.7.6.2 管道连接

管路连接包括管道与管道的连接、管道与各种管件、阀件及设备接口等处的连接。目前比较普遍采用的连接方式有:法兰连接、螺纹连接、焊接及填料式连接。

(1)法兰连接　法兰连接通常也叫法兰盘连接或管接盘连接,是一种可拆式的连接。法兰连接的构件包括法兰盘、垫片、螺栓和螺母等零件。法兰盘与管道是固定在一起的,法兰与管道的固定方法很多,常见的有以下几种。

1)整体式法兰　管道与法兰盘是连成一体的,常用于铸造管路中(如铸铁管等)以及铸造的机器、设备接口和阀门的法兰等。在腐蚀性强的介质中可采用铸造不锈钢或其他铸造合金及有色金属铸造整体法兰。

2)搭焊式法兰　管道与法兰盘的固定是采用搭接焊接的,习惯又叫平焊法兰。

3)对焊法兰　通常又叫高颈法兰,它的根部有一较厚的过渡区,这对法兰的强度和刚度有很大的好处,改善了法兰的受力情况。

4)松套法兰　松套法兰又称活套法兰。松套法兰的法兰盘与管道不直接固定,在钢管的管端焊一个钢环,两根管子两端的法兰通过螺栓紧固后,压紧钢环使之固定。

5)螺纹法兰　这种法兰与管道的固定是可拆的结构。法兰盘的内孔有内螺纹,而在管端车制相同的外螺纹,它们是利用螺纹的配合来固定的。

法兰连接主要依靠两个法兰盘压紧密封材料以达到密封效果。法兰的压紧力则靠法兰连接的螺栓来达到。常用法兰连接的密封垫圈材料见表5.17。

表5.17　法兰连接的垫圈材料

介质	最大工作压力/kPa	最高工作温度/℃	垫圈材料
水、中性盐溶液	196.133	120	浸渍纸板
	588.399	60	软橡胶
	980.665	150	软橡胶
	4 903.325	300	石棉橡胶
水蒸气	147.1	110	石棉纸
	196.133	120	纤维纸垫片
	1471	200	浸渍石棉纸板
	3 922.66	300	石棉橡胶
空气	588.399	60	中硬度弹性橡胶
	980.665	150	耐热橡胶

(2)螺纹连接　螺纹连接大多用于自来水管路、一般生活用水管路和机器润滑油管路中。此种连接方法可以拆卸,但没有法兰连接那样方便,密封可靠性也较低。因此,螺纹连接的管道使用压力和使用温度不宜过高,水、煤气管大多采用螺纹连接。

(3)焊接连接　这是一种不可拆的连接结构,它用焊接的方法将管道和各管件、阀门直接连成一体。这种连接结构简单,便于安装,密封性能非常可靠,但不利于管道的清洗和检修。焊缝焊接质量的好坏，将直接影响连接强度和密封质量，焊接质量可用X射线拍片和试压方法来检查。

(4)其他连接　除上述常见的三种连接外，还有承插式连接、填料式连接、简便快接式连接等。

5.7.6.3　管道补偿

管路在输送冷或热的流体介质(如蒸汽、冷凝水、过热水等)时会产生热胀冷缩，管路受热时的长度变化量可按式(5.11)计算：

$$\Delta L = a \times L \times (t_1 - t_2) \tag{5.11}$$

式中　a——材料线膨胀系数(见表5.18)；

ΔL——热伸长量，m；

L——管路长度，m；

t_1——输送介质的温度，K；

t_2——管路安装时空气的温度，K。

表5.18　各种材料的线膨胀系数表

管子材料	a 值/[m/(m·K)]	管子材料	a 值/[m/(m·K)]
镍钢	13.1×10^{-6}	铁	12.35×10^{-6}
镍铬钢	11.7×10^{-6}	铜	15.96×10^{-6}
碳素钢	11.7×10^{-6}	铸铁	11.0×10^{-6}
不锈钢	10.3×10^{-6}	青铜	18×10^{-6}
铝	8.4×10^{-6}	聚氯乙烯	7×10^{-6}

若管道两端固定，管道受到拉伸或压缩时，由温度变化而引起热应力，热应力产生的轴向推力 p 按下式计算：

$$p = \sigma \times A = E \times \alpha \times (t_1 - t_2) \times A \tag{5.12}$$

式中　E——材料的弹性模数，钢材取 2.1×10^{11} Pa；

A——管子横截面积，m^2。

从计算公式可以看出，热应力和轴向推力与管道长度无关，所以不能因为管道短而忽视这个问题。

一般使用温度低于100 ℃和直径小于 D_g50 的管道可不进行热应力计算。直径大，直管段长，管壁厚的管道，要进行热应力计算。如锅炉蒸汽管道等就需要进行热变形计算，并采取相应措施将它限定在许可值之内，这就是管道热补偿的任务。

(2)管道热补偿设计

1)自然补偿　管道在发生热膨胀时，在管道的弯管处可以自行补偿一部分伸长的变形，称为管路的自然补偿，这个弯管就是自然补偿器。管道设计时，尽量利用自然补偿，仅当不足补偿热膨胀时，才采取其他补偿器。

热力管道(直管道)可不装补偿器的最大尺寸，见表5.19。

表 5.19　热力管道可不装补偿器的最大尺寸

热水/℃	60	70	80	90	95	100	110	120	130
蒸汽/kPa	—	—	—	—	—	—	50	100	180
管长/m	65	57	50	45	42	40	37	32	30
热水/℃	140	143	151	158	161	170	175	179	183
蒸汽/kPa	270	300	400	500	600	700	800	900	1000
管长/m	27	27	27	25	25	21	21	21	21

①L 形补偿　当管道有 90°转弯时,成为 L 形补偿,见图 5.33。使用的计算公式为:

$$L_1 = 1.1\sqrt{\frac{\Delta L_2 D_w}{300}} \tag{5.13}$$

式中　L_1——短臂长度,m;

ΔL_2——长臂 L_2 的膨胀长度,mm;

D_w——管子外径,mm。

在 L 形补偿器中,短臂 L 固定支架的应力最大,长臂 L_2 与短臂 L_1 的长度越接近,其弹性越差,补偿能力与越差。

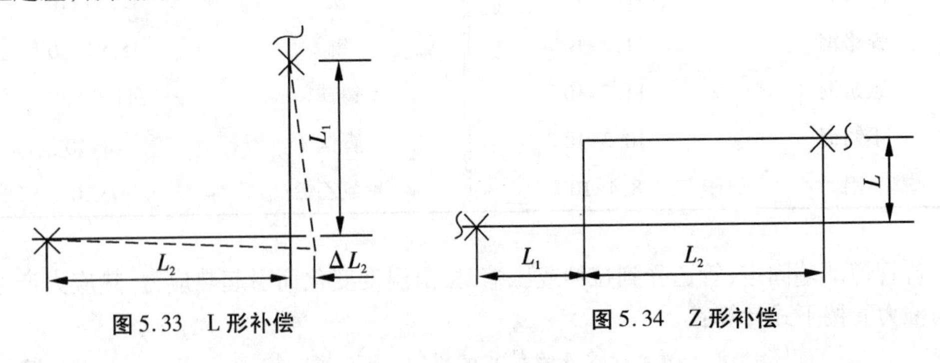

图 5.33　L 形补偿　　图 5.34　Z 形补偿

②Z 形补偿　Z 形补偿见图 5.34。Z 形补偿器有一个基本计算公式:

$$\sigma = \frac{6\Delta LED_w}{L^2(1 + 12K)} \tag{5.14}$$

式中　σ——管子弯曲许用应力,一般取 700×10^5 Pa;

ΔL——热膨胀长度,$\Delta L=\Delta L_1+\Delta L_2$,mm;

E——材料的弹性模数,钢材取 2.1×10^{11} Pa;

D_w——管子外径,cm;

L——垂直臂长度,cm;

K——短臂与垂直臂之比,$K=L_1/L$。

根据上式,可导出垂直臂长的计算公式为:

$$L = \sqrt{\frac{6\Delta LED_w}{\sigma(1 + 12K)}}$$

在实际施工过程中,Z 形弯管的垂直壁长 L,往往根据实际情况确定,很少根据管道

自然补偿的需要设计。因此当 L 值一定时,计算 K 值的公式为:

$$K = \frac{\Delta L E D_w}{2\sigma L^2} - \frac{1}{12}$$

计算过程中,先假设 L_1 和 L_2 之和,以便计算出膨胀量 ΔL。当得出 K 值后,再计算短臂长度,即 $L_1 = KL$。从假设的 L_1 和 L_2 之和中减去 L_1,便得出 L_2。

L 形与 Z 形补偿也可以查有关算图设计。

2)补偿器补偿　对于较长的管路来说,由于伸长量较大,依靠自然补偿往往是不够的,所以,必须设置补偿器来进行补偿。如果达不到合理的补偿,则管路的热伸长量会产生很大的内应力,过大的内应力会使管架或管路变形损坏。

常见的补偿器有"n"形、"Ω"形、"波"形、"填料式"等几种(如图 5.35 所示),其中"波形"补偿器补偿能力小,一般为 3 ~ 6 个波节,每个波节只能补偿 10 ~ 15 mm,适用于低压(真空至 2×10^5 Pa),管径大于 100 mm,管长度不大于 20 m 的气体或蒸汽管道;"n"形和"Ω"形补偿器制作比较方便,补偿能力较大,在蒸汽管路中采用较为普遍;"填料式"补偿器结构简单,补偿量大,但填料处易损坏而致泄露,在管道发生弯曲时,会卡主而失去作用,故一般管道上很少采用,而较多用于铸铁管路和其他脆性材料的管路。

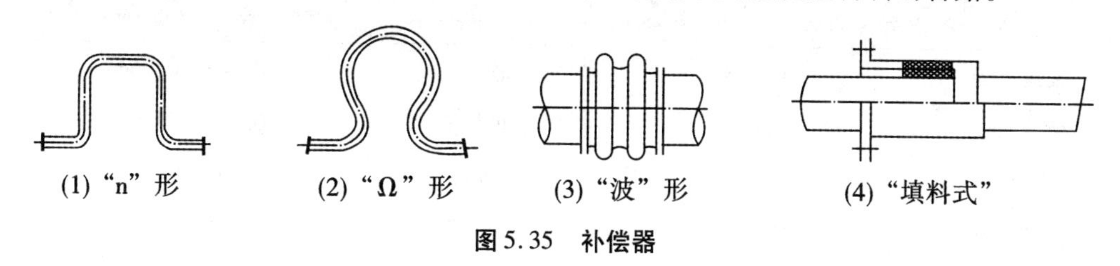

图 5.35　补偿器

5.6.4　管道保温与标志

5.6.4.1　管道保温

管路保温的目的是使管内介质在输送过程中不冷却、不升温,亦即不受外界温度的影响而改变介质的状态。管路保温的方法是在管路的外壁上包裹、导热系数小、导隔热效果较好的保温材料。常用的保温材料有毛毡、石棉、玻璃棉、矿渣棉、珠光砂及其他石棉水泥制品等。管路保温层的厚度要根据管路介质热损失的允许值(蒸汽管道每米热损失许用范围见表 5.19)和保温材料的导热性能通过计算来确定(见表 5.20、表 5.21)。

在保温层的施工中,必须使被保温的管路周围充分填满,保温层要均匀,完整、牢固。保温层的外面还应采用石棉水泥抹面,防止保温层开裂。在有些要求较高的管路中,保温层外面还需缠绕玻璃布或加铁皮外壳,以免保温层受雨水侵蚀而影响保温效果。

表 5.19 蒸汽管道每米热损失允许范围 单位:J/(m·s·K)

公称直径	管内介质与周围介质之温度差/K				
	45	75	125	175	225
DN25	0.570	0.488	0.473	0.465	0.459
DN32	0.671	0.558	0.521	0.505	0.497
DN40	0.750	0.621	0.568	0.544	0.528
DN50	0.775	0.698	0.605	0.565	0.543
DN70	0.916	0.775	0.651	0.633	0.594
DN100	1.163	0.930	0.791	0.733	0.698
DN125	1.291	1.008	0.861	0.798	0.750
DN150	1.419	1.163	0.930	0.864	0.827

表 5.20 部分保温材料的导热系数

名称	导热系数/[J/(m·s·K)]	名称	导热系数/[J/(m·s·K)]
聚氯乙烯	0.163	软木	0.041~0.064
聚苯乙烯	0.081	锅炉煤渣	0.188~0.302
低压聚乙烯	0.297	石棉板	0.116
高压聚乙烯	0.254	石棉水泥	0.349
松木	0.070~0.105		

表 5.21 管道保温厚度的选择 单位:mm

保温材料的导热系数/[J/(m·s·K)]	蒸汽温度/K	管道直径/DN			
		~50	70~100	125~200	250~300
0.087	373	40	50	60	70
0.093	473	50	60	70	80
0.105	573	60	70	80	90
在 263~283 K 一般管径的冷冻水(盐水)管保温采用 50 mm 厚聚乙烯泡沫塑料双合管					

5.6.4.2 管路的标志

食品工厂生产车间需要的管道较多,输送的对象种类也多。食品厂一般都有水、蒸汽、真空、压缩空气和各种流体物料等管道。为了区分各种管道,往往在管道外壁或保温层外面涂有各种不同颜色的油漆。油漆既可以保护管路,使管路外壁不受环境大气影响而腐蚀,同时也用来区别管路的类别,使我们醒目地知道管路输送的是什么介质,这就是管路的标志。这样,既有利于生产中的工艺检查,又可避免管路检修中的错乱和混淆。管路的涂色标志见表 5.22。

表5.22 管路涂色标志

序号	介质名称	涂色	管道注字名称	注字颜色
1	工业水	绿	上水	白
2	井水	绿	井水	白
3	生活水	绿	生活水	白
4	过滤水	绿	过滤水	白
5	循环上水	绿	循环上水	白
6	循环下水	绿	循环回水	白
7	软化水	绿	软化水	白
8	清净下水	绿	净下水	白
9	热循环水(上)	暗红	热水(上)	白
10	热循环回水	暗红	热水(回)	白
11	消防水	绿	消防水	红
12	消防泡沫	红	消防泡沫	白
13	冷冻水(上)	淡绿	冷冻水	红
14	冷冻回水	淡绿	冷冻回水	红
15	冷冻盐水(上)	淡绿	冷冻盐水(上)	红
16	冷冻盐水(回)	淡绿	冷冻盐水(回)	红
17	低压蒸汽<13 绝对压力	红	低压蒸汽	白
18	中压蒸汽 13 ~40 绝对压力	红	中压蒸汽	白
19	高压蒸汽 40 ~120 绝对压力	红	高压蒸汽	白
20	过热蒸汽	暗红	过热蒸汽	白
21	蒸汽回水冷凝液	暗红	蒸汽冷凝液(回)	绿
22	废弃的蒸汽冷凝液	暗红	蒸汽冷凝液(废)	黑
23	空气(工艺用压缩空气)	深蓝	压缩空气	白
24	仪表用空气	深蓝	仪表空气	白
25	真空	白	真空	天蓝
26	氨气	黄	氨	黑
27	液氨	黄	液氨	黑
28	煤气等可燃气体	紫	煤气(可燃气体)	白
29	可燃液体(油类)	银白	油类(可燃气体)	黑
30	物料管道	红	按管道介质注字	黄

5.6.5 管路设计

5.6.5.1 管路设计资料

在进行管路设计时,设计者应事先收集和掌握以下资料。

(1)工艺流程图。

(2)车间平面布置图和立面布置图。

(3)重点设备总图,并标明流体进出口位置及管径。

(4)物料计算和热量计算(包括管路计算)资料。

(5)工厂所在地地质资料(主要是地下水位值和冻结深度等)。

(6)地区气候条件。

(7)厂房建筑结构。

(8)其他(如供水系统技术参数、锅炉房蒸汽压力等)。

5.6.5.2 管路设计应完成的技术文件

管路设计工作应完成以下图纸和说明书。

(1)管路配置图,包括管路平面图和重点设备管路立面图、管路透视图。

(2)管路支架及特殊管件制造图。

(3)施工说明,其内容为施工中应注意的问题,各种管路的坡度,保温的要求,安装时不同管架的说明等。

5.7 管路布置设计

5.7.1 管路布置设计的任务

车间管路布置设计的任务是用管道把由车间固定下来的设备有机地连接起来,使之形成一条完整连贯的生产工艺流程。因此要求确定各个设备的管口方位和各个管段(包括阀件、管件和仪表)在空间的具体位置信息以及它们的安装、连接和支撑方式等。管路就像是人体的血管,将车间内布置的各个单独、孤立的设备联结,组成完整连贯的生产工艺流程。因此,管路设计是生产工艺流程中不可分割的组成部分,也是车间设计中的重要内容之一。在进行车间设备布置设计时,通常要综合考虑管路安装的要求和原则。在进行车间管路布置设计时,为了满足管路安装的要求,有时还需要对设备布置进行适当的调整,特别是要确定设备安装的管口方位。

管路布置设计除了把设备与设备之间联结起来,保证生产流程的通畅顺利,还需要考虑和满足实际生产中的一些特殊的技术要求。比如,有些管道输送的介质具有腐蚀性,有的容易沉积堵塞管道,有的含有有害气体,有的运输过程中会有冷凝液体产生,等等。因此,管路布置设计是一项比较繁杂的设计任务,对于一些管路运输任务繁重的食品厂,如乳品厂、饮料厂等,有时还会专门设置管路工程设计室(组),专门负责管路设计任务。一般中小单位,管路设计由工艺设计人员完成。

5.7.2 管路布置设计的原则

合理的设计和敷设管道,可以节约管材、减少基建投资,保证生产的正常运行、降低生产运行成本。管道的正确安装,不单使车间布置得整齐美观,而且可为操作的方便性、检修的方便性、经济的合理性、生产的安全性都提供保障。

要正确地设计管道,必须以设备的布置情况为主要依据。同时,在设计时还应遵循以下基本原则:

(1)管路布置应首先满足生产需要和工艺设备的要求,便于安装、检修和操作管理。因为管路布置设计不仅影响工厂(车间)整齐美观,直接影响工艺操作、产品质量,而且也影响安装检修和经济合理性。

(2)管道应平行敷设,尽量走直线,少拐弯,少交叉,以求整齐方便。

(3)管子应尽量集中敷设,在穿过墙壁和楼板时,更应注意。

(4)并列管道上的管件与阀件应错开安装。

(5)管道应尽可能沿厂房墙壁安装,管与管间及管与墙间的距离,以能容纳活管接或法兰,以及进行检修为度(见表5.23)。

(6)管道离地的高度以便于检修为准,但通过人行道时,最低点离地不得小于2 m,通过公路时,不得小于4.5 m,与铁路铁轨面净距不得小于6 m,通过工厂主要交通干线一般标高为5 m。

表5.23 管道离墙的安装距离 单位:mm

D_g/mm	25	40	50	80	100	125	150	200
管中心离墙距离	120	150	150	170	190	210	230	270

(7)管道上的焊缝不应设在支架范围内,与支架距离不应小于管径,但至少不得小于200 mm,管件两焊口间的距离亦同。

(8)管道穿过墙壁时,墙壁上应开预留孔,过墙时,管外加套管。套管与管子的环隙间应充满填料,管道穿过楼板时亦相同。

(9)在焊接或螺纹连接的管道上应适当配置一些法兰或活管接,以便安装拆卸和检修。

(10)穿过墙壁或楼板间的一段管道内应避免有焊缝。

(11)阀件及仪表的安装高度主要考虑操作方便和安全。下列数据供参考:阀门(球阀,闸阀及旋塞等)1.2 m,安全阀2.2 m,温度计1.5 m,压力表1.6 m。

如阀件装置位置较高时,一般管道标高以能用手柄启闭阀门为宜。

(12)坡度:气体及易流动物料的管道坡度一般为3/1000 ~ 5/1000,黏度较大物料的坡度一般为≥1%。

(13)管道各支点间的距离是根据管子所受的弯曲应力来决定,并不影响所要求的坡度(见表5.24),有关热损失和保温层厚度可按表5.19和表5.21中的数据来计算。

表 5.24 管道跨距

单位:mm

管外径		32	38	50	60	76	89	114	133
管壁厚		3.0	3.0	3.5	3.5	4.0	4.0	4.5	4.5
无保温	直管	4.0	4.5	5.0	5.5	6.5	7.0	8.0	9.0
	弯管	3.5	4.0	4.0	4.5	5.0	5.5	6.0	6.5
保温	直管	2.0	2.5	2.5	3.0	3.5	4.0	5.0	5.0
	弯管	1.5	2.0	2.5	3.0	3.0	3.5	4.0	4.5

(14)输送冷流体(冷冻盐水等)管道与热流体(如蒸汽)管道应相互避开。

(15)管道应避免经过电机或配电板的上空,以及两者的附近。

(16)一般的上、下水管及废水管宜采用埋地敷设,埋地管道的安装深度应在冰冻线以下。

(17)地沟底层坡度不应小于2/1000,情况特殊的可用1/1000。

(18)地沟的最低部分应比历史最高洪水位高500 mm。

(19)真空管道应采用球阀,因球阀的流体阻力小。

(20)压缩空气可从空压机房送来,而真空最好由本车间附近装置的真空泵产生,以缩短真空管道的长度。用法兰连接可保证真空管道的紧密性。

(21)长距离输送蒸汽的管道在一定距离处安装疏水器,以排除冷凝水。

(22)陶瓷管的脆性大,作为地下管线时,应埋设于离地面0.5 m以下。

5.7.3 管路布置设计的内容

车间管路布置设计主要通过管路布置图的设计来体现设计思路和设计原则,知道具体的管路安装工作。因此,车间管路布置设计的内容,也就是管路布置图的内容。详细参阅5.8中。这里仅做简单介绍。

(1)管路布置图 包括管路平面图、重点设备管路立面图和管路透视图。根据生产工艺流程、设备布置、厂房建筑和设备制造图纸,先在图纸上绘出工业厂房、设备和构筑物,用细实线绘出它们的外形和接口于正确的定位尺寸上,然后用实线绘出管道和阀门。蒙恩管道都应该标注介质代号、管径、立面标高和平面定位尺寸以及流向。

管路上的管件和阀门、仪表的传感装置和控制点、管道支(吊)架和管沟内管架均应按规定的图例和符号在图纸上绘出。

(2)管路支架及特殊管件制造图。

(3)施工说明书 其内容为施工中注意的问题以及管道材料表,包括管道的保温层、保温情况、油漆颜色及保温材料等。

5.7.4 食品工厂车间管路布置的特点

除应遵循上述设计原则外,食品工厂车间的管理布置,还必须考虑食品工厂对无菌的特殊要求。如果食品工厂按照一般化工企业管路的常规要求进行管路布置,将会给生产带来严重的负面影响,造成重大损失。所以,对食品工厂车间管路布置的特殊要求,必须十分重视。尤其是乳品车间、发酵车间及无菌灌装车间等，更应考虑到车间管路布置必须符合防止微生物污染的特殊要求。

5.7.4.1 选择恰当的管材和阀门

一般食品工厂的车间管路所输送的介质往往具有一定的酸度或含有某些腐蚀性强的物质（如酸、碱等），管路和阀门容易发生腐蚀引起渗漏，造成污染。因此，选择恰当的管材和阀门是防止污染，保证正常生产的重要环节。

在食品车间配管中，除了上下水管，从卫生角度考虑，尽可能采用不锈钢和无缝钢管。

据统计，因阀的渗漏引起的污染所占的比例较大，值得引起重视。与各种罐、缸及设备直接连接的管道更应选用密封性较高的阀门。可选用的阀门有截止阀、球阀、闸阀、蝶阀、针形阀和橡皮隔膜阀等。截止阀主要用于上下水及不直接与罐相连的蒸汽、空气和物料管道。大口径的空气及蒸汽管一般用闸阀。截止阀用在与罐直接相连的管路上时，必须采用高质量的，其阀芯最好改用聚四氟乙烯垫圈。安装时尽可能将阀座一侧与罐相连，而阀杆一侧不与罐相连，以免阀杆处渗漏，将异物带入罐内造成污染。

针形阀一般由不锈钢制成，适用于小流量调节，严密可靠，坚固耐用，一般用于取样、接种和补料门的管路上。

橡皮隔膜阀具有严密可靠、阀杆不与物料接触的优点，所以特别适用于食品工业。但所采用的橡皮隔膜阀应能耐高温，一般由氯丁橡胶和天然胶的混合物制成。隔膜阀需定期检查和更换隔膜。另有一种三通橡皮隔膜阀，主要用于接种（如发酵乳的生产）。

5.7.4.2 选择正确的管道连接方式

除上下水管可以采用螺纹连接外，其余管路以焊接和法兰连接为宜。由于管路容易受到冷、热、振动等的影响，因此易造成螺纹连接的接口松动，产生渗漏。如在接种和输送液体时，因液体快速流动会造成管路的局部真空，在渗漏处将外界空气吸入，空气中的微生物被带入管路和罐中造成污染。焊接的连接方式简单，而且密封可靠，所以空气灭菌系统、培养液灭菌系统和其他物料管道应以焊接连接为宜。需要经常拆卸检修处可以采用管法兰连接。

目前，对靠近罐、缸的管路，如补料管、空气路、油管等，均用弯管、焊接、法兰连接取代弯头、管接头、三通、四通、异径管等管件连接方式，这样可以减少接头处渗漏污染。

5.7.4.3 合理布置管路

食品生产车间的管理布置，一方面要满足生产工艺流程的要求，保证管路和阀门本身不渗漏，另一方面还要考虑到清洗和灭菌彻底的要求。因此，对于食品生产车间的管路布置还要考虑以下几点：

（1）尽量减少管路的数量和长度，一方面可以节省投资，另一方面也可减少微生物污染的机会。管路越短越好，安装要整体美观。与罐、缸连接的管路有空气管、进料管、蒸汽管、水管、取样管、排气管等，其中有些管应尽可能合并后与罐、缸连接。例如，有的食品工厂将空气管、进料管、出料管合为一个管与罐、缸连接，做到一管多用。

（2）要保证罐体和有关管路都可以进行蒸汽灭菌，即保证蒸汽能够到达所有灭菌的地方。对于一些蒸汽可能达不到的死角（如阀）要装设与大气相连通的旁路（排气口）。在灭菌操作时，将旁路阀门打开，使蒸汽顺畅通过。对于接种、取样、补料等操作管路要配置单独的灭菌系统，使其能与罐、缸灭菌后或生产过程中可单独进行灭菌，其他设备的安装均可参照此配置。

(3)对于发酵罐(种子罐)的排气管不能因为节约管材，而互相连接在一条总管上。其罐底排污管(下水管)也不能相互连接在一条总管上。否则在使用中会互相串通、相互干扰，引起污染的"连锁反应"。排气管的串通连接尤其不利于污染的防治。一般以每台罐、缸具有独立的排气管、下水管路为好。

(4)要避免冷凝水排入已灭菌的罐和空气过滤器中。冷凝水不是绝对无菌的。如进入罐内会导致污染，如进入空气过滤器会使空气过滤器失效。因此，蒸汽管路应尽可能包有保温层，减少蒸汽在管路内冷凝。此外，一些与无菌部分相连的蒸汽管路要设有排冷凝水的阀门。

(5)应在空气过滤器和罐之间安装单向阀(止逆阀)，以避免因压缩空气体统突然停气或罐内压力高于过滤器，罐内液体倒压至过滤器所引发的生产事故。

(6)为保证蒸汽干燥，避免过高压力的蒸汽在灭菌时造成设备压损或爆炸事故，蒸汽总管路应安装分水罐、减压阀和安全阀。

5.7.4.4 消灭管路死角

所谓管路死角是指因某些原因使灭菌温度达不到或不易达到灭菌温度的局部位置。管路中如有死角存在，必然会出现因死角内潜伏的杂菌没有杀死而引起的连续染菌现象，影响正常生产。管路中常发现的死角有以下几种：

(1)管路连接的死角　管路连接方式有螺纹连接、法兰连接、焊接等，如果对染菌的概念了解不够，按照一般化工管路的常规加工方法来连接和安装管路，就会造成管路死角。食品车间有关管路的法兰加工、焊接和安装要保持连接处管路内壁畅通、光滑、密封性好，以避免和减少管路染菌的概率。例如，法兰和管子焊接时若受热不均匀，可能会使法兰翘曲、密封面出现凹凸不平的现象，从而造成渗漏和死角。垫片的孔径要和管内径一致，过大或过小均易积存物料，造成死角。法兰安装时没有对准中心，也会造成死角。螺纹连接容易产生松动而有缝隙，是微生物藏匿的死角，所以一般不推荐采用螺纹连接。目前消灭管路死角的较好方法是采用焊缝连接法，但要求焊缝必须光滑，若焊缝不平、有凹凸现象也会产生死角。

(2)储料罐放料管的死角　储料罐放料管的死角及改进如图5.36所示。图5.36(1)表示有一小段管路因灭菌时罐内有种子，阀3不能打开，存在蒸汽不流通的死角(与阀3相连的短管)。所以作为改进，应在阀3上安装旁通，焊上一个小的放气阀4，如图5.36(2)所示。此段管路即可得到蒸汽的充分灭菌。类似这种管的死角还有其他，解决办法是在阀腔的一边或另一边装上一个小阀，以便使蒸汽能够通过管道进行灭菌。

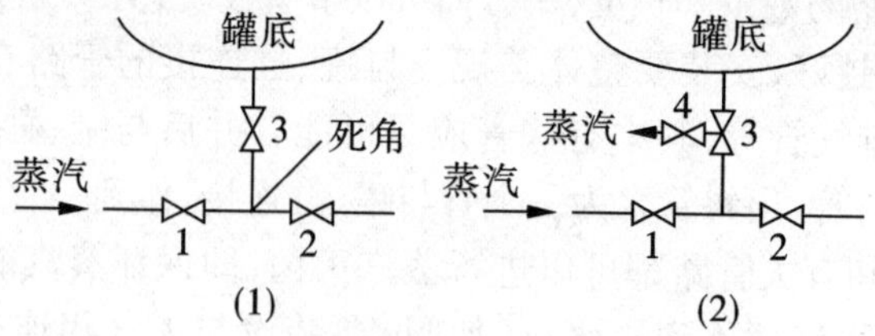

图5.36　储料罐放料管的死角及改进

阀门死角往往出现于球心阀阀座两面的端角，作为改进，可以在管路中安装一个带有旋塞的球心阀，如图5.37(1)；或在两方向相反的球心阀之间安装支管或阀，如图5.37(2)。

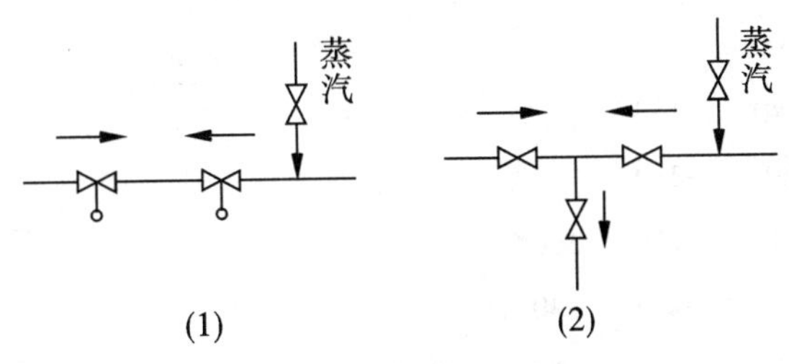

图5.37　管路灭菌装置图

(3)排气管死角　在罐顶排气管弯头处的堆积物中，会隐藏大量的杂菌，而这些杂菌不易被彻底杀灭，当储罐受到搅拌的震动或排气的冲击时，这些未被杀灭的杂菌会随着堆积物剥落下来造成污染。另外如果排气管的直径太大，灭菌时蒸汽流速又太小，也会影响灭菌效果，使管路中一些耐热菌不能被全部杀死。因此，排气管要与罐的尺寸保持一定比例，同时还要考虑到管内蒸汽流速的影响，不易过大或过小。

5.7.4.5　车间管路设计的有关参数

(1)管路间距应考虑安装检修方便　平行管路间最突出物间的距离不能小于50～80 mm，管路最突出部分距墙、管架边和柱边不能小于100 mm。为减少管间距，阀门、法兰应尽量错开排列。法兰和阀对齐时管路间距参考表5.25。法兰相错时的管路间距参考表5.26。管路离墙的距离参考表5.23。

表5.25　法兰和阀对齐时管路间距

单位:mm

D_g	25	40	50	80	100	150	200	250
25	250							
40	270	280						
50	280	290	300					
80	300	320	330	350				
100	320	330	340	360	375			
150	350	370	380	400	410	450		
200	400	420	430	450	460	500	550	
250	430	440	450	480	480	530	580	600

表 5.26　法兰相错时的管路间距

单位:mm

D_g		C	25	40	50	70	80	100	125	150	200	250	300
25	A	110	120										
	B	130	200										
40	A	120	140	150									
	B	140	210	230									
50	A	130	150	150	160								
	B	150	220	230	240								
70	A	140	160	160	170	180							
	B	170	230	240	250	260							
80	A	150	170	170	180	190	200						
	B	170	210	250	260	270	280						
100	A	160	180	180	190	200	210	220					
	B	190	250	260	270	280	290	300					
125	A	170	190	200	210	220	230	240	250				
	B	210	260	280	290	300	310	320	320	330			
150	A	190	210	210	220	230	240	250	260	280			
	B	230	280	300	300	300	320	330	340	360			
200	A	220	230	240	250	260	270	280	290	300	300		
	B	260	310	320	330	340	350	360	370	390	420		
250	A	250	270	270	280	290	300	310	320	340	360	390	
	B	290	340	350	360	370	380	390	410	420	450	480	
300	A	280	290	300	310	320	330	340	350	360	390	410	440
	B	320	370	380	390	400	410	420	440	450	480	510	540

注:(1)A、B 分别为不保温管间和保温管间的间距。

(2)C 为管中心到墙面或关键边缘的距离。

(3)保温管与不保温管的间距=$(A+B)/2$。

(4)螺纹连接管路间的间距,按表中数值减 20 mm

(2)管路支架分布的距离　视管径、质量、作用力等因素,通过计算确定。表 5.24 为管路跨距的参考数字。室内管路支架,因多数利用建筑物的墙或柱等固定,考虑建筑模数,一般可按下列数值选取:

	管径/mm	间距/m
保温管路:	$D_g \leqslant 32$	2.0
	$D_g = 40 \sim 100$	3.0

	$D_g \geqslant 125$	6.0
不保温管路:	$D_g \leqslant 40$	3.0
	$D_g \geqslant 50$	6.0

(3)阀件及仪表的安装高度主要考虑操作的方位和安全　下列数据可供参考:

阀门(截止阀、闸阀及旋塞等)	1.2 m
安全阀	2.2 m
温度计	1.5 m
压力阀	1.6 m

(4)管路布置安装原则　管路布置安装原则上对不间断运行并没有沉积可能的管路可以没有坡度外,一般都应有坡度。

①管路布置安装原则对于食品工厂中的重力自流管路的坡度要求如下:

物料管:3% ~5%,顺流向,拐弯处设清洗弯头;

污水管:1%,顺流向,拐弯处设清洗弯头;

②管路布置安装原则对于有压力管路的坡度要求如下:

清水管:0.1% ~0.2%,反流向;

蒸汽管:0.2%,反流向,最高处或积水处安装放(疏)水阀;

压缩空气管:0.2%,顺流向,最低处安装排油水阀;

物料管:气体及易流动物料的管路坡度为0.3% ~0.5%,黏度较大物料的管路坡度≥1%。

5.7.5　管路安装与试验

5.7.5.1　管路的安装

(1)管路安装的一般要求

1)安装时应按图纸规定的坐标、标高、坡度要求准确地进行,做到横平竖直。安装程序应按先大后小、先压力高后压力低、先上后下、先复杂后简单、先地下后地上的顺序进行施工。

2)法兰结合面要注意使垫片受力均匀,螺栓握裹力基本一致。

3)连接螺栓、螺母的螺纹上应涂以二硫化钼、油脂和混合物,以防生锈。

4)各种补偿器、膨胀节应按设计要求进行拉伸预压缩。

(2)与转动设备相连管道的安装　对与转动设备、泵类、压缩机等相连的管道,安装时要十分重视,应确保不对设备产生过大的应力,做到自由对中、同心度和平行度均符合要求,绝不允许利用设备连接法兰的螺栓强行对中。

(3)仪表部件的安装　管道上的仪表附件的安装,原则上均应在管道系统试压吹扫完成后进行,试压吹扫以前可用短管代替相应的仪表,如果仪表工程施工期很紧,可先把仪表安装上去,在管道系统吹扫试验时应拆下仪表而用短管代替,应注意保护仪表管件在试压和吹扫过程中不受损伤。

(4)管架安装

1)管道安装时应及时进行支吊架的固定和调整工作,支吊架位置应正确,安装平整、牢固、与管子接触良好。

2)固定支架应严格按设计要求安装,并在补偿器预拉伸前固定。

3)弹簧支吊架的弹簧安装高度,应按设计要求调正并做出记录。

4)有热位移的管道,在热负荷试运行中,应及时对支吊架进行检查和调整。

5.7.5.2 焊接热处理及检验

(1)预热和应力消除处理　预热和应力消除的加热,应保证使工件热透、温度均匀稳定。对高压管道和合金钢管道进行应力热处理时,应尽量使用自动记录仪,正确记录温度-时间曲线,以便于控制作业和进行分析与检查。

(2)焊缝检验　有外观检查和焊缝无损探伤等方法。

5.7.5.3 管路的试验

管路在安装完毕后要进行系统压力试验,即检验管路系统的机械性能及严密性。

(1)试验压力　试验压力按设计压力的1.25~1.5倍进行或按特定的要求进行。

(2)试验介质　一般以清洁水为介质,对空气、仪表空气、真空系统、低压CO_2管线等可采用干燥无油的空气进行试压,但必须用肥皂水对每个连接密封部位进行泄露检查。

(3)试验前的准备工作

1)管道系统安装完毕,并符合规范要求。

2)焊接和热处理工作完成并检验合格。

3)管线上不参加试验的仪表部件拆下并用短管替代。

4)与传动设备连接的管口法兰加盲板。

5)具有完善的试验方案。

(4)水压试验和气压试验　试验可分为水压和气压试验两种。

1)水压试验　将系统充满水、排尽空气,试验环境温度为5 ℃以上,逐级升压到试验压力后,保持试验压力(时间不少于10 min),检查整个管路系统是否有泄露,如有泄露不得带压处理,需及时降压并进行相应处理。降压时应防止系统形成真空,可把高处排气阀打开引入空气并排尽系统内的积水。试压期间应密切注意检查管架的强度。

2)气压试验　首先缓慢升压至试验压力的50%,进行检查,消除缺陷或隐患。然后按试验压力的10%逐级升压,每级稳压3 min,并用肥皂水检查。达到规定的试验压力后,保持5 min,以管路无泄露、无变形为合格。

(5)管道吹洗　管道试压合格后,应分段进行吹扫与清洗。管道吹洗合格后,还应做好排尽积水、拆除盲板、仪表部件复位、支吊架调整、临时管线拆除、防腐与保温处理等工作。

5.8　管路布置图

管路布置图又叫管路配制图，是表示车间内外设备、机器间管道的连接和阀件、管件、控制仪表的安装情况的图样。施工单位根据管道布置图进行管道、管道附件及控制仪表等的安装。

管路布置图是根据车间平面布置图及设备图来进行设计绘制，它包括管路平面图、管路立面图和管路透视图。在食品工厂设计中一般只需绘制管路平面图和透视图。管路布置图的设计程序是根据车间平面布置图，先绘制管路平面图，而后再绘制管路透视图。如厂房系多层建筑，须按层次（如一楼、二楼、三楼等）或按不同标高分别绘制平面图和透视图，必要时再绘制立面图，有时立面图还需分若干个剖视图来表示。剖切位置在平面图上用罗马字明显地表示出来，而后用Ⅰ－Ⅰ剖面、Ⅱ－Ⅱ剖面等绘制立面图。

根据实物和图纸的大小，管路图图样比例可选用1：20、1：25、1：50、1：100、1：200等。设备和建筑物用细实线画出简单的外形或结构，而管线不管粗细，均用粗实线的单线绘制；也有将较大直径的管道用双线表示，其线型的粗细与设备轮廓线相同。管线中管道配件及控制仪表，应按规定符号表示。管路平面图上的设备需进行编号，编号应与车间平面布置图相一致。在图上还应标明建筑物地面或楼面的标高、建筑物的跨度和总长、柱的中心距、管道内的介质及介质压力、管道规格、管道标高、管道与建筑物之间在水平方向的尺寸、管道间的中心距、管件和计量仪器的具体安装位置等主要尺寸，有些尺寸亦可在施工说明书上加以说明。尺寸标注方式是：水平方向的尺寸引注尺寸线，单位为mm，高度尺寸可用标高符号或引出线标注，单位为m。

5.8.1　管道布置图的基本画法

5.8.1.1　不相重合的平行管线的画法

不相重合的平行管线的画法如图5.38。

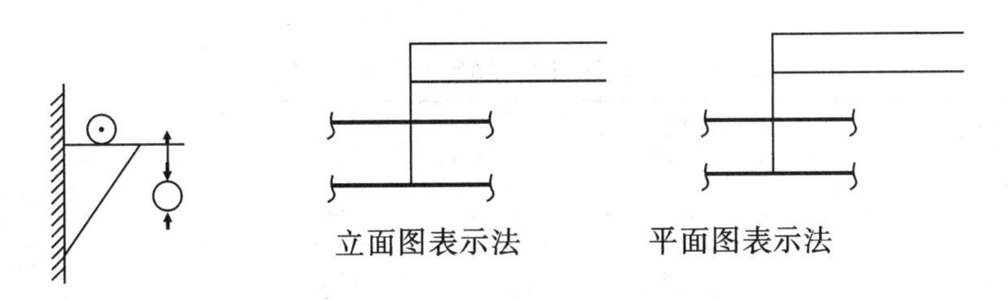

图5.38　不相重合的平行管线画法

5.8.1.2　上下重合（或前后重合）的平行管线的画法

上下重合（或前后重合）的平行管线，在投影重合的情况下一般有两种表示方法：在管线中间断出一部分，中间这一段表示下面看不见的管子，而两边长的代表上面的管子，这种表示方法已很少使用，因为如果有4～5根甚至更多的管子重合在一起时，很难用此方法清楚地表达；另一种表示方法是重合部分只画一根管线，而用引出线自上而下或由近而远地将各重合管线标注出来。这种表示方法较为方便明确,故在食品工厂设计中用得较多(图5.39)。

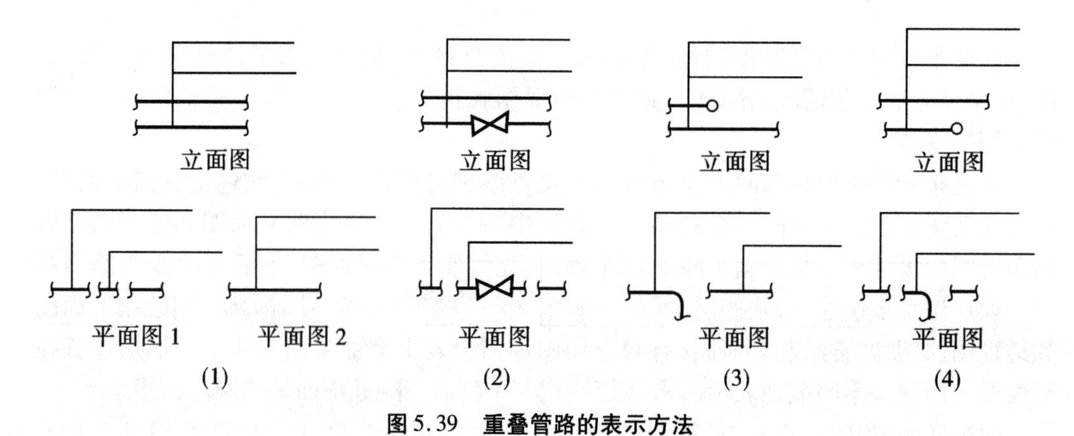

图5.39 重叠管路的表示方法

5.8.1.3 立体相交的管路画法

离视线近的能全部看见的画成实线,而离视线远的则在相交部位断开(如图5.40所示)。

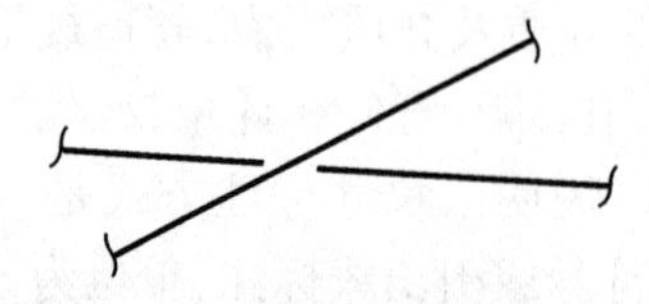

图5.40 立体相交管路的画法

5.8.1.4 90°弯头向上、弯头向下;三通向上、三通向下的画法

90°弯头向上、弯头向下;三通向上、三通向下的画法见表5.27。

表5.27 管件符号(摘自GB 141—59)

管件名称	符号	管件名称	符号
90°弯头		自动截门	
40°弯头		减压阀	
正三通		压力调节阀	
异径接头		密闭式弹簧安全阀	
内外螺纹接头		开放式弹簧安全阀	
连接螺母		密闭式重锤安全阀	

续表 5.27 管件符号(摘自 GB 141—59)

管件名称	符号	管件名称	符号
活接头		开放式重锤安全阀	
丝堵		水分离器	
管帽		疏水器	
弧形伸缩器		油分离器	
方形伸缩器		滤尘	
放水龙头		喷射器	
实验室用龙头		注水器	
阀闸		冷却器	
截止阀		离心水泵	
直角截门		温度控制器	
旋塞		温度计	
三通旋塞		压力表	
升降式止回阀		自动记录压力表	
旋启式止回阀		流量表	
直角止回阀		自动记录流量表	
直角止回截门		文氏管流量表	

5.8.2 管路图的标注方法及含义

对管路图中的各条管道,均应标注出管道中的介质及其压力、管道的规格和标高,这样才能正确指导管路的施工。

以图 5.41 为例,管道标注中的“3”表示介质压力大小,其单位为(kg/cm^2),本例中“3”代表介质压力为 3 kg/cm^2;“S”代表管道中的介质为水;“DN50”表示公称通径为 50 mm 的管子,“+4.000”表示管子的标高为正 4 m。所以,本例管路标注的含义为:公称通径为 50 的管路中,通过 3 kg/cm^2 压

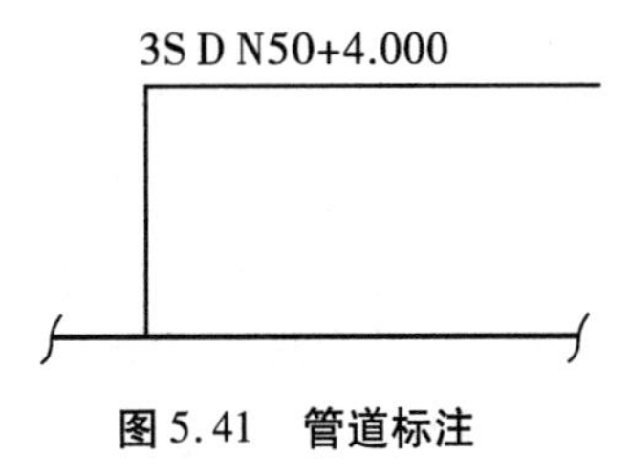

图 5.41 管道标注

力的自来水，离标高为“0”的地坪之安装高度为 4 m。

有了管路布置图的基本画法和标注方法，就可以把我们的设计思想、设计意图通过图纸的形式表示出来，由施工人员进行安装施工。

管路平面图和管路透视图的画法，我们用以下例子加以说明。

【例 5.4】 有一水管管路由车间北面进入东北墙角，车间外管道埋地敷设，其标高为 -0.5 m。进车间后沿东北墙角上升，到了 3 m 处有一个三通，一路沿东墙朝南敷设，另一路向上至 4 m 处有一弯头沿北墙向西。在向西管路的一个地方，再接一个三通，一路向南，而后有一弯头向下，一路继续沿北墙向西，而后亦有一弯头向下。在沿东墙朝南管路的一个地方，亦有一三通，一路向西并有一弯头向下，一路继续向南墙边有一弯头沿南墙向西，然后有一弯头使管道向北，经一定距离，而后管道向下，在离地坪 2.5 m 处有一弯头使管道向东，最后又有一弯头，使管道向下，试作出管路平面图和管路透视图。

作管路平面图前必须先用细实线画出车间平面布置图，而后再根据设备和工艺的需要来进行设计。在我们这个例子中，没有车间平面布置图。为作图方便，先画一长方形，以表示车间建筑的平面轮廓，而后再根据文字叙述的设计意图进行绘制，并将管路标注清楚，最后得出如图 5.42 所示的管路平面图。

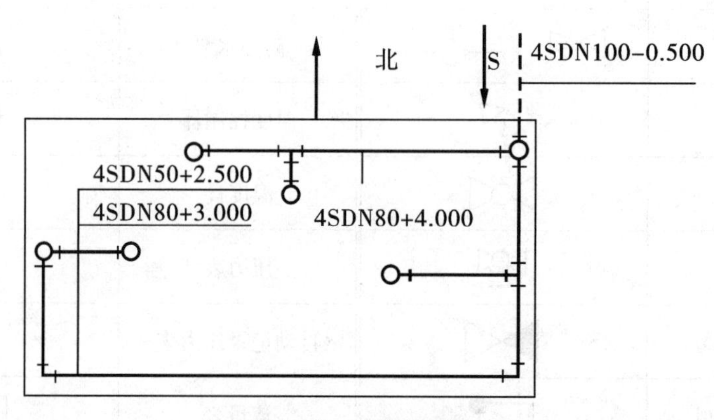

图 5.42 管路平面图

有了管路平面图，就可画管路透视图。所谓管路透视图，也就是管路的立体图。一般情况下，管路透视图上不画设备，更不画房屋的轮廓线。

管路透视图中有 X、Y、Z 三个立体坐标轴(见图 5.43)。一般把房屋的高度方向看作 Y 轴，房屋开间方向(即房屋长度方向)看作 X 轴，房屋的进深方向(即房屋宽度方向)看作 Z 轴。在作管路透视图时，Z 轴方向可以与 X 轴成 45°，也可以成 30°或 60°。X 轴和 Z 轴方向的投影反映实长(即变形系数取 1)。所谓变形系数，即轴测轴单位长度与实长的比值。对于 Z 轴的管线，变形系数可选 1/2、1/3 或 3/4 的，而初学画管路透视图的人，Z 轴的变形系数可取为 1。在画管路透视图时，可先将车间的长、宽、高按比例画成一个立体空间，而后根据管路的高度和靠哪垛墙走，就顺着进行绘制，然后擦去车间立体空间轮廓线，即得管路透视图。根据图 5.43 的管路平面图，按上述方法绘制便得到图 5.44 的管路透视图。

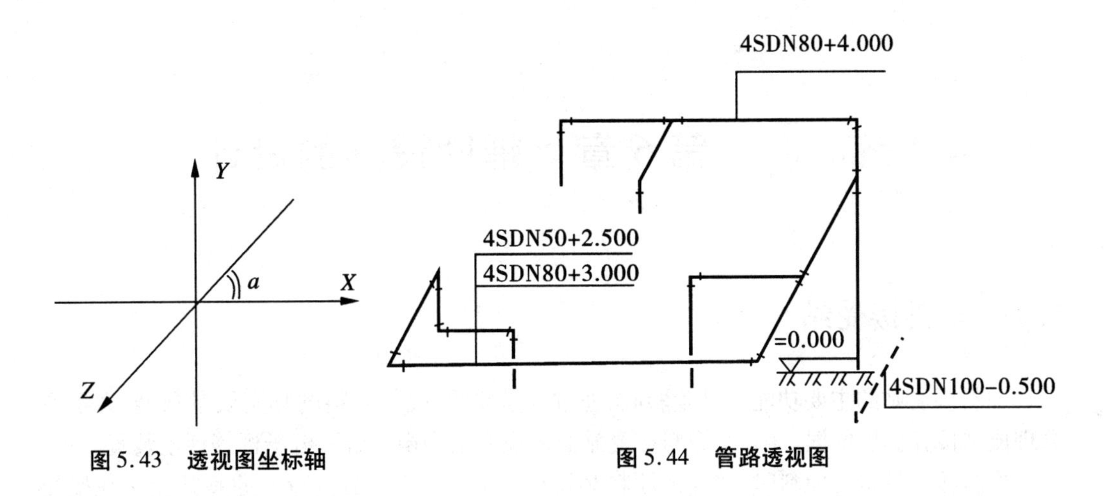

图5.43　透视图坐标轴

图5.44　管路透视图

思考题

1. 食品工厂车间布置设计的要求有哪些?
2. GMP 对车间布置设计的具体要求有哪些?
3. 食品工厂常用的管材有哪些,在选择管材时应注意哪些问题?
4. 食品工厂管路布置设计的要求有哪些?
5. 如何解决管路布置中的管路死角问题?
6. 管路安装与试验时应注意哪些问题?

Food 第6章　辅助设施的设计

6.1　原料接受站

原料接受站的主要功能是计量验收：通过计量验收，提供原料的真实质量数据，为生产管理成本核算提供依据。因此，原料接受站必需设有地中衡、磅秤、电子秤等计量装置。

原料接受站接受原料时，接受的原料必须符合生产要求，因此，有些原料接受站在接受原料时，对原料进行分级、质量检验，也有些原料接受站接受原料时，只进行简单的外观检验，详细的理化检验交检验室进行分析。因此，原料接受站往往也配备一些检验设施。

一般情况下，多数原料接受站设在厂内，也有的设在厂外，或者直接设在产地。不论设在厂内或厂外，原料接受站都需要有适宜的卸货、验收、计量、即时处理、车辆回转和容器堆放的场地，并配备相应的计量装置（如地磅、电子秤）、容器和及时处理配套设备（如冷藏装置）。因食品原料种类繁多，形状各异，对原料接受站的要求也各不相同。

6.1.1　肉类原料接受站

食品工厂使用的肉类原料，绝大多数来源于屠宰厂。已经过专门检验，对检验合格的原料，不论是冻肉还是新鲜肉，来厂后经地磅计量验收，即可直接进入冷库储存。

6.1.2　水产原料接受站

水产品容易腐败，其新鲜度直接影响产品品质。为了保证食品成品的质量，水产品的原料接受站，应对原料及时采取冷却保鲜措施。

水产品的冻结点一般为-0.6～2 ℃，所以，常用的冷却保鲜措施为加冰保鲜法，加入量一般为水产原料用量的40%～80%，保鲜期可达3～7 d，冬天还可延长。为实现加冰保鲜法，一是需要有非露天的场地，二是需要配备碎冰制作设施。

此外，对肉质鲜嫩的鱼虾、蟹等原料，可采用冷却海水保鲜法。该法需要配备保鲜池和制冷机，保鲜池的大小按鱼水比为7∶3，容积系数为0.7考虑，制冷机的制冷量可将海水的温度控制在-1.5～-1 ℃。

6.1.3　果蔬原料接受站

浆果类水果，如杨梅、葡萄、草莓等肉质娇嫩、新鲜度要求较高，应使原料尽可能减少停留时间，尽快进入下一道生产工序。因此，原料接受站应具备避免果实日晒雨淋、保鲜、进出货方便的条件。

对菠萝、苹果、柑橘和梨等一些进厂后不要求立即加工，甚至需要经过后熟来改善质构和风味的水果（如阳梨），在原料接受站验收完毕后，进入常温仓库短期储存或进冷风库进行长期储存。

在进库之前,要进行适当的挑选和分级,也要考虑有足够的场地。

蔬菜原料因其品种、性状相差悬殊,可接受的要求情况比较复杂,它们进厂后,除需进行常规及安全性验收、计量以外,还得采取不同的措施,如考虑蘑菇类蔬菜护色液的制备和专用仪器。由于蘑菇采收后要求立即护色,此蘑菇接受站一般设于厂外,蘑菇的漂洗要设置足够数量的漂洗池。芦笋采收进厂后应一直保持其避光和湿润状态。如不能及时进车间加工,应将其迅速冷却至4~8 ℃,并保持从采收到冷却的时间不超过4 h,以此来考虑其原料接受站的地理位置。青豆(或刀豆)要求及时进入车间或冷风库或在阴凉的常温库内薄层散堆,当天用完;番茄原料由于季节性强,到货集中,生产量大,需要有较大的堆放场地。若条件不许可,也可在厂区指定地点或路边设垛,上覆油布防雨淋日晒。

6.1.4 乳制品原料接受站

乳品工厂的收奶站一般设在奶源比较集中的地方,收奶半径10~20 km为好。收奶站必须配备制冷设备和牛奶冷却设备,使原料乳冷却在4 ℃以下,收奶站以每日收两次奶,日收奶量20 t以下为宜,随着乳制品加工技术和规模的发展,收奶半径有的在几十千米甚至上百千米以上,这主要视交通状况、运输能力来确定。

6.1.5 粮食原料接受站

粮食原料的接受站位置因粮食的运输方式不同而不同,一般粮食的运输方式主要有水路、公路和铁路3种方式。对水路运粮的企业,接受站通常设在沿海地区的港口,在港口通过吸粮机卸粮;对公路运粮的企业,接受站通常设有卸粮坑和输送机,粮食由汽车倒入卸粮坑,再有输送机输送;铁路运粮的企业,接受站和公路运粮的企业相似,也设有卸粮坑和输送机,但接受位置的形式有差异。

对入仓粮食应按照各项标准严格检验。对不符合验收标准的,如存在水分含量大、杂质含量高等问题的粮食,要整理达标后再接受入仓;对发生过发热、霉变、发芽的粮食不能接受入仓或分开存放。检验后,粮食按不同种类、不同水分、新陈、有虫无虫分开储存,有条件的应分等储存。

6.2 实验室

食品工厂的实验室包括化验室和中心实验室,是工厂生产技术的研究、检验机构,其主要任务:一是对工厂的产品进行严格的质量和卫生检验,保证产品的质量;二是根据工厂实际情况向工厂提供新产品、新技术,使工厂具有较强的竞争能力,获得较好的经济效益。

6.2.1 中心实验室

6.2.1.1 中心实验室的任务

(1)对供加工用的原料品种进行研究　如协助农业部门进行原料的改良和新品种的培育工作,对产品成分的分析和加工试验工作,提出原料的改良方向,设计新配方,采用新资源新原料等。

(2)制定并改良符合本厂实际情况的生产工艺　食品的生产过程是一个多工序组合的复杂过程,每一个工序又牵涉若干工艺条件和工艺参数。为寻求符合本厂实际情况的合理的工艺路线,往往需要进行反复试验与探索。一般需要先进行小样试验,再进行扩大试验,最后确定工艺路线及整套工艺参数,才能进行批量生产。此外,食品工艺也是常常需要改良的,中心实验室的研究人员要随时根据市场变化改进本厂的生产工艺和产品。

(3)开发新产品　为保持食品厂的活力经久不衰,必须不断地推出新的产品,中心实验室需要进行新产品的开发工作,开发符合生产需要的新产品。

(4)解决生产中出现的技术问题　如对生产过程中出现的异常情况,通过对产品进行分析检测,寻求解决方案。

(5)制定产品标准　根据企业的情况,确定采用国家标准或行业标准,或制定自己的企业标准。

(6)其他方面的研究　如原辅材料的综合利用研究,新型包装材料的研究,三废治理工艺的研究,国内外技术发展动态的研究,产品分析方法的研究等。

6.2.1.2　中心实验室的组成

中心实验室一般由研究工作室、分析室、保温间、细菌检验室、样品间、资料室及中小试制场地等组成。

中心实验室原则上应在生产区内,也可单独或毗邻生产车间,或安置在由楼房组成的群体建筑内。总之,要与生产密切联系,并使水、电、汽供应方便。

中心实验室仪器设备的配备主要包括3个方面:一是要配备常规的分析检验设备,二是配备根据工厂产品需要的小型加工设备,三是可配备一些先进的检测仪器设备,如高效液相色谱、质构仪等。

6.2.2　化验室

化验室的职能是对产品和原料实行质量检验,以便确定这些物料是否满足生产需要,确定生产的产品是否符合国家或企业有关的质量标准。

6.2.2.1　化验室的任务

化验室的任务可根据检验对象和检验项目来划分。

根据检验对象可分为:对原料的检验,对成品的检验,对包装材料的检验,对各种食品添加剂的检验,对水质的检验,对燃料的检验和对环境的监测等。

根据检验的项目可分为:感官检验、物理检验、化学检验、卫生指标检验。但并不是每一种对象都要检查4个项目,检查项目根据需要而定。一般对成品的检查比较全面,是检查的重点。如糖厂对奶糖的检验,主要进行理化指标和卫生指标检验。理化指标包括还原糖、水分、脂肪、总糖(以蔗糖计)、糖蛋白、酸价、过氧化值、砷(As)、铅(Pb)、铜(Cu)。卫生指标包括:每克中细菌总数、每百克中大肠菌群近似值、致病菌数。

6.2.2.2　化验室的组成

化验室的组成根据工厂的规模和需要检测项目的多少而有不同,但一般包括以下组成。

(1)感官检验室　主要对原辅材料、半成品和产品等进行感官分析,也可兼作日常办公室。

(2)理化检验室　进行常规理化指标的检验,是化验室的工作中心。

(3)微生物检验室　主要用于原辅材料、半成品和产品的卫生指标测定,如每克中细菌总数、每百克中大肠菌群近似值、致病菌数的测定。

(4)精密仪器室　放置精密仪器,如气相色谱、液相色谱、质构仪和流变仪等。

(5)储藏室　主要用于存放化学药品、玻璃仪器、仪器配件等。

6.2.2.3 化验室的装备

化验室配备的大型用具主要有双面化验台、单面化验台、支撑台、药品橱、通风橱等。另外化验室还要配备各种玻璃仪器。不同产品(或原料)的化验室所需的仪器和设备又不同,表6.1是一些常见的仪器和设备。

表6.1　一些常见的仪器和设备

仪器名称	规格
普通天平	最大称量1 000 g,感量5 mg
普通电子天平	最大称量200 g,感量1 mg
精密电子天平	最大称量200 g,感量0.1 mg
微量电子天平	最大称量20 g,感量0.01 mg
水分快速测定仪	最大称量10 g,感量5 mg
电热恒温干燥箱	工作室350 mm×450 mm×450 mm,10～300 ℃
电热真空干燥箱	工作室Φ350 mm×400 mm,10～200 ℃
冷冻干燥箱	工作室70 mm×700 mm×700 mm,-40～40 ℃
电热恒温培养箱	工作室450 mm×450 mm×450 mm,10～70 ℃
自动电位滴定仪	测量范围pH值:0～14,0～±1400 mV
酸度计	测量范围pH:0～14
生物显微镜	30～1 500倍
分光光度计	波长420～700 nm
手持糖度计	测量范围1%～50%,50～80%
阿贝折射仪	测量范围ND:1.3～1.7
马福炉	2.8 kW,1 000 ℃
电冰箱	-10～30 ℃
高压蒸汽消毒器	Φ6 000 mm×900 mm,自动压力控制
离心机	1 000～4 000 r/min
水浴锅	室温～99 ℃,1 000 W,温度波动≤0.2 ℃
均浆器	功率1.5 kW,无级变速
离子交换软水器	树脂容量31 kg

6.2.2.4 化验室的建筑要求

一个好的化验室,不仅要求其中的仪器、装置和试剂等免受阳光、潮湿、粉尘、烟雾、振动、磁场和电场的影响及有害气体的侵蚀,要提供一个安静的工作环境,而且还要注意化验室不对环境造成影响,不对环境产生污染和破坏。为达到以上目的,在建筑位置、建筑结构、光线采集、上下水管等方面都有一定的要求。

(1)建筑位置　化验室位置的选择根据需要可灵活机动,根据工厂的具体情况来决定。为了不受烟囱和来往车辆灰尘的干扰以及避免车辆、机器震动精密分析仪器,化验室的位置最好选择在距离生产车间、锅炉房、交通要道稍远一些的地方,并应在车间的下风或楼房的高层;为避免化验室里有害气体排出而严重污染食品和影响工人的健康,化验室的位置应该在下风向或高层楼位置。如果所设化验室主要是检查半成品,此化验室也可设在低层楼或平房。

(2)建筑结构　房屋结构要做到防震、防火、隔热、空气流通、光线充足。准备间、无菌室、精密仪器室、工作间要合理设置,满足各不同工作室的要求,如天平室应该避免放置在直接接受阳光暴晒的外墙边,也不适宜靠近窗户,要平面安装天平的位置受振动影响,应该配备空调设施,使室内的温度、湿度符合要求;精密仪器室应该安装在单独的房间,远离电场、磁场干扰,保持室内合适的温度、湿度。

此外,通风排气橱最好在建筑房屋时一起建在适当位置的墙壁上,墙壁要用瓷砖镶好,并装上排气扇。设置水盆的墙壁要预先装好瓷砖。

(3)上下水管　化验室内上下水管的设置一定要合理、通畅。自来水的水龙头要适当多安装几个,除一般洗涤外,大量的蒸馏、冷凝实验也需要占用专用水龙头(小口径,便于套皮管)。除墙壁角落应设置适当数量水龙头外,实验操作台两头相中间也应设置水管。化验室水管应有自己的总水闸,必要时各分水管处还要设分水闸,以便于冬天开关防冻,或平时修理时开关方便,并不影响其他部门的工作用水。

为了方便洗涤和饮水,有条件的厂还可以设置热水管,洗刷仪器用热水比用冷水效果更好,用热水浴时换水也方便,同时节省时间和用电。

下水管应设置在地板下和低层楼的天花板中间,即应为暗管式;下水道口采用活塞式堵头,以防发生水管堵死现象时可很方便打开疏通管道;当排放的废水中含有大量杂质时,管道的拐弯处应预留清理孔,以便清理;排水干管应尽量靠近排水量最大、杂质最多的排水点设置。下水管的平面段,倾斜角度要大些,以保证管内存积水和不受腐蚀性液体的腐蚀。

(4)室内光线　化验室内应光线充足,窗户要大些,最好用双层窗户,以防尘和防止冬天冻结稀浓度的试剂。为采用自然采光,实验室最好是坐北朝南,采用较高的层高;对实验室的人工照明,光源以日光灯为好,因为此光源便于观察颜色变化。化验室内除装有共用光源外,操作台上方还应安装工作用灯,以利于夜间和特殊情况下操作。

(5)通风系统　实验室的通风不仅要保证新鲜空气的引入,而且还要注意灰尘、废气及其他测试过程中产生的有害副产品的排除问题。

实验室的通风方式有两种,即局部排风和全室通风。局部排风是在产生有害物质后立即就近排出,如采用通风橱进行局部排风;对有些实验室不能使用局部排风,或者局部排风满足不了要求时,应采用全室通风。

(6)操作台面的保护　实验操作台面最好涂以防酸、油漆,或铺上塑料板或黑色橡胶板。其中橡胶板相对更适用,不仅可防腐,而且玻璃仪器在橡胶板上倒了也不易破碎。

(7)其他　实验室的电源线路应保持电压稳定,应配备洗眼器、安全箱等安全设备。

6.3 仓库

食品工厂的仓库在全厂生产中起着重要作用,所占的面积在全厂建筑面积中占有很大比例。

6.3.1 食品工厂仓库设置的特点

6.3.1.1 负荷的不均衡性

特别是以果蔬产品为主的食品厂,由于产品的季节性强,大忙季节各种物料高度集中,仓库出现超负荷,淡季时,仓库又显得空余,其负荷曲线呈剧烈起伏状态。

6.3.1.2 储藏条件要求高

总的说来要求确保食品卫生,要求防蝇、防鼠、防尘、防潮,部分储存库要求低温、恒温、调湿及气调装置。

6.3.1.3 决定库存期长短的因素较复杂

特别是伸长出口产品的食品厂,成品库存期长短不决定于生产部门的愿望,而决定于市场上的销售渠道是否畅通,食品进行加工的目的之一就是调整市场的季节差,所以产品在原料旺季加工,淡季销售甚至于全年销售应是一种正常的调节行为,这也造成需较大容量成品库的一个重要原因。

6.3.2 仓库的类别

食品厂仓库主要有:原料仓库(包括常温库、冷藏库)、辅助材料仓库(存放油、糖、盐及其他辅料)、成品库、包装材料库(存放包装纸、纸箱、商标纸等)、杂物仓库(存放废旧机器、各种钢材、有色金属等零星杂物)。此外,有些食品厂根据本厂的特点,还可设一些其他种类的仓库。

6.3.3 仓库容量的确定

仓库的总面积(仓库占地总面积)是从仓库外墙线算起,整个围墙内所占的全部平面面积。仓库总面积的大小,取决于企业消耗的物质的品种、数量的多少,也于仓库本身的技术作业过程的合理组织和面积利用系数的大小有关。

对仓库的容量,可按式(6.1)确定:

$$V=Wt(\mathrm{t}) \tag{6.1}$$

式中 V——仓库容量,t;

W——单位时间(日或月)的货物量;

t——存放时间,日或月。

单位时间的货物量 W 可通过物料平衡的计算求取。但是,需要强调的是,食品厂的产量是不均衡的,单位时间货物量 W 的计算,一般以旺季为基准。

存放时间 t 则需根据具体情况确定。

对原料库来说,单从生产周期的角度考虑,只需要两三天的储藏量即可,但由于食品企业加工产品种类很多,不同的食品企业,生产不同的产品,需要不同的原料,不同的原料要求有不同的存放时间(最长存放时间)。一般食品厂使用的农产品,如果蔬原料,往往季节性很强,采收期很短,原料往往集中在短期进厂,应根据原料本身的储藏特性和维持储藏条件所需要的费用做出经济分析。一般容易老化的蘑菇、青豆等,常温储藏 t 可取 1 ~2 d,采用冷风储藏可取 3 ~5 d;耐储藏的苹果、柑橘等水果,常温储藏 t 可取几天至十几天,采用冷风储藏可取 2 ~3 月;冷冻好的肉禽和水产原料,t 可取 30 ~45 d。

对成品库来说,存放时间不仅要考虑成品本身的储藏特性和维持储藏条件所需要的费用,而且还应考虑成品在市场上的销售情况,按销售最不利,也就是成品积压最多时来计算。

包装材料的存放时间一般可按 3 个月来计算,此外,要考虑一些特殊情况,如生产计划发生改变,一些已印好的包装材料有可能会储藏 1 年以上。

仓库容量确定以后,仓库的建筑面积可按式(6.2)计算:

$$A=\frac{V}{d}\cdot K=\frac{V}{d_p} \tag{6.2}$$

式中 A——仓库面积,m^2;

d——单位面积堆放量,t/m^2;

K——面积有效利用系数,一般取 $K=0.67\sim0.70$;

d_p——单位面积的平均堆放量,t/m^2;

V——库容量,t。

单位面积的平均堆放量与库内的物料种类和堆放方法有关。一些原料和产品的单位面积的平均堆放量如表 6.2,表 6.3 所示。

表 6.2 一些原料的平均堆放量

原料	包装规格	堆放方式	平均堆放量/(t/m^2)
柑橘	15 千克/箱	堆高 6 箱	0.35
菠萝	15 千克/箱	堆高 6 箱	0.45
番茄	15 千克/箱	堆高 6 箱	0.30
砂糖	50 千克/袋	堆高 10 袋	1.275
	100 千克/袋	堆高 6 袋	1.0
食盐	袋装(500 g)	堆高 1.5 m	1.3

表6.3 一些产品的平均堆放量

原料	包装规格	面积利用系数	平均堆放量/(t/m^2)
奶粉	铁听放入木箱	0.75	1.4
罐头1517	铁听放入木箱	0.70	0.9
麦乳精	铁听放入木箱	0.75	1.3

6.3.4 仓库对土建的要求

6.3.4.1 原料库

常温原辅料库一般以单层为好,跨度可选15 m、18 m、21 m、24 m,最大可达到36 m,柱距6 m,层高可选4.5 m、4.8 m、5.5 m、6.0 m。地坪可采用高标号的混凝土地面。门窗可采用钢门窗、铝合金门窗或塑钢门窗。不同的原料品种,对土建的要求还有不同。

果蔬原料的原料库可为两种:一种是短期储藏;另一种是较长时间储藏。短期储藏一般用常温库,可用简易平房,便于物料进出。较长时间储藏一般用冰点以上的冷库,也称高温冷库,库内相对湿度以85%~90%为宜,可以设在多层冷库的底层或单层平房内。有条件的工厂对果蔬原料还可采用气调储藏、辐射保鲜、真空冷却保鲜等。

肉类原料的原料库一般是温度为-15~-18 ℃,相对湿度为95%~100%的低温冷库,为防止物料干缩,避免使用冷风机,而采用排管制冷。

粮仓类型较多,按控温性能可分为低温仓、准低温仓和常温仓。其划分标准为:可将粮温控制在15 ℃以下(含15 ℃)的粮仓为低温仓,可将粮温控制在20 ℃以下(含20 ℃)的粮仓为准低温仓。除低温仓、准低温仓以外的其他粮仓为常温仓。按仓房的结构形式可分为房仓式和机械化立筒仓等。储粉仓库应保持清洁卫生和干燥,袋装面粉堆放储存时用枕木隔潮。

6.3.4.2 保温库

保温库一般只用于罐头的保温,宜建成小间形式,以便按不同的班次、不同规格分开堆放。保温库的外墙应按保温墙考虑,不开窗,门要紧闭,库内空间不必太高,一般2.8~3 m即可。每一单独小间应单独配设温度自控装置,以自动保持恒温。

6.3.4.3 成品库

成品库可建单层或多层。单层层高:人工堆垛4.8 m、5.4 m,托盘堆垛6~7 m,多层一般为3~4层,层高5.4~6.0 m,柱距6 m,跨度9 m、12 m或6 m×6 m柱网,地坪可采用高标号的混凝土地面。门窗可采用钢门窗、铝合金门窗或塑钢门窗。结构采用现浇钢筋混凝土框架结构。成品库要求进出货方便,地坪或楼板要结实,每平方米可承重1.5~2.0 t,可使用铲车,并考虑附加负载。

糖果类及水分含量低的饼干类等面类制品的库房应干燥、通风,防止制品吸水变质。而水分和(或)油脂含量高的蛋糕、面包等制品的库房,则应保持一定的温、湿度条件,以防止制品过早干硬或油脂酸败。

6.4 运输设施

食品工厂运输方式的设计,决定了运输设备的选型,而运输设备的选型,又直接关系到全厂总平面布置、建筑物的结构形式、工艺布置、劳动生产率、生产机械化与自动化。

食品工厂的运输方式按运输的区间来分,可分为厂外运输、厂内运输、车间运输及仓库内运输4类。

6.4.1 厂外运输

货物运输的运行方式目前主要有铁路、公路、水路、航空和管道运输5种,食品厂的货物运输,主要通过水路或公路。运输的工具主要为船和汽车。

水路运输运载能力大、成本低、能耗少、投资省,所以主要运输大宗货物,工厂采用水路运输,只需要配备装卸机械即可。但水路运输时间长,对于鲜活农产品,容易在运输过程中发生腐败变质,同时,水路运输受自然条件的限制与影响大。即受海洋与河流的地理分布及其地质、地貌、水文与气象等条件和因素的明显制约与影响;水运航线无法在广大陆地上任意延伸。

公路运输网一般比铁路、水路网的密度要大十几倍,分布面也广,因此公路运输车辆可以“无处不到、无时不有”。此外,公路运输在时间方面的机动性也比较大,车辆可随时调度、装运,各环节之间的衔接时间较短。尤其是公路运输对货运量的多少具有很强的适应性。公路运输与铁、水、航运输方式相比,所需固定设施简单,车辆购置费用一般也比较低。食品原料采用公路运输,视物料情况,一般采用载重汽车,对冷冻物品则需冷藏车,特殊物料则用专用车辆,如运输鲜奶的槽车。此外,为保证食品的安全,目前一些食品运输中,在运输过程中,采用电子温度记录仪监测运输过程中的温度变化过程。

6.4.2 厂内运输

指的是厂区内车间外的运输。厂区内道路弯道多,窄小,有时又要进出车间,因此要求运输设备轻巧、灵活、装卸方便,如各种叉车、手推车等。当然,随着大型现代化工厂的崛起,机械化程度高的运输设备也越来越多地穿梭于厂内。

食品工厂内的道路设计应该确保物流通畅,防止运输污染,物流和人流应由不同门口进出,原料接受站门口易受原料污染,应该经常进行清洗。厂区道路一般采用环形道路,保证消防车可到达各车间。食品工厂内常用运输设备见表6.4。

表6.4 食品工厂内常用运输设备

类型	名称	规格
内燃机动车	内燃铲车	各种规格,适合于食品工厂不同载重和提升高度
人力车	升降手推车	
电动车	电瓶搬运车	
	电瓶铲车	

6.4.3 车间运输

因为车间运输与生产流程融为一体,工艺性很强,所以,车间运输的设计,也可属于车间工艺设计的一部分。车间运输方式选择得当,将使工艺过程更合理。

一般,可根据生产需要从以下方面来考虑选择输送设备。

(1)垂直运输　生产车间采用多层楼房的形式时,或设备较高,原料需要由底部运送到高处时,就需要采用垂直运输。垂直运输的形式有电梯、斗式提升机、磁性升降机、真空提升装置、物料泵等。

(2)水平运输　车间的物料一般为水平流动形式,因此,水平运输是车间物料的常见要求。水平运输最常用的是带式输送机,其输送带可采用胶带、不锈钢带、塑料链板、不锈钢链板等,但这些材料必须符合食品卫生要求。对干燥粉状物料可采用螺旋输送机。

(3)起重设备　常用起重设备如电动葫芦、手动或电动竿梁起重机等。

6.5 机修车间

食品工厂机修车间的主要任务是制造非标准专业设备和维修保养专用设备。大型食品厂的机修车间一般设有厂部机修与车间保养,中小型食品厂一般只设厂级保修。机修车间一般由钳工、机工、锻工、板焊、热处理、管工和木工等工段组成。

机修车间对土建无特殊要求。它与生产车间应当保持适当的距离,使其与生产车间保持既不互相影响,又联系方便的相互位置,而有些设有锻压工段的机修时间,应安置在厂区的偏僻角落为宜。

思考题

1. 简述各种原料接受站的特点。
2. 简述化验室的建筑要求。
3. 各类仓库对土建的要求有哪些?
4. 中心实验室的任务主要包括几方面?
5. 化验室的组成主要有哪几部分?
6. 设计一乳品企业的化验室,需要配备哪些常用仪器和设备?
7. 食品工厂的运输方式按运输的区间来分,可分为哪几类?
8. 简述食品工厂机修车间的主要任务和组成?

第7章　工厂卫生及全厂生活设施

7.1　食品工厂卫生

天然食品本身一般并不含有有害因素或含量极少。所谓食品污染是指有毒物质进入正常食品的过程，即食品从原料种植、生长到收获、捕捞、屠宰、加工、储存、运输、销售到食用前的各个环节，都有可能被某些有毒有害物质污染，从而使食品的营养价值和卫生质量降低或对人体产生不同程度的危害。

为防止食品在生产加工过程中的污染，食品工厂设计时，一定要在厂址选择、总平面布局、车间布置、施工要求及相应的辅助设施等方面，严格按照GAP、GMP、HACCP、QS等标准规范和有关规定的要求，以保证食品的卫生质量。食品生产经营企业的新建、改建、扩建工程的选址和设计应当符合卫生要求，其设计审查和工程验收必须有食品卫生监督机构参加。根据《中华人民共和国出口卫生管理办法（试行）》的规定：凡出口食品厂、库，必须按照《出口食品厂、库注册细则》的规定，向所在省、自治区、直辖市商检机构申请注册，凡申请注册的出口食品厂、库必须符合《出口食品厂、库卫生要求》；向国外注册的，还要符合有关进口国家卫生当局规定的卫生要求。

7.1.1　厂、库环境卫生

（1）周围不能有污染食品的不良环境。同一工厂不能兼营有碍食品卫生的其他产品。

（2）生产区和生活区要分开，生产区布局要合理。

（3）厂、库要绿化，道路要平坦、无积水，主要通道应用水泥、沥青或石块铺砌，防止尘土飞扬。

（4）污水处理后排放，水质应符合国家环保要求。

（5）厕所应有冲水、洗手设备和防蝇、防虫设施。墙裙砌白瓷砖，地面要易于清洗消毒，并保持清洁。

（6）垃圾和下脚废料应在远离食品加工车间的地方集中堆放，必须当天处理出厂。

7.1.2　厂、库设施卫生

7.1.2.1　食品加工专用车间

（1）车间面积必须与生产能力相适应。

（2）车间的天花板、墙壁、门窗应涂刷便于清洗、消毒、并不易脱落的无毒浅色涂料。

（3）车间光线充足，通风良好，地面平整、清洁，应有洗手、消毒、防蝇防虫设施和防鼠措施。

（4）必须设与生产能力适相应的、易于清洗、消毒、耐腐蚀的工作台、工器具和小车。禁用竹木器具。

（5）必须设与车间相接的、与生产人数相适应的更衣室、厕所和工间休息室。车间进出口处设有不用手开关的洗手及消毒设施。

（6）必须设与生产能力相适应的辅助加工车间、冷库和各种仓库。

7.1.2.2　肉类罐头、水产品、蛋制品、乳制品、速冻蔬菜、小食品类车间

（1）车间的墙裙应砌2 m以上（屠宰车间3 m上）白色瓷砖，顶角、墙角、地角应是弧形，窗台是坡形。

（2）车间地面要稍有坡度，不积水，易于清洗、消毒，排水道要通畅。

（3）要有与车间相接的淋浴室，在车间进出口处设靴、鞋消毒池及洗手设备。

7.1.2.3　肉类加工厂

（1）厂区分设人员进出、成品出厂与畜禽进厂、废弃物出厂2～3个门。在畜禽进厂处，应设有与门宽相同，长3 m、深10～15 cm的车轮消毒池。应设有畜禽运输车辆的清洗、消毒场所和设施。

（2）有相适应的水泥地面的畜禽待宰圈，并有饮水设备和排污系统。

（3）有便于进行清洗、消毒的病畜禽隔离间、急宰间和无害处理间。

（4）有与生产能力相应的屠宰加工、分割、包装车间。

（5）有副产品加工专用车间。

（6）有专门收集并能及时处理消化道内容物、粪便和不供食用的下脚料场地。

7.1.3　加工卫生

（1）同一车间不得同时生产两种不同品种食品。

（2）加工后的下脚料必须存放在专用容器内，及时处理，容器应经常清洗、消毒。

（3）肉类、罐头、水产品、乳制品、蛋制品、速冻蔬菜、小食品类加工用容器不得接触地面。在加工过程中，做到原料、半成品和成品不交叉污染。

（4）冷冻食品工厂必须符合下列条件

1）肉类分割车间，须设有降温设备，温度不高于20 ℃；

2）设有与车间相连接的、相应的预冷间、速冻间、冻藏库。

① 预冷间温度为0～4 ℃。

② 速冻间温度在-25 ℃以下，冻制品中心温度（肉类在48 h内，禽肉在24 h内，水产品在14 h内）下降到-15 ℃以下。

③ 冻藏库温度在-18 ℃以下，冻制品中心温度在-15 ℃以下。冻藏库应有温度自动记录装置和水银温度计。

（5）罐头加工必须符合下列条件

1）原料前处理与后工序应隔离开，不得交叉污染；

2）装罐前空罐须用82 ℃以上的热水或蒸汽清洗消毒；

3）杀菌须符合工艺要求，杀菌锅必须热分布均匀，并设有自动记温计时装置；

4）杀菌冷却水应加氯处理，保证冷却排放水的游离氯含量不低于0.5 mg/kg；

5)必须严格按规定进行保(常)温处理,库温要均匀一致。保(常)温库内应设有自动记录装置。

7.2 设计中保证食品卫生要求的具体方法

7.2.1 设计

(1)凡新建、扩建改建的工程项目有关食品卫生部分均应按本规范和各该类食品厂的卫生规范的有关规定,进行设计和施工。

(2)各类食品厂应将本厂的总平面布置图,原材料、半成品、成品的质量和卫生标准,生产工艺规程以及其他有关资料,报当地食品卫生监督机构备查。

7.2.2 厂址

食品企业除应该考虑企业对外界的污染外,还有考虑周围环境对食品的污染。

要选择地势干燥、交通方便、有充足的水源的地区。厂区周围应有良好的卫生环境,厂区附近(300 m 内)不得有有害气体、放射性源、粉尘和其他扩散性的污染源,不得有昆虫大量滋生的潜在场所,避免危及产品卫生。厂区要远离有害场所,厂址不应设在受污染河流的下游和传染病医院附近。生产区建筑物与外缘公路或道路应有防护地带。其距离可根据各类食品厂的特点由各类食品厂卫生规范另行规定。

7.2.3 厂区总平面布局

(1)各类食品厂应根据本厂特点制订整体规划。功能分区明确,生产区应在生活区的上风向,生产区不能和生活区互相穿插。

(2)原料仓库、加工车间、包装间及成品库等的位置须符合操作流程,不应迂回运输。原料和成品,生料和热料不得相互交叉污染。

(3)污水处理站应与生产区和生活区有一定的距离,并设在下风向。废弃物化制间应距生产区和生活区 100 m 以外的下风向,锅炉房应距主要生产车间 50 m 以外的下风向,锅炉烟囱应配有消烟除尘装置。

(4)应分别设人员进出、原料进厂、成品出厂和废弃物出厂的大门。

(5)建筑物、设备布局与工艺流程三者衔接合理,建筑结构完善,并能满足生产工艺和质量卫生要求;原料与半成品和成品、生原料与熟食品均应杜绝交叉污染。

(6)建筑物和设备布置还应考虑生产工艺对温、湿度和其他工艺参数的要求,防止毗邻车间受到干扰。

7.2.4 厂区公共卫生

(1)要有完整的、不渗水的、与生产规模相适应的下水系统,设施应合理有效,经常保持畅通,有防止污染水源和鼠类、昆虫通过排水管道潜入车间的有效措施。不得采用明沟排水,厂区地面不能有污水积存。

(2)车间内厕所采用蹲式,便于水冲,不易堵塞。厕所要有不用手开关的洗手消毒设备。厕所应设于走廊的较隐蔽处、厕所门不得对着生产工作场所。

(3)更衣室应设符合卫生标准要求的更衣柜,每人一个。

(4)厂内应设有密闭的粪便发酵池和污水无害处理设施。

(5)厂区道路应通畅,便于机动车通行,有条件的应修环行路且便于消防车辆到达各车间。厂区道路应采用便于清洗的混凝土、沥青及其他硬质材料铺设,防止积水及尘土飞扬。

7.2.5 车间卫生

(1)车间的前处理、整理装罐及杀菌三个工段应明确加以分隔,并确保整理装罐工段的严格卫生。

(2)与物料相接触的机器输送带、工作台面、工器具等,均应采用不锈钢材料制作。设有对设备及工器具进行消毒的设施。

(3)人员和物料进口处均应采取防虫、防蝇措施,可采用灭虫灯、暗道、风幕、水幕或缓冲间等。车间应配备热水及温水系统供设备和人员卫生清洗用。

(4)实罐车间的窗户应是双层窗。

(5)天花板应耐潮,不因吸潮而脱落。

(6)楼地面坡度1.5% ~2%,应做排水明沟,做到排水通畅,易于清扫,楼板应保证绝对不漏水,明沟排水至室外应做水封式排水口。

(7)车间的电梯井道应防止进水、电梯坑宜设集水坑排水,各消毒池也应设排水漏斗。

7.2.6 个人卫生设施和卫生间

(1)食品厂的从业人员(包括临时工)应接受健康检查,并取得体检合格证者,方可参加食品生产。从业人员上岗前,要充经过卫生培训教育,方可上岗。上岗时,要做好个人卫生,防止污染食品。

(2)进车间前,必须穿戴整洁划一的工作服、帽、靴、鞋,工作服应盖住外衣,头发不得露于帽外,并要把双手洗净。直接与原料、半成品和成品接触的人员不准戴耳环、戒指、手镯、项链、手表。不准浓艳化妆、染指甲、喷洒香水进入车间。

(3)适当的合乎卫生的洗手和干手工具,包括洗手池、消毒池和热水、冷水供应。

(4)卫生间的设计应满足适当的卫生要求。

(5)完善的更衣设施。这些设施选址要适当,设计要合理。

(6)保持适当水平的个人清洁。不准穿工作服、鞋进厕所或离开生产加工场所。生产车间不得带入或存放个人生活用品,如衣物、食品、烟酒、药品、化妆品等。手接触赃物、进厕所、吸烟、用餐后,都必须把双手洗净才能进行工作。上班前不许酗酒,工作时不准吸烟、饮酒、吃食物及做其他有碍食品卫生的活动。

(7)个人行为举止和工作方法适当。从事食品操作工作的人员应抑制那些可能导致食品污染的行为,例如,吸烟、吐痰、咀嚼或吃东西、在无保护食品前打喷嚏或咳嗽。

(8)操作人员手部受到外伤,不得接触食品或原料,经过包扎治疗戴上防护手套后,方可参加不直接接触食品的工作。

进入生产、加工和操作车间的其他人员(包括参观人员),均应穿戴防护性工作服,并遵守食品工厂对个人卫生的要求。

7.3 食品工厂常用卫生消毒方法

食品工厂的消毒工作是确保食品卫生质量的关键。食品工厂各生产车间的桌、台、架、盘、工具和生产环境应每班清洗,定期消毒。严格执行食品企业的消毒制度,确保卫生安全。常用的消毒方法有物理消毒法和化学消毒法两大类。

7.3.1 物理消毒法

物理消毒法是较常用、简便且经济的方法。主要包括煮沸法、蒸汽法、干烤消毒法、辐射法、紫外线法等。

(1)煮沸法　利用沸水的高温作用杀灭病原体,是一种较为简单易行、经济有效的消毒方法。适用于小型的食品容器、用具、食具、奶瓶等。将被消毒的物品置于锅内,加水加热煮沸,水温达到 100 ℃,持续 5 min 即可达到消毒目的。

(2)蒸汽法　这是通过高热水蒸气的高温使病原体丧失活性。此法是一种应用较广、效果确实可靠的消毒方法。适用于大中型食品容器、散装啤酒桶、各种槽车、食品加工管道、墙壁、地面等,蒸汽温度 100 ℃,持续 5 min 即可。

(3)流通蒸汽法　此法利用蒸笼或流通蒸汽灭菌器进行灭菌。适用于饭店、食堂餐具消毒。蒸汽温度 90 ℃,持续 15 ~ 20 min 即可。

(4)干烤消毒法　此法适用于餐具消毒。目前一些企业的大食堂使用此法,由哈尔滨市小型变压器厂生产的 7DCX 远红外线餐具消毒柜,靠柜内高温烘烤杀菌,达到消毒目的。

(5)辐射法　辐射法利用 γ 射线、X 射线等照射后,使病原体的核酸、酶、激素等钝化,导致细胞生活机能受到破坏、变异或细胞死亡。尽管一些实验证明摄入辐照后的食品对人体无害,但目前仍无证据证明长期服用高剂量照射食品对健康无害。WTO 认为 10 kGy 以下的剂量是安全的,但有实验证明在培养基灭菌实验中,20 kGy 还不能达到完全杀菌的要求。因此具有灭菌的安全辐射剂量用于食品可能导致安全性问题。

(6)紫外线法　此法主要用于空气、水及水溶液、物体表面杀菌,由于紫外线的穿透力很弱,即使是很薄的玻璃也不能透过,只能作用于直接照射的物体表面,对物体背后和内部均无杀菌效果;对芽孢和孢子作用不大。此外,如果直接照射含脂肪丰富的食品,会使脂肪氧化产生醛或酮,形成安全隐患,因此在应用时要加以注意。紫外线消毒的适宜温度范围是 20 ~ 40 ℃,温度过高过低均会影响消毒效果,可适当延长消毒时间,用于空气消毒时,消毒环境的相对湿度低于 80% 为好,否则应适当延长照射时间。用紫外线杀灭被有机物保护的微生物时,应加大照射剂量。空气和水中的悬浮粒子也可影响消毒效果。

(7)臭氧法　臭氧杀菌是近几年发展较快的一种杀菌技术,主要用于无人在的条件下空气的消毒,常用于空气杀菌、水处理等。但是臭氧有较浓的臭味,对人体有害,故对空气杀菌时需要在生产停止时进行,对连续生产的场所不适用。

（8）静电吸附式空气消毒　静电吸附式空气消器采用静电吸附原理，加以过滤系统，不仅可过滤和吸附空气中带菌的尘埃，也可吸附微生物，主要用于有人在的条件下空气的消毒。

7.3.2　化学消毒法

化学消毒法使用各种化学药品、制剂进行消毒。各种化学物质对微生物的影响是不相同的，有的可促进微生物的生长繁殖，有的可阻碍微生物的新陈代谢的某些环节而呈现抑菌作用，有的使微生物蛋白质变性或凝固而呈现杀菌作用。即使是同一种化学物质，由于浓度、作用时的环境、作用时间长短及作用对象等的不同，或呈现抑菌作用，或呈现杀菌作用。化学消毒法就是采用化学消毒剂对微生物的毒性作用原理，对消毒物品用消毒剂进行清洗或浸泡、喷洒、熏蒸，以达到杀灭微生物的目的。

7.3.2.1　消毒剂的施药方法

（1）喷雾消毒法　指用普通喷雾器喷洒消毒液进行表面消毒的处理方法，喷洒液体雾粒直径多在 100 μm 以上。各种农用和医用喷雾器均可应用。

普通喷雾消毒法适用于对物体（品）表面、室内墙面和地面、车辆外表面、装备等实施消毒。

使用时按先上后下、先左后右的顺序依次喷洒。喷洒量可依据表面的性质而定，以消毒剂溶液可均匀覆盖表面至全部湿润为度。

喷雾消毒法使用时，对有刺激性或腐蚀性消毒剂时，消毒人员应佩戴防护口罩、眼镜，穿防护服；内喷雾时，喷前将食品放好，或用塑料膜覆盖防湿；外喷雾时，消毒人员应站在上风向。

（2）气溶胶喷雾消毒法　指用气溶胶喷雾器喷雾消毒液进行空气或物体表面消毒的处理方法，雾粒直径 20 μm 以下者占 90% 以上。由于所喷雾粒小，浮于空气中易蒸发，可兼收喷雾和熏蒸之效。喷雾时，可使用 QPQ－1 型喷雾器及产生直径在 20 μm 以下雾粒的其他喷雾器。

适用于对室内、车辆内空气和物体表面实施消毒。

消毒前关好门窗，喷雾时，按自上而下、由左向右顺序喷雾。喷雾量以消毒剂溶液可均匀覆盖在物品表面或消毒液的雾团充满空间为度。作用 30～60 min 后，打开门窗通风，驱除空气中残留的消毒液的雾粒及气味。

注意事项同普通喷雾消毒法，只是应特别注意防止消毒剂气溶胶进入呼吸道。

（3）擦拭消毒法　指用布或其他擦拭物浸以消毒剂溶液，擦拭物体表面进行消毒的处理方法。

适用于对家具、办公用具、生活用具、生产器具、器械、车辆和装备等物体表面，以及实验室环境表面实施消毒处理。

消毒时，用干净的布或其他物品浸消毒剂溶液，依次往复擦拭拟消毒物品表面，作用至所用消毒剂要求的时间后，再用清水擦洗，去除残留消毒剂，以减轻可能引起的腐蚀、漂白等损坏作用。

使用时要注意：不耐湿物品表面不能应用该方法实施消毒处理；擦拭时应防止遗漏；污物可导致消毒剂有效浓度下降，因此表面污物较多时，应适时更新消毒液，防止污物中的微生物对消毒剂溶液的污染。

(4)浸泡消毒法　指将待消毒物品全部浸没于消毒剂溶液内进行消毒的处理方法。

适用于对耐湿器械、玻璃器皿、器具、工作服等实施消毒与灭菌。

使用时要注意:物品应先浸泡消毒,清洗干净,再消毒或灭菌处理;用可连续浸泡消毒的消毒液时,消毒物品或器械应洗净沥干后再放入消毒液中。

(5)气体熏蒸消毒法　指在专用消毒柜(或箱)与消毒袋中,用消毒剂气体(如环氧乙烷等)对物品进行消毒或灭菌的处理方法。

适用于对畏湿怕热和怕腐蚀物品、器具实施消毒与灭菌。

(6)烟雾熏蒸消毒法　指应用点燃后产生的消毒剂烟雾进行消毒的处理方法。

常用的有醛氯烟雾剂和酸氯烟雾剂等,适用于对室内特别是通风良好的大空间仓储和公共场所的空气实施消毒。

(7)粉剂喷洒消毒法　指用喷粉器或人工撒布消毒粉剂进行消毒的处理方法。

适用于空气相对湿度大于90%时的潮湿地面实施消毒。

(8)液体流动浸泡消毒法　指用连续制备的消毒剂溶液进行流动浸泡消毒的处理方法,如酸氧化电位水生成机制备的酸氧化电位水消毒液,臭氧生成器制备的臭氧水消毒液等。

适用于手、水果、蔬菜、器具等的消毒。消毒时,开启消毒液生成机(器),用流动的消毒液对物品或器具进行流动浸泡或冲洗消毒处理。

7.3.2.2　常用消毒剂

(1)含氯消毒剂　含氯消毒剂是指溶于水后能产生次氯酸的消毒剂。其品种较多,可分为有机化合物类和无机化合物类,最常用的有次氯酸钠、次氯酸钙、漂白粉等。

次氯酸钠:分子式 NaOCl,相对分子质量 74.5,纯品次氯酸钠为白色粉末,容易吸潮变成灰绿色结晶,在空气中不稳定,有明显的氯味。工业次氯酸钠的水溶液为浅黄色半透明液体,有氯气味,有效氯含量大于10%(g/g)。

次氯酸钙(漂粉精):分子式 $Ca(OCl)_2$,相对分子质量 197.029。白色粉末,比漂白粉易溶于水且稳定,含杂质少,受潮易分解。有效氯含量为80%~85%。

漂白粉:主要成分是次氯酸钙,还有氢氧化钙、氯化钙、氧化钙。有效氯含量大于25%(g/g)。漂白粉为白色颗粒状粉末,有氯臭,溶于水,在光照、热、潮湿环境中极易分解。

含氯消毒剂为高效消毒剂,具有广谱、高效、低毒、有强烈的刺激性气味、对金属有腐蚀性、对织物有漂白作用,受有机物影响很大,消毒液不稳定等特点。

适用于器具、物体表面、环境、水等消毒。

含氯消毒剂使用时,首先根据不同含氯消毒剂产品的有效氯含量,用自来水将其配制成所需浓度溶液。然后采用浸泡、擦拭、喷洒与干粉消毒等方法进行消毒。

浸泡法消毒时,将待消毒的物品放入装有含氯消毒剂溶液的容器中,加盖。对细菌繁殖体污染的物品的消毒,用含有效氯 500 mg/L 的消毒液浸泡 10 min 以上;用含有效氯 2 000 ~5 000 mg/L 消毒液浸泡 30 min 以上。

擦拭法消毒主要是对大件物品或其他不能用浸泡法消毒的物品用擦拭法消毒。

喷洒法消毒用于一般污染的物品表面,用 1 000 mg/L 的消毒液均匀喷洒,作用

30 min以上；用含有效氯2 000 mg/L的消毒液均匀喷洒，作用60 min以上。喷洒后有强烈的刺激性气味，人员应离开现场。

含氯消毒剂使用时，要注意以下事项。

1）粉剂应于阴凉处避光、防潮、密封保存；水剂应于阴凉处避光、密闭保存。所需溶液应现配现用。

2）配制漂白粉等粉剂溶液时，应戴口罩、橡胶手套。

3）未加防锈剂的含氯消毒剂对金属有腐蚀性，不应做金属器械的消毒；加防锈剂的含氯消毒剂对金属器械消毒后，应用无菌蒸馏水冲洗干净，并擦干后使用。

4）对织物有腐蚀和漂白作用，不应做有色织物的消毒。

5）用于器具的消毒后，应及时用清水冲洗。

6）消毒时，若存在大量有机物时，应提高使用浓度或延长作用时间。

7）用于污水消毒时，应根据污水中还原性物质含量适当增加浓度。

（2）烧碱溶液　配制方法：以NaOH 0.5 kg（或1 kg）溶于49.5 kg（或49 kg）水中，即成1%（或2%）烧碱溶液。适用于有油垢或浓糖玷污的工具、器具、机械、墙壁、地面、冷却池、运输车辆、食品原料库等。

（3）臭药水（克利奥林）　配制方法：称取2.5 kg克利奥林溶于47.5 kg水中，即成5%的药水溶液。适用于凡有臭味的阴沟、下水道、垃圾箱、厕所等。

（4）石灰乳与消石灰粉

1）石灰乳法　每100 kg水加生石灰乳（CaO）20 kg，先置石灰于容器（大缸或木槽）内，以少量冷水使石灰崩解后，再加入少量水调至浓糊状，最后加入剩余的水调成浆状，即成20%石灰乳剂，适用于干燥的空旷地。

2）消石灰粉法　每100 kg生石灰加水35 kg即成粉状消石灰[$Ca(OH)_2$]。适用于潮湿的空旷地。

（5）臭氧　分子式为O_3，相对分子质量48，是一种强氧化剂，在常温下为爆炸性气体。其密度为1.68 g/L。在水中的溶解度较低，约为3%。臭氧具有杀菌迅速，可杀灭细菌繁殖体、病毒、真菌等，并可破坏肉毒杆菌毒素。消毒后无残留等优点，臭氧稳定性极差，在常温下可自行分解为氧，所以，臭氧不能瓶装储备，只能现场生产，立即使用。

适用于饮用水、果蔬、器具等的消毒。也可用于各种物品表面消毒和空气消毒。

水消毒时一般加入臭氧0.5～1.5 mg/L，水中臭氧浓度在0.1～0.5 mg/L，维持5～10 min。对于质量较差的水，加臭氧量可提高到3～6 mg/L。

空气消毒时一般可采用30 mg/m^3的臭氧，作用15～30 min。

臭氧水用于果蔬、器具和其他物体表面消毒时，臭氧浓度>12 mg/L，作用时间15～20 min。

臭氧使用时，要注意多种因素可影响臭氧的杀菌作用，包括温度、相对湿度、有机物、pH值、水的浑浊度、水的色度等；要注意高浓度臭氧对人有毒，大气中允许浓度为0.2 mg/m^3，工作场所允许浓度1.0 mg/m^3；要注意臭氧为强氧化剂，对多种物品有损坏，浓度越高对物品损害越重，可使铜片出现绿色锈斑、橡胶老化、变色、弹性降低，以致变脆、断裂，使织物漂白褪色等，使用时应注意。

（6）二氧化氯　分子式ClO_2，相对分子质量为67.45，在常温下为黄绿色气体，溶于水后可制成无色、无味、透明的液体。1947 年后逐步应用于消毒领域。二氧化氯属高效消毒剂,具有广谱、高效、速效杀菌作用。对金属有腐蚀性,对织物有漂白作用,消毒效果受有机物影响很大的特点,二氧化氯活化液和稀释液不稳定。

二氧化氯消毒剂适用于医疗卫生、食品加工、器具、饮水及环境表面等消毒。

二氧化氯消毒剂一般为二元包装,A 液主要是亚氯酸钠,B 液为活化剂,成分一般为柠檬酸,使用前将 A 和 B 液混合生成二氧化氯溶液,稀释至所需要的浓度使用。

二氧化氯常用消毒方法有浸泡、擦拭、喷洒等方法。

浸泡法使用时,清洗、晾干的待消毒或灭菌物品浸没于装有二氧化氯溶液的容器中,加盖。对细菌繁殖体污染物品的消毒,用 100 ~ 250 mg/L 二氧化氯溶液浸泡30 min;对肝炎病毒和结核分枝杆菌污染物品的消毒,用 500 mg/L 二氧化氯浸泡 30 min;对细菌芽孢污染物品的消毒,用 1 000 mg/L 二氧化氯浸泡 30 min。

对大件物品或其他不能用浸泡法消毒的物品用擦拭法消毒。消毒所用浓度和作用时间与浸泡法相同。

对一般污染的表面,用 500 mg/L 二氧化氯均匀喷洒,作用 30 min。

对饮水消毒,在饮用水源水中加入 5 mg/L 的二氧化氯,作用 5 min,使大肠杆菌数达到饮用水卫生标准。

二氧化氯使用时间,要注意 A 和 B 液混合后产生的二氧化氯溶液不稳定,应现配现用;. 配制溶液时,忌与碱或有机物相混合;此外,二氧化氯对金属有腐蚀性,金属制品经二氧化氯消毒后,应迅速用清水冲洗干净并沥干。

(7)高锰酸钾溶液　其配制方法为每 100 kg 水加入高锰酸钾 0.1 kg(或 0.2 kg)即成 0.1%(或 0.2%)的高锰酸钾水溶液。适用于水果和蔬菜的消毒。

(8)醇类消毒剂——乙醇　分子式 C_2H_5OH,相分子质量为 46.07,无色透明液体。属中效消毒剂。具有速效、无毒、对皮肤黏膜有刺激性、对金属无腐蚀性,受有机物影响很大,易挥发、不稳定等特点。

乙醇作为其他消毒剂的助溶剂和增效剂使用,如乙醇与氯己定、碘、苯扎溴铵等复配,其效果更佳。

乙醇适用于皮肤、环境表面及生产器具、器械的消毒等。

乙醇常用消毒方法有浸泡法和擦拭法。

浸泡法使用时,将待消毒的物品放入装有乙醇溶液的容器中,加盖。对细菌繁殖体污染医疗器械等物品的消毒,用 75% 的乙醇溶液浸泡 10 min 以上;个别对其他消毒剂过敏者,可用 75% 的乙醇溶液浸泡 5 min。

擦拭法使用时,对手指、皮肤的消毒,用 75% 乙醇棉球擦拭。

乙醇消毒使用时,要注意乙醇易燃,忌明火;必须使用医用乙醇,严禁使用工业乙醇消毒和作为原材料配制消毒剂;对酒精过敏者慎用。

(9)过氧化物类消毒剂　常用的过氧化物类消毒剂有过氧乙酸、过氧化氢等。

过氧乙酸又叫过醋酸,分子式 $C_2H_4O_3$,相对分子质量为 76.05,为无色透明弱酸性液体,易挥发、有很强的挥发性气味,腐蚀性强,有漂白作用。性质不稳定。1902 年 Freer 和 Novy 首次报告过氧乙酸属于优良的消毒剂和灭菌剂。可杀灭细菌繁殖体、真菌、病毒分枝杆菌和细菌芽孢。具有广谱、高效、低毒、对金属及织物有腐蚀性,受有机物影响大,稳定性差等特点。其质量浓度为16～20 g/100 mL。适用于耐腐蚀物品灭菌、环境及空气等的消毒。

过氧乙酸使用时，将 H_2O_2 50 mL、H_2SO_4 0.5 mL 和 CH_3COOH 10 mL 混合后，即质量分数为14%过氧乙酸消毒液。使用时根据所需浓度现用现配。过氧乙酸一般为二元包装，A液为冰醋酸液和硫酸的混合液，B液为过氧化氢，使用前按产品使用说明书要求将A、B两液混合后产生过氧乙酸，在室温放置24～48 h后即可使用。过氧乙酸对金属有腐蚀性，对织物有漂白作用，金属制品与织物经浸泡消毒后，即时用清水冲洗干净。使用浓溶液时，谨防溅入眼内或皮肤黏膜上，一旦溅上，即时用清水冲洗。

过氧乙酸是一种高效、速效、广谱、原料易得、生产方便的消毒药物，对细菌繁殖体、芽孢、真菌、病毒均有高度的杀灭效果，是一种具有发展前途的新药。尤其是在低温下仍有较好的杀菌效果。主要应用于手的消毒，地面、墙壁、操作台等的消毒，各种塑料、玻璃制品器具消毒和各种棉布、人造纤维等纺织品的消毒。

过氧化氢又叫双氧水，是一种强氧化剂。分子式 H_2O_2，相对分子质量34.015，纯品稳定性好，稀释液不稳定。Schumb报道了过氧化氢作为食品如牛奶和饮料的防腐，以后逐步被人们认识，作为消毒剂。过氧化氢属高效消毒剂，具有广谱、高效、速效、无毒、对金属及织物有腐蚀性。杀菌作用受有机物影响很大。过氧化氢容易被热、过氧化氢酶等破坏，最终产物是氧和水。

过氧化氢适用于不耐热的塑料制品器具、工作服、饮水和空气等消毒。

过氧化氢使用时，根据有效含量按稀释定律用去离子水将过氧化氢稀释成所需浓度。

过氧化氢消毒常用方法有喷雾、浸泡、擦拭等。喷雾是用气溶胶喷雾器以1.5%～3.0%的浓度20 mL/m^3的用量对室内空气和物体表面进行喷雾消毒，作用1 h；浸泡法是将清洗、晾干的待消毒物品浸没于装有3%过氧化氢的容器中，加盖，浸泡30 min；擦拭法所有药物浓度和作用时间参见浸泡法。

过氧化氢应储存于通风阴凉处，用前应测定有效含量。过氧化氢稀释液不稳定，临用前配制，配制溶液时，忌与还原剂、碱、碘化物、高锰酸钾等强氧化剂相混合。此外，过氧化氢对金属有腐蚀性，对织物有漂白作用，使用浓溶液时，谨防溅入眼内或皮肤黏膜上，一旦溅上，即时用清水冲洗。

(10)洗消剂　洗消剂具有洗涤和消毒效果的混合物，其优点是可快速、安全、简便对器具、机械等进行消毒，且消毒效果较高。

食品洗消剂的主要类型有含氯消毒剂如二氯异氰尿酸钠、氯溴异氰尿酸、氯化磷酸三钠，含碘消毒剂如碘附，洗涤剂如烷基苯磺酸钠。

洗消剂选择时，要注意选择具有良好的吸湿性，具有一定的表面去污能力，本身能保持污物的悬浮，易于被水冲洗的洗消剂；洗消剂必须无毒无异味，不污染食品，经过一般冲洗残留量达到标准；消毒剂随着有机物、污染存在而含量也逐渐降低，使用时必须保持一定浓度。

为尽量减少洗涤剂、洗消剂在食品上的残留量，食具及食物最好能用清水再冲洗3次。消毒效果的鉴定目前没有统一的标准，一般认为消毒后原有微生物减少60%以上为合格，减少80%以上为效果良好。

各工厂可根据消毒对象不同采用不同的方法,常用的消毒方法见表7.1。

表7.1 食品工厂常用的消毒方法

方法名称	方法	适用对象
漂白粉溶液	0.2% ~0.5%上清液(有效氯50~100 mg/L)	桌面、工具、墙壁、地面、运输车辆
氯胺T	0.3%泡2~5 min	食具
新洁尔灭	0.2%~1%泡5 min	食具、工具、手
烧碱(NaOH)	1%~2%烧碱溶液	油垢或浓糖污染的机械
碳酸钠和磷酸钠的混合消毒液	碳酸钠500 g加磷酸钠260 g加水15 L。临用前,稀释9倍	冷藏车、冷藏库
洗必泰(双氢苯双胍己烷)	0.5/10 000~1/10 000浸泡1~2 min	食具
过氧乙酸溶液	双氧水50 mL,硫酸0.5 mL,冰醋酸10 mL混合后测定其浓度,使用前稀释之	食具、工具、环境
漂白粉精溶液	0.2%	食具、工具、桌面、手

7.4 工厂生活设施及设计要求

食品工厂的生活设施包括为生产人员服务的生活设施和为职工及其家属服务的生活设施。为生产人员服务的生活设施主要包括办公室、食堂、更衣室、浴室、厕所、托儿所、医务室等设施。这些设施中的某些可能是多余的,但作为工艺设计工作者应全面了解并掌握这些基本数据。

7.4.1 办公楼

办公楼应布置在靠近人流出入口处,其面积与管理人员数及机构的设置情况有关。行政及技术管理的机构按厂的规模,根据需要设置。

办公楼建筑面积的估算可采用式(7.1):

$$F=\frac{G\times K_1\times A}{K_2\times B} \tag{7.1}$$

式中 F——办公楼建筑面积,m^2;

G——全厂职工总人数,人;

K_1——全厂办公人数比,一般取8%~12%;

K_2——建筑系数,65%~69%;

A——每个办公人员使用面积,5~7平方米/人;

B——辅助用房面积,根据需要决定。

7.4.2 食堂

食堂在厂区中的位置,应靠近工人出入口处或人流集中处。它的服务距离以不超过600 m为宜。

(1)食堂座位数的确定

$$N=\frac{M\times 0.85}{C\times K} \tag{7.2}$$

式中 N——座位数;

M——全厂最大班人数;

C——进餐批数;

K——座位轮换系数,一、二班制为1.2。

(2)建筑面积的计算

$$F=\frac{N\times(D_1+D_2)}{K} \tag{7.3}$$

式中 F——食堂建筑面积,m^2;

N——座位数;

D_1——每座餐厅使用面积,0.85~1.0 m^2;

D_2——每座厨房及其他面积,0.55~0.7 m^2;

K——建筑系数,82%~89%。

7.4.3 更衣室

为适应卫生要求,食品工厂的更衣室宜分散,附设在各生产车间或部门内靠近人员进出口处。

更衣流程如下:

入岗准备→戴内帽→戴外帽→戴口罩→穿毛衣→穿水靴→自身检查(工作服)→洗净(清洗)→杀菌(浸泡)→清洗→烘干→检查→合格入岗

更衣室内应设个人单独使用的三层更衣柜,衣柜尺寸500 mm×400 mm×1 800 mm,以分别存放衣物鞋帽等,更衣室使用面积按固定工总人数每人1~1.5 m^2计。对需要二次更衣的车间,更衣间面积应加倍设计计算。适应卫生要求,食品工厂的更衣室宜分设,附设在各生产车间或部门内靠近人员进出口处。

7.4.4 浴室

从食品卫生角度来说,从事直接生产食品的工人上班前应先淋浴洗澡。据此,浴室多应设在生产车间内与更衣室、厕所等形成一体,特别是生产肉类产品、乳制品、冷饮制品、蛋制品等车间的浴室,应与车间的人员进口处相邻接,厂区亦需设置浴室。浴室淋浴器的数量按各浴室使用最大班人数的6%~9%计,浴室建筑面积按每个淋浴器5~6 m^2估算。

7.4.5 厕所

食品工厂内较大型的车间,特别是生产车间的楼房,应考虑在车间内设厕所,以利于生产工人的方便卫生。

厕所便池蹲位数量应按最大班人数计,男每 40 ~ 50 人设一个,女每 30 ~ 35 人设一个,厕所建筑面积按 2.5 ~ 3 m^2/蹲位估算。

7.4.6 婴儿托儿所

由于现在社会分工越来越细,所以婴儿托儿所看投资经济情况而定。如果经济不宽裕或者小型企业,可以不设。如果要设立,则应该考虑婴儿托儿所应设于女工接送婴儿顺路处,并应有良好的卫生环境。托儿所面积的确定按式(7.4):

$$F = M \times K_1 \times K_2 \tag{7.4}$$

式中 F——托儿所面积,m^2;

M——最大班女工人数;

K_1——授乳女工所占百分数,取 10% ~15%;

K_2——每床位所占面积,以 4 m^2计。

7.4.7 医务室

工厂医务室的组成和面积见表 7.2。

表 7.2 工厂医务室的组成及面积

部门名称	职工人数 300 ~ 1000	职工人数 1000 ~ 2000	职工人数 2000 以上
候诊室	1 间	2 间	2 间
医疗室	1 间	3 间	4 ~ 5 间
其他	1 间	1 ~ 2 间	2 ~ 3 间
使用面积	30 ~ 40 m^2	60 ~ 90 m^2	80 ~ 130 m^2

思考题

1. 简述食品工厂环境卫生要求。
2. 简述食品工厂的加工卫生要求。
3. 食品卫生对工厂设计有哪些要求?
4. 对食品工厂生产工人有哪些卫生要求?
5. 简述食品工厂常用的消毒方法,它们适用于哪些范围?
6. 全厂性的生活设施包括哪些方面? 简述各设施的面积计算原则和方法。

Food 第 8 章　公用系统

8.1　概述

食品工厂公用系统是指与食品工厂的各部门、车间、工段有着密切关系，并为这些部门所共有的一类动力辅助设施的总称，它与食品工厂的生产运行相辅相成、密切相关，是食品厂正常生产不可缺少的重要环节。食品工厂公用设施一般包括给排水、供电及仪表、供汽、采暖与通风、制冷等 5 项工程。一般情况下，给水排水、供电和仪表、供汽这三者不管工厂规模大小都得具备，而因各地的气候各异，采暖通风和制冷两项则不一定具备。大多小型食品厂由于投资和经常性费用高等原因一般不设冷库；车间的采暖和空调，就当地的气象情况也不一定每个项目都得具备；至于扩建性质的工程项目，上述 5 项公用工程就更不一定同时具备。公用系统的设计应根据食品工厂的规模、产品的类型以及厂家的经济状况而定。公用工程的专业性较强，各组成部分均有其内在深度，因此其设计应分别由专业工种的设计人员来承担。

8.1.1　公用系统工程区域组成

上述给排水等 5 项公用工程是按专业性质进行划分的。而从分工来看，还可以将公用工程按区域进行划分为：厂外工程、厂区工程及车间工程。

8.1.1.1　厂外工程

食品工厂的厂外工程一般包括给排水、供电等工程中水源、电源的落实和外管线的敷设等项目，所涉及的外界因素很多，如与供电局、城市建设局、市政工程局、环保局、自来水公司、消防处、卫生防疫站、环境监测站以及农业部门等都有关系。建议在厂外工程设计前，最好先由筹建单位与相关部门达成供水、供电、环保等意向性协议，在这些问题初步落实后，再开展设计工作。

由于厂外工程属于市政工程性质，一般由当地专门的市政设计或施工部门负责设计比较切合实际，专业设计院一般不承担厂外工程的设计。厂外工程的费用较高，在确定厂址时，要考虑到这一因素。如水源、电源离所选厂址较远，则需增加较大投资，显得不合理。食品工厂一般都属于中小型企业，其厂外管线的长度最好能控制在 2 ~ 3 km。

8.1.1.2　厂区工程

食品工厂的厂区工程是指在食品厂区范围内、车间以外的公用设施，包括给排水系统中的水池、水塔、水泵房、冷却塔、外管线、消防设施；供电系统中的变、配电所、厂区外线及路灯照明；供热系统中的锅炉房、烟囱、煤厂及蒸汽外管线；制冷系统的冷冻机房及外管线；环保工程的污水处理站及外管线等。厂区工程的设计一般由负责整体项目的专业设计院相关设计工程队分别承担。

8.1.1.3 车间工程

食品工厂的车间工程主要是指车间内有关设备及管线的安装工程,如风机、水泵、空调机组、电气设备及制冷设备的安装,包括水管、汽管、冷冻管、风管、电线、照明等。其中水管和蒸汽管的设计由于和生产设备关系十分密切,其设计一般由专门的工艺设计人员担任,其他车间内工程仍归属专业工种承担。

8.1.2 公用系统设计要求

8.1.2.1 食品卫生安全要求

食品工厂公用系统设计须符合食品卫生安全要求。食品生产用水的水质必须符合卫生部门规定的生活饮用水的卫生安全标准,直接用于食品生产的蒸汽应不含危害健康或污染食品的物质。制冷系统中氨制冷剂对食品卫生有不利影响,应严防泄漏。公用设施在厂区的位置也是影响工厂环境卫生的重要因素,环境因素的好坏会直接影响食品的卫生。如锅炉房位置、锅炉型号、烟囱高度、运煤出灰通道、污水处理站位置、污水处理工艺等是否选择正确,与工厂环境卫生有密切关系,因此设计必须合理。

8.1.2.2 生产负荷要求

公用系统设计要能充分满足工厂的生产负荷。食品生产的季节性较强,导致食品工厂公用设施的负荷变化非常明显,因此要求公用设施的容量对生产负荷变化有足够的适应性。针对不同的公用设施要采取不同的原则,如供水系统,须按高峰季节各产品生产的小时需水总量来确定它的设计能力。供电和供汽设施一般采用组合式结构,即设置两台或两台以上变压器或锅炉,以适应负荷的变化。还应根据全年的季节变化画出负荷曲线,以求得最佳组合。

8.1.2.3 经济、运行要求

食品工厂公用系统设计要经济合理,安全可靠。进行设计时,要考虑到经济的合理性,应根据工厂实际和生产需要,正确收集和整理设计的原始资料,进行多方案比较,处理好近期的一次性投资和长期经常性费用的关系,从而选择投资最少、经济收效最高的设计。在保证经济合理的同时,还要保证给水、配电、供汽、供暖及制冷等系统供应的数量和质量都能达到可靠而稳定的技术参数要求,以保证生产正常安全的运营。例如,在工厂的制水系统中,原水的水质随季节变化波动很大,需要根据不同情况,采取相应的措施,保证生产用水水质的稳定性。又如供电系统,部分地区电网供电可能经常出现局部停电现象,影响到生产的正常秩序。这就应该考虑采取双电源供电或选择自备电源(工厂自行发电)。此外,水压、水温、电流、电压、蒸汽压力、冷库或空调的温度、湿度等参数的稳定也非常重要。如果参数不稳定,轻则影响生产的正常进行,重则造成安全事故和重大损失。

8.2　给排水系统

8.2.1　给排水系统设计所需的基础资料

8.2.1.1　设计内容

食品工厂整体项目的给排水设计一般包括：取水及净化工程、厂区及生活区的给排水管网、车间内外给排水管网、室内卫生工程、冷却循环水系统和消防系统等。

8.2.1.2　设计所需基础资料

给排水系统工程设计大致需要收集如下资料。

(1)工厂各用水部门对水量、水质、水温、用水时间的要求及用水负荷时间曲线。

(2)厂区所在地和厂区周围地区的气象、水文资料，特别是作为水源的河、湖的详细水文资料。

1)当采用地下水为给水水源时，应根据水源地地下水开采现状，了解已有地下取水构筑物的运行情况和运行参数，地下水长期观测资料等，并根据水文地质条件选择合理取水构筑物形式，了解单井、渗渠、泉室的供水能力(出水量以枯水季节为准)及水质全分析报告。

2)当采用地表水为给水水源时，应了解水源地地表水的水文地质资料，如河床断面、年流量、最高洪水位、常水位、枯水位及地表水的水质全分析报告。特别是取水河湖的详细水文资料(包括原水水质分析报告)。

3)当采用城市自来水为给水水源时，应了解厂区周围市政自来水网的形式、给水管数量、管径、水压情况及有关的协议或拟接进厂区的市政自来水管网状况。

(3)厂区所在地和厂区周围地区的地质、地形资料(包括外沿的引水排水路线)。

(4)当地节能减排、环保和公安消防主管部门的有关规定。

(5)所在地管材供应情况。

8.2.1.3　给排水系统设计注意事项

(1)所在地有城市自来水供应的，应优先考虑采用自来水。

(2)如采用自备水源时，水质应符合卫生部规定的《生活饮用水卫生标准》及本厂的特殊要求。

(3)消防、生产、生活给水管网应尽可能使用同一管路系统。

(4)生活、生产废水应达到国家规定的排放标准后才能排放。

(5)为了节约用水和节能减排，冷却水应循环使用，避免不必要的浪费。

(6)消防、冷却循环等用于增压的水泵应尽可能集中布置，便于统一管理及使用。

(7)设计主厂房或车间的给排水管网时，应满足生产工艺和生活安排的需要。

8.2.2　用水分类及对水源、水质的要求

8.2.2.1　用水分类

食品工厂用水大致可分为产品用水、生产用水、生活用水等几大类。

(1)产品用水　产品用水因产品品种的不同而有所区分。根据其用途的不同可分为两类:一是直接作为产品的产品用水,如矿泉水、饮用纯净水等。二是作为产品原料的溶解、浸泡、稀释、灌装等的产品用水,如啤酒生产的糖化投料水、软饮料、果菜汁、蛋白饮料的溶糖及配料水、碳酸饮料的糖浆制备及灌装水、柠檬酸提取工段的洗料水、黄酒生产加曲搅拌饭的投料水等。

(2)生产用水　除了产品用水之外的,直接用于工艺生产的用水,一般指与生产原料直接接触,如原料的清洗、加工,产品的杀菌、冷却,工器具的清洗等。

(3)生活用水　生活用水是指食品工厂的管理人员、车间工人的日常生活用水及淋浴用水。

(4)锅炉用水。

(5)冷却循环补充用水。

(6)绿化、道路的浇洒水及汽车冲洗用水　这部分用水可用厂区生产、生活污水经处理后达标的出水(再生水或称为中水)来代替,实现再生水回用是缓解水资源紧缺、保护生态环境、污水资源化的一条有效途径,也是当前水源建设和造福子孙后代中的一项长期战略方针,在现代食品工厂的设计中应予高度重视。

(7)未预见水量及管网漏失量。

(8)消防用水量,此部分水量仅用于校核管网计算,不属于正常水量。

8.2.2.2　各类用水的水质要求

不同的用途,有不同的水质要求。生产用水和生活用水的水质要求符合《生活饮用水卫生标准》(GB 5749—2006);产品用水和锅炉用水对水质有特殊要求,必须在符合《生活饮用水卫生标准》(GB 5749—2006)的基础上给予进一步处理。一般由厂家自设一套处理系统进一步处理,处理的方法有精滤、离子交换、电渗析、反渗透等,可视具体情况分别选用;冷却用水(如制冷系统的冷却用水)和消防用水,在理论上,其水质要求可以低于生活饮用水标准。实际上,由于冷却水往往循环使用,用量不大,为便于管理和节省一些投资,大多食品厂并不另外设供水系统。各类用水的水质标准的某些项目指标见表8.1。

表8.1　各类用水水质标准

项目	生活饮用水	清水类罐头用水	饮料用水	锅炉用水
pH值	6.5~8.5			>7
总硬度/(以 $CaCO_3$ 计,mg/L)	<250	<100	<50	<0.1
总碱度/(mg/L)			<50	
含铁质量浓度/(mg/L)	<0.3	<0.1	<0.1	
酚类质量浓度/(mg/L)	<0.3	无	无	
氧化物质量浓度/(mg/L)	<250		<80	
余氧质量浓度/(mg/L)	0.5	无		

8.2.2.3 水源的选择

食品工厂用水的水源分自来水、地下水和地面水。水源的选择应根据当地的具体情况进行技术经济比较后确定。水源选择前必须进行水资源的勘察,通过技术经济比较后综合考虑确定,且符合水量充足可靠、原水水质符合要求,取水、输水、净化设施安全、经济和维护方便,具有施工条件的要求。并对符合卫生要求的地下水,宜优先作为食品工厂生产与生活饮用水的水源。

(1)自来水　其优点是技术简单,一次性投资省,上马快,水质可靠。缺点是水价较高,经常性费用大。

(2)地下水　其优点是可就地直接取用,水质稳定,且不易受外部污染,理化指标变化小,水温低,基本终年恒定。取水构筑物简单,一次性投资不大,经常性费用低;缺点是水中往往含有多种矿物质,硬度可能过高,甚至含有某种有害物质,大量抽取地下水会引起地面沉降。用地下水作为供水水源时,应有确切的水文地质资料,取水必须小于允许开采量并应以枯水季节的出水量作为地下取水构筑物的设计出水量,设计方案应取得当地有关管理部门的同意。地下取水构筑物的形式一般有:

1)管井　适用于含水层厚度大于5 m,其底板埋藏深度大于15 m。

2)大口井　适用于含水层厚度在5 m左右,其底板埋藏深度小于15 m。

3)渗渠　仅适用于含水层厚度小于5 m,渠底埋藏深度小于6 m。

4)泉室　适用于有泉水露头,且覆盖厚度小于5 m。

(3)地面水　其优点是水中溶解物少,经常性费用低。但净水系统技术管理复杂,取水构筑物多,一次性投资大,水质、水温随季节变化大。食品工厂地表水取水构筑物必须在各种季节都能按规范要求取足相应保证率的设计水量,设计枯水流量的保证率一般可采用90%~97%。取水水质应符合有关水质标准要求,其位置应位于水质较好的地带,靠近主流,其布置应符合城市近期及远期总体规划的要求,不妨碍航运和排洪,并应位于城镇和其他工业企业上游的清洁河段。江河取水口的位置,应设于河道弯道凹岸顶冲点稍下游处。

各方面均衡情况下,应尽可能择近取水,以便管理和节省投资,在取水工程设计中凡有条件者,应尽量设计成节能型(如重力流输水)。按取水构筑物的结构可分为固定式和移动式两种,固定式取水构筑物适用于各种取水量和各种地表水源。移动式取水构筑物适用于中小取水量,多用于江河、水库、湖泊取水。

8.2.3 用水量的计算

8.2.3.1 生产用水量

生产用水包括工艺用水、锅炉用水和冷冻机房冷却用水。

(1)食品工厂的工艺用水量,可根据工艺专业的产品水单耗、小时变化系数、日产量分别计算出平均小时用水量,最大小时用水量及日用水量。

(2)锅炉用水可按锅炉蒸发量的1.2倍计算,小时变化系数取1.5。锅炉房水处理离子交换柱的反冲洗瞬间流量,即配置锅炉房进口管径时,应按锅炉的总蒸发量加上最大一台锅炉蒸发量的4~5倍计算。

(3)制冷机的冷却水循环量取决于热负荷和进出水温差。一般情况下,取 $T_2 \leqslant$ 36 ℃,$T_1 \leqslant$32 ℃。冷却循环系统的实际耗水量,即补充水量可按循环量的5%计。

生产用水水压的确定,因车间不同用途不同而有不同的要求。如水压过高,不但增加动力消耗,而且要提高管件的耐压强度,致使费用增加。如水压太低,则不能满足生产要求,将影响正常生产。确定水压的一般原则:进车间水压,一般应为0.2 ~0.25 MPa;如最高点用水量不大时,车间内可另设加压泵。

8.2.3.2 生活用水量

生活用水量与当地气候、人们的生活习惯以及卫生设备的完备程度有关,生活用水量标准是按最大班次的工人总数计算,我国标准按以下规定。

车间职工:高温车间(每小时放热量为83.6 kJ/m³以上),每人每班次用水量为35 L,其他车间25 L。

淋浴用水:在易污染身体的生产车间(工段)或为了保证产品质量而要求特殊卫生要求的生产车间(工段),每人每次用水量为40 L;在排除大量灰分的生产岗位(如锅炉、备料等)以及处理有毒物质或易使身体污染的生产岗位(如接触酸、碱岗位),每人每次用水量为60 L。

盥洗用水:脏污的生产岗位,每人每次5 L,清洁的生产岗位每人每次3 L。

计算生活用水总量时,要确定淋浴和盥洗的次数,乘以每班人数。

家属宿舍以每人每日用水量30 ~250 L计算;集团宿舍以每人每日用水量50 ~150 L计算;办公室以每人每班10 ~25 L计算;幼儿园、托儿所以每人每日25 ~50 L计算;小学、厂校以每人每日10 ~30 L计算;食堂以每人每餐10 ~15 L计算;医务室以每人每次5 ~15 L计算。食品工厂生活用水量相对其生产用水量小得多,在生产用水量不能精确计算的情况下,生活用水量可根据最大班人数按式(8.1)估算:

$$\text{生活最大小时用水量} = \frac{\text{最大班人数} \times 70}{1\ 000} (\mathrm{m^3/h}) \tag{8.1}$$

消防用水量确定:由于消防设备一般均附有加压装置,对水压的要求不大严格,但必须根据工厂面积、防火等级、厂房体积和厂房建筑消防标准而保证供水量的要求。食品厂的室外消防用水量为10 ~75 L/s,室内消防用水量以2×2.5 L/s计。由于食品厂的生产用水量一般都较大,在计算全厂总用水量时,可不计消防用水量,在发生火灾时,可调整生产和生活用水量加以解决。

8.2.3.3 其他用水量

厂区道路、广场浇洒用水量按浇洒面积2.0 ~3.0 L/(m² · d)计算;厂区绿化浇洒用水量按浇洒面积1.0 ~3.0 L/(m² · d)计算;干旱地区可酌情增加。汽车冲洗用水量定额,应根据车辆用途、道路路面等级、玷污程度以及所采用的冲洗方式确定。

管网漏失水量及不可预见水量之和,可按日用水量10% ~15%计。

8.2.4 给水系统及给水处理

8.2.4.1 给水系统

食品工厂给水系统按水源分为:自来水给水系统、地下水给水系统和地面水给水系统。自来水给水系统通常由自来水、水池、加压泵房、水塔及给水管网等组成；地下水给水系统通常由地下水、深井水、沉沙器、清水池、加压泵房、水塔及给水管网等组成，同时地下水需经加氯消毒、除铁钙等工序的处理；地面水给水系统通常由地表水源、预沉淀池、沉淀池、水泵房、水塔及给水管网等组成，地面水需经混凝、沉淀、澄清、过滤、消毒等工序的处理。

给水管网包括室外管网和室内管网。室外管网布置形式分为环状和树枝状两种。小型食品厂的给水系统一般采用树枝状；大中型生产车间进水管多分几路接入，为确保供水正常，多采用环状管网。室外管网一般采用铸铁管，用铅或石棉水泥接口，若采用焊接钢管和无缝钢管要进行防腐处理，用焊接接口。室内管网由进口管、水表接点、干管、支管和配水设备组成，有的还配有水箱和水泵。管网布置形式有上行式、下行式和分区式3种，具体采用何种方式，由建筑物的性质、几何形状、结构类型、生产设备的布置和用水点的位置决定。

8.2.4.2　给水处理

给水处理的任务是根据原水水质和处理后水质要求，采用最适合的处理方法，使之符合生产和生活所要求的水质标准。食品工厂水质净化系统可分为原水净化系统和水质深度处理系统。如以自来水为水源，一般不需要进行原水处理。采用其他水源时，常用处理方法有沉淀、澄清、过滤、软化和除盐等。食品工厂工艺用水处理要根据原水水质和生产要求，采用不同的处理方式。产品用水、生活用水，除澄清过滤处理外，还须经消毒处理，锅炉用水还须软化处理。原水处理的主要步骤如下。

(1)沉淀、澄清处理　主要是对含沙量较高的原水进行处理(例如长江水、黄河水)。沉淀一般采用自然沉淀和混凝沉淀两种方法。前者即用直接沉淀的方法除去水中较大颗粒的杂质，具体方法是使水在沉淀池中停留较长时间，以达到沉淀澄清的目的。而后者需投加混凝剂(如硫酸铝、明矾、硫酸亚铁、三氯化铁等)和助凝剂(如水玻璃、石灰乳液等)，使水中的胶体物质与细小的、难以沉淀的悬浮物质相互凝聚，形成较大的易絮凝体后，再在沉淀池中沉淀。然后在澄清池中通过重力分离(澄清)。

混凝剂有湿法和干法两种投配方式，国内一般多采用湿法。把混凝剂或助凝剂加水先调制成10%~20%浓度的溶液后，再定量加注投配，使注入的药剂在反应池中与原水急剧、充分地混合，发生混凝反应。所用设备为反应池，原水在反应池中与混凝剂反应，形成絮凝沉淀后，再进入沉淀池，利用重力分离沉淀。反应池的形式有隔板式、涡流式和旋流式等。反应池形式与处理水量有关。一般情况下，处理量在30 000 m^3/d以上者(大型水厂)，多选用隔板式反应池。其特点是构造简单、管理方便、效果较好。其不足之处是容积大、反应时间长。处理量在20 000 m^3/d 以下者(中小型水厂)，多选用涡流式或旋流式反应池。反应时间一般在20~30 min。沉淀池有平流式和立式之分，现在大多采用立式的机械加速澄清池、水力循环澄清池、脉冲澄清池等。平流式沉淀池因占地面积大，现一般不用。澄清后水质一般可达浑浊度20度以下。

(2)过滤处理　原水经沉淀后一般还要进行过滤。采用过滤方式主要用以去除细小悬浮物质和有机物等。生产用水、生活饮用水在过滤后再进行消毒，锅炉用水经过滤后，再进行软化或离子交换。所以，过滤也是水处理的一种重要方式。过滤设备称过滤池，其形式有快滤池、虹吸滤池、重力或无阀滤池、压力式滤池等数种，都是借水的自重和位能差或在压力(或抽真空)状态下进行过滤,用不同粒径的石英砂组成单一石英砂滤料过滤,或用无烟煤和石英砂组成双层滤料过滤。

(3)消毒处理　就是通过物理或化学的方法杀死水中的致病微生物。通常用到的物理方法有:加热、紫外线、超声波和放射线等。化学方法有:氯、臭氧、高锰酸钾及重金属离子等药剂,其中氯消毒法,即在水中加适量的液氯和漂白粉,是目前普遍采用的方法。

(4)软化处理　软化是通过降低水中钙、镁离子的含量,进而降低水的硬度的过程。软化的方法有以下几种:

1)加热法　将水加热到100 ℃以上,使水中的Ca^{2+}、Mg^{2+}形成$CaCO_3$、$Mg(OH)_2$和石膏沉淀而除去。

2)药剂法　在水中加石灰和苏打,使Ca^{2+}、Mg^{2+}生成$CaCO_3$和$Mg(OH)_2$而沉淀。

3)离子交换法　使水和离子交换剂接触,用交换剂中的Na^+或H^+把水中的Ca^{2+}、Mg^{2+}交换出来。

此外,当水中铁、锰等离子含量超过水质标准时,还需要进行除铁、锰等离子的处理。一般情况下,以上方法并不是单独使用的,而是根据原水的不同水源和水质及生产对水质的不同要求,联合使用几种不同的给水处理工艺。

处理后的清水储存在清水池内。清水池的有效容积,根据生产用水的调节储存量,生活用水的调节储存量,消防用水的储存量和水处理构筑物自用水(快滤池的冲洗用水)的储存量等加以确定。这几种不同情况的综合水量决定了清水池的总容积。清水池的个数或分格至少有两个,并能单独工作和泄空。

为了满足食品工厂工艺生产、产品用水的要求而对满足生活用水卫生标准的生产用水做进一步深度处理过程,常用的方法有活性炭吸附、微滤、电渗析、反渗透和离子交换等方法。水的深度处理通常与生产工艺紧密相关,有时就是生产过程的一部分,如矿泉水生产、纯净水生产、饮料生产等,具体方法可参照食品生产工艺设计过程。

8.2.5　配水系统

水塔以下的给水系统统称为配水系统。配水工程一般由清水泵房、调节水箱、水塔和室外给水管网等组成。如采用城市自来水,上述的取水泵房和给水处理均可省去,设置一个自来水储水池(清水池),以调节自来水的水量和水压。因此,采用自来水为水源,给水工程的主要内容即为配水工程。

清水泵房(也有称二级水泵房)是从清水池吸水,增压送到各车间,以完成输送水量和满足水压要求为目的。水泵的组合是配合生产设备用水规律而选定,并配置用水泵,以保证不间断供水。

水塔是为了稳定水压和调节用水量的变化而设立的。

室外给水管网主要为输水干管、支管和配水管网、闸门及消火栓等。输水干管一般采用铸铁管或预应力钢筋混凝土管。生活饮用水的管网不得和非生活饮用水的管网直接连接,在以生活饮用水作为生产备用水源时,应在两种管道连接处设两个闸阀,并在中间加排水口来防止污染生活饮用水。

在输水管道和配水管网须设置分段检修阀门,并在必要位置上装设排气阀、进气阀或泄水阀。有消防给水任务的管道直径不小于100 mm,消火栓间距不大于120 m。

小型食品厂的配水系统,一般采用枝状管网。大中型厂生产车间,多采用环状管网,一个车间的进水管往往分几路接入,以确保供水正常。

管网上的水压必须保证每个车间或建筑物的最高层用水的自由水头不小于6 ~ 8 m,对于水压有特殊要求的工段或设备,可采取局部增压措施。

室外给水管线通常采用铸铁埋地敷设,管径太大浪费管材,管径太小压头损失大、动力消耗增加。为此,管径选择要适当,管内流速也应控制在合理范围内。对于管道的压力降一般应控制在 500 Pa/100 m 之内。

8.2.6 冷却水系统

在食品厂中,制冷机房、车间空调机房及真空蒸发工段等都需要大量的冷却水。通常要设置冷却水循环系统和降温的装置,以减少给水消耗,降低全厂总用水量。降温系统主要有冷却池、喷水池、自然通风冷却塔和机械通风冷却塔等。机械通风冷却塔(其代表产品有圆形玻璃钢冷却塔)具有冷却效果好、体积小、质量轻、安装使用方便的特点,可以提高生产效率,节省用地和投资,并且只需补充循环量的 5% ~ 10% 的新鲜水,对于水源缺乏或水费较高且电费不变的地区尤为适宜,因此被广泛采用。

8.2.7 消防水系统

食品工厂的生产性质决定其发生火灾的危险性较低,建筑物耐火等级较高。食品厂的消防给水一般与生产、生活给水管合并,采用合流给水系统。室外消防给水管网应为环形管网,水量按 15 L/s 计,水压应保证当消防用水量达到最大且水枪布置在任何建筑物的最高处时,管道内压力要保证水枪充实水柱仍不小于 10 m。室内消火栓的配置,应保证两股水柱每股水量不小于 2.5 L/s,保证同时达到室内的任何位置,水枪出口充实水柱不小于 7 m。

8.2.8 排水系统

食品工厂的排出水按性质可以分为:生产污水、生产废水、生活污水、生活废水和雨水等,一般情况下,食品工厂采取污水与雨水分流排放系统,即采用两个排水系统分别排放污水和雨水。根据污水处理工艺的选择,有时还要将污水按污染程度再进行细分,清浊分流,分别排至污水处理站。排水量的计算也采用分别计算,最后累加的方法进行。

8.2.8.1 排水系统的组成

食品工厂的排水系统由室内排水系统和室外排水系统两部分组成。室内排水系统包括卫生洁具和生产设备的受水器、水封器、支管、立管、干管、出户管、通气管等钢管。室外排水系统包括支管、干管、检查井、雨水口及小型处理构筑物等。

8.2.8.2 排水量计算

食品工厂的排水量普遍较大,根据国家环境保护法,生产废水和生活污水,需经过处理达到排放标准后才能排放。

生产废水和生活污水的排放量可按生产、生活最大小时给水量的 85% ~ 90% 计算。

雨水量的计算按式(8.2)计算:

$$W = q\varphi F \tag{8.2}$$

式中 W——雨水量,kg/s;

q——暴雨强度,kg/(s·m^2)(可查阅当地有关气象、水文资料);

φ——径流系数,食品工厂一般取0.5~0.6;

F——厂区面积,m^2。

8.2.8.3 **排水设计注意事项**

食品工厂排水设施和排水效果的好坏直接关系到工厂卫生面貌的优劣,排水设计应注意如下要点。

(1)生产车间的室内排水(包括楼层)应采用无盖板的明沟,或采用带水封的地漏,明沟要有一定的宽度(200~300 mm)、深度(150~400 mm)和坡度(>1%),车间地坪的排水坡度为1.5%~2.0%。

(2)在进入明沟排水管道之前,应设置格栅,以截留固形物,防止管道堵塞,垂直排水管的口径应比计算选大1~2号,以保证排水畅通。

(3)生产车间的对外排水口应加设防鼠装置,采用水封窨井,而不采用存水弯,以防堵塞。

(4)生产车间内的卫生消毒池、地坑及电梯坑等,均需考虑排水装置。

(5)车间的对外排水尽可能考虑清浊分流,其中对含油脂或固体残渣较多的废水(如肉类和水产加工车间),需在车间外,经沉淀池撇油和去渣后,再接入厂区下水管。室外排水也应采用清浊分流制,以减少污水处理量。

(6)食品工厂的厂区污水排放不得采用明沟,而必须采用埋地暗管,若不能自流排除厂外,应采用排水泵站进行排放。

(7)厂区下水管一般采用混凝土管,其管顶埋设深度一般不小于0.7 m。由于食品厂废水中含有固体残渣较多,为防止淤塞,设计管道流速应大于0.8 m/s,最小管径不宜小于150 mm,同时每隔一段距离应设置窨井,以便定期排除固体沉淀污物。排水工程的设计内容包括排水管网、污水处理和利用两部分。

排水管网汇集了各车间排出的生产污水、冷却废水、卫生间污水和生活区排出的生活污水。借重力自流经预制混凝土管引流至厂外城市下水道总管或直接排入河流。雨水也为排水组分中的重要部分之一,统一由厂区道路边明沟集中后,排至厂外总下水道或附近河流。

部分冷却废水可回收循环使用,采用有盖明渠或管道自流至热水池循环使用。

食品工厂用水量大,排出的工业废水量也大。许多废水含固体悬浮物,BOD(biochemical oxygen demand,生化需氧量)和COD(chemical oxygen demand,化学需氧量)很高,将废水(废糟)排入江河会污染水体。现在国家已颁布了《中华人民共和国环境保护法》和《基本建设项目环境保护管理办法》以及相应的环境标准。对于新建工厂必须贯彻把三废治理和综合利用工程与项目同时设计、同时施工、同时投入使用的"三同时"方针。废水处理在新建(扩建)食品工厂的设计中占有相当重要的地位。一定要在发展生产的同时保护环境。目前处理废水的方法有:沉淀法、活性污泥法、生物转盘法、生物接触氧化法以及氧化塘法等。不论采用何种处理方法,排出的工业废水都必须达到国家排放标准。

8.3 供电及自控系统

8.3.1 供电及自控设计所需的基础资料

供电及自控设计在食品工厂的总体设计中,是个辅助部分,但却是一个重要的、不可缺少的组成部分。对工业企业来说,没有电力供应就没有生产。

8.3.1.1 设计内容

食品工厂整体项目的供电及自控工程设计范畴有:全厂的变配电工程,厂区的外线供电工程,车间内设备配电系统,厂区及室内照明,生产线、工段或单机的自动控制,电器及仪表的防护与修理,地区气象、土质有关情况等。主要包括负荷、电源、电压、配电线路、变电所位置、防雷接地、变压器选择、电机的选型和功率的确定等。

8.3.1.2 所需基础资料

(1)全厂用电设备详细情况(包括用电设备名称、功率、规格、容量和用电要求等)。

(2)供用电协议和有关资料,包括供电电源及技术数据,供电线路进户方位和方式,量电方式及量电器材划分,厂外供电器材供应的划分,供电部门要求及供电费用等。

(3)选择电源及变压器、电机等的形式、功率、电压的初步要求。

(4)弱电(包括照明、信号、通信等)的要求。

(5)设备、管道布置图,车间土建平、立面图。

(6)全厂总平面布置图。

(7)自控对象的系统流程图及工艺要求。

8.3.2 供电要求及相应措施

8.3.2.1 供电要求

工厂的供电是电力系统的一个组成部分,必须符合电力系统的要求,如按电力负荷分级供电等。工厂的供电系统必须满足工厂生产的需要,保证高质量的用电,必须考虑电路的合理利用与节约,供电系统的安全与经济运行,施工与维修方便。

8.3.2.2 相应措施

(1)有些食品工厂生产的季节性很强,像饮料厂、罐头厂、乳品厂等产品产量随季节波动较大,电负荷变化较大。因此,大中型食品厂一般设置两台变压器供电,小型食品厂采用一台变压器供电即可。

(2)在设计时,变、配电设备的容量和面积要留有一定发展余地,以适应食品厂机械化水平的不断提高。

(3)食品工厂用电设备一般属三级负荷,可采用单电源供电。采用双电源供电是避免意外停电(供电不稳定地区)时导致的原料腐败和变质,减少不必要的浪费。

(4)为减少电能损耗和改善供电质量,厂内变电所应接近或毗邻负荷高度集中的部门。当厂区范围较大,必要时可设置主变电所及分变电所。

(5)一般食品工厂的生产车间水汽大、湿度高,应对供电管线及电器采取必要防潮措施,防止发生事故。

8.3.3 用电负荷计算

8.3.3.1 电力负荷分级及供电特殊要求

(1)电力负荷分级　食品工厂电力负荷的分级是按用电设备或用电部门对供电可靠性的要求来划分的。通常分为三级。

1)一级负荷　是指突然中断供电时,将造成人身伤亡、重大设备损坏,或给国民经济带来重大损失者。

2)二级负荷　突然停电将产生大量废品,或停产造成经济上较大损失者。

3)三级负荷　凡不属于一、二级负荷者。

(2)各种负荷对供电的要求　一级负荷应由两个独立电源供电,当其中一个电源发生故障或停止供电时,并不影响另一电源的继续供电。二级负荷应尽量做到当发生电力变压器故障或电力线路常见故障时,不致中断供电或中断后能迅速恢复(如设置备用电源,采用两回线路供电等)。有困难时,允许由一回专用线路供电。三级负荷对供电电源无特殊要求。设计时需注意用电系统的特点。

8.3.3.2 负荷计算

食品工厂的用电负荷计算一般采用需要系数法,在供电设计中,首先由工艺专业提供各个车间工段的用电设备的安装容量,作为电力设计的基础资料。然后供电设计人员把安装容量变成计算负荷,其目的是用以了解全厂用电负荷,根据计算负荷选择供电线路和供电设备(如变压器),并作为向供电部门申请用电的数据,负荷计算时,必须区别设备安装容量及计算负荷。设备安装容量是指铭牌上的标称容量。根据需要系数法算出的负荷,称计算负荷,或称最大负荷。计算负荷是电力设计的一个假想的持续负荷,通常是采用30 min内出现的最大平均负荷(指最大负荷班内)。统计安装容量时,必须注意去除备用容量。

(1)电力负荷计算

1)车间用电计算

$$S_j=\sqrt{P_j^2+Q_j^2}=\frac{P_j}{\cos\varphi} \qquad (8.3)$$

$$P_j=K_cP_e$$

$$Q_j=P_j\text{tg}\,\varphi$$

式中 P_e——车间用电设备安装容量(扣除备用设备),kW;

P_j——车间最大负荷班内,半小时平均负荷中最大有功功率,kW;

Q_j——车间最大负荷班内,半小时平均负荷中最大无功功率,kW;

S_j——车间最大负荷班内,半小时平均负荷中最大视在功率,kW;

K_c——需要系数(见表8.2);

$\cos\varphi$——负荷功率因素(见表8.2);

$\text{tg}\,\varphi$——正切值,也称计算系数(见表8.2)。

表8.2 食品工厂用电技术数据

车间或部门		需要系数 K_c	cos φ	tan φ
乳制品车间		0.6～0.65	0.75～0.8	0.75
实罐车间		0.5～0.6	0.7	1.0
番茄酱车间		0.65	0.8	1.73
	一般	0.3～0.4	0.5	—
空罐车间	自动线	0.5～0.45	—	0.33
	电热	0.9	0.95～1.0	0.88～0.75
冷冻机房		0.5～0.6	0.75～0.8	1.0
冷库		0.4	0.7	0.75～1.0
锅炉房		0.65	0.8	0.75
照明		0.8	0.6	0.33

2)全厂用电计算

$$S_{j\Sigma} = \sqrt{(P_{j\Sigma})^2 + (Q_{j\Sigma})^2} = \frac{P_{j\Sigma}}{\cos \varphi} \tag{8.4}$$

$$P_{j\Sigma} = K_\Sigma \Sigma P_j$$

$$Q_{j\Sigma} = K_\Sigma \Sigma Q_j$$

式中 K_Σ——全厂最大负荷同时系数,一般为0.7～0.8;

$\cos\varphi$——全厂自然功率因数,一般为0.7～0.75;

$P_{j\Sigma}$——全厂总有功负荷,kW;

$Q_{j\Sigma}$——全厂总无功负荷,kW;

$S_{j\Sigma}$——全厂总视在负荷,kW。

3)照明负荷计算

$$P_{js} = K_c P_e \tag{8.5}$$

式中 P_{js}——照明计算功率,kW;

K_c——照明需要系数(见表8.3);

P_e——照明安装容量,kW。

照明负荷计算也可采用较为简便的估算法。照明负荷一般不超过全厂负荷的6%,即使有一定程度的误差,也不会对全厂电负荷计算结果有很大的影响。

各车间、设备及照明负荷的需要系数 K_c 和功率因素 $\cos\varphi$ 可参阅表8.2和表8.3。

4)年电能消耗量的计算

年最大负荷利用小时计算法:

$$W_n = P_{总} T_{\max\alpha} \tag{8.6}$$

式中 $P_{总}$——全厂计算负荷,kW;

$T_{\max\alpha}$——年最大负荷利用小时,一般为7 000～8 000 h;

W_n——年电能消耗量,kW·h。

表 8.3 食品工厂动力设备需要系数 K_c 及负荷功率因数

用电设备组名称	K_c	cos φ	tg φ
泵(包括水泵、油泵、酸泵、泥浆泵等)	0.7	0.8	0.75
通风机(包括鼓风机、排风机)	0.7	0.8	0.75
空气压缩机、真空泵	0.7	0.8	0.75
皮带运输机、钢带运输机、刮板、螺旋运输机,斗式提升机	0.6	0.75	0.88
搅拌机、混合机	0.65	0.8	0.75
离心机	0.25	0.5	1.73
锤式粉碎机	0.7	0.75	0.88
锅炉给煤机	0.6	0.7	1.02
锅炉煤渣运输设备	0.75	—	—
氨压缩机	0.7	0.75	0.88
机修间车床、钻床、刨床	0.15	0.5	1.73
砂轮机	0.15	0.5	1.73
交流电焊机、电焊变压器	0.35	0.35	2.63
电焊机	0.35	0.6	1.33
起重机	0.15	0.5	1.73
化验室加热设备、恒温箱	0.5	1	0

产品单耗计算法:

$$W_n = ZW_0 \tag{8.7}$$

式中 W_n——年电能消耗量,kW·h;

Z——全年产品总量,t;

W_0——单位产品耗电量,(kW·h)/t,可以参考行业指标值。

(2)无功功率补偿 在食品工厂中,绝大部分的用电设备,如感应电动机、变压器、整流设备、电抗器和感应器械等,都是具有电感特性的,需要从电力系统中吸收无功功率,当有功功率保持恒定时,无功功率的增加将对电力系统及工厂内部的供电系统产生极不良的影响。因此,供电单位和工厂内部都有降低无功功率需要量的要求。无功功率的减少就相应地提高了功率因数。一般要求功率因数不低于0.85。为了提高功率因数,首先应在设备方面采取措施,如提高电动机的负载率,避免大马拉小车的现象,采用同步电动机等方法。而仅靠设备方面来提高自然功率的方法,一般不能达到0.9以上的功率因数,当功率因数低于0.85时,应装设补偿装置,对功率因数进行无功功率补偿,其的目的是为了提高功率因数,减少电能损耗,增加设备能力,减少导线截面,节约有色金属消耗量,提高网络电压的质量。

在食品工厂设计中,一般采用低压静电电容器进行无功功率的补偿,并集中装设在低压配电室。

补偿容量可按下法计算：

对新设计食品工厂而言

$$Q_e = \alpha P_{30}(\mathrm{tg}\ \varphi_1 - \mathrm{tg}\ \varphi_2) \tag{8.8}$$

式中　Q_e——补偿容量,kW；

α——全厂或车间平均负荷系数,可取0.7～0.8；

P_{30}——全厂或车间30 min间隔的最大负荷,即有功计算负荷,kW；

$\mathrm{tg}\ \varphi_1$——补偿前的φ正切值,可取$\cos\varphi_1=0.7 \sim 0.75$；

$\mathrm{tg}\ \varphi_2$——补偿后的φ正切值,可取$\cos\varphi_2=0.9$。

对已经生产的工厂而言

$$Q_e = \frac{W_{max}}{t_{max}}(\mathrm{tg}\ \varphi_1' - \mathrm{tg}\ \varphi_2') \tag{8.9}$$

式中　Q_e——补偿容量,kW；

W_{max}——最大负荷月的有功电能消耗量,kW·h；

t_{max}——最大负荷月的工作小时数,h；

$\mathrm{tg}\ \varphi_1'$——相应于上述月份的自然加权平均相角正切值；

$\mathrm{tg}\ \varphi_2'$——供电部门规定应达到的相角正切值。

计算出全厂用电负荷后,便可确定变压器的容量,一般变压器的容量按全厂总计算负荷的1.2倍计。

8.3.4　供电系统

当食品工厂的动力系统与照明系统同时使用时,电源应可以满足生产及生活要求。供电电压低压采用380/220 V三相四线制,高压一般采用10 kV。当采用两台变压器供电时,在低压侧应该有联络线。

供电系统要和当地供电部门一起商议确定,要符合国家有关规程,安全可靠,运行方便,经济节约。

8.3.5　变配电设施及对土建的要求

8.3.5.1　变电所

变电所是接收、变换、分配电能的场所,是供电系统中极其重要的组成部分。它由变压器、配电装置、保护及控制设备、测量仪表以及其他附属设备和有关建筑物构成。厂区变电所一般分总降压变电所和车间变电所。凡只用于接收和分配电能,而不能进行电压变换的称为配电所。

总压降变电所位置选择的原则是要尽量靠近负荷中心,并应考虑设备运输、电能进线方向和环境情况(如灰尘和水汽影响)等。例啤酒厂的变电所位置一般在冷冻站近邻处。

大型食品厂,由于厂区范围较大,全厂电动机的容量也较大,故需要根据供电部门的供电情况,设置车间变电所。车间变电所如设在车间内部,将涉及车间的布置问题,因而必须根据估算的变压器容量,初步确定预留变电所的面积和位置,最后与供电设计人员洽商决定,并应反映在车间平面布置图上。车间变电所位置选择的原则如下。

(1)应尽量靠近负荷中心,以缩短配电系统中支、干线的长度。

(2)为了经济和便于管理,车间规模大、负荷大的或主要生产车间,应具有独立的变电所。车间规模不大,用电负荷不大或几个车间的距离比较近的,可合设一个车间变电所。

(3)车间变电所与车间的相互位置有独立式和附设式两种方式。独立式变电所设于车间外部,并与车间分开,这种方式适用于负荷分散、几个车间共用变电所,或受车间生产环境的影响(如有易燃易爆粉尘的车间)。附设式变电所附设于车间的内部或外部(与车间相连)。

(4)在需要设置配电室时,应尽量使其与主要车间变电所合设,以组成配电变电所,这样可以节省建筑面积和有色金属的用量,便于管理。但具体位置,要求设备及管线进出方便,避免剧烈振动,符合防火安全要求和通风自然采光等。

8.3.5.2 变配电设施对土建的要求

变、配电设施的土建部分为适应生产的发展,应留有适当的余地,变压器的面积可按放大1~2级来考虑,高、低压配电间应留有备用柜屏的位置(表8.4)。

表8.4 变配电设施对土建的要求

项目	低压配电间	变压器室	高压配电间
耐火等级	三级	一级	二级
采光	自然	不许采光窗	自然
通风	自然	自然或机械	自然
门	允许木质	难燃材料	允许木质
窗	允许木质	难燃材料	允许木质
墙壁	抹灰刷白	刷白	抹灰刷白
地坪	水泥	抬高地坪	水泥
面积	留备用柜位	宜放大1~2级	留备用柜位
层高/m	架空线时≥3.5	4.2~6.3	架空线时≥5

8.3.6 建筑防雷和电气安全

8.3.6.1 防雷

为防止雷害,保证正常生产,应对食品工厂有关建筑物、设备及供电线路进行防雷保护。有效的措施是敷设防雷装置。防雷装置有避雷针、阀式避雷器与羊角间隙避雷器等。避雷针一般用于避免直接雷击,避雷器是用于避免高电位的引入。食品工厂防雷保护范围如下。

(1)变电所　主要保护变压器及配电装置,一为防止直接雷击而装设避雷针,二为防止雷电波的侵袭而装设阀式避雷器。

(2)建筑物　高度在12~15 m以上的建筑物,要考虑在屋顶装设避雷针。

(3)厂区架空线路　主要防止高电位引入的雷害,可在架空线进出的变、配电所的母线上安装阀形避雷器。对于低压架空线路可在引入线电杆上将其瓷瓶铁脚接地。

(4)烟囱　为防止直接雷击需装置避雷针。

食品厂的烟囱、水塔和多层厂房的防雷等级属于第三类建筑,其防雷装置的流散电阻可以为 20 ~ 30 Ω。这类建筑物是否安装防雷装置,可参考表 8.5。

表 8.5　食品工厂建筑防雷参考高度

分区	年雷电日数/d	建筑物需考虑防雷的高度/m
轻雷区	小于 30	高于 24
中雷区	30 ~ 75	平原高于 20,山区高于 15
强雷区	75 以上	平原高于 15,山区高于 12

8.3.6.2　接地

为了保证电气设备能正常、安全运行,必须设有接地。接地装置按作用不同可分为:工作接地、保护接地、重复接地和接零。

(1)工作接地　在正常或事故情况下,为了保护电气设备可靠地运行,而必须在电力系统中某一点(通常是中点)进行接地,称为工作接地。

(2)保护接地　为防止因绝缘损坏使人员有遭到触电的危险,而将与电气设备正常带电部分相绝缘的金属外壳或构架同接地之间做良好的连接的一种接地形式。

(3)重复接地和接零　是将零线上的一点或多点与地再次做金属的连接。而接零是将与带电部分相绝缘的电气设备的金属外壳或构架与中性点直接接地的系统中的零线相互连接。食品工厂的变压器一般是采用三相四线制中性点直接接地的供电系统,故全厂电气设备的接地按接零考虑。

若将全厂防雷接地、工作接地互相连在一起组成全厂统一接地装置时,其综合接地电阻应小于 1 Ω。

电气设备的工作接地,保持接地和保护接零的接地电阻应不大于 4 Ω,三类建筑防雷的接地装置可以共用。自来水管路或钢筋混凝土基础也可作为接地装置。

8.3.7　厂区外线

供电的厂区外线一般采用低压架空线,也有采用低压电缆的,线路的布置应保证路程最短,不迂回供电,与道路和构筑物交叉最少。架空导线一般采用 LJ 形铝绞线。建筑物密集的厂区布线应采用绝缘线。电杆一般采用水泥杆,杆距 30 m 左右,每杆装路灯一盏。

8.3.8　车间配电

食品生产车间多数环境潮湿,温度较高,有的还有酸、碱、盐等腐蚀介质,是典型的湿热带型电气条件。因此,食品生产车间的电气设备应按湿热带条件选择。车间总配电装置最好设在一单独小间内,分配电装置和启动控制设备应防水汽、防腐蚀,并尽可能集中于车间的某一部分。原料和产品经常变化的车间,还要多留供电点,以备设备的调换或移动,机械化生产线则设专用的自动控制箱。

8.3.9 照明

照明设计包括天然采光和人工照明,良好的照明是保证安全生产,提高劳动生产率和保护工作人员视力健康的必要条件。合理的照明设计应符合"安全、适用、经济、美观"的基本原则。

8.3.9.1 人工照明

(1)人工照明类型 人工照明类型按用途可分为常用照明和事故照明。按照明方式可分为:一般照明、局部照明和混合照明三种。一般照明是在整个房间内普遍地产生规定的视觉条件的一种照明方式。当整个房间内的被照面上产生同样的照度,称为均匀一般照明;在整个房间内不同被照面上产生不同的照度称为分区一般照明。局部照明是为了提高某一工作地点的照度而装设的一种照明系统。对于局部地点需要高照度并对照射方向有要求时宜采用局部照明。提灯或其他携带的照明器所构成的临时性局部照明,称为移动照明。混合照明是指一般照明和局部照明共同组成的照明。

(2)照明器选择 照明器选择是照明设计的基本内容之一。照明器选择不当,可以使电能消耗增加,装置费用提高,甚至影响安全生产。照明器包括光源和灯具,两者的选择可以分别考虑,但又必须相互配合。灯具必须与光源的类型、功率完全配套。

1)光源选择 电光源按其发光原理可分为热辐射光源(如白炽灯、卤钨灯等)和气体放电光源(如荧光灯、高压汞灯、高压钠灯、金属卤化合物灯和氙灯等)两类。

选择光源时,首先应考虑光效高、寿命长;其次考虑显色性、启动性能。白炽灯虽部分能量耗于发热和不可见的辐射能,但其结构简单、易启动、使用方便、显色好,故被普遍采用。气体放电光源光效高、寿命长、显色好,日益得到广泛应用,但投资大,起燃难,发光不稳定,易产生错觉,在某些生产场所未能应用。高压汞灯等新光源,因单灯功率大、光效高、灯具少、投资省、维修量少,在食品工厂的原料堆场、煤场、厂区道路使用较多。

当生产工艺对光色有较高要求时,在小面积厂房中可采用荧光灯或白炽灯。在高大厂房可用碘钨灯。当采用非自镇流式高压汞灯与白炽灯做混合照明时,如两者的容量比为2(白炽灯容量/高压汞灯容量)时,有较好的光色。对于一般性生产厂房,白炽灯容量应不小于或接近于高压汞灯容量,此时对操作人员在视觉上无明显不舒适感。

当厂房中灯具悬挂高度达8~10 m时,单纯采用白炽灯照明,将难以达到规定的最低照度要求,此时应采用高压汞灯(或碘钨灯)与白炽灯混合照明。但混合照明不适用于6 m以下的灯具悬挂高度,以免产生照度不匀的眩光。6 m以下应使用白炽灯或荧光灯管(日光灯),高压汞灯宜用于高度7 m以上的厂房。

2)灯具选择 在一般生产厂房,大多数采用配照型灯具及深照型灯具。配照型适用于高度6 m以下的厂房,深照型适用于高度7 m以上的厂房。高压水银荧光灯泡通常也采用深照型灯具。如用荧光灯管也应装灯罩,因为加装灯罩是为了使光源能经济合理的使用,可使光线得到合理分布,且可保护灯泡少受损坏和减少灰尘。

食品工厂常用的主要灯具有:荧光灯具选用 YG_1 型;白炽灯具在车间者选用 GC_1 系列

配照型、GC_3 系列广照型、GC_5 系列深照型、GC_9 广照型防水防尘灯、GC_{17} 圆球形工厂灯；在走廊、门顶、雨棚者选用 JXD_{3-1} 半扁罩型吸顶灯；对于临时检修、安装、检查等移动照明，选用 GC_{30}-B 胶柄手提灯。

3）灯具排列　灯具行数不应过多，灯具的间距不宜过小，以免增加投资及线路费用。灯具的间距 L 与灯具的悬挂高度 h 较佳比值（L/h）及适用于单行布置的厂房最大宽度见表 8.6。

表 8.6　L/h 值和单行布置灯具厂房最大宽度

灯具形式	L/h 值（较佳值）		适用单行布置的厂房最大宽度
	多行布置	单行布置	
深照型灯	1.6	1.5	1.0 h
配照型灯	1.8	1.8	1.2 h
广照型、散照型灯	1.3	1.9	1.3 h

（3）照明电压　照明系统的电压一般为 380/220 V，灯用电压为 220 V。有些安装高度很低的局部照明灯，一般可采用 24 V。当车间照明电源是三相四线时，各相负荷分配应尽量平衡，负荷最大的一相与负荷最小的一相负荷电流不得超过 30%。车间和其他建筑物的照明电源应与动力线分开，并应留有备用回路。车间内的照明灯，一般均由配电箱内的开关直接控制。在生产厂房内还应装有 220 V 带接地极的插座，并用移动变压器降压至 36（或 24）V 供检修用的临时移动照明。

8.3.9.2　照度计算

当灯具形式、光源种类及功率、布灯方案等确定后，需由已知照度求灯泡功率，或由已知灯泡功率求照度。照度计算采用利用系数法。利用系数为受照表面上的光通与房间内光源总光通之比。它考虑了光通的直射分量和反射分量在水平面上产生的总照度，多用于计算均匀布置照明器的室内一般照明。

$$K_L=\frac{\varphi_L}{\varphi_Z}=\frac{\varphi_L}{n\varphi} \tag{8.10}$$

式中　K_L——利用系数；

φ_L——水平面上的理论光通量，lm；

φ_Z——房间内总光通量，lm；

φ——每一照明器产生的光通量，lm；

n——房间内布置灯具数。

工作水平面上的理论平均照度 E_P（lx）为：

$$E_P=\frac{\varphi_L}{S} \tag{8.11}$$

式中　S——工作水平面的面积，m^2。

将 $\varphi_L=K_L n\varphi$ 代入（8.11），得：

$$E_P = \frac{n\varphi K_L}{S} \tag{8.12}$$

考虑光源衰减,照明器污染和陈旧以及场所的墙和棚污损而使光反射率降低等因素,使工作面上实际所受的光通量减少,故工作面上实际光通量为:

$$\varphi_S = K_f \varphi_L = K_f K_L n\varphi \tag{8.13}$$

式中 φ_S——工作面上实际光通量,lm;

K_f——照明维护系数,清洁环境0.75,一般环境0.70,污秽环境0.65。

工作面上实际平均照度为:

$$E_S = \frac{\varphi_S}{S} = \frac{K_f K_L n\varphi}{S} \tag{8.14}$$

利用系数 K_L 可查阅“工厂供电”或有关电气照明器的利用系数表。照明设计时对于潮湿和水汽大的工段,应考虑防潮措施。食品工厂各类车间或工段的最低照明度要求,参见表8.7。

表8.7 食品工厂最低照度要求

部门名称		光源	最低照度/lx
主要生产车间	一般	日光灯	100~120
	精细操作工段	日光灯	150~180
包装车间	一般	日光灯	100
	精细操作工段	日光灯	150
原料、成品库		白炽灯或日光灯	50
冷库		防潮灯	10
其他仓库		白炽灯	10
锅炉房、水泵房		白炽灯	50
办公室		日光灯	60
生活辅助间		日光灯	30

8.3.10 仪表控制和自动调节

8.3.10.1 概述

随着生产的发展和技术水平的日益提高,食品生产中要求进行仪表控制和自动调节的场合日渐增多,控制和调节的参数或对象主要有温度、压力、液位、流量、浓度、密度,称量、计数及速度调节等。如罐头杀菌温度自控、浓缩物料浓度自控、饮料生产中的自动配料、奶粉生产中的水分含量自控以及供汽制冷系统的控制和调节等。

食品工厂自控设计就是根据食品生产工艺要求及对象的特点,正确选择检测仪表和自控系统,确定检测点、位置和安装方式,对每个仪表和调节器进行检验和参数鉴定,对整个系统按“全部手动控制→局部自动控制→全部自动控制”的步骤运行。

8.3.10.2　自控设备的选择

一个自控调节系统的功能装置主要由参数测量和变送(一次仪表)→显示和调节(二次仪表)→执行调节(执行机构)3个部分组成。其中与食品生产工艺关系最为密切的是执行机构(调节阀)。

(1)气动薄膜调节阀　气动薄膜调节阀是气动单元组合仪表的执行机构,在配用电气转换器后,也可作为电动单元组合仪表的执行机构。其优点是结构简单、动作可靠、维修方便、品种较全、防火防爆等,缺点是体积较大、比较笨重。

(2)气动薄膜隔膜调节阀　这种调节阀适用于有腐蚀性、黏度高及有悬浮颗粒的介质的控制调节。

(3)电动调节阀　电动调节阀是以电源为动力,接受统一信号0~10 mA或触点开关信号,改变阀门的开启度,从而达到对压力、温度、流量等参数的调节。电动调节阀可与DF-1型和DFD-09型电动操作器配合,作自动←→手动的无扰动切换。

(4)电磁阀　电磁阀是由交流或直流电操作的二位式电动阀门,一般有二位二通、二位三通、二位四通及三位四通等。电磁阀只能用于干净气体及黏度小、无悬浮物的液体管路中,如清水、油及压缩空气、蒸汽等。交流电磁阀容易烧坏,重要管路应用直流电磁阀,但要另配一套直流电源。

(5)各型调节阀的选择　在自控系统中,不管选用哪种调节阀,都必须选定阀的公称通径或流通能力“C”值。产品说明中所列的“C”值,是指阀前后压差为9.8×10^{44} Pa,介质密度为1 g/cm^{3}的水,每小时流过阀门的体积数(m^3)。但在实际使用中,由于阀前后压差是可变的,因而流量也是可变的。设C为调节阀流通能力,Q为液体体积流量(cm^3/s),ΔP为阀前后压差(Pa),ρ为液体的密度(g/cm^3),则

$$C=\frac{Q}{\sqrt{\frac{\Delta P}{\rho}}}\qquad 或\qquad Q=C\sqrt{\frac{\Delta P}{\rho}}$$

可见,当ΔP和ρ一定时,相对于最大流量Q_{max},有C_{max};相对于Q_{min},有C_{min}。根据工艺要求的最大流量Q_{max},选择适当的调节阀,使阀的流通能力$C>C_{max}$,同时查调节阀的特性曲线,确定阀门在C_{max}和C_{min}时对应的开度,一般使最小开度不小于10%,最大阀门开度不大于90%。

调节阀除了选定通径、流量能力及特性曲线外,还要根据工艺特性和要求,决定采用电动还是气动,气开式还是气闭式,并要满足工作压力、温度、防腐及清洗方面的要求。电动调节阀仅适用于电动单元调节系统,气动调节阀既适用于气动单元调节系统,也适用于电动单元调节系统,故应用较广。

此外,选择调节阀时,还要注意在特殊情况下如停电、停气时的安全性。电动调节阀在停电时,只能停在当前位置;而气动调节阀,在停气时,则能靠弹簧恢复原位。又如气开式在无气时为关闭状态,气闭式在无气时为开启状态。因此,对不同的工艺管道,要选择不同的阀门。如锅炉进水,就只能选气闭式或电动式,而对于连续浓缩设备的蒸汽调节阀,只能选用气开式。

8.3.10.3　自控系统与电子计算机的应用

食品工厂自动控制可分为开环控制和闭环控制两大类。开环控制的代表是顺序控

制,它是通过预先决定了的操作顺序,按顺序自动进行操作。顺序控制有按时间的顺序控制和按逻辑的顺序控制。传统的顺序控制装置都是时间继电器和中间继电器的组合。随着计算机技术和自动控制技术的发展,新型的可编程序控制器(programmable logic controller,PLC)已开始大量应用于顺序控制。闭环控制的代表是反馈控制,当期望值与被控制量有偏差时,系统判定其偏差的正负和大小,给出操作量,使被控制量趋向期望值。

(1)顺序控制　顺序控制主要应用在食品机械的自动控制。许多食品与包装机械具有动作多、动作的前后顺序分明、按预定的工作循环动作等特点,因而顺序控制对食品与包装机械的自动化是非常适宜的。

尽管食品机械品种繁多,但从自动控制角度分析,其操作控制过程不外乎是一些断续开关动作或动作的组合,它们按照预定的时间先后顺序进行逐步开关操作。这种机械操作的自动控制就是顺序控制。由于它所处理的信号是一些开关信号,故顺序控制系统又称为开关量控制系统。

随着生产的发展和电子技术的进步,顺序控制装置的结构和使用的元器件不断改进和更新。在我国食品机械设备中,目前使用的各种不同电路结构的顺序控制装置可分为接线逻辑式控制装置(继电接触式、电子逻辑电路)和程序控制式控制装置(单片微型计算机、PLC)。

(2)反馈控制　反馈控制系统由控制装置和被控制对象两大部分组成。对被控对象产生控制调节作用的装置称为控制装置。被控对象是指接受控制的设备或过程。一般控制装置包括检测反馈、比较、调节和执行元件。

1)检测反馈元件　检测反馈元件的任务是对系统的被控量进行检测,并把它转换成适当的物理量后,送入比较元件。

2)比较元件　比较元件的作用是将检测反馈元件送来的信号与给定输入进行比较而得出两者的差值。比较元件可能不存在一个具体的元件,而只有起比较作用的信号联系。

3)调节元件　调节元件的作用是将比较元件输出的信号按某种控制规律进行运算。

4)执行元件　执行元件是将调节元件输出信号转变成机械运动,从而对被控对象施加控制调节作用。

(3)过程控制　过程控制是以温度、压力、流量、液位等工业过程状态量作为控制量而进行的控制。在过程控制系统中,一般采用生产过程仪表控制。由于自动化仪表规格齐全,且成批大量生产,质量和精度保证,造价低,这些都为过程仪表控制提供了方便。生产过程仪表控制系统是由自动化仪表组成的,即用自动化仪表的各类产品作为系统的各功能元件组成系统,组成原理仍是闭环反馈系统。

(4)最优控制　最优控制是自动控制生产过程的最优化问题。所谓最优化,是指在一定具体条件下,完成所要求工作的最好方法。最优控制是电子计算机技术大量应用于控制的必然产物。最优控制是控制系统在一定的具体条件下,使其目标函数具有最佳的极值。实现最优化方法很多,有专著论述最优的优化方法。常用方法是变分法、最大值原理法和动态规划法等。最小二乘法就是一种最优化方法,它常用于离散型的数据处理和分析,也常被其他优化方法所吸收。

(5)计算机控制 计算机控制是使数字电子计算机,实现过程控制的方法。计算机控制系统由计算机和生产过程对象两大部分组成,其中包括硬件和软件。硬件是计算机本身及其外围设备;软件是指管理计算机的程序以及过程控制应用程序。硬件是计算机控制的基础,软件是计算机控制系统的灵魂。计算机控制系统本身是通过各种接口及外部设备与生产过程发生关系,并对生产过程进行数据处理及控制。

1)可编程序控制器(PLC) PLC是一种用作生产过程控制的专用微型计算机,它是由继电器逻辑控制发展而来,所以在数字处理、顺序控制方面具有一定的优势。随着微电子技术、大规模集成电路芯片、计算机技术、通信技术等的发展,PLC技术功能得到扩展,在初期的逻辑运算功能的基础上,增加了数值运算、闭环调节功能。运算速度提高、输入输出规模扩大,并开始与网络和工业控制计算机相连。PLC已成为当代工业自动化的主要支柱之一。PLC的基本组成采用典型的计算机结构,由中央处理单元(CPU)、存储器、输入输出接口电路、总线和电源单元等组成。它按照用户程序存储器里的指令安排,通过输入接口采入现场信息,执行逻辑或数值运算,进而通过输出接口去控制各种执行机构动作。

2)集散控制系统 在一个大型企业里,大量信息靠一台大型计算机集中完成过程控制及生产管理的全部任务是不适当的。同时,由于微型计算机价格的不断下降,人们就将集中控制和分散控制协调起来,取各自之长,避各自之短,组成集散控制系统(distributed control system,DCS)。这样既能对各个过程实施分散控制,又能对整个过程进行集中监视与操作。集散控制系统把顺序控制装置、数据采集装置、过程控制的模拟量仪表、过程监控装置有机地结合在一起,利用网络通信技术可以方便地扩展和延伸,组成分级控制。系统具有自诊断功能,及时处理故障,从而使可靠性和维护性大大提高。

3)质量体系实时监测的ERP系统 ERP(enterprise resource planning)为企业资源计划,它是建立在信息技术的基础之上,利用现代企业先进管理思想,全面集成管理平台。目前,食品安全越加重视,食品质量体系的地位也凸显重要。结合质量体系思想的实时监测的食品企业ERP系统的核心是质量管理科学、计算机技术、传感器与检测技术结合的产物,是一种软硬件结合的网络化管理系统。它除了自动检测、实时误差报警提示、转换、计算、分析、描绘、存储、打印等单机功能,还将面向对象、信息集成、专家系统、关系数据库管理系统、图形系统等结合在一起,并以科学的质量管理的思想内涵、标准数据处理方法,与食品生产和检验工艺相结合,从而使质量控制落实到每一个过程,协调一个食品生产或检测过程的多种环节,并对其中的各个环节进行全面量化和质量监控。

8.3.10.4 控制室的设计

控制室是操作人员借助仪表和其他自动化工具对生产过程实行集中监视、控制的核心操作岗位,同时也是进行技术管理和实行生产调度的场所,因此,控制室的设计,不仅要为仪表及其他自动化工具正常可靠运行创造条件,而且还必须为操作人员的工作创造一个适宜的环境。

(1)控制室位置的选择 控制室位置的选择很重要,地点要适中。一般应选在工艺设备的中心地带,与操作岗位易取得联系。在一般情况下,以面对装置为宜,最好坐南朝北，尽量避免日晒。控制室周围不宜有造成室内地面震动、振幅为 0.1 mm（双振幅）/频率为 25 Hz 以上的连续周期性震源。当使用电子式仪表时，注意附近不要造成对室内仪表有 398 A/m（50 e）以上的经常性的电磁场干扰。安装电子计算机的控制室，还应满足电子计算机对室内环境温度、湿度、卫生等条件的要求。

（2）控制室与其他辅助房间　控制室不宜与变压器室、鼓风机室、压缩机室、化学药品库相邻。当与办公室、操作工值班室、生活间、工具间相邻时，应以墙隔开，中间不开门，不相互串通。

（3）控制室内平面布置　控制室内平面布置形式，即仪表盘的排列形式，应该按照生产操作和安装检修要求，结合工艺生产特点，装置的自动化水平和土建设计等条件确定。控制室的区域化分为盘前区和盘后区。

1）盘后区　指仪表盘和后墙围起来的区域，盘后区净宽应不小于 950 mm。

2）盘前区　指盘面、操作台、前墙、门、窗所围起来的区域。不设操作台时，盘面到前墙（窗）净距应不小于 2 000～3 000 mm。如设置操作台，操作人员要监视 3 000 mm 的盘面和盘上离地面 800 mm 左右高的设备，操作台与仪表盘间的距离以取 2 500～3 000 mm 较为合适。在考虑盘前区面积时，要注意操作台与墙（窗）最少也要有 1 000 mm 左右的间距，以供通行。

8.4 供汽系统

食品工厂的供热工程设计一般仅进行供汽系统设计（包括生产用气，采暖和生活用气），一般不涉及热电站设计内容。供汽工程设计由热力设计人员（或部门）来完成。但工艺人员要按生产工艺的要求，提供小时用气量和需要蒸汽的最高压力等数据资料，并对锅炉的选型和台数提出初步意见，作为供汽工程设计的依据。

8.4.1 供汽设计内容及用汽要求

8.4.1.1 设计内容

供汽设计的主要内容有：确定供应全厂生产、采暖和生活用气量，确定供汽汽源，按蒸汽消耗量选择锅炉，按所选锅炉的型号和台数设计锅炉房，锅炉给水及水处理设计，配置全厂的蒸汽管网等。对于食品工厂，生产用蒸汽一般为饱和蒸汽，因此，主要是锅炉房设计。其他行业有些生产要求过热蒸汽，可以考虑热电站的设计，以汽定电，不足的电力则由地区电网供应，以合理利用能源和节约能源。有的则由地区热电站供汽，这些工厂可不考虑锅炉房的设计。

8.4.1.2 用汽要求

蒸汽是食品工厂动力供应的重要组成部分。食品工厂用汽部门主要有生产车间（包括原料处理、配料、热加工、发酵、灭菌等）和辅助生产车间，如综合利用、罐头保温、试制室、浴室、洗衣房、食堂等，罐头保温库要求连续供热。

关于蒸汽压力，除以蒸汽作为热源的热风干燥、真空熬糖、高温油炸等要求 0.8～1.0 MPa外，其他用气压力大多在 0.7 MPa 以下，大部分产品在生产过程中对蒸汽品质的

要求是低压饱和蒸汽，因此蒸汽在使用时需经过减压装置，以确保用汽安全。

为了适应因食品工厂生产的季节性变化而引起的用气负荷波动，食品工厂一般需要配备不少于两台型号相同的锅炉。

8.4.2　锅炉的分类及选择

8.4.2.1　蒸汽锅炉的分类

（1）按用途可分为动力锅炉、工业锅炉和取暖锅炉。动力锅炉所产生的蒸汽供汽轮机作动力，以带动发电机发电，其工作参数（压力、温度）较高；工业锅炉所产生的蒸汽主要供应工艺加热用，多为中、小型锅炉；取暖锅炉所产生的蒸汽或热水供给取暖和一般生活上用，只生产低压蒸汽或热水。

（2）按蒸汽参数可分为低压锅炉、中压锅炉和高压锅炉。低压锅炉的表压力在1.47 MPa以下（15 大气压以下）；中压锅炉的表压力在 1.47 ~ 5.88 MPa（15 ~ 60 大气压）；高压锅炉的表压力在 5.88 MPa 以上（60 大气压以上）。

（3）按蒸发量可分为小型锅炉、中型锅炉和大型锅炉。小型锅炉的蒸发量在 20 t/h 以下；中型锅炉的蒸发量在 20 ~ 75 t/h；大型锅炉的蒸发量在 75 t/h 以上。食品工厂采用的锅炉一般为低压小型工业锅炉。

（4）按锅炉炉体可分为火管锅炉、水管锅炉和水火管混合式锅炉三类。火管锅炉热效率低，一般已不采用，大多采用水管锅炉。

8.4.2.2　锅炉型号的意义

工业锅炉的型号是由 3 个部分组成的，各部分之间用短横线隔开，形如：

$$\underline{\Delta\Delta}\,\underline{\Delta}\,\underline{XX}-\underline{XX}/\underline{XX}-\underline{\Delta}/\underline{X}$$

型号的第一部分分为三段：第一段以两个汉语拼音字母代表锅炉本体形式；第二段用一个字母表示燃烧方式；第三段用阿拉伯数字表示蒸发量（t/h）（热水锅炉的单位是 10^4 kJ/h），或以阿拉伯数字表示废热锅炉的受热面积（m^2）。其第一段和第二段所用代号的意义如表 8.8 和表 8.9 所示。型号的第二部分表示蒸汽参数，斜线上面表示额定工作压力（大气压），斜线下面表示过热蒸汽温度（℃）。若为饱和蒸汽时，则无斜线和斜线下面的数字。型号的第三部分，斜线上面用汉语拼音字母（大写）表示所采用的固体燃料种类，如表 8.10 所示。斜线下面用阿拉伯数字表示变型设计次序。如固体燃料为烟煤，或同时可燃用几种燃料时，型号的第三部分无第一段及斜线。例如：

（1）KZL4-1.25-W　表示卧式快装链条炉排，蒸发量为 4 t/h，额定压力为 1.25 MPa（表压），饱和蒸汽，适于烧无烟煤，按原设计制造的锅炉。

（2）SHF6.5-1.25/350　表示双汽包横置式粉煤锅炉，蒸发量为 6.5 t/h，额定压力为 1.25 MPa（表压），过热蒸汽温度为 350 ℃，适用多种燃烧，按原设计制造的锅炉。

（3）LSG 0.5-0.4-A Ⅲ　表示立式水管固定炉排，额定蒸发量为 0.5 t/h，额定蒸汽压力为 0.4 MPa，蒸汽温度为饱和温度，燃用Ⅲ类烟煤的蒸汽锅炉。

表 8.8　锅炉本体形式代号(摘自 JB/T 1626—2002)

锅炉类型	锅炉本体形式	代号
锅壳锅炉	立式水管	LS
	立式火管	LH
	立式无管	LW
	卧式外燃	WW
	卧式内燃	WN
水管锅炉	单锅筒立式	DL
	单锅筒纵置式	DZ
	单锅筒横置式	DH
	双锅筒纵置式	SZ
	双锅筒横置式	ZH
	强制循环式	QX

注:水火管混合式锅炉,如锅炉主要受热面形式采用锅壳锅炉式时,其本体形式代号为 WW;如锅炉主要受热面形式采用水管锅炉时,其本体代号为 DZ,但应在锅炉名称中明确为“水火管”

表 8.9　锅炉设备形式或燃烧方式代号(摘自 JB/T 1626—2002)

燃烧设备	代号	燃烧设备	代号
固定炉排	G	下饲炉排	A
固定双层炉排	C	抛煤机	P
链条炉排	L	鼓泡流化床燃烧	F
往复炉排	W	循环流化床燃烧	X
滚动炉排	D	室燃炉	S

注:抽板顶升采用下饲炉排的代号

表 8.10　燃料种类代号(摘自 JB/T 1626—2002)

燃料种类	代号	燃料种类	代号
Ⅱ类无烟煤	WⅡ	型煤	X
Ⅲ类无烟煤	WⅢ	水煤浆	X
Ⅰ类烟煤	AⅠ	木材	M
Ⅱ类烟煤	AⅡ	稻壳	D
Ⅲ类烟煤	AⅢ	甘蔗渣	G
褐煤	H	油	Y
贫煤	P	气	Q

8.4.2.3 锅炉的基本规范

锅炉的形式很多,用途很广,规定必要的锅炉基本规范对其产品标准化、通用化以及辅助设备的配套都是有利的。锅炉的基本规范一般是用锅炉的蒸发量、蒸汽参数(指锅炉主蒸汽阀出口处蒸汽的压力和温度)以及给水温度来表示,具体内容参见工业蒸汽锅炉参数系列(GB/T 1921—2004)。

(1)选择锅炉房容量的原则　对于连续式生产流程,食品工厂车间或工段的用气负荷波动范围较小,如酒精厂采用连续蒸煮和连续蒸馏流程。对于间歇式生产流程,则用汽负荷波动范围较大,如饮料厂、罐头厂、乳制品加工厂等。在选择锅炉容量时,若高峰负荷持续时间很长,可按最高负荷时的用气量选择。如果高峰负荷持续的时间很短,可按每天平均负荷的用气量选择锅炉的容量。

在实际设计和生产中,应从工艺的安排上尽量避免最大负荷和最小负荷相差太大,尽量通过工艺的调整(如几台用汽设备的用汽时间错开等),采用平均负荷的用汽量来选择锅炉的容量,是比较经济的。但是,一旦这样选了锅炉,如果生产调度不好,则将影响生产,故应全面考虑。

(2)锅炉房容量的确定　在上述原则的基础上,当锅炉同时供应生产、生活、采暖通风等用汽时,应根据各部门用汽量绘制全部供汽范围内的热负荷曲线,以求得锅炉房的最大热负荷和平均热负荷。但实际上多采用公式来计算。

1)最大计算热负荷　根据生产、采暖通风、生活需要的热负荷,计算出锅炉的最大热负荷,用来确定锅炉房规模的大小,称为最大计算热负荷。

$$Q=K_0(K_1Q_1+K_2Q_2+K_3Q_3+K_4Q_4) \tag{8.15}$$

式中　Q——最大计算热负荷,t/h;

K_0——管网热损失及锅炉房自用蒸汽系数;

K_1——采暖热负荷同时使用系数;

K_2——通风热负荷同时使用系数;

K_3——生产热负荷同时使用系数;

K_4——生活热负荷同时使用系数;

Q_1——采暖最大热负荷,t/h;

Q_2——通风最大热负荷,t/h;

Q_3——生产最大热负荷,t/h;

Q_4——生活最大热负荷,t/h。

在计算时,应对全厂热负荷做具体分析,有时将几个车间的最大热负荷出现时间错开,则其中一项可不予计入。计算热负荷时,应根据全厂的热负荷资料,分析研究,切忌盲目机械累加,造成锅炉房容量过大。

锅炉房自用汽(包括气泵、给水加热、排污、蒸汽吹灰等用汽)一般为全部最大用汽量的3%~7%(不包括热力除氧)。厂区热力网的散热及漏损,一般为全部最大用汽量的5%~10%。

2)平均计算热负荷　包括采暖、通风、生产、生活及锅炉房平均热负荷。

采暖平均热负荷:

$$Q_1^{pi}=\varphi_1 Q_1 \tag{8.16}$$

式中 Q_1^{pi}——采暖平均热负荷,t/h;

φ_1——采暖系数,取0.5～0.7,或按下列公式计算:

$$\varphi_1=\frac{t_n-t_{pi}}{t_n-t_w} \tag{8.17}$$

式中 t_n——采暖室内计算温度,℃;

t_{pi}——采暖期室外平均温度,℃;

t_w——采暖期采暖(或通风)室外计算温度,℃。

通风平均热负荷:

$$Q_2^{pi}=\varphi_2 Q_2 \tag{8.18}$$

式中 Q_2^{pi}——通风平均热负荷,t/h;

φ_2——通风系数,取0.5～0.8。

生产平均热负荷:全厂的生产平均热负荷 Q_3^{pi} 为各车间平均热负荷之和。

生活平均热负荷:生活热负荷包括浴室、开水炉、厨房等用热。由有关专业如水道,暖通提交的生活热负荷,一般可视为最大小时热负荷,即最大班时集中在1 h内的热负荷。全厂生活平均热负荷可近似地按下式计算:

$$Q_4^{pi}=\frac{1}{8}Q_4 \tag{8.19}$$

式中 Q_4^{pi}——生活平均热负荷,t/h;

锅炉房平均热负荷:

$$Q^{pi}=K_0(Q_1^{pi}+Q_2^{pi}+Q_3^{pi}+Q_4^{pi}) \tag{8.20}$$

式中 Q^{pi}——锅炉房平均热负荷,t/h;

3)年热负荷 包括采暖、通风、生产、生活及锅炉房年热负荷。

采暖年热负荷:

$$D_1=24n_1Q_1^{pi} \tag{8.21}$$

式中 D_1——采暖年热负荷,t/a;

24——三班制每昼夜采暖小时数,一、二班制时,则分别取8、16,但需增加一部分空班时的保温用热负荷;

n_1——采暖天数。

通风年热负荷:

$$D_2=8n_2SQ_2^{pi} \tag{8.22}$$

式中 D_2——通风年热负荷,t/a;

8——每班工作小时数;

n_2——通风天数,一般 $n_2=n_1$;

S——每昼夜工作班次数。

生产年热负荷:

$$D_3=8n_3SQ_3^{pi} \tag{8.23}$$

式中 D_3——生产年热负荷,t/a;

n_3——年工作天数(300～330 d)。

生活年热负荷:

$$D_4 = 8n_4SQ_4^{pi}(\text{t/a}) \tag{8.24}$$

式中　D_4——生活年热负荷，t/a。

锅炉房年热负荷：

$$D_0 = K_0(D_1 + D_2 + D_3 + D_4) \tag{8.25}$$

式中　D_0——锅炉房年热负荷，t/a。

8.4.2.4　锅炉工作压力的确定

选择锅炉、确定锅炉容量后，应确定蒸汽压力。锅炉蒸汽分饱和蒸汽和过热蒸汽，饱和蒸汽的压力和温度有对应的关系，而过热蒸汽在同一压力下，由于过热量的不同，温度也不同。如我国大多发酵工厂均采用饱和蒸汽，用汽压力最高的一般是蒸煮工段，且由于所用原料不同，所需的最高压力也不同。锅炉工作压力的确定，应根据使用部门的最大工作压力和用汽量，管线压力降及受压容器的安全来确定。一般比使用部门的最大工作压力高出 0.29～0.49 MPa 比较适合。据此，我国目前食品工厂一般使用低压锅炉，其蒸汽压力一般不超过 1.27 MPa。即使确定了锅炉的蒸汽压力，还应根据使用部门的用汽参数，来供应经过调整温压的蒸汽。

8.4.2.5　锅炉类型与台数的选定

锅炉形式的选择，要根据全厂的用气负荷的大小、负荷随季节变化的曲线、所要求的蒸汽压力以及当地供应燃料的品质，并结合锅炉的特性，按照高效低耗、节能减排、操作和维修方便等原则加以确定。

食品厂应特别避免采用沸腾炉的煤粉炉，因为这两种形式的锅炉容易造成煤屑和尘土的大量飞扬，影响卫生。设计时还要注意遵守不同城市建设部门的具体要求，如广州等地规定在城区只可使用燃油锅炉或燃气锅炉，不得使用燃煤锅炉。一般食品厂用锅炉的燃烧方式应优先考虑链条炉排。

食品工厂的工业锅炉目前都采用热效率高，省燃料的水管式锅炉，火筒锅炉已被淘汰。水管锅炉的选型及台数确定，需综合考虑下列各点。

(1)锅炉类型的选择，除满足蒸汽用量和压力要求外，还要考虑工厂所在地供应的燃料种类。

(2)同一锅炉房中，应尽量选择型号、容量、参数相同的锅炉。

(3)全部锅炉在额定蒸发量下运行时，应能满足全厂实际最大用汽量和热负荷的变化。

(4)新建锅炉房安装的锅炉台数应根据热负荷调度，锅炉的检修和扩建可能而定，采用机械加煤的锅炉，一般不超过四台；采用手工加煤的锅炉，一般不超过三台。对于连续生产的工厂，一般设置备用锅炉一台。

8.4.3　锅炉房的布置和对土建的要求

8.4.3.1　锅炉房在厂区中的布置

为解决大气污染问题，我国部分锅炉用燃料正在由煤向油逐步转变，但目前仍有为数不少的食品工厂在烧煤。烧煤锅炉烟囱排出的气体中，含有大量的灰尘和煤屑，造成环境污染。同时，煤堆场也容易对周围环境带来污染。所以，从食品工厂卫生角度考虑，锅炉房在厂区的位置应选在对生产车间影响最小的地方,具体要满足如下要求。

(1)锅炉房不宜布置在工厂前区或主要干道旁,以免影响厂容整洁。

(2)锅炉房应处在厂区和生活区常年主导风的下风向,以减少烟灰对环境的污染,使生产车间污染系数最小。

(3)尽可能靠近用气负荷中心,以缩短送汽管道。

(4)有足够的煤和灰渣堆场,同时锅炉房必须有扩建余地。

(5)与相邻建筑物的间距应符合防火规程和卫生标准,锅炉房不宜和生产厂房或宿舍相连。

(6)锅炉房的朝向应考虑通风、采光、防晒等方面的要求。

8.4.3.2 锅炉房个体布置及土建要求

锅炉机组原则上应采用单元布置,即每只锅炉单独配置鼓风机、引风机、水泵等附属设备。锅炉房附属的锅炉间、水泵间、水处理间和化验室等应建在同一建筑物内。烟囱及烟道的布置应力求使每台锅炉抽力均匀并且阻力最小。烟囱离开建筑物的距离,应考虑到烟囱基础下沉时,不致影响锅炉房基础。锅炉房顶部最低结构与锅炉最高操作点的距离不应小于2 m。锅炉房前墙与锅炉前端的距离不应小于3 m,对于需要在炉前操作的锅炉,其炉前区长度要比燃烧室长2 m。不需要在侧面操作的锅炉,其通道宽不小于1 m,需要在侧面操作的锅炉,如在4 t/h以下,其通道宽不小于2 m;如在4 t/h以上,其通道宽不小于2.5 m。锅炉侧面和后端不需要操作时,其通道不应小于0.8 m。锅炉房采用楼层布置时,操作层楼面标高不宜低于4 m,以便出渣和进行附属设备的操作。

锅炉房应结合门窗位置,设有通过最大搬运体的安装孔。锅炉房操作层楼面荷重一般为1.2 t/m^2,辅助间楼面荷重一般为0.5 t/m^2,荷载系数取1.2。在安装震动较大的设备时,应考虑防震措施。锅炉房每层至少设2个分别在两侧的出入口,其门向外开。锅炉房的建筑应避免采用砖木结构,而采用钢筋混凝土结构,当屋面自重大于120 kg/m^{2}时,应设气楼。

8.4.4 烟囱及烟道除尘

锅炉烟囱的口径和高度首先应满足锅炉的通风。即烟囱的抽力应大于锅炉及烟道的总阻力,并有20%的余量。其次,烟囱的高度还应满足环境卫生要求。烟尘与二氧化硫在烟囱出口处的允许排放量与烟囱的高度相关,国家规定了不同装机容量情况下烟囱的最低允许高度,具体参见锅炉大气污染物排放标准(GB 13217—2001)中燃煤、燃油锅炉烟囱最低允许高度。

烟囱材料大多采用砖砌,其优点在于取材容易,造价较低,使用期限厂,不需经常维修。但烟囱高度若超过50 m或在7级以上的地震区,最好采用钢筋混凝土烟囱。

我国大气污染防治法规定,向大气排放粉尘的排污单位,必须采取除尘措施。锅炉烟气中带有飞灰及部分未燃尽的燃料和二氧化硫,这不但给锅炉机组受热面及引风机造成磨损,而且增加大气环境污染。为此,在锅炉出口与引风机之间应装设烟囱气体除尘装置。一般情况下,可采用锅炉厂配套供应的除尘器。但要注意,当采用湿式除尘器时,应避免由于产生废水而导致公害转移的现象。锅炉大气污染物排放标准GB 13271—2001中规定了锅炉烟气中烟尘、二氧化硫和氮氧化物的最高排放浓度和烟气黑度限值,设计者应随时查阅参考。同时注意国标随时间的推移，根据需要进行修订，设计者应注意采用最新标准。

8.4.5　锅炉的给水处理

锅炉属于特殊的压力容器。水在锅炉中受热蒸发成蒸汽，原水中的矿物质会结成水垢留在锅炉内壁，影响锅炉的传热效果，严重时会影响锅炉的运行安全。因此，锅炉给水和炉水的水质应符合低压锅炉水质标准要求，以保证锅炉的安全运行。具体参见工业锅炉水质标准（GB 1576—2008）。

一般自来水均达不到上述标准的要求，需进行软化处理。所选用的处理方法必须保证锅炉的安全运行，同时保证蒸汽品质符合食品卫生要求。水管锅炉一般采用炉外化学处理法。炉内水处理法（防垢剂法）在国内外也有采用。炉外化学处理法以离子交换软化法用得较广，其成熟的设备为离子交换器，离子交换器使水中的钙、镁离子被置换，从而使水得到软化。对于不同的水质，可以分别采用不同形式的离子交换器。

8.4.6　煤及灰渣的储运

8.4.6.1　锅炉燃煤量计算

（1）锅炉房每小时最大耗煤量

$$B=\frac{D(i-i_t)+D_{np}(i'+i_t)}{Q_d^g\eta} \tag{8.26}$$

式中　B——锅炉每小时最大耗煤量，kg/h；

D——蒸汽的最大生产量，kg/h；

i——蒸汽热焓，kJ/kg；

i_t——给水热焓，kJ/kg；

D_{np}——排污水量，kg/h；

i'——排污水热焓，kJ/kg；

Q_d^g——煤的低位发热量，kJ/kg；

η——锅炉热效率，%。

（2）锅炉房年耗煤量　如略去排污部分热量，则年耗煤量按式（8.27）计算（燃料用重油时计算相同）：

$$B_0=\frac{(1.1\sim1.2)D_0(i'-i_t)}{Q_d^g\eta}\times100 \tag{8.27}$$

式中　B_0——锅炉房年耗煤量，t/a；

1.1～1.2——考虑运输上、使用上不均衡损耗等因素的富裕系数；

D_0——锅炉房年热负荷，计算见式 6-25，kg/a；

i——蒸汽热焓，kJ/kg；

i_t——给水热焓，kJ/kg；

Q_d^g——煤或重油的低位发热量，kJ/kg；

η——锅炉热效率，%。

（3）锅炉房最冷月的昼夜耗煤量　如三班制工作，则锅炉房在最冷月的昼夜耗煤量可近似地按下式估算：

$$B_1 = 20B \tag{8.28}$$

式中　B_1——最冷月昼夜耗煤量，吨/昼夜。

（4）锅炉房最冷月耗煤量

$$B_2 = 30B_1 \tag{8.29}$$

式中　B_2——最冷月耗煤量，吨/月。

锅炉房年耗煤量和最冷月耗煤量是总平面布置设计的必要资料，昼夜耗煤量和小时最大耗煤量是设计机械化运煤的依据。

当 Q_d^g=21 000～25 000 kJ/kg 时，可按每吨煤产生的蒸汽量来估算耗煤量。当锅炉效率分别为 80%、75%、65%、60% 和 50% 时，每吨煤可分别产生蒸汽 7～8.5 t、6～8 t、5.5～6.5 t、4.5～5.6 t 和 4～5 t。

8.4.6.2　储煤场

储煤场需根据锅炉房的燃煤量，产煤区及运输条件等因素来确定储存的煤量。一般情况下，煤场的存煤量可按 25～30 d 的煤耗量考虑，粗略估算每 1 t 煤可产 6 t 蒸汽。煤场一般为露天堆场，位置应设在锅炉房常年主导风向的下方，在多雨地区需考虑设置防雨干煤棚，储存 7 d 以下的耗煤量。煤场的转运设备是将运输工具上的煤卸至储煤场和将煤送至锅炉房的上煤系统的设备，可根据锅炉房的规模选用人工翻斗手推车、装载机、铲车或移动式皮带输送机等。储煤场的面积可按下式计算：

$$F = \frac{24BMK}{HYQ} \tag{8.30}$$

式中　F——储煤场面积，m^2；

B——锅炉房平均每小时耗煤量，kg/h；

M——煤的储存天数，d；

K——煤场内过道占用面积系数，取 1.5～1.6；

H——煤的堆高，m；

Y——煤的堆积质量，t/m^3；

Q——堆角系数，取 0.8～0.9。

煤堆不能过高，否则煤中水分不易发散，积聚热量，易引起自燃。

8.4.6.3　锅炉房灰渣量

根据计算耗煤量的公式，可以相应地计算灰渣量。

$$A_0 = B_0\left(\frac{A^g}{100} + \frac{q_4 Q_d^g}{8\ 100 \times 100}\right) \tag{8.31}$$

$$A_1 = B_1\left(\frac{A^g}{100} + \frac{q_4 Q_d^g}{8\ 100 \times 100}\right) \tag{8.32}$$

$$A_2 = B_2\left(\frac{A^g}{100} + \frac{q_4 Q_d^g}{8\ 100 \times 100}\right) \tag{8.33}$$

$$A = B\left(\frac{A^g}{100} + \frac{q_4 Q_d^g}{8\ 100 \times 100}\right) \tag{8.34}$$

式中　A_0，A_1，A_2，A——灰渣的年/(t/a)、昼夜/(t/昼夜)、月/(t/月)、小时/(t/h)产量；

A^g——燃料中灰分含量,%;

q_4——未完全燃烧的损失,%。

当使用烟煤或无烟煤时,灰渣产量可按耗煤量的25%~30%近似估算(也有按22%估算)。

锅炉在两台以下时用人工手推车将渣运至渣场,多台锅炉时可用框链出渣机、刮板出渣机、耐热胶带输送机将渣运至渣场。渣场的储量一般按不少于5 d的最大灰渣量考虑。

8.5 采暖与通风

食品工厂采暖通风的目的是改善工人的劳动条件和工作环境,满足某些产品的工艺要求,防止建筑物发霉,改善工厂卫生。采暖与通风设计的主要内容包括车间或生活室的冬季采暖、夏季空调或降温,某些食品生产过程中的保温(罐头成品的保温库)或干燥(脱水蔬菜的烘房),某些设备或车间的排气与通风以及某些物料的风力输送等。总之,采暖与通风工程的服务对象既涉及人,也涉及产品、设备和厂房。

8.5.1 采暖与防暑

8.5.1.1 采暖标准与设计原则

(1)采暖标准　按照《工业企业设计卫生标准》规定(GBZ 1—2002),凡近10年每年最冷月份平均气温≤8 ℃在3个月及3个月以上的地区应集中采暖;出现≤8 ℃为两个月以下的地区应局部采暖。食品厂的供暖也可按此标准执行,设计时应查阅全国各主要城市室外气象资料。但还应考虑到不同生产车间的特点,如有的车间热加工较多,车间温度比室外高得多,即使处于集中供暖区,也可以不考虑人工取暖。而非采暖地区某些生产或辅助车间,因使用或卫生方面的要求也需考虑采暖,如更衣室、浴室、医务室、女工卫生室、烘衣房等。

采暖的室内计算温度是指通过采暖应达到的室内温度(采暖温度)。当生产工艺无特殊要求时,按照GBZ 1—2002的规定,冬季车间内工作地点的空气温度应符合表8.11的规定。

采暖地区的生产辅助用室冬季室温不得低于表8.12中的规定。当冬季采暖室外计算温度等于或小于-20 ℃时,为防止车间大门长时间或频繁开放而受冷空气侵袭,应根据具体情况设置门斗、外室或热空气幕。

(2)采暖设计一般原则

1)设计集中采暖时,生产厂房工作地点的温度和辅助用室的室温应按现行的《工业企业设计卫生标准》执行;在非工作时间内,如生产厂房的室温必须保持在0 ℃以上时,一般按5 ℃考虑值班采暖;当生产工艺有特殊要求时,采暖温度则应按工艺要求而定。如:蔬果罐头的保温间为25 ℃,肉禽水产罐头的保温间为37 ℃。

2)设置集中采暖的车间,如生产对室温没有要求,且每名工人占用的建筑面积超过100 m^2时,不宜设置全面采暖系统,但应在固定工作地点和休息地点设局部采暖装置。

3)设置全面采暖的建筑物时,围护结构的热阻应根据技术经济比较结果确定,并应保证室内空气中水分在围护结构内表面不发生结露现象。

4)采暖热媒的选择应根据厂区供热情况和生产要求等,经技术经济比较后确定,并应最大限度地利用废热。如厂区只有采暖用热或以采暖用热为主时,一般采用高温热水为热媒;当厂区供热以工艺用蒸汽为主,在不违反卫生、技术和节能要求的重要条件下,也可采用蒸汽作为热媒。

表 8.11　冬季工作地点的采暖温度

劳动强度/分级	采暖温度/ ℃
Ⅰ	18 ~ 21
Ⅱ	16 ~ 18
Ⅲ	14 ~ 16
Ⅳ	12 ~ 14

注:表中劳动强度的分级可以参考 GBZ 1—2002 中附录 B 的方法确定

表 8.12　冬季辅助用室的温度

辅助用室名称	气温/ ℃
厕所、盥洗室	12
食堂	14
办公室、休息室	18 ~ 20
技术资料室	20 ~ 22
存衣室	18
淋浴室	25 ~ 27
更衣室	23

注:当工艺或使用条件有特殊要求时,各类建筑物的室内温度,可参照有关专业标准、规范的规定执行

8.5.1.2　采暖系统的形式与热媒的选择

(1)采暖系统的形式　采暖系统可分为热水采暖、蒸汽采暖和热风采暖 3 种形式。

1)热水采暖系统　包括低温热水采暖系统(水温<100 ℃),高温热水采暖系统(水温>100 ℃)。也可按循环动力的不同,分为重力循环系统和机械循环系统,还可按供回水方式分为单管和双管两种系统。如单管上供下回式重力循环热水采暖系统,其适用范围为作用半径不超过 50 m 的多层建筑。主要特点是升温慢、作用压力小、管径大、系统简单、不消耗电能,系统稳定性好,可缩短锅炉中心与散热器中心的距离。

2)蒸汽采暖系统　包括低压蒸汽采暖系统(气压≤70 kPa),高压蒸汽采暖系统(气压≥100 kPa)。如双管下供下回式低压蒸汽采暖系统,其适用范围为室温需调节的多层建筑。主要特点是可以缓和上热下冷现象,供汽立管需加大,需设地沟、室内顶层无供汽干管,美观。

3)热风采暖系统　包括集中送风系统(集中设置风机和加热器,通过风道向各房间送暖风),暖风机系统(分散设置暖风机采暖)。

在采暖系统中,根据供回水(气)干管的不同位置还可分为上供下回、下供下回和中供式等不同形式的系统。

(2)热媒的选择　食品生产厂房及辅助生产建筑的采暖热媒,应根据采暖地区采暖期的长短、采暖面积大小来确定,应优先考虑利用市政采暖系统供热网。食品工厂的采暖热媒主要分为热水和蒸汽两种。热水分为不超过 95 ℃的热水、不超过 110 ℃的热水和不超过 130 ℃的热水。蒸汽分为低压蒸汽(压力≤70 kPa)和高压蒸汽(压力>70 kPa,一般采用压力为 1.2 MPa 的蒸汽)。

食品工厂生活区常用热水作为热媒，在生产车间中，如生产工艺中的用气量远远超过采暖用气量时，则车间采暖一般选择蒸汽作为热媒，工作压力0.2 MPa。当采用的热媒为热水时，厂区应设置集中的热交换站。热交换站应设在锅炉房内或其附近。当采暖热媒为蒸汽时，锅炉房内宜设置凝结水箱，以便各车间的采暖凝结水可自流回锅炉房；若锅炉房内设置困难时，应在锅炉房就近设置冷凝水回收站。

食品厂内的采暖方式有热风采暖、散热器采暖和辐射采暖等形式。当单元体积大于3 000 m^3时，以热风采暖为好，在单元体积较小的场合，大多采用散热器采暖方式。热风采暖时，工作区域风速宜为0.1～0.3 m/s，热风温度为30～50 ℃，送风的最高温度不得超过70 ℃。送风口高度一般不要低于3.5 m。设计热风采暖时，应防止强烈气流直接对人产生不良影响。

(3)采暖的防火防爆要求

1)在散发可燃粉尘、纤维的厂房内，散热器采暖的热媒温度不应过高，热水采暖不应超过130 ℃，蒸汽采暖不应超过110 ℃。储藏易爆材料和物质的房间，热媒温度高于130 ℃的散热器应设置遮热板。遮热板应采用非燃材料制作，且距散热器不小于100 mm。

2)生产过程中散发的可燃气体、蒸汽、粉尘与采暖管道，散热器表面接触能引起燃烧的厂房以及生产过程中散发的粉尘受到水、水蒸气的作用能引起自燃、爆炸以及受到水、水蒸气的作用能产生爆炸性气体的厂房都应采用不循环使用的热风采暖。

3)房间内有与采暖管道接触能引起燃烧爆炸的气体、蒸汽或粉尘时，采暖管道不应穿过，如必须穿过，应采用非燃材料隔热。

4)温度不超过100 ℃的采暖管道通过可燃构件时，应与构件保持不小于50 mm距离；温度超过100 ℃的采暖管道，应保持不小于100 mm距离并采用非燃材料隔热。

5)在全新风直流式送风系统中，可采用无明火的管状电加热器，加热器应设在通风机室内，电加热器后的总风道上应设止回阀，并应考虑无风断电的保护措施。

8.5.1.3 采暖耗热计算

采暖耗热概略计算时，可采用下式。如需精确计算热耗量，请参阅《采暖通风与空气调节设计规范》GB50019—2003)。

$$Q=PV(t_{en}-t_{ow}) \tag{8.35}$$

式中 Q——耗热量，kJ/h；

P——热指标，kJ/(m^2·h·K)，有通风车间$P\approx1.0$，无通风车间$P=0.8$；

V——房间体积，m^3；

t_{en}——室内计算温度，K；

t_{ow}——室外计算温度，K。

8.5.1.4 防暑

在食品工厂设计时，需要考虑夏季的防暑降温(特别是南方地区)。当工厂作业地点气温≥37 ℃时应采取局部降温和综合防暑措施，并注意以下几方面问题。

(1)工艺流程的设计时应考虑使操作人员远离热源，同时根据其具体条件采取必要的隔热降温措施。

(2)厂房的朝向,应根据夏季主导风向对厂房能形成穿堂风或能增加自然通风的风压作用确定。厂房的迎风面与夏季主导风向应成60°~90°夹角,最小不小于45°角。

(3)热源的布置应尽量布置在车间的外面;采用热压为主的自然通风时,热源尽量布置在天窗的下面;采用穿堂风为主的自然通风时,热源应尽量布置在夏季主导风向的下风侧;热源布置应便于采用各种有效的隔热措施和降温措施。

(4)热车间应设有避风的天窗,天窗和侧窗应便于开关和清扫。

(5)当室外实际气温等于本地区夏季通风室外计算温度时,工厂中散热量小于23 W/(m^3·h)的车间不得超过室外温度3 ℃;散热量23~116 W/(m^3·h)的车间不得超过室外温度5 ℃;散热量大于116 W/(m^3·h)的车间不得超过室外温度7 ℃。

(6)高温作业车间应设有工间休息室,设有空调的休息室室内气温应保持在25~27 ℃。特殊高温作业,如高温车间天车驾驶室、车间内的监控室、操作室等应有良好的隔热措施。

(7)车间作业地点夏季空气温度,应按车间内外温差计算。其室内外温差的限度,应根据实际出现的本地区夏季通风室外计算温度确定,不得超过表8.13的规定。

表8.13 车间内工作地点的夏季空气温度规定

夏季通风室外计算温度(℃)分级	22及以下	23	24	5	26	27	28	29~32	33及以上
工作地点与室外温差/℃	10	9	8	7	6	5	4	3	2

8.5.2 通风与空气调节

8.5.2.1 通风设计基本知识

(1)自然通风　自然通风是利用厂房内外空气密度差引起的热压或风力造成的风压来促使空气流动,进行通风换气。为节约能耗和减少噪声,工厂设计时应尽可能优先考虑自然通风。为此,要从建筑物间距、朝向、内隔墙、门、窗和气楼的设置等方面加以考虑,使之最有利于自然通风。同时,在采用自然通风时,也要从卫生角度考虑,防止外界有害气体或粉尘的进入。

(2)人工通风　食品工厂的人工通风是通过机械通风实现的,因此常称为机械通风。在自然通风达不到应有的要求时要采用机械通风。当夏季工作地点的气温超过当地夏季通风室外计算温度3 ℃时,每人每小时应有的新鲜空气量不少于20~30 m^3,而当工作地点的气温大于35 ℃时,应设置岗位吹风,吹风的风速在轻作业时为2~5 m/s,重作业时为3~7 m/s,在有大量蒸汽散发的工段,不论其气温高低,均需考虑机械排风。机械通风有两种方式,即局部排风和全面通风。

1)局部排风　在排风系统中,以装设局部排风最为有效,最为经济。局部排风应根据工艺生产设备的具体情况及使用条件,并视所产生有害物的特性,来确定有组织的自然排风或机械排风。食品生产的热加工工段,有大量的余热和水蒸气散发,造成车间温度升高,湿度增加,并引起建筑物的内表面滴水、发霉,并严重影响劳动环境和卫生。为此,对这些工段需要采取局部排风措施,以改善车间条件。

小范围的局部排风一般采用排气风扇或通过排风罩接风管来实现,如果设计合理,则采用较小的排风量就能获得良好的效果。但排风扇的电动机是在湿热气流下工作,易出故障。故较大面积的工段或温度较高的工段,常采用离心风机排风。因离心机的电动机基本上在自然气流状态下工作,运转比较可靠。

一些设备如烘箱、烘房、排气箱、预煮机等,可设专门的封闭排风管直接排出室外:有些设备开口面积大,如夹层锅、油炸锅等,不能接封闭的风管,可加设伞形排风罩,然后接风管排出室外。但对于易造成大气污染的油烟气或其他化学性有害气体,应设立油烟过滤器等装置进行处理后再排入大气。

2)全面通风　当利用局部通风或自然通风不能满足要求时,应采用机械全面通风。全面通风设计时,如室内同时散发几种有害物质时,全面通风的换气量取其中的最大值。在气流组织设计时,全面通风进、排风应避免将含有大量热、蒸汽或有害物质的空气流入没有或仅有少量热、蒸汽或有害物质的作业地带。

采用全面排风排出有害气体和蒸汽时,应由室内有害气体浓度最大的区域排出。放散的气体较空气轻时,应从上部排出;放散的气体较空气重时,应从上、下部同时排出,但气体温度较高或受车间散热影响产生上升气流时,应从上部排出;当挥发性物质蒸发后,使周围空气冷却下沉或经常有挥发性物质洒落地面时,应从上、下部同时排出。

(3)空调车间的温湿度要求　空调车间的温湿度要求随产品性质或工艺要求而定。现按食品厂的特点,提出车间温、湿度要求(见表8.14)供参考。

表8.14　食品工厂有关车间的温度湿度要求

工厂类型	车间或部门名称	温度/℃	相对湿度(φ)
罐头工厂	鲜肉凉肉间	0~4	>90%
	冻肉解冻间	冬天 12~15	>95%
		夏天 15~18	>95%
	分割肉间	<20	70%~80%
	腌制间	0~4	>90%
	午餐肉车间	18~20	70%~80%
	一般肉禽、水产车间	22~25	70%~80%
	果蔬类罐头车间	25~28	70%~80%
乳制品工厂	消毒奶灌装间	22~25	70%~80%
	炼乳灌装间	22~25	>70%
	奶粉包装间	<20	<65%
	麦乳精粉碎包装间	22~25	<50%
	冷饮包装间	22~25	>70%

续表 8.14 食品工厂有关车间的温度湿度要求

工厂类型	车间或部门名称	温度/ ℃	相对湿度(φ)
糖果工厂	软糖成形间	25～28	<75%
	软糖包装间	22～25	<65%
	硬糖成形间	25～28	<65%
	硬糖包装间	22～25	<60%
饮料厂	溶糖间	<30	
	碳酸饮料最后糖浆间	夏天 22～26	<65%
		冬天>14	
	碳酸饮料灌装间	夏天 22～26	<65%
		冬天>14	
	加工、配料间	夏天<28	<70%
		冬天>14	
	饮料热灌装间	夏天 22～26	<65%
		冬天>14	
冷藏饮料灌装间	夏天 22～26	<65%	
	冬天>14		
瓶装纯净水灌装间	夏天 22～26	<65%	
	冬天>14		
天然纯净水灌装间	夏天 22～26	<50%	
	冬天>14		
包装间	夏天<30,冬天>14		
成品库	冬天>5	<60%	
空罐、瓶盖库	冬天>5		
制瓶间	夏天<28	<65%	
	冬天>5		

8.5.2.2 空气净化

食品生产的某些工段,如奶粉、麦乳精的包装间、粉碎间及某些食品的无菌包装间等,对空气的卫生要求特别高,空调系统的送风要考虑空气的净化。常用的净化方式是对进风进行过滤。

(1)空气洁净度等级的确定 洁净室内有多种工序时,应根据各工序不同的要求,采用不同的空气洁净度等级。食品工业洁净厂房设计或洁净区划分可以参考洁净厂房设计规范(GB 50073—2001)进行。也可参考医药工业洁净级别和洁净区的划分标准,医药行业空气洁净度划分为 4 个等级,空气洁净度参数见表 8.15。

在满足生产工艺要求前提下，首先应采用低洁净等级的洁净室或局部空气净化；其次采用局部工作区空气净化和低等级全室空气净化相结合或采用全面空气净化。

(2)洁净室设计的综合要求　首先应按工艺流程，使洁净室布置合理、紧凑，避免人流混杂，如空气洁净度高的房间或区域，应布置在人员最少到达的地方，并应靠近空调机房；其次洁净室应实现正压控制，如洁净室必须维持一定正压，不同等级的洁净室及洁净区与非洁净区之间的静压差，应不小于 10 Pa；第三要进行空气净化处理，如各等级空气洁净度的空气净化处理，均应采用初效、中效、高效空气过滤器三级过滤。大于或等于 100 000(ISO class 8)级空气净化处理，可采用亚高效空气过滤器代替高效空气过滤器。一般没有洁净等级要求的房间，宜采用初效、中效空气过滤器二级过滤处理。

(3)空气净化设备　根据过滤效率，空气净化设备(过滤器)可以分为粗过滤器、中效过滤器、高效过滤器等。设计时可根据需要查阅相关资料确定。此外，空气净化设备主要包括洁净工作台、层流罩、自净器、FFU(fan filter unit)风机过滤装置及空气吹淋室等设施。

1)洁净工作台　洁净工作台是在操作台上的空间局部地形成无尘、无菌状态的装置，分为垂直单向流和水平两大类。

2)层流罩　层流罩是形成局部垂直单向流的净化设备，可作为局部净化设备使用，也可作为隧道洁净室的组成部分。

3)自净器　自净器是一种空气净化机组，主要有风机，粗效、中效、高效空气过滤器及送风口、进风口组成。

4)FFU 风机过滤装置　FFU 风机过滤装置是一种由风机和高效空气过滤器组成的模块化末端单元。适用于大面积模块化建造的洁净室以及有局部高洁净度要求的场合。

5)空气吹淋室　空气吹淋室是一种人身净化设备，它是利用高速洁净气流吹落进入洁净室人员服装表面附着的尘粒。同时，由于进出吹淋室的两扇门是不同时开启的，所以它也可防止污染空气进入洁净室，从而兼起气闸的作用。

表 8.15　医药工业洁净厂房空气洁净度

洁净度级别	尘粒最大允许数/m^3		微生物最大允许数	
	≥0.5μm	≥5μm	附有菌/m^3	沉降菌/皿
100 级(ISO class 5)	3 500	0(29)	5	1
10 000 级(ISO class 7)	350 000	2 000(2 930)	100	3
100 000 级(ISO class 8)	3 500 000	20 000(29 300)	500	10
300 000 级(ISO class 8.3)	10 500 000	60 000(293 000)	—	15

8.5.2.3　空调设计计算

空调设计的计算包括夏季冷负荷计算，夏季湿负荷计算和送风量计算。

(1)夏季空调冷负荷计算

$$Q=Q_1+Q_2+Q_3+Q_4+Q_5+Q_6+Q_7+Q_8 \tag{8.36}$$

式中 Q——夏季空调冷负荷,kJ/h;

Q_1——需要空调房间的围护结构耗冷量,kJ/h,主要取决于围护结构材料的构成和相应的导热系数 K;

Q_2——渗入室内的热空气耗冷量,kJ/h,主要取决于新鲜空气量和室内外气温差;

Q_3——热物料在车间内耗冷量,kJ/h;

Q_4——热设备耗冷量,kJ/h;

Q_5——人体散热量,kJ/h;

Q_6——电动设备的热量,kJ/h;

Q_7——人工照明散热量,kJ/h;

Q_8——其他散热量,kJ/h。

(2)夏季空调湿负荷计算　主要有人体散湿量、潮湿地面的散湿量和其他散湿量的计算。

1)人体散湿量

$$W_1 = nW_0 \tag{8.37}$$

式中 W_1——人体散湿量,g/h;

n——人数;

W_0——一个人散发的湿量。

2)潮湿地面的散湿量

$$W_2 = 0.006(t_n - t_s)F \tag{8.38}$$

式中 W_2——人体散湿量,g/h;

t_n、t_s——分别为室内空气的干、湿球温度,K;

F——潮湿地面的蒸发面积,m^2。

3)其他散湿量

$$W_3(g/h)$$

如开口水面的散湿量,渗入空气带进的湿量等。

(3)总散湿量计算

$$W = \frac{(W_1 + W_2 + W_3)}{1\,000}\ (kg/h) \tag{8.39}$$

(4)送风量的确定　送风量的确定可以利用 H-d 图(参见图 8.1 湿空气的 H-d 图)来进行,确定送风量的步骤如下:

1)根据总耗冷量和总散湿量计算热湿比 ε

$$\varepsilon = Q/W\ (kJ/kg) \tag{8.40}$$

2)确定送风参数　空气的状态参数主要有温度 t、相对湿度 φ,含湿量 d,空气的焓 H 等。若已知任意两个参数,在 H-d 图上即可确定出空气的状态点,其他参数也随之确定。两个不同状态的空气混合后的状态点在这两个空气状态点的连线上,具体位置由杠杆定律确定。食品工厂生产车间空调送风温差 Δt_{n-k} 一般为 6 ~ 8 ℃。在 H-d 图上分别标出室内、外状态点 N 及 W。由 N 点,根据 ε 值及 Δt_{n-k} 值,标出送风状态点 K(K 点相对湿度一般为 90%~95%),K 点所表示的空气参数即为送风参数。

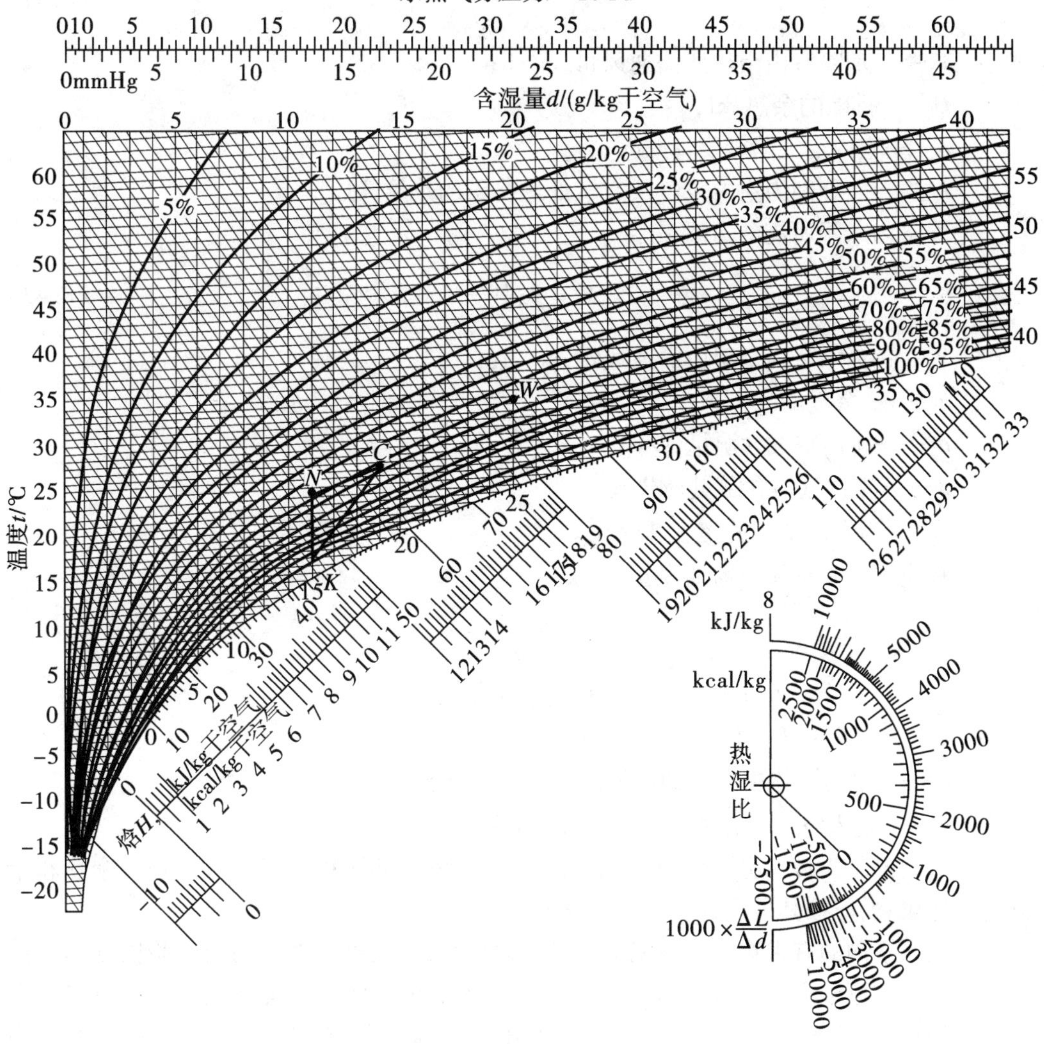

图 8.1　湿空气的 H–d 图

3）确定新风与回风的混合点 C　在 H–d 图上，混合点 C 一定在室内状态点 N 与室外状态点 W 的连线上，且：

$$\frac{NC\text{线段长度}}{WC\text{线段长度}}=\frac{\text{新风量}}{\text{回风量}}\quad \text{即}\quad \frac{NC}{WC}=\frac{\text{新风量}}{\text{回风量}}$$

$\frac{\text{新风量}}{\text{回风量}}$应不小于 10%，并再校核新风量是否满足人的卫生要求 30 m^3/h 以及是否大于补偿局部排风并保持室内规定正压所需的风量。C 点表示的参数即为空气处理的初参数，H–d 图上的连接曲线 CK 即表示空气处理的过程。

4）确定全面换气送风量 V（m^3/h）　主要由消除室内余热所需的送风量、消除室内余湿所需的送风量和稀释室内有害物质所需通风量等组成。

消除室内余热所需的送风量

$$V_1=\frac{Q}{\rho(I_n-I_k)} \tag{8.41}$$

式中 V_1——消除室内余热所需通风量，m^3/h；

Q——排除的余热，kJ；

ρ——室内空气的密度，kg/m^3；

I_n、I_k——分别为室内空气及空气处理终了的热焓，kJ。

消除室内余湿所需的送风量

$$V_2=\frac{q_{2sh}}{(d_p-d_j)\rho} \tag{8.42}$$

式中 V_2——消除室内余湿所需通风量，m^3/h；

q_{2sh}——余湿量，g/h；

d_p——排出空气含湿量，g/kg；

d_j——室内气体含湿量，g/kg；

ρ——为室内空气的密度，kg/m^3。

稀释室内有害物质所需通风量

$$V_3=\frac{m}{\rho_g-\rho_j} \tag{8.43}$$

式中 V_3——消除室内有害气体所需通风量，m^3/h；

m——室内有害气体散发量，mg/h；

ρ_g——室内气体中有害物质最高容许浓度，mg/m^3；

ρ_j——进入空气中有害物质浓度，mg/m^3。

前面给出了3种情况下全面通风量的计算方法，对于同时释放有害物质、余热和余湿时的通风量，应按其最大的换气量计算。

当散入室内的有害物质量不能确定时的通风量，可根据类似房间或经验数据确定换气通风量。也可根据工人数量与工作空间的具体情况来估算新鲜空气量。如每名工人所占容积小于20 m^3时，应保证每人每小时不少于30 m^3的新鲜空气量；如所占容积为20～40 m^3时，应保证每人每小时不少于20 m^3的新鲜空气量；所占容积超过40 m^3时，允许有门窗渗入的空气来换气。办公室为每位人员提供的新鲜空气量可以按30～40 m^3考虑。

8.5.2.4 空调系统的选择

按空调设备的特点，空调系统有集中式、局部式或混合式三类。局部式（即空调机组）的主要优点是土建工程小、易调节、上马快、使用灵活。其缺点是一次性投资较高、噪声也较大，不适于较长风道。集中式空调系统主要优点是集中管理、维修方便、寿命长、初投资和运行费较低，能有效控制室内参数。集中式空调系统常用在空调面积超过400～500 m^2的场合。混合式空调系统介于上述两者之间，即既有集中式的优点，又有分散式的特点。

8.5.2.5 空调车间对土建的要求

空调车间及各空调房间的布置应优先满足工艺流程的要求，同时兼顾下列土建等方面的要求。

(1)空调车间的位置　空调车间应尽量远离物料粉碎车间、锅炉房和污水处理站等，且应位于厂区最多风向的上风侧。

(2)车间内空调房间的布置

1)室内温、湿度基数与允许波动范围、使用班次、隔振、消声和清洁度等要求相近的空调房间应相邻布置。对产生有害物质的设备应尽可能集中布置。

2)建筑体型力求简单方正，减少与室外空气邻接的暴露面。

3)应避免布置在有两面外墙的转角处和有伸缩缝、沉降缝的部位。

4)要求噪声小的空调房间应尽量离开声源，防止通过门窗和洞口传播噪声，并充分利用走廊、套间和隔墙隔离噪声。

5)机房应尽量布置在靠近负荷中心处。

(3)空调房间的高度　在满足生产、建筑、气流组织、管道布置和舒适条件等要求的前提下，空调房间的高度应尽量降低。一般应考虑工艺要求空调工作区高度、送风射流混合层高度、设备高度、风道与风口安装位置高度、舒适条件和建筑物构造要求所必需的空间。

(4)空调房间的外墙、外墙朝向及其所在层次可按表8.16确定。

表8.16　空调房间外墙设置要求

室温允许波动范围/ ℃	外墙	外墙朝向	层次
≥±1	宜减少外墙	宜北向	宜避免顶层
±0.5	不宜有外墙	如有外墙宜北向	不宜在顶层
±0.1 ~ ±0.2	不应有外墙		不应在顶层

(5)空调房间的外窗、外窗朝向及内、外窗层数可按表8.17确定。对东西向外窗，应考虑优先采取外遮阳措施，也可以根据不同情况采用有效的内遮阳措施。

表8.17　空调房间外墙设置要求

室温允许波动范围/ ℃	外窗	外窗朝向	外窗层次	内窗层次 内窗两侧温差 ≥5 ℃	 <5 ℃
≥±1	应尽量减少外窗	>1 ℃应尽量北向 ±1 ℃不应有东西向	双层或单层	双层	单层
±0.5	不宜有外窗	如有外窗宜北向	双层	双层	
±0.1 ~ ±0.2	不应有外窗			双层	双层

(6)空调房围护结构的经济传热系数 K　应尽量根据技术经济比较确定。比较时应

考虑室内外温差、恒温精度、保温材料价格和导热系数、空调制冷系统投资与运行维护费等因素。确定围护结构的传热系数时，还应符合围护结构最小传热阻的规定。通常可参照表8.18确定。

(7)围护结构隔气层、防潮层、保温层　南方地区，冬夏两季室内外温差都小于10 ℃时，外墙一般不设隔气层，对多雨潮湿地区，可考虑在围护结构靠室外侧或保温层外侧设防潮层。北方与中原地区，冬季室内外温差为20～40 ℃时，可按冬季条件考虑。可在围护结构靠室内侧或保温层内侧考虑设隔气层。对于低温车间(即室内温度小于15 ℃)，围墙结构要求作保温层，以免外墙面结露。

表8.18　经济传热系数 K

围护结构名称	工艺性空调室温允许波动范围			舒适性空调
	±0.1～0.2 ℃	±0.5 ℃	≥±1 ℃	
屋盖			0.8(0.7)	1.0(0.9)
顶棚	0.5(0.4)	0.8(0.7)	0.9(0.8)	1.2(1.0)
外墙		0.8(0.7)	1.0(0.9)	1.5(1.3)～2.0(1.7)
内墙和楼板	0.7(0.6)	0.9(0.8)	1.2(1.0)	2.0(1.7)

注：(1)表中内墙和楼板的有关数值，仅适用于相邻房间温差大于3 ℃时；
(2)通常>1 ℃房间，只要在顶棚或屋盖上设置保温层，不必重复设置

8.6　制冷系统

制冷系统是食品工厂的一个重要组成部分。制冷工程的主要作用是对原辅材料及成品进行储藏保鲜，如为延长生产期，保持原辅料及成品新鲜的果蔬高温冷藏库及肉禽鱼类的低温冷藏库。食品在加工过程中的冷却、冷冻、速冻工艺，车间空气调节或降温也需要配备制冷设施。

8.6.1　制冷装置的类型

制冷的方法很多，其中应用最广的是机械制冷法。用于制冷的机器称为制冷机。常用的制冷机可分为压缩式制冷机、蒸汽喷射式制冷机和吸收式制冷机3种类型。

8.6.1.1　压缩式制冷机

压缩式制冷机按照工作特点，可分为活塞式压缩制冷机、离心式压缩制冷机和螺杆式压缩制冷机3种。

(1)活塞式压缩制冷机　活塞式压缩制冷机广泛地应用于各种制冷场所，特别是中小制冷量场合，目前已成为国内压缩制冷机中使用面最广且成系列批量生产的一种机型。这类设备用电动机带动，常用的制冷剂为氨(NH_3)、氟利昂(F-12、F-22)。其特点是压力范围广，热效率较高，有较高的单位功率制冷量，单位电耗相对较少。无须耗用特殊钢材，加工较容易，造价较低，装置系统较简单，使用方便。

我国食品工厂普遍采用氨活塞式压缩制冷机。本节有关制冷设备的选择计算,均对氨活塞式压缩机而言。

(2)离心式压缩制冷机　一般用电动机或蒸汽机驱动。常用制冷剂为氟利昂或氨。离心式制冷机常与蒸发器、冷凝器组合为一体,设备紧凑,占地面积小,制冷量大,在大型制冷装置中应用最广。如大型建筑的大面积空调、大型冷库等。

(3)螺杆式压缩制冷机　一般用电动机拖动,常用氟利昂和氨作制冷剂。制冷量范围广、效率高。国内已有产品生产,并推广应用。

8.6.1.2　蒸汽喷射式制冷机

蒸汽喷射式制冷机是由消耗热能(蒸汽)来工作的,并多以水为制冷剂,冷冻水温较高。蒸汽喷射泵由喷嘴、混合室、扩压器组成,起着压缩机的作用。蒸汽喷射泵的效率随冷冻水温度而变化,一般情况小,制取 10 ℃以上的冷水较为经济。溴化锂-水型制冷机,以制取 4 ℃以上的冷冻水为主。蒸汽喷射式制冷机主要用于空气调节降温。

8.6.1.3　吸收式制冷机

吸收式制冷机也是由消耗热能(蒸汽、热水等)来工作的。在吸收式制冷机中,常使用制冷剂和吸收剂两种工质。工业上常用氨的水溶液为吸收剂。其工作原理是利用吸收剂的吸收和脱吸作用将冷冻剂蒸汽由低压的蒸发器中吸出,而传与高压的冷凝器。外功消耗不是压缩机的机械功而是加入的热量。吸收式制冷机在食品工厂中尚未见使用。

8.6.2　制冷系统

工业上通常把冷冻分为两种,冷冻范围在-100 ℃以内的为一般冷冻,低于-100 ℃的为深度冷冻。食品工厂温度范围多在-25 ℃以内,多采用一般冷冻,压缩机压缩比小于8,多采用单级压缩式冷冻机制冷系统。

8.6.2.1　制冷系统的类型

制冷系统可分为直接蒸发式(氨系统)和间接冷却式(盐水或乙醇-水系统)两种。

(1)直接蒸发制冷系统　直接蒸发制冷系统是氨气经压缩机压缩冷凝后,通过膨胀阀直接送至蒸发器或冷风机,使周围介质降温冷却。例如冷冻食品厂的包装间、肉制品冻结冷藏室、果酒储酒间可采用直接蒸发式冷却。其优点是降温效果快,可获得较低的温度,操作方便,耗电量小。缺点是无缝钢管用量大,耗氨量较大。氨的直接蒸发制冷系统,按供液的方法不同又可分为直接膨胀系统、重力式供液制冷系统(简称重力系统)和氨泵强制氨液循环系统(简称氨泵系统),以重力式供液制冷系统应用最为广泛。

1)直接膨胀系统是氨液通过膨胀阀直接向蒸发器供给低压冷冻剂,这种系统没有氨液分离器设备。优点是系统简单,使用于小型的冷冻间,如啤酒的发酵间等。缺点是操作困难,氨液容易吸入压缩机,造成湿冲程。

2)重力系统是氨液经过膨胀阀后即进入高于蒸发器位置的氨液分离器,分离出来的氨气进压缩机,氨液在分离器底部借重力流至调节站,然后再送至冷却排管或冷风机,进行降温冷却。氨液在蒸发管内吸热蒸发为饱和氨气,氨气又回至氨液分离器,将夹带氨液分离后进入压缩机,如此反复借重力循环达到制冷目的。

3）氨泵系统是指氨液由氨泵强制循环运行，以达到制冷目的。在氨泵系统中，由储液器来的高压氨液经调节阀流至低压循环筒，循环筒的作用与氨液分离器相似，氨液由氨泵从循环筒输送至蒸发排管，在排管内吸热蒸发，再回流至循环筒。氨液的流量为实际蒸发量的5倍左右。氨泵系统使用于较大的制冷系统及大型冷库。

（2）间接制冷系统　间接制冷系统是采用直接蒸发式先将盐水池（或冷水池）的盐水（或冷水）冷冻，然后用盐水离心泵将冷冻盐水（或冷水）送至降温设备降温。例如一些冷藏库、冷藏罐、都采用间接式冷却。其优点是耗氨量较少，无缝钢管耗量少，可预先冷却较大量的盐水或冷水，供冷冻系统使用。盐水系统安装较容易，发生事故的危险性小。缺点是系统复杂，耗电量较大，盐水对管道腐蚀性大，维修费用高。

8.6.2.2　制冷剂及冷媒的选择

（1）制冷剂的选择　制冷剂是制冷系统中借以吸收被冷却介质（或载冷剂）热量的介质。对制冷剂的要求是沸点要低，正常的沸点应低于10 ℃，在蒸发室内的蒸发压力应大于外界大气压；冷凝压力不超过1.2～1.5 MPa；单位体积产冷量要尽可能大；密度和黏度要尽可能小；导热和散热系数高；蒸发比容小，蒸发潜热大；制冷剂应能与水互溶，对金属无腐蚀作用，化学性质稳定，高温下不分解；无毒性、无窒息性及刺激作用，且易于取得，价格低廉。

目前常用的制冷剂有氨和几种氟利昂。氟利昂主要用于冰箱、空调。氨主要用于冷冻厂，也是食品工厂普遍使用的制冷剂。氨虽具有毒性，但易于获得，价格低廉，压力适中，单位体积制冷量大，不溶解于润滑油中，易溶于水，放热系数高，在管道中流动阻力小，因而被广泛使用。

（2）冷媒的选择　采用间接冷却方法进行制冷所用的低温介质称为载冷剂，常称为冷媒。冷媒在制冷系统的蒸发器被冷却，然后被泵送至冷却或冷冻设备内，吸收热量后，返回蒸发器中。冷媒必须具备冰点低、热容量大、对设备的腐蚀性小及价格低廉等条件。空气或水是最容易获得的冷媒，如速冷间用空气做冷媒，有些冷库也是采用空气冷风机降温的。水热容量虽大，但其凝固点高。故只能用于0 ℃以上的冷却系统。

0 ℃以下的冷却系统，一般采用盐类水溶液（盐水）做冷媒。常采用的盐水有NaCl、$CaCl_2$、$MgCl_2$等。NaCl价廉，但对金属的腐蚀性大。$CaCl_2$对金属的腐蚀性较小，采用酒精和乙二醇作为载冷剂可以避免腐蚀现象。蒸发温度为5～-50 ℃，可选采用NaCl或$CaCl_2$水溶液做冷媒，NaCl盐水用于5 ℃～-16 ℃的制冷系统中较适宜，$CaCl_2$盐水可用于5～-50 ℃的制冷系统中。盐水的浓度与使用温度直接有关，因此，应根据使用温度查表选择盐水浓度，例$CaCl_2$盐水，使用温度-10 ℃，浓度为20%；使用温度-20 ℃，浓度为25%。为了减轻和防止盐水的腐蚀性，可在盐水中加入一定量的防腐蚀剂，一般使用氢氧化钠和重铬酸钠。乙醇、乙二醇作为冷媒，可以避免腐蚀现象，其缺点是挥发损失多。

8.6.3　冷库容量及建筑面积的确定

8.6.3.1　冷库容量的确定

制冷设计的主要任务是选择合适的制冷机及制冷系统。选择制冷机的关键是准确计算食品工厂的冷负荷。在设计中，对冷负荷波动较大的工厂，如何从实际出发，合理调度,避免高峰负荷的叠加,节约冷量是十分重要的。另外,适当提高蓄冷能力,为合理调度创造条件,是设计中应该考虑的问题。例如加大盐水箱、冰水箱容量,使在冷负荷低峰时,有许多冷量积聚在盐水箱中供高峰时短时间需要。

食品厂的各类冷库的性质均属于生产性冷库,不同于商业分配性冷库,它的容量主要应考虑生产的需要来确定。对于罐头食品厂,全厂冷库的容量可按年生产规模的15%~20%考虑。各种冷库库房的容量的确定可参考表 8.19。

表 8.19　食品工厂各种库房的储存量

库房名称	温度/ ℃	储藏物料	库房容量要求
高温库	0 ~ 4	水果、蔬菜	15 ~ 20 d 需要量
低温库	<-18	肉禽、水产	30 ~ 40 d 需要量
冰库	<-10	自制机冰	10 ~ 20 d 的制冰能力
冻结间	<-23	肉禽类副产品	日处理量的 50%
腌制间	-4 ~ 0	肉料	日处理量的 4 倍
肉制品库	0 ~ 4	西式火腿、红肠	15 ~ 20 d 的产量

8.6.3.2　冷库建筑面积的确定

在容量确定之后,冷库建筑面积的大小取决于物料品种、堆放方式及冷库的建筑形式。其中,肉类冷藏的堆放定额通常按堆高 3 m、每立方米实际堆放体积可放 0.375 t 冻猪片来计算,也可采用下式:

$$S = P/(0.375a \times H) \tag{8.44}$$

式中　S——库房净面积,m^2;

P——拟定的仓库容量,t;

a——面积系数,0.37 ~ 0.75;

H——堆货高度,m。

果蔬原料的堆放定额因品种和包装容器不同而异,见表 8.20。

表 8.20　果蔬原料的堆放定额

果蔬名称	包装方式	有效体积堆放量/(t/m^3)
苹果、梨	篓装	0.24
	木箱装	0.32
柑橘	篓装	0.26
	木箱装	0.34
洋葱	木箱装	0.34
荔枝	木箱装	0.25
卷心菜	篓装	0.20

利用上述定额和设定的堆放高度(堆放高度取决于堆放方法),可以计算出货物实际所占的面积或体积与建造面积或建筑体积有如表8.21所示的关系。

表8.21 不同形式的建筑面积(或体积)与使用面积(或体积)的关系

建筑形式	建筑面积	使用面积	建筑体积	使用体积
组合	1	0.63	1	0.42
楼层	1	0.65	1	0.64

【例8.1】 某厂拟建筑储藏2 000 t肉类藏车,试计算库房建筑面积?

解 按肉类堆放定额,每立方米堆放0.375 t,设堆高为3 m,则每单位有效面积可堆放0.375×3=1.125 t/m²。假定该冷库为楼层结构,面积系数取0.65,则得库房建筑面积为:2 000/1.125×0.65=2 735 m²。

8.6.4 制冷设备的选择

8.6.4.1 温度的确定

在制冷系统中,各种温度相互关联,以下是氨制冷剂在操作过程中的一般常用值。

(1)冷凝温度

$$t_k=\frac{t_{w1}+t_{w2}}{2}+5\sim7 \tag{8.45}$$

式中 t_k——冷凝温度,℃;

$t_{w1}+t_{w2}$——冷凝器冷却水的进水、出水温度,℃。

式(8.45)中的5~7 ℃,冷却水进出口温差较大时,取较大值。冷凝器冷却水的进出口温差,一般立式冷凝器选用2~4 ℃;卧式和组合式冷凝器选用4~8 ℃。

(2)蒸发温度 t_o 当空气为冷却介质时,蒸发温度取低于空气温度7~10 ℃,常采用10 ℃。当盐水或水为冷却介质时,蒸发温度取低于介质温度5 ℃。

(3)过冷温度 在过冷器的制冷系统中,需定出过冷温度。在逆流式过冷器中,氨液出口温度(即过冷温度)比进水温度高2~3 ℃。

(4)氨压缩机允许的吸气温度 随蒸发温度不同而异,见表8.22。

表8.22 氨压缩机的允许吸气温度 单位:℃

蒸发温度	±0	-5	-10	-15	-20	-25	-28	-30	-33
吸收温度	+1	-4	-7	-10	-13	-16	-18	-19	-21

(5)氨压缩机的排气温度

$$t_p=2.4(t_k-t_o) \tag{8.46}$$

式中 t_p——氨压缩机的排气温度,℃;

t_k、t_o——冷凝温度及蒸发温度,℃。

8.6.4.2　氨压缩机的选择及计算

(1)一般原则　选择压缩机时应按不同蒸发温度下的机械冷负荷分别予以满足;当冷凝压力与蒸发压力之比 P_k/P_o<8 时,采用单级压缩机;当 P_k/P_o>8 时,采用双级压缩机;单级氨压缩机的工作条件是最大活塞压力差<1.37 MPa,最大压缩比<8;最高冷凝温度≤40 ℃;最高排气温度≤145 ℃,蒸发温度为 5 ~ -30 ℃。食品工厂制冷温度>-30 ℃,压缩机压缩比<8,所以都采用单级氨压缩机。

(2)单级氨压缩机的选择计算　包括工作工况制冷量和压缩机台数的计算。

1)工作工况制冷量计算　根据氨压缩机产品手册,只能查知压缩机标准工况下制冷量,然后再根据制冷剂的实际蒸发温度、冷凝温度或再冷却温度,换算为工作工况下的制冷量。

$$Q_c = KQ_o \tag{8.47}$$

式中　Q_c——氨压缩机工作工况下制冷量,kJ/h;

Q_o——氨压缩机标准工况下制冷量,kJ/h;

K——换算系数,根据蒸发温度、冷凝或再冷却温度查有关表格。

2)压缩机台数计算

$$m = Q_j / Q_c \tag{8.48}$$

式中　m——压缩机台数;

Q_j——全厂总冷负荷,kJ/h;

Q_c——氨压缩机工作工况下的制冷量,kJ/h。

压缩机台数的确定,在一般情况下不宜少于两台,也不易过多。除特殊情况外,一般不考虑备用机组。

8.6.4.3　主要辅助设备的选择

(1)冷凝器的选择　冷凝器的选择取决于水质、水温、水源、气候条件以及布置上的要求等。最常用冷凝器有立式壳管式冷凝器、卧式壳管式冷凝器和大气式冷凝器蒸发式冷凝器。立式冷凝器的优点是占地面积小,可安装在室外,冷却效率高,清洗方便。适用于水温较高、水质差而水源丰富的地区。卧式冷凝器的优点是传热系数高,结构简单,冷却水用量少,占空间高度小,可安装于室内,管理操作方便。缺点是清洗水管较困难,造价较高。凝器冷凝面积的确定

$$F = Q_1 / q_1 \tag{8.49}$$

式中　F——冷凝器面积,m^2;

Q_1——冷凝器热负荷,kJ/h;

q_1——冷凝器单位热负荷,kJ/(m^2·h),立式冷凝器取 3 500 ~4 000,卧式冷凝器取 3 500 ~4 500。

冷凝器为定型产品,根据冷凝器冷凝面积计算结果,可从产品手册中选择符合要求的冷凝器。常用的立式冷凝器冷凝面积有 25、50、75、100、125、150、175 m^2,LN-20、35、50、75、100、125、150、200、250 m^2,LNA-35LNA-300 m^2。卧式冷凝器型号为 WN 型,冷凝面积最小为 20 m^2,最大为 300 m^2。

(2)蒸发器的选择　蒸发器是一种热交换器,在制冷过程中起着传递热量的作用,把

被冷却介质的热量传递给制冷剂。根据被冷却介质的种类,蒸发器可分为液体冷却和空气冷却两大类。

1)冷却水或盐水的蒸发器　有立式和卧式之分,立式蒸发器是高效蒸发器,直立列管式蒸发器和螺旋管式蒸发器属于立式蒸发器,壳管式蒸发器为卧式蒸发器。直立列管式的型号有 LZ-20 ~ LZ-300 型,其蒸发面积有 20、30、40、60、90、120、100、200、240、320 m^2等规格。螺旋管式的型号有 SR-30 ~ SR-180 型,其蒸发面积有 30、48、72、90、144、180 m^2等规格。卧式壳管式蒸发器的型号有 DWZ-20 ~ DWZ-420 型。蒸发器选型是根据计算的蒸发面积确定。蒸发面积计算如下:

$$F = Q_F / q_F \tag{8.50}$$

式中　F——蒸发器蒸发面积,m^2;

Q_F——蒸发器冷负荷,kJ/h;

q_F——蒸发器单位热负荷,kJ/(m^2 · h)。

蒸发器冷却液体循环量计算:

$$W_2 = \frac{Q_F}{c\Delta t} \tag{8.51}$$

式中　W_2——冷却液循环量,kg/h;

Q_F——蒸发器冷负荷,kJ/h;

c——冷却液体的比热容,kJ/(kg · ℃);

Δt——冷却液体进出温度差,℃。

2)冷却空气的蒸发器　可分为空气自然循环蒸发器和强制循环蒸发器。如墙排管、平顶排管和管架等属于空气自然循环的蒸发器,据带翅片与否,又可分为带翅片式与光滑管式。

冷风机属于空气强制循环的蒸发器。主要有干式和湿式两种类型。干式冷风机内装有盘管,空气流经盘管管壁时被冷却,管内通以制冷剂、盐水或冷水。食品工厂采用的干式冷风机有光滑管式、立式和吊顶式 3 种。湿式冷风机是利用空气直接和盐水或冷水接触的办法,使空气被冷却,有洗涤式和喷淋式两种。洗涤式空气冷风机,是一种垂直式淋水室,一般以盐水做冷媒。腐蚀性强,食品工厂一般不采用。喷淋式空气冷风机,也是一种淋水室,以水做冷媒,达到空气冷却、加湿等目的。车间空气调节多采用这种空气冷却设备。

(3)其他辅助设备

1)储液器　储液器在制冷系统中,位于冷凝器与蒸发器之间,为高压储液器。其作用是储存和供应制冷系统内的液体制冷剂,使系统各设备内有均衡的氨液量,以保证压缩机的正常运转。储液器容积确定的原则是应能储藏工质每小时的循环量。具体规格型号可查阅有关产品手册。

2)油分离器　用以分离从压缩机排除的气体所带的油分,以防止冷凝器及蒸发器内油分过多而影响传热效果。油分离器一般可按接管直径的大小来选择,如排气管管径为 80 mm,则可接选 YF-80 的油分离器。

3)空气分离器、紧急泄氨器、氨液分离器、低压储液器、集油桶、排液桶、盐水泵、盐水池等附属设备,均可从有关产品手册中选择。

8.6.5 冷库总耗冷量的计算

8.6.5.1 计算原则

$$T_w = 0.4T_p + 0.6T_m \tag{8.52}$$

式中 T_w——库外空气计算温度,K;

T_p——当地最热月的日平均温度,K;

T_m——当地极端最高温度,K。

8.6.5.2 冷库总耗冷量的计算

$$Q_0 = Q_1 + Q_2 + Q_3 + Q_4 \tag{8.53}$$

式中 Q_0——冷库总耗冷量,kJ/h;

Q_1——透过围护结构的耗冷量,kJ/h;

Q_2——物料冷却、冻结耗冷量,kJ/h;

Q_3——室内通风耗冷量,kJ/h;

Q_4——库房操作耗冷量,kJ/h。

(1)Q_1 的计算

$$Q_1 = PF \tag{8.54}$$

式中 P——围护结构单位面积的耗冷量,kJ/h,一般取 42 ~ 50 kJ/h;

F——围护结构的面积,m^2。

注意 42 ~ 50 kJ/h 是一个经验数据,在冷库设计时,即据此计算围护结构绝热层的厚度。在计算压缩机的冷负荷时,如高峰负荷不在夏季,库温≤-10 ℃时,可取 Q_1 的 80%;库温≤0 ℃时,取 Q_1 的 60%;库温≤5 ℃时,取 Q_1 的 50%;库温≤12 ℃时,取 Q_1 的 30%。但在计算库房的冷却设备时,Q_1 按 100% 计。

(2)Q_2 的计算

$$Q_2 = \frac{G(i_1 - i_2)}{Z} + \frac{g(T_1 - T_2)}{Z} = \frac{c(g_1 - g_2)}{2} \tag{8.55}$$

式中 G——冷库进货量,kg;

i_1、i_2——物料冷却冷冻结前后的热焓,kJ/kg;

Z——冷却时间,h;

g——包装材料重量,kg;

T_1、T_2——进出库时包装材料的温度,K;

c——包装材料的比热,kJ/(kg·K);

g_1、g_2——果蔬入、出库时相应的呼吸热,kJ/(kg·h)。

值得注意的是在计算冷却间和冻结间的制冷设备时,考虑到物料开始冷却时的热负荷较大,应按 Q_2 计算值的 1.3 倍计算。结冻物进库量按结冻能力或按本库容量的 15% 取其较大者计算。果蔬进货量按旺季最大平均到货量减去最大加工量或按本库容量的 10% 取其较大者计算。

(3)Q_3 的计算

$$Q_3 = \frac{3V\Delta i}{Z} \tag{8.56}$$

式中 V——通风库房容积,m^2;

Δi——室内外空气的焓差,kJ/m^3;

Z——通风机每天工作时间,h。

注:需要换气的冷风库才需计算 Q_3 项。

(4)Q_4 的计算

$$Q_4 = Q_{4a} + Q_{4b} + Q_{4c} + Q_{4d} \tag{8.57}$$

式中 Q_{4a}——照明耗冷量,kJ/h,每 m^2冷藏间库房耗冷量 4.18 kJ/h,操作间为 16.7 kJ/h;

Q_{4b}——电动机运转耗冷量,kJ/h,$Q_{4b} = N \times 3\ 594$ kJ/h;

Q_{4c}——开门耗冷量,kJ/h;

Q_{4d}——库房操作人员耗冷量,kJ/h,$Q_{4d} = 1\ 256 \times n$ kJ/h,n 为库内同时操作人数,$n = 2 \sim 4$。

注意在计算压缩机冷负荷时,还得加上管道耗冷量,直接冷却时,加 70%。盐水冷却时,加 12%。

8.6.6 冷库的布置及设计

8.6.6.1 冷库位置的选择

冷库位置选择时除考虑到发展的可能性,还应考虑下列因素。

(1)冷库宜布置在全厂厂区夏季主导风向下风向,动力区域内。一般应布置在锅炉房和散发尘埃站房的上风向。

(2)力求靠近冷负荷中心,并尽可能缩短冷冻管路和冷却水管网。

(3)氨冷库不应设在食堂、托儿所等建筑物附近或人员集中的场所。其防火要求应按规定的《建筑设计防火规范》(GB 50016—2006)执行。

(4)设备间夏季温度较高,其朝向应选择通风较好、不受阳光照射的方向。

8.6.6.2 冷库设计基本原则

(1)冷库要求结构坚固,并且具有较大承载力,以满足堆放货物和各种装卸运输设备正常运转的要求。建筑材料和构件应保证有足够的强度和抗冻能力。

(2)冷库的平面体形最好接近正方形,以减少外部围护结构。

(3)高温库房与低温库房应分区布置(包括上下左右),把库温相同的布置在一起,以减少绝缘层厚度和保持库房温湿度相对稳定。

(4)采用常温穿堂,可防止滴水,但不宜设室内穿堂。

(5)高温库因货物进出较频繁,宜布置在底层。

(6)合理设置保温隔热层和隔气防潮层。

(7)库房的层高和楼面负荷 单层冷库的净高不宜小于 5 m。为了节约用地,1 500 t 以上的冷库应采用多层建筑,多层冷库的层高,高温库不小于 4 m,低温库不小于 4.8 m。楼面的使用荷载一般可考虑表 8.23 所列的标准。

表 8.23 各种库房的标准荷载

库房名称	标准荷载/(kg/m^2)	库房名称	标准荷载/(kg/m^2)
冷却间、冻结间	1 500	穿堂、走廊	1 500
冷藏间	1 500	冰库	900×堆高
冻藏间	2 000		

8.6.6.3 冷库绝热设计

目前,冷库墙体隔热层主要采用夹层墙、预制隔热嵌板和墙体上现场喷涂聚氨酯等方法。根据实际情况合理选择。

绝热材料应选用容量小、导热系数小、吸湿小、不易燃烧、不生虫、不腐烂、没有异味和毒性材料。由于承受荷载,低温库地坪多采用软木绝缘,高温库地坪可采用炉渣绝缘;外墙多采用砻糠或聚苯乙烯泡沫塑料绝缘;天棚采用砻糠、软木或泡沫塑料绝缘;冷库门采用聚苯乙烯泡沫塑料绝缘。

绝缘层的厚度绝缘层的厚度:

$$\delta=\lambda\left[\frac{1}{K}-\left(\frac{1}{\alpha_1}+\frac{\delta_1}{\lambda_1}+\frac{\delta_2}{\lambda_2}+\cdots+\frac{\delta_n}{\lambda_n}+\frac{1}{\alpha_2}\right)\right] \tag{8.58}$$

式中 δ——主要隔热材料厚度,m;

λ——主要隔热材料导热系数,W/(m·K);

K——围护结构总的传热系数,W/(m^2·K);

α_1、α_2——结构表面的对流给热系数,W/(m^2·K)。

冷库围护结构单位面积耗冷量一般取 $K\times\Delta t=11.7\sim13.9$ W/m^2。即由此确定 K 值,并代入式(8.58),即可求得应有的隔热材料厚度,但最大的容许传热系数应能满足

$$K\leqslant\alpha\frac{t_1-t}{t_1-t_2} \tag{8.59}$$

式中 α——围护结构较热侧面的对流给热系数,W/(m^2·K);

t——较热库房空气露点温度,K;

t_1、t_2——分别为较热库房和较冷库房空气温度,K。

8.6.6.4 冷库的隔气设计

隔气设计是冷库设计的重要内容,由于库外空气中的水蒸气分压与库内的水蒸气分压有较大的压力差,水蒸气就由库外向库内渗透。良好的隔气层可阻止水蒸气的渗透。如隔气层不良或有裂痕,蒸汽会渗入绝缘材料中,使绝缘层受潮结冰以至破坏。

常用隔气防潮材料主要有两大类:石油、沥青、油毡和塑料薄膜防潮材料。一般要求在低温侧要选用渗透阻力小的材料,以利及时排除或多或少存在与绝缘材料中的水分。屋顶隔气层采用三毡四油,外墙和地坪采用二毡三油,相同库温的内隔墙可不设隔气层。隔气层必须敷设在绝缘层的高温侧。对于低温侧比较潮湿的场所,其外墙和内墙隔热层两侧均应设防潮层。

思考题

1. 食品工厂对公用系统的基本要求有哪些？

2. 食品工厂对给水水质及水源有哪些方面的要求？

3. 食品工厂排水应考虑哪些因素，如何确定总排水量？

4. 食品工厂的供电要求有何特点，针对这些特点分别应采取怎样的应对措施？

5. 食品工厂各生产车间的照明光源如何？为什么大面积车间照明灯具的开关宜采用分批集中控制？

6. 食品工厂的烟囱、水塔和多层建筑厂房的防雷等级是几级？怎样确定这些建筑物是否需要安装防雷装置？

7. 如何确定食品工厂锅炉容量？锅炉房在厂区中的位置如何选择，对土建的要求如何？

8. 如何选择食品工厂的通风设计？采暖通风工程实施的目的有哪些？

9. 目前，食品工厂中大量采用的人工制冷方法是什么？为什么？

10. 食品工厂冷库容量和冷耗量如何确定？

Food 第9章　环境保护措施

9.1　概述

食品工业是人类的生命工业,也是永恒不衰的工业。食品工业现代化和饮食水平是反映人民生活质量高低及国家文明程度的重要标志。它是我国国民经济的重要支柱产业,关系到国计民生及关联农业、工业、流通等领域的大产业。

食品工业的发展有利于实现农业产业现代化、有利于民富国强、有利于社会就业、有利于扩大外汇收入。我国食品工业的现状是分类广、品种多、GDP 名列前茅。随着食品工业的发展,所产生的食品工业废气、食品工业废水、食品工业噪声、食品工业固体废弃物会对环境造成污染,由此引起的日照减弱、风景破坏、生态破坏等,影响了人们的生存环境。例如果蔬加工业所产生的对环境的污染来源:①污水的排放非常大(来源果蔬自身的水分、清洗的水分);②果蔬腐烂变质;③果蔬农药残留;④果蔬皮渣的废弃;⑤水果属酸性物质,对设备有腐蚀性,使得有害物质进入食品或随污水排放到环境中去。再如食用油脂工业所产生的对环境的污染源,主要反映在废水、废气、废物及噪声 4 个方面:①浸出工段,处理油料时所产生的废水,碱炼脱酸和脱臭工艺中,处理油产生的含油和含碱的污水;②油脂工厂使用的生产锅炉大多属于燃煤型,在生产供汽过程中产生大量烟尘和二氧化硫;③精炼工段产生的废白土一般作为垃圾扔掉;④油脂厂在生产中设备的运行振动、设备与物料的摩擦、蒸汽喷射器等产生的噪声以及各车间不同类型的风机和泵产生的噪声高。

9.2　废气处理技术

9.2.1　食品工业对大气污染

大气是由一定比例的氮、氧、二氧化碳、水蒸气和固体杂质微粒组成的混合物。就干洁空气而言,按体积计算,在标准状态下,氮气占 78.08%,氧气占 20.94%,氩气占 0.93%,二氧化碳占 0.03%,而其他气体的体积则是微乎其微的。所谓大气污染,是指由于人类的活动向大气排出的各种污染物质,其数量、浓度和持续时间超过环境所能允许的极限时,大气质量发生恶化,使人们的生活、工作、身体健康以及动植物的生长发育受到影响或危害的现象。

9.2.1.1　食品工业对大气污染来源

(1)燃料的燃烧。

(2)食品加工过程。如蒸煮、浓缩、粉碎等工序产生各种粉尘、气体排入大气中。

(3)食品工程项目。如冷冻设备的制冷剂氯氟烃是破坏臭氧层的元凶。

(4)食品加工下脚料综合利用。

(5)食品工业废弃物污染。

9.2.1.2 大气污染及危害

(1)目前评价空气质量指标是以空气污染指数(API)形式发布,涉及三项主要空气污染物:二氧化硫(SO_2)、二氧化氮(NO_2)、可吸入颗粒物(PM_{10})。空气污染指数对应的污染物浓度限值请参考表9.1。

表9.1 空气污染指数对应的污染物浓度限值

污染指数	污染物浓度/(mg/m^3)				
API	SO_2(日均值)	NO_2(日均值)	PM_{10}(日均值)	CO(小时均值)	O_3(小时均值)
50	0.050	0.080	0.050	5	0.120
100	0.150	0.120	0.150	10	0.200
200	0.800	0.280	0.350	60	0.400
300	1.600	0.565	0.420	90	0.800

(2)空气污染对人体健康的危害

1)二氧化硫是一种硫的气态氧化物。环境空气中硫的气态氧化物主要来源于含硫燃料(主要是煤炭、矿物油)的燃烧、冶炼和其他工业生产过程。长期暴露于含高浓度二氧化硫的环境空气中,并在较高含量的PM的协同作用下,会引起呼吸道疾病、降低肺脏的防卫功能,并可使已患心血管病者病情恶化。

2)二氧化氮是一种红褐色的气态物质。环境空气中的二氧化氮是由一氧化氮氧化而产生的。人为产生的二氧化氮主要来自高温燃烧过程的释放,比如机动车、电厂废气的排放等。长期暴露在高浓度二氧化氮的环境空气中,可导致已患呼吸道疾病者产生过敏反应、损害肺功能,增加呼吸道疾病发生率。

3)粒径在10 μm以下的颗粒物称为PM_{10},又称为可吸入颗粒物或飘尘。PM_{10}在环境空气中持续的时间很长,对人体健康和大气能见度都影响很大。一些颗粒物来自污染源的直接排放,比如烟囱与车辆。另一些则是由环境空气中硫的氧化物、氮氧化物、挥发性有机化合物及其他化合物互相作用形成的细小颗粒物,它们的化学和物理组成依地点、气候、一年中的季节不同而变化很大。PM_{10}被吸入后,会累积在呼吸系统中,引发许多疾病。对粗颗粒物的暴露可侵害呼吸系统,诱发哮喘病。对于老人、儿童和心肺病患者这些敏感人群,风险是较大的。

4)臭氧(O_3)内含20%~70%的强氧化剂物质,纯臭氧有极强的氧化力,即使低浓度臭氧则会损害支气管及肺。主要是臭氧会氧化体膜中的不饱和脂肪酸,破坏其比重结合部,进一步破坏卵磷脂。而卵磷脂又是使肺等柔滑扩张的物质,导致呼吸困难而死。另外长期暴露于臭氧中也会产生皮肤老年斑现象,严重可并发为癌症。

5)一氧化碳的来源有两种途径:一种是来源于室外,主要由汽车尾气的排放、工业生产排出的废气等;另一种来源于室内,人的吸烟和燃煤燃烧不完全所产生的气体。一氧化碳在空气中的浓度高低会直接影响人体的健康。一氧化碳是一种无色、无味,略轻于空气的一种窒息性气体。一氧化碳是一种血液神经毒物,随空气吸入人体,经肺泡进入血液循环,与血液中的血红蛋白结合成碳氧血红蛋白,使红细胞携氧能力下降,导致人体出现缺氧甚至昏迷的症状。

6)多环芳烃化合物是一类具有较强致癌作用的食品化学污染物,多环芳烃类的致癌物质来源于各种烟尘,包括煤烟、油烟、柴草烟等。目前已鉴定出数百种,其中苯并芘是多环芳烃的典型代表。食品中的多环芳烃和苯并芘主要来源有:食品在用煤、炭和植物燃料烘烤或熏制时直接受到污染;食品成分在高温烹调加工时发生热解或热聚反应所形成,如用明火熏烤食品——熏鱼、熏肉、熏肠、烤羊肉串等。空气污染指数范围及相应的空气质量类别见表9.2。

表9.2　空气污染指数范围及相应的空气质量类别

空气污染指数 API	空气质量状况	对健康的影响	建议采取的措施
0~50	优	可正常活动	
51~100	良		
101~150	轻微污染	易感人群症状有轻度加剧,健康人群出现刺激症状	心脏病和呼吸系统疾病患者应减少体力消耗和户外活动
151~200	轻度污染		
201~250	中度污染	心脏病和肺病患者症状显著加剧,运动耐受力降低,健康人群中普遍出现症状	老年人和心脏病、肺病患者应在停留在室内,并减少体力活动
251~300	中度重污染		
>300	重污染	健康人运动耐受力降低,有明显强烈症状,提前出现某些疾病	老年人和病人应当留在室内,避免体力消耗,一般人群应避免户外活动

(3)大气污染对植物的危害　大气污染对植物的危害可以分为急性危害、慢性危害和不可见危害3种情况。

1)急性危害　是指在高浓度污染物影响下,短时间内产生的危害,使植物叶子表面产生伤斑,或者直接使叶片枯萎脱落。

2)慢性危害　是指在低浓度污染物长期影响下产生的危害,使植物叶片褪绿,影响植物生长发育,有时还会出现与急性危害类似的症状。

3)不可见危害　是指在低浓度污染物影响下,植物外表不出现受害症状,但植物生理已受影响,使植物品质变坏,产量下降。

(4)大气污染对气候环境的影响　随着工业的发展,工业交通和生活上各种燃料的燃烧,大气中的二氧化碳的含量不断增加,破坏了自然界二氧化碳的平衡,使大气中二氧化碳的浓度逐年增加,以致可能引起“温室效应”,使地球的气温上升,北极、南极等冰川融化,海平面上升,一些动植物灭绝。燃料燃烧后排出的烟尘微粒,以及其他人为原因所造成的尘埃,增加了大气中的烟尘、微粒的数量,悬浮在大气中,减弱了太阳辐射,导致地面气温降低。大气中的污染物二氧化硫经过氧化形成硫酸,随自然界的降水下落形成酸雨。从大工业城市排出来的微粒,其中有很多具有水汽凝结核的作用。因此,当大气中有其他一些降水条件与之配合的时候,就会出现降水天气。在大工业城市的下风地区,降水量更多。

9.2.2 防治食品工业对大气污染的措施

(1)严格遵守2000年修订《大气污染防治法》。

(2)严格执行《大气污染物综合排放标准》GB 16297—1996、《恶臭污染物排放标准》(GB 14554—93)。

(3)新建、改建、扩建的食品企业建设项目,应当依法严格执行环境保护三大政策八项制度。

(4)食品工业合理布局,这是解决大气污染的重要措施。使用锅炉的食品工厂不宜过分集中,以减少一个地区内污染物的排放量。

(5)在防治粉尘污染方面,要求采取除尘措施、严格限制排放粉尘;在防治废气污染方面,要求配备脱硫装置或者采取其他脱硫措施;在防治恶臭废气污染方面,禁止焚烧产生有毒有害烟尘和恶臭的物质,选择工艺先进成熟、系统稳定可靠、管理方便、无二次污染的废气治理技术。

(6)食品企业应当采用污染物排放量少的工艺技术,并加强管理,减少污染物的产生。许多食品需要热力干燥,改变燃料构成,同时加紧研究和开辟其他新的能源,如太阳能干燥等。这样,可以大大减轻烟尘的污染。

(7)绿化在保护改善和美化环境,减少灰尘,减弱外来噪声都有其积极的作用,树叶表面粗糙不平,有的有绒毛,有的能分泌黏液和油脂,因此能吸附大量飘尘。蒙尘的叶子经雨水冲洗后,能继续吸附飘尘。如此往复拦阻和吸附尘埃,能使空气得到净化。使工作人员心情舒畅,食品工厂的绿化面积达到30%以上。

(8)加强鼓励大众参与大气污染防治的监督、举报措施。

9.2.3 食品工业大气污染物处理方法

大气污染物的性质和存在状态不同,其净化机制、方法及所选用的装置也各不相同。空气污染物分为气溶胶(颗粒物)污染物和气态污染物。

9.2.3.1 大气污染物气溶胶的处理方法

气溶胶污染物是分散于气体介质中的颗粒物(固体、液体)。大气污染物气溶胶处理方法的原理是依据气、固、液、粒子在物理性质上的差异。粒子的密度比气体分子的大得多。可用除尘技术把粒状物从气体介质中分离出来,分离方法一般采用以下物理法。

(1)机械法　利用重力、惯性力、离心力分离。

(2)过滤介质分离　利用粒子的尺寸、重量较气体分子大分离。

(3)湿式洗涤分离法　利用粒子易被水润湿,凝聚增大而被捕获的特性。

(4)电除尘　利用荷电性、静电力分离等。

9.2.3.2　大气污染物气溶胶的处理系统主要装置

根据主要除尘机制。常用的除尘装置可分为干式机械除尘装置、过滤式除尘装置、湿式除尘装置、电除尘装置。

(1)干式机械除尘装置　不用水或其他液体作润湿剂,仅利用重力、惯性力及离心力等沉降作用去除气体中粉尘粒子的装置称为干式机械除尘装置。主要特点是结构简单、易于制造、造价低、施工快、便于维修及阻力小等优点,因而它们广泛用于工业。该类除尘装置对大粒径粉尘的去除具有较高的效率,而对于小粒径粉尘捕获效率很低。主要的类型有:重力沉降室、离心力除尘器、惯性力除尘器。

1)重力沉降室　结构如图9.1所示,是一个简单水平气流沉降室的降尘示意图。重力沉降室除尘工作原理是使含尘气体中的粉尘粒子借助重力作用而达到除尘目的的一种除尘装置。合尘气流通过横断面积比管道大得多的沉降室时,由于含尘气流水平流速大大降低,致使其中较大的粒子在沉降室中有足够的时间受重力作用而沉降。这种沉降室往往安装在其他收集设备之前,作为除去粒径大于50 μm的颗粒物的预处理装置。

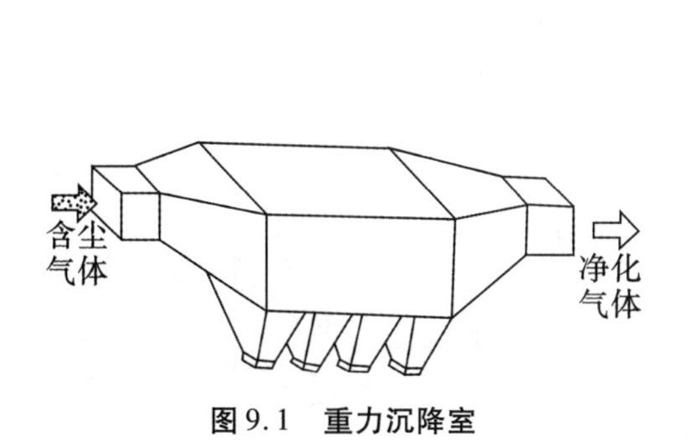

图9.1　重力沉降室

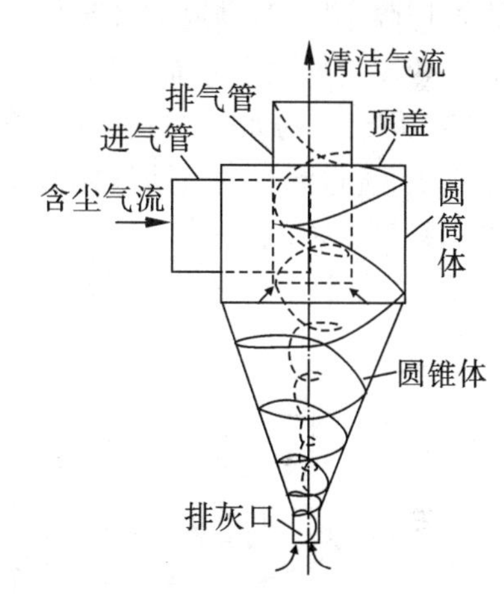

图9.2　旋风除尘器

2)旋风除尘器　旋风除尘器工作原理是利用旋转气流对尘粒和气体所产生惯性离心力大小的不同,使尘粒和气体进行分离的除尘装置。含尘气流由进气管沿切线方向进入圆筒体,在圆筒和中央排气管之间向下作螺旋运动。在旋转过程中产生惯性离心力。尘粒在离心力作用下逐步移向外壁,到达外壁的尘粒在气流和重力共同作用下沿内壁旋转滑下,被收集在中间底部的排灰口,并由此排出。气体则因质量小,受离心力作用甚微,随圆锥形的收缩转向除尘器的中心,并受底部阻力作用,转而上升,形成一股上升旋流,从排气管上端排出,实现除尘作用。旋风除尘器结构如图9.2所示,是由进气管、筒体、锥体和排气管等组成,具有结构简单,体积较小,不需特殊的附属设备,造价较低,阻力中等,器内无运动部件,操作维修方便等优点。旋风除尘器一般用于捕集5~15 μm以上的颗粒,除尘效率可达80%以上,近年来经改进后的特制旋风除尘器,其除尘效率可达5%以上。旋风除尘器的缺点是捕集微粒小于5 μm的效率不高。

3)惯性除尘装置　工作原理是利用气流急速转向或冲击在挡板上再急速转向,其中颗粒由于惯性效应,其运动轨迹就与气流轨迹不一样,从而使两者获得分离。气流速度高，这种惯性效应就大，这类除尘器的体积可以大大减少，占地面积也小，对细颗粒的分离效率也大为提高，可捕集到 10 μm 的颗粒。最典型的是百叶窗式除尘器结构如图 9.3 所示。该除尘器特点是把进气流用挡板分割为小股气流。

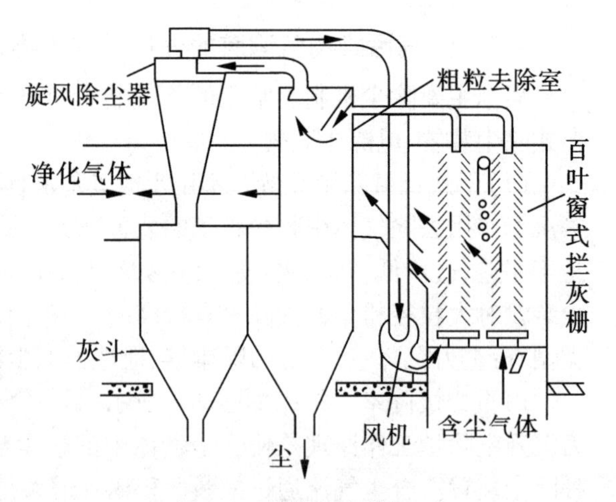

图 9.3　惯性除尘装置

(2) 过滤式除尘装置　又称空气过滤器，这是使含尘气流通过过滤材料将粉尘分离捕集的装置。采用滤纸或玻璃纤维等填充层做滤料的空气过滤器，主要用于通风及空气调节方面的气体净化；采用砂、砾、焦炭等颗粒物作为滤料的颗粒层除尘器，在高温烟气除尘方面引人注目；采用纤维织物作滤料的袋式除尘器，主要在工业尾气的除尘方面应用较广。这里主要介绍袋式除尘器。它的除尘效率一般可达 99% 以上，结构如图 9.4 所示。含尘气流进入滤袋，在通过滤料的孔隙时，粉尘被捕集于滤料上，透过滤料的清洁气体由排出口排出，一个袋室可装有若干只分布在若干个舱内的织物过滤袋，常用滤料由棉、毛、人造纤维织物加工而成。这种方法除尘效率高，操作简便，适合于含尘浓度低的气体；其缺点是占地多、维修费用高，不耐高温、高湿气流。

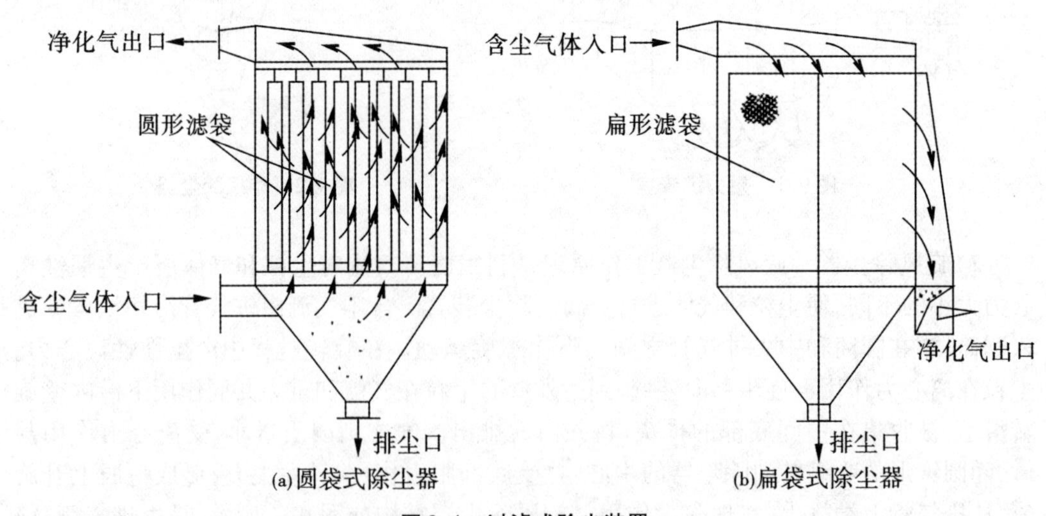

图 9.4　过滤式除尘装置

(3) 湿式除尘装置　湿式除尘装置是使含尘气体与液体(一般为水)密切接触，利用水滴和尘粒的惯性碰撞及其他作用捕集尘粒或使粒径增大的装置。湿式除尘装置的除尘机制涉及各种机制中的一种或几种。主要是惯性碰撞、扩散效应、黏附、扩散漂移和热漂移、凝聚等作用。它可以有效地将直径为 0.1 ~ 20 μm 的液态或固态粒子从气流中除去，同时，也能脱除气态污染物。根据湿式除尘器的净化机制，可将其分为 7 类：旋风洗涤器、自激喷雾洗涤器、重力喷雾洗涤器、文丘里洗涤器、板式洗涤器、填料洗涤器、机械诱导喷雾洗涤器。

湿式除尘器的优点:在耗用相同能耗时,比干式机械除尘器高。高能耗湿式除尘器清除0.1 μm以下粉尘粒子,仍有很高效率,可与静电除尘器和布袋除尘器相比,而且还可适用于它们不能胜任的条件,如能够处理高温、高湿气流,及易燃易爆的含尘气体,在去除粉尘粒子的同时,还可去除气体中的水蒸气及某些气态污染物。既起除尘作用,又起到冷却、净化的作用。

湿式除尘器的缺点:排出的污水污泥需要处理,澄清的洗涤水应重复回用,净化含有腐蚀性的气态污染物时,洗涤水具有一定程度的腐蚀性,因此要特别注意设备和管道腐蚀问题,寒冷地区使用湿式除尘器,容易结冻,应采取防冻措施。

1)旋风洗涤除尘器　又叫湿式离心力除尘器,有3种(立式旋风水膜除尘器、卧式旋风水膜除尘器、中心喷雾旋风除尘器),是在干式旋风除尘器内部设置各种形式的喷嘴,喷出水雾或在器壁上形成液膜便构成了各种湿式旋风洗涤器。其主要除尘机制是离心分离、惯性碰撞、截留等。旋风洗涤器适合于处理烟气量大和含尘浓度高的场合。它可以单独使用,也可以安装在文丘里洗涤器之后作为脱水器。立式旋风水膜除尘器装置基本结构与工作原理是:沿筒壁切向。里面形成一层很薄的不断向下流的水膜。含尘气流由筒体下部导入,旋转上升,靠离心力甩向壁面。然后粉尘颗粒被水膜黏附,沿壁面流下排走。它能有效地防止粉尘在器壁上的反弹、冲刷引起的二次扬尘,从而提高了除尘效率,一般除尘效率为90%~95%。

2)自激喷雾除尘器　是依靠气流自身的动能,冲击液体表面激起水滴和水花的除尘器。除尘机制主要是利用粉尘颗粒与液体表面和雾化液滴之间的惯性碰撞,液滴的大小和洗涤器内的液气比取决于洗涤器的结构和气流流速。自激式除尘器结构紧凑,占地面积小,施工安装方便,负荷适应性好,耗水量少。缺点是价格较贵,压力损失大。

3)重力喷雾洗涤器　是湿式除尘器中最简单的一种。重力喷雾洗涤器的工作原理:含尘气流向上运动,液滴由喷嘴喷出向下运动,粉尘颗粒与液滴之间通过惯性碰撞、接触阻留、粉尘因加湿而凝聚等作用,较大的尘粒被液滴捕集。当气体流速较小时,夹带了颗粒的液滴因重力作用而沉于塔底,净化后的气体通过脱水器去除夹带的细小液滴由顶部排出。重力喷雾洗涤器适用于捕集粒径较大的颗粒,当气体需要除尘、降温或除尘兼有去除其他有害气体时,往往与高效除尘器(如文丘里除尘器)串联使用。

4)文丘里除尘器　结构如图9.5所示,是由文丘里管包括收缩管、喉管和扩散管组成。由进气管进入收缩管后,气流速逐渐增大,在喉管入口处,气速达到最大,一般为50~180 m/s。洗涤液(一般为水)通过沿喉管周边均匀分布的喷嘴进入,液滴被高速气流雾化和加速,气体湿度达到饱和,尘粒被水湿润。尘粒与液滴或尘粒之间发生激烈碰撞和凝聚。在扩散段,气液速度减小,压力回升,以尘粒为凝结核的凝聚作用加快,凝聚成直径较大的含尘液滴,进而在除尘器内被捕集。文丘里管构造有多种形式。按断面形状分为圆形和方形两种;按喉管直径的可调节性分为可调的和固定的两类;按液体雾化方式可分为预雾化型和非雾化型;按供水方式可分为径向内喷、径向外喷、轴向喷水和溢流供水等四类。适用于去除粒径0.1~100 μm的尘粒,除尘效率为80%~99%,对高温气体的降温效果良好,广泛用于高温烟气的除尘、降温,也能用作气体吸收器。

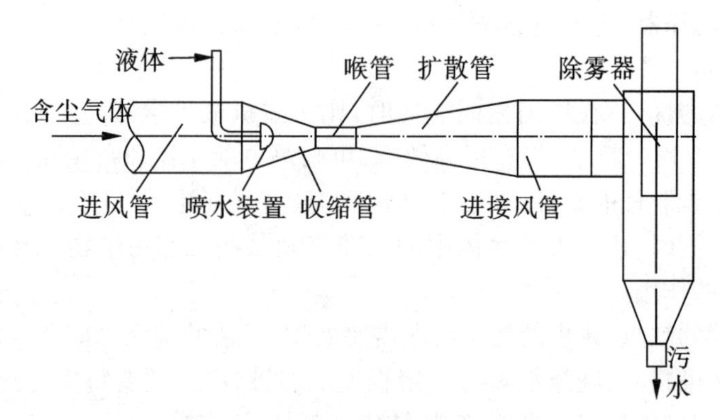

图9.5 文丘里除尘器

(4)电除尘装置 电除尘器是含尘气体在通过高压电场进行电离的过程中,

使尘粒荷电,并在电场力的作用下使尘粒沉积在集尘极上,将尘粒从含尘气体中分离出来的一种除尘设备。结构如图9.6所示,是一个管式电除尘器示意图。它的集尘极为一圆形金属管,放电极极线(电晕极线)用重锤悬吊在集尘极圆管中心。含尘气流由除尘器下部进入,净化后的气流由顶部排出。这种电除尘器多用于净化气体量较大的含尘气体。此外还有板式电除尘器。这种电除尘器的优点是对粒径很小的尘粒具有较高的去除效率,耐高温,气流阻力小,除尘效率不受含尘浓度和烟气流量的影响,是当前较为理想的除尘设备,但设备投资费用高,占地大,技术要求高。

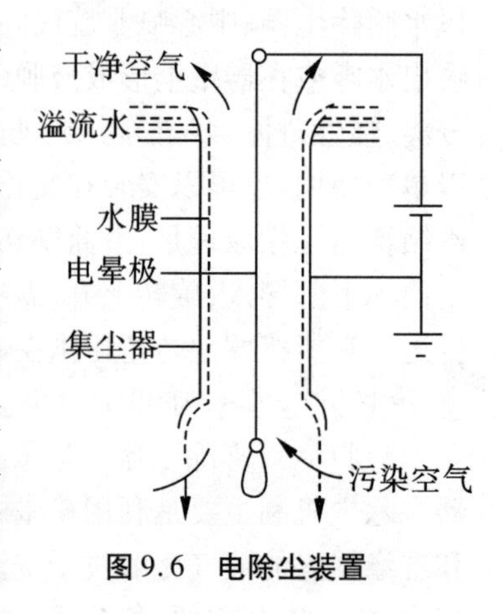

图9.6 电除尘装置

9.2.3.3 除尘装置的选择要点

在选择除尘装置时除应考虑除尘装置的气体处理量,除尘装置的效率及压力损失等技术指标和有关经济性能指标,还要考虑所处理的粉尘特性。

(1)粉尘的分散度和密度特性 粉尘分散度对除尘器的性能影响很大,而粉尘的分散度相同,由于操作条件不同也有差异。因此,在选择除尘器的形式时,首要的是确切掌握粉尘的分散度,如粒径多在10 μm以上时可选旋风除尘器。在粒径多为数微米以下,则应选用静电除尘器、袋式除尘器,而具体选择,可以根据分散度和其他要求,参考常用除尘器类型与性能表9.3进行初步选择;然后再依照其他条件和介绍的除尘器种类和性能确定。

(2)气体含尘浓度特性

1)对重力、惯性和旋风除尘器来说,进口含尘浓度越大,除尘效率越高。可是这样又会增加出口含尘浓度,所以不能仅从除尘效率高就笼统地认为粉尘处理效果好。

2)对文丘里除尘器、喷射洗涤器等湿式除尘器,以初始含尘浓度在10 g/m^3以下为宜。

3）对袋式除尘器，含尘浓度越低，除尘性能越好。在较高初始浓度时，进行连续清灰，压力损失和排放浓度也能满足环保要求。

4）电除尘器，一般在初始含尘浓度为 30 g/m^3 以下的范围内使用。

表9.3　常用除尘器类型与性能表

形式	除尘器种类	粉尘特性适用范围				不同粒径效率/%			投资比	
		粒径/μm	浓度/(g/nm³)	温度/℃	阻力/Pa	粒径/μm 50	5	1	初投资	年成本
干式	惯性除尘器	>15	>10	<400	200～1 000	96	16	3	<1	<1
	中效旋风除尘器	>5	<100	<400	400～2 000	94	27	8	1	1.0
	高效旋风除尘器					96	73	27	2	1.5
	电除尘器	>0.05	<30	<400	100～200	>99	99	86	9.5	3.8
	高效电除尘器					100	>99	98	15	6.5
	振打清灰	>0.1	3～10	<300	800～2 000	>99	>99	99	6.6	4.2
	气环清灰					100	>99	99	9.4	6.9
	脉冲清灰					100	>99	99	6.5	5.0
	高压反吹清灰					100	>99	99	6.0	4.0
湿式	自激式洗涤器	0.05～100	<100	<400	800～10 000	100	93	40	2.7	2.1
	高压喷雾洗涤器		<10	<400		100	96	75	2.6	1.5
	高压文氏洗涤器		<10	<800		100	>99	93	4.7	1.7

（3）粉尘黏附性特性　粉尘和壁面的黏附机制与粉尘的比表面积和含湿量关系很大。粉尘粒径越小，比表面积越大，其黏附性也越大。

在旋风除尘器中，粉尘因离心力黏附于壁面上，有发生堵塞的危险；而对袋式除尘器黏附的粉尘容易使过滤袋的孔道堵塞，对电除尘器则易使放电极和集尘极积尘。

（4）粉尘比电阻特性　电除尘器的粉尘比电阻应该在 $10^4 \sim 10^n$ Ω。粉尘的比电阻随含尘气体的温度、湿度不同有很大变化，对同种粉尘，在 100～200 ℃比电阻值最大，如果含尘气体加湿，则比电阻降低。因此，在选用电除尘器时，需事先掌握粉尘的比电阻，充分考虑含尘气体温度的选择和含尘气体性质的调整。

9.2.3.4　气态污染物的处理方法。

食品工业产生的气态污染物主要有 SO_2、NO_2、NO、CO、CO_2、H_2S、NH_3、醇类、酮类、胺类、酯类等。处理方法有燃烧法、吸收法、冷凝法、吸附法、生物法。

（1）燃烧法　是对可燃性有害组分的混合气体进行氧化燃烧或高温分解，使有害组分转化为无害物质的方法。燃烧法分为直接燃烧、热力燃烧和催化燃烧。

1）直接燃烧法　是把废气中可燃的有害组分当作燃料进行燃烧，从而达到净化的目的。该方法只能用于净化可燃有害组分浓度较高或燃烧热值较高的气体。如果可燃性组分的浓度高于燃烧上限，可加入适量的空气；如果低于燃烧上限，可加入一定的辅助燃料。

2）热力燃烧法 是利用辅助燃料燃烧放出的热量将混合气体加热到要求的温度，使可燃有害组分在高温下分解成为无害物质，以达到净化的目的。

3）催化燃烧法 是指在催化剂存在的条件下，废气能在较低温度下进行燃烧。达到废气净化的目的。

（2）吸收法 是利用混合气体中各成分在吸收剂中的溶解度不同，或与吸收剂中的组分发生选择性化学反应，从而将有害组分从气流中分离出来。吸收法是分离、净化气体混合物最重要的方法之一，广泛用于净化含 SO_2、NO_x、HF、HCl 等废气。利用吸收剂将混合气体中的一种或多种组分有选择地吸收分离过程称作吸收。具有吸收作用的物质称为吸收剂，被吸收的组分称为吸收质。

（3）冷凝法 是利用物质在不同温度下具有不同的饱和蒸汽压的性质，采用降低系统的温度或提高系统的压力，使处于蒸汽状态的污染物冷凝并从废气分离出来的过程。

（4）吸附法 是利用固体表面上存在着分子引力或化学键力，能吸附分子并使其聚集在固体表面上，这种现象称为吸附。将具有吸附作用的固体物质称为吸附剂，采用的吸附剂有活性炭、两性离子交换树脂、硅胶、活性白土等。被吸附的物质称为吸附质。

（5）生物法 是利用微生物去吸收、降解废气中的低浓度污染物，研究和应用表明，这是个既经济又有效的方法，近年来已逐步发展成为工业废气净化的一个前沿热点。目前，对于废气中常见的典型恶臭污染物 H_2S 的生物净化，在国内外已有许多研究和一些工程应用。

9.2.3.5 气态污染物处理系统主要装置

凡能使气液两相在固定的接触面上进行吸收操作的设备均称为表面吸收器。常见的表面吸收器如填料塔、板式塔、喷洒塔、喷射吸收器、文丘里吸收器。

（1）填料塔 是一种筒体内装有环形、波纹形或其他形状的填料，吸收剂自塔顶向下喷淋于塔料上，气体沿填料间隙上升，通过气液接触使有害物质被吸收的净化设备。填料塔优点：吸收效果较可靠、对气体变动适用性强、可用耐腐蚀材料制作、压力损失较小。填料塔缺点：气流较大时不易操作、吸收液中含有固体或吸收过程产生沉淀时，产生操作困难、填料数量多，质量大，检修不方便。

（2）板式塔 是一种逐级接触式气液传质设备，是最常用的气液传质设备之一。传质机制如下所述：塔内液体依靠重力作用，由上层塔板的降液管流到下层塔板的受液盘，然后横向流过塔板，从另一侧的降液管流至下一层塔板。气体则在压力差的推动下，自下而上穿过各层塔板的气体通道（泡罩、筛孔或浮阀等），分散成小股气流，鼓泡通过各层塔板的液层。在塔板上，气液两相密切接触，进行热量和质量的交换。在板式塔中，气液两相逐级接触，两相的组成沿塔高呈阶梯式变化，在正常操作下，液相为连续相，气相为分散相。板式塔因生产能力较大，塔板效率稳定，操作弹性大，且造价低，检修、清洗方便，故工业上应用较为广泛。

9.2.3.6 大气污染物处理系统配套装置

（1）排气罩 食品车间常见的局部排气罩，结构如图 9.7 ~ 图 9.17 所示。

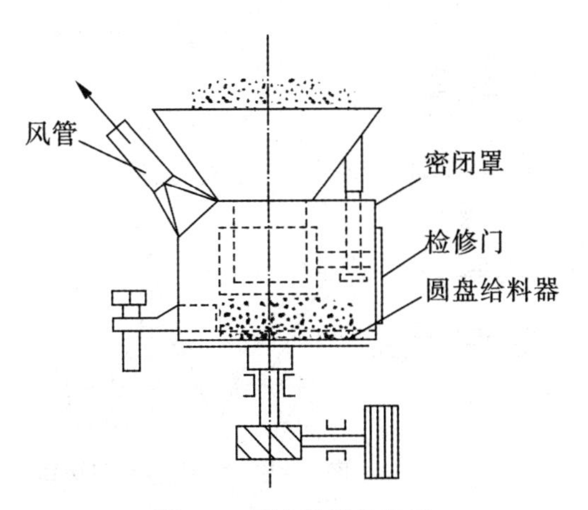

图 9.7　圆盘给料排气罩

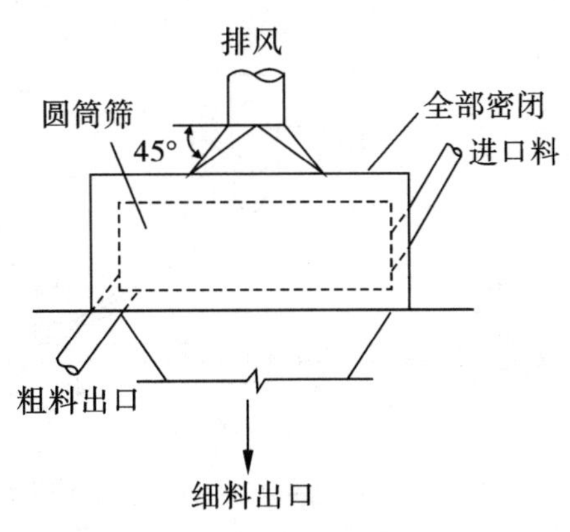

图 9.8　圆筒筛排气罩

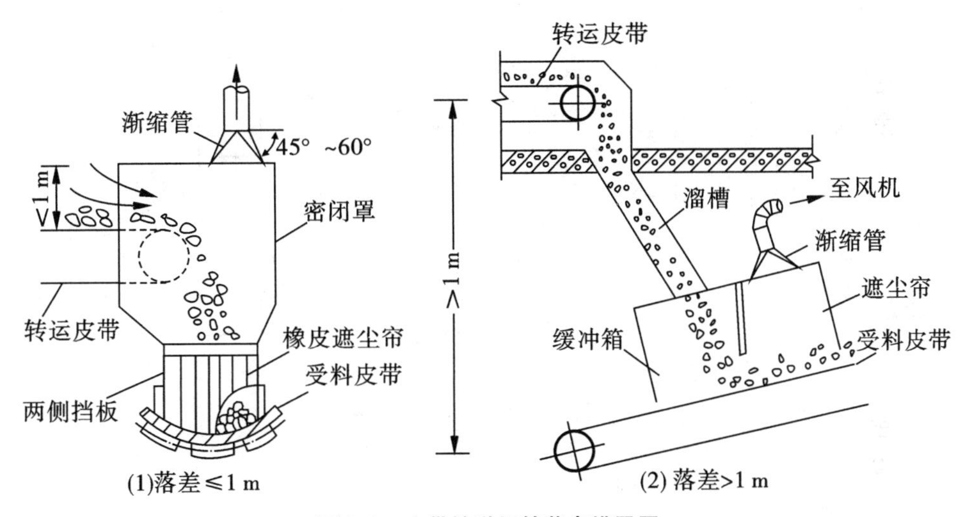

图 9.9　皮带输送机转落点排风罩

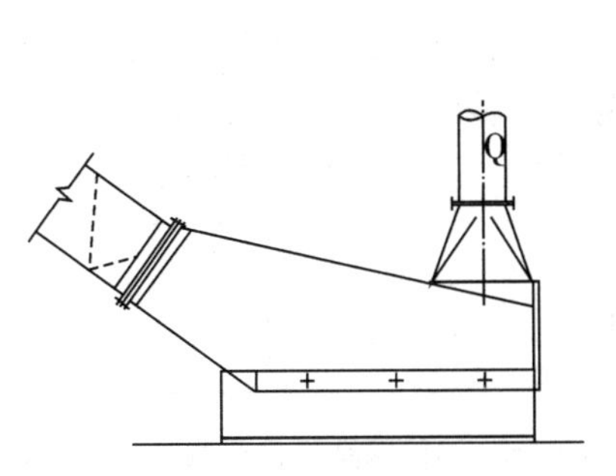

图 9.10　皮带输送机进料端排风罩

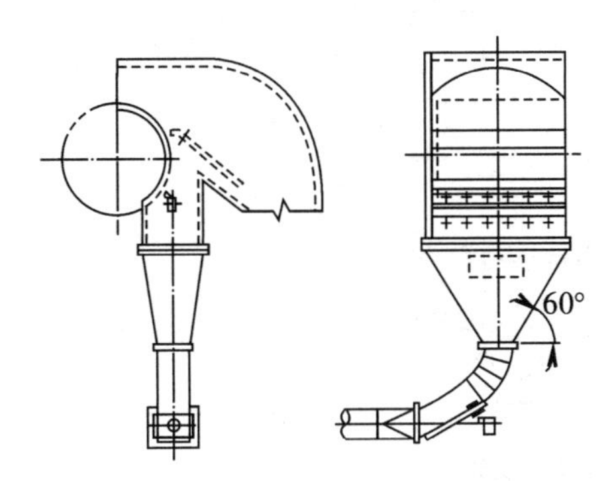

图 9.11　皮带输送机抛料端排风罩

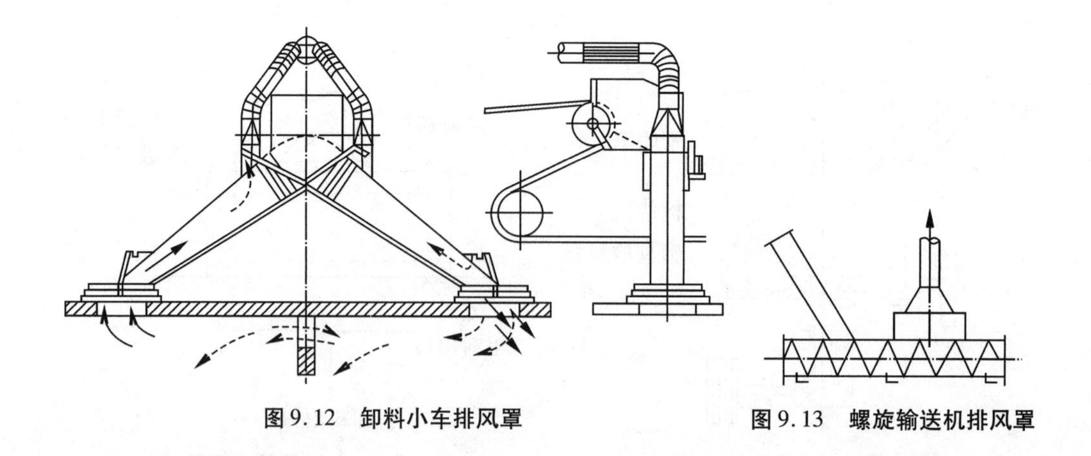

图 9.12　卸料小车排风罩

图 9.13　螺旋输送机排风罩

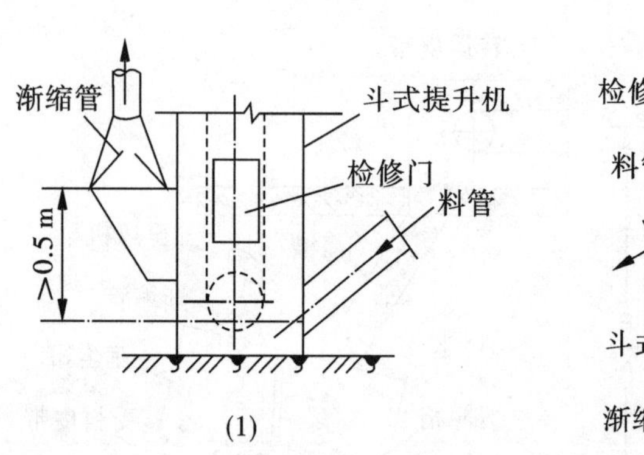

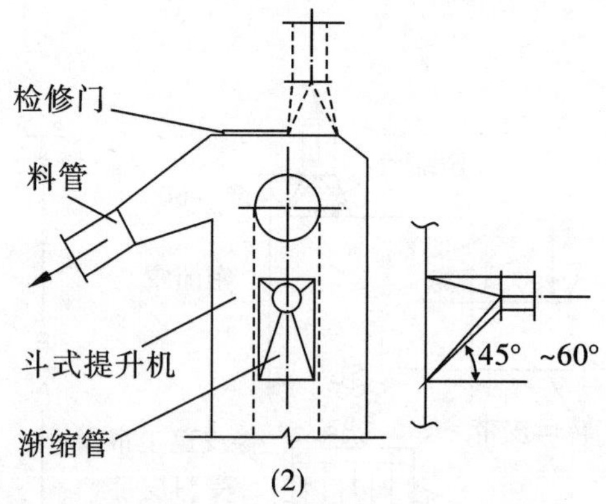

图 9.14　斗式提升机排风罩

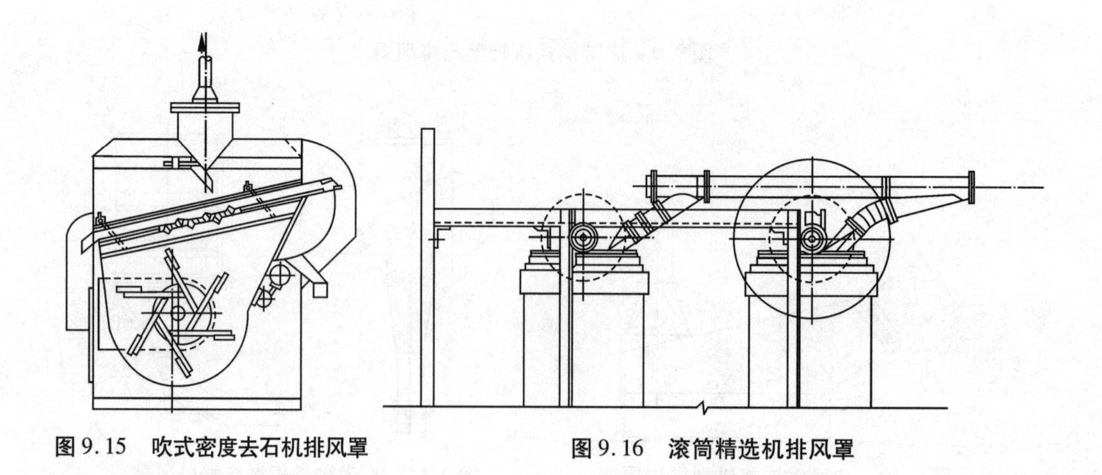

图 9.15　吹式密度去石机排风罩

图 9.16　滚筒精选机排风罩

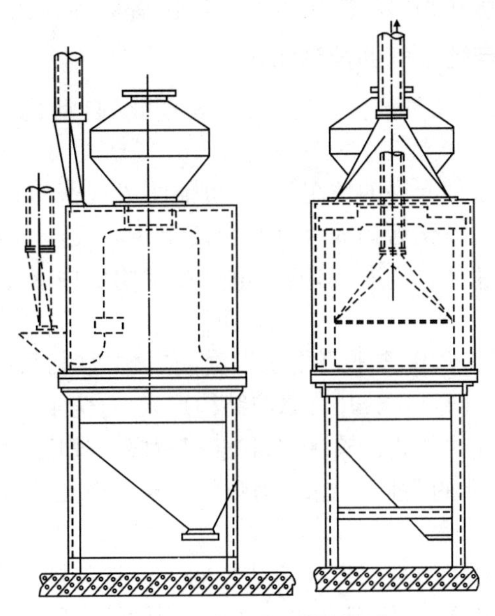

图9.17 自动称排风罩

(2)风管 风管是输送食品车间废气的管道，其断面一般呈圆形。结构如图9.18所示，为吸气罩与分支风管的连接形式。

(3)风机 风机是对气体压缩机械与气体输送机械的习惯性称呼，实际上风机并不是一种单独的机械类别。风机所指的气体压缩、输送机械是非容积式(是透平式)的通风机、鼓风机，如离心式风机、轴流式风机、横流式风机等。而活塞压缩机等容积式空气压缩和输送机械如空气压缩机、罗茨风机，则不属于风机的称呼范围。

图9.18 风管

风机用途：可用于冶金、化工、轻工、食品、医药及民用建筑等场所通风换气，排尘和冷却，锅炉和工业炉窑的通风和引风，空气调节设备和家用电器设备中的冷却和通风等之用。

风机性能参数：风机的性能参数中，最主要的性能参数是流量、压力、功率、效率和转速，这几个性能参数都和风机的工作能力直接相关，是风机选型时的重点参考标准。风机的设计指标还包括它的噪声和振动，也对风机的工作效果有很大影响。风机的流量是指风机的风量，风量的大小代表了单位时间内通过风机的气体体积；风机的压力是指风机工作时内部气体压力升高值，有静压、动压和全压几个分参数；风机的功率就是指风机的输出功率，风机的轴功率，而风机的有效功率和轴功率之间的比就是效率。

(4)关风器 TGFY、TGFZ系列关风器适用于气力输送及除尘系统，起接料、排料与闭风作用，以保证正常接、排物料，除尘器或卸料器的排料口泄气的一种重要设备。广泛应用于粮食、饲料加工、油脂、化工、酿造、制药等行业中的气力输送和通风除尘工艺中。

关风器的选型要根据被输送物料的特性如粒度大小、黏附性、温度、湿度等来决定的。

9.2.3.7 食品车间生产性废气的控制措施

(1)采用密闭、通风排气系统,生产过程的密闭化、自动化是解决废气危害的根本途径。

1)密闭罩　在工艺条件允许的情况下,尽可能将废气密闭起来,然后通过通风管将废气吸出,送往净化装置,净化后排放大气。密闭罩主要设计参数是排气量。排气量可按开放口必需的控制风速(m/s)进行计算,也可按密闭罩内必需的换气次数(m^3/h)来确定。

2)开口罩　在生产工艺操作不可能采取密闭罩排气时,可按生产设备和操作的特点,如食品油炸车间要设计开口罩,开口罩按结构形式,分为上口吸罩、侧吸罩和下吸罩。开口罩的排气量是由废气的种类、扩散状态和开口罩吸入速度的特性所决定的。比如废气是粉尘还是气体,是常温的还是高温的,呈喷发的还是自然蒸发的,都同吸气罩的形式和吸风量大小有关。

3)通风橱　通风橱是密闭与侧吸罩相结合的一种特殊排气罩。可以将产生废气的操作和设备完全放在通风橱内,便于操作。通风橱上可设可开启的操作小门,橱内应形成负压状态,以防止有害物逸出。按排气方式,通风橱分为上部排气式、下部排气式和供气式。

4)洗涤法　是一种常见的净化方法。洗涤法在工业上已经得到广泛的应用,常用的洗涤液有水、碱性溶液、酸性溶液、氧化剂溶液和有机溶剂。

5)袋滤法　是粉尘通过滤介质受阻,而将固体颗粒物分离出来的方法。在袋滤器内,粉尘将进行沉降、凝聚、过滤和清灰等物理过程,实现无害化排放。

6)燃烧法　燃烧法分为直接燃烧法和催化燃烧法,是使有害气体中的可燃成分与氧结合进行燃烧,使其转化为 CO_2 和 H_2O,净化为无害物排放的方法。燃烧法适用于废气中含有可燃成分的条件,其中直接燃烧法较多用。

(2)个体防护

1)防粉尘口罩和防粉尘面具　防粉尘口罩和防粉尘面具属呼吸防护器,种类很多,据防护原理可分为过滤式和隔离式两大类。

①过滤式　将空气中的有害物质过滤净化,达到防护目的。在作业场所空气中有害物质的浓度不很高的情况下,佩戴此类防护器。

②隔离式　佩戴者呼吸所需的空气(氧气),不直接从现场空气中吸取,而是由另外的供气系统供给。这种防护器多用于空气中有害物质浓度较高的作业场所。

2)防缺氧、窒息措施　针对缺氧危险工作环境(密闭设备:船舱、容器、锅炉、冷藏车等;地上有限空间:储藏室、发酵池、冷库、粮仓等),发生缺氧窒息和中毒窒息(如二氧化碳、硫化氢等有害气体窒息)的原因。

9.3 废水处理技术

9.3.1 食品工业废水污染

食品工业废水污染是指食品工业废水的物质以不恰当的种类、数量、浓度、速率进入水体，超过了该物质在水体中的自净能力，从而导致水体的物理特征、化学特征发生不良变化，破坏了水中固有的生态系统，破坏了水体的功能及其在人类生活和生产中的作用。

9.3.1.1 食品工业废水的来源

食品工厂产生的工业废水来自于原料的清洗、原料预处理、半成品漂洗、半成品浸泡、浓缩锅蒸汽的冷凝，杀菌后产品的冷却，设备洗涤消毒，包装容器的洗涤消毒，车间清洁卫生，人员清洁卫生和产品在生产过程中本身所产生的水等。

9.3.1.2 食品工业废水的特点

食品工业废水的特点有机物质和悬浮物含量高，易腐败，一般无大的毒性，废水水质差异大(见表9.4)。

表9.4 一般食品工业废水水质

项目	CODcr/(mg/L)	BOD_5/(mg/L)	NH_3-N/(mg/L)	SS/(mg/L)	pH值	油脂
水质	80~6 000	50~4 000	100~800	70~5 000	1~12	5~200

9.3.1.3 评价水体污染状况及污染程度的指标

评价水体污染状况及污染程度可以用一系列指标来表示，这些指标具体可分成两大类：一类是理化指标；另一类是有机污染综合指标。

(1)评价水体污染的理化指标包括水温、色度、嗅、浊度、透明度、pH值、残渣、酸度、碱度、矿化度、电导率、氧化还原电位、二氧化碳。

(2)评价水体污染的有机综合指标包括溶解氧(DO)含量、高锰酸盐指数、化学需氧量(COD)、生化需氧量(BOD)、总有机碳(TOC)、磷、凯氏氮和有机氮、总氮、硝酸盐氮、亚硝酸盐氮、氨氮、总悬浮固形物(TSS)。

9.3.2 防治食品工业废水的措施和具体实施办法

9.3.2.1 防治食品工业废水的措施

(1)严格遵守2008年2月28日修订通过的《中华人民共和国水污染防治法》。

(2)严格执行国家污水综合排放标准(GB 8978—1996)和食品工业相关污水排放标准:《肉类加工工业水污染物排放标准》(GB 13457—92)、《啤酒工业污染物排放标准》(GB 19821—2005)、《柠檬酸工业污染物排放标准》(GB 19430—2004)、《味精工业污染物排放标准》(GB 19431—2004)、《污水处理设施环境保护监督管理办法》等污水排放标准。

(3)食品企业应当采用污染物排放量少的工艺技术,并加强管理,减少水污染物的产生。

(4)在食品加工的各种工艺过程中,用水量和废水量都很大,食品企业加强研究采用新技术、新工艺、新设备、新材料和技术改造减少耗水量。

(5)根据食品工业废水水质特点,加强食品工业废水水污染防治的科学技术研究和先进适用技术的推广应用。

(6)新建、改建、扩建的食品企业建设项目,应当依法严格执行环境保护三大政策八项制度。

(7)加强鼓励大众参与水污染防治的监督、举报措施。

(8)现场检查和安装监测设备。环保局和其他监督管理部门,有权对管辖范围内的排污单位进行现场检查和安装监测设备,被检查的单位必须如实反映情况,提供必要的资料。

9.3.2.2 食品工业废水处理方法

(1)废水处理目的　对废水中的污染物以某种方式分离出来,或者将其分解转化为无害稳定物质,从而使污水得到净化。

(2)食品工业废水处理步骤划分　一级、二级和三级处理。

1)一级处理　筛滤、重力沉淀和浮选,处理后的污水达不到排放标准。

2)二级处理　生物法和絮凝法。有机物、无机悬浮物和胶体颗粒物极低浓度有机物。

3)三级处理　曝气、吸附、化学凝聚、电渗析等。控制富营养化或达到使废水能够重新回用。

(3)废水处理方法选择　废水水质和水量,废水处理后的用途等,取决于废水中污染物的性质、组成、状态及对水质的要求。食品工业废水处理方法分类:物理法、化学法及生物法。

1)物理法　利用物理作用处理,分离和回收废水中污染物等。沉砂、沉淀、气浮、除油、调节、加热或冷却,是一级处理。功能:去除大颗粒状有机物,以减轻后续生物处理的负担;调节水量、水质、水温等,有利于后续的生物处理。

2)化学法　利用化学反应或物理化学作用处理回收可溶性废物或胶状物质。可分为中和法、萃取法、氧化还原法。

3)生物法　利用微生物的生化作用处理废水中的有机污染物。可分为生物过滤法、活性污泥法。

食品工业废水除按水质特点进行适当预处理外,一般均宜用生物法处理。生物法处理的作用是絮凝和去除废水中不可自然沉淀的胶体状固体物;去除废水中的有机物;去除废水中其他无机营养元素如N、P等,食品工业废水中氮的去除一般来说只有依靠生物法,用生物法去除是最经济的。

生物处理法可分为:天然生物处理(生物稳定塘、土地处理系统)、人工生物处理(厌氧生物处理、好氧生物处理)。食品工业废水处理是采用人工生物处理法。

生物处理法　是通过生物作用,尤其是微生物的作用,完成有机物的分解和生物体的合成,将有机污染物转变成无害的气体产物(CO_2)、液体产物(水)以及富含有机物的固体产物(微生物群体或称生物污泥);多余的生物污泥在沉淀池中经沉淀池固液分离,从净化后的污水中除去。

在污水生化处理过程中,影响微生物活性的因素可分为基质类和环境类两大类。

①基质类影响因素　包括营养物质,如以碳元素为主的有机化合物即碳源物质、氮源、磷源等营养物质以及铁、锌、锰等微量元素等。食品企业与农牧渔业生产关系密切,具有较强的时效性和季节性(如休渔期)的生产特点,在减产、停产期间污水中的营养物质减少会影响污水生化处理过程中的微生物活性。

②环境类影响因素　负荷、温度、pH 值、营养平衡、溶解氧、有毒物质。

9.3.2.3　食品工业废水处理工艺

对于食品工业排放的废水,含有较高的 COD 和 BOD_5浓度,具有较好的可生化降解性能,按食品工业水质特点含有较多的悬浮物,为了保证出水的悬浮物达标,使用传统的“气浮机+二沉池”结构,进行适当预处理,确保出水悬浮物达标。再采用生化处理工艺,可以保证出水中有机污染物达标。生化的处理方法又分为厌氧和好氧两种,现将厌氧、好氧的几种较先进,成熟的工艺介绍如下。

(1)厌氧工艺　厌氧生物处理过程是在厌氧条件下由多种微生物共同作用,使有机物分解并生成甲烷和二氧化碳的过程,又称为厌氧消化。整个过程分为3个阶段。

第一阶段:水解发酵阶段,即在发酵细菌的作用下,多糖转为单糖,再发酵成为乙醇和脂肪酸;蛋白质先水解为氨基酸,再经脱氨基作用成为脂肪酸和氨;脂肪分解成长链脂肪酸多元醇。

第二阶段:产氢、产乙酸阶段,即产氢气产乙酸菌将水中的脂肪酸和乙醇等转化为乙酸、H_2和 CO_2。

第三阶段:产甲烷阶段,即产甲烷菌利用乙酸、H_2和 CO_2产生 CH_4。厌氧消化就是由多种不同性质、不同功能的微生物协同工作的一个连续的微生物学过程。与好氧相比具有能耗低、污泥量少,且能够降解一些好氧生物所不能降解的有机物。厌氧消化技术经过一百多年的历史,发展出一些先进的、高效的厌氧工艺,如升流式厌氧污泥层反应器、厌氧生物滤池、厌氧折流板反应器和厌氧序批式反应器等,这些工艺各有特点。

1)升流式厌氧污泥层反应器　简称为 UASB,该工艺是废水由配水系统从反应器底部进入,通过反应区经气、固、液三相分离器后,进入沉淀区,沉淀后由出水槽排出;沼气由气室收集;污泥由沉淀区沉淀后自行返回反应区。该工艺特点是处理效果稳定,去除率高,能耗低。但进水悬浮物浓度不宜过高,对操作人员技术水平要求高,对三相分离器制作有很高要求,否则处理效果会很差。适用于造纸、制药、食品等行业的废水治理,适用于中小水量的处理工艺。

2)厌氧折流板反应器　简称为 ABR,该工艺是20世纪80年代中期开发研究的新型、高效污水厌氧生物处理工艺。其原理就是厌氧反应器内装有许多折流板,废水在反应器通过折流板的作用水流绕折流板流动,由于折流板的阻挡及污泥的沉降作用,生物固体被有效地截留在反应器内,使每格的微生物群体与有机物有良好的接触,从而大大提高处理效率,缩短了停留时间。ABR 是在 UASB 的基础上发展起来的一种新工艺、新技术,具有结构简单、能耗低、运行可靠、单体容积利用率高、不堵塞、泥龄高、剩余污泥少、无须专门的三相分离器、水力停留时间短、有机负荷高等特点。适用造纸、医药、食品、化工、印染等行业高浓度废水处理。

(2)好氧工艺　好氧处理是指在好氧状态下,通过各种好氧细菌,原生生物和后生生物的同化、异化作用降解废水中的有机物,使之最终分解成为水、二氧化碳和无机盐的过程。其典型工艺有传统活性污泥法、生物接触氧化法和间歇式活性污泥法。

1)传统活性污泥法　在曝气池内活性污泥对废水中的有机物进行絮凝、吸附和降解,活性污泥不断增长,然后将曝气池内的混合液送入二次沉淀池,在这里停留一段时间,使污泥沉淀,澄清水溢流排出。沉淀下来的活性污泥一部分回流至曝气池(作为下次处理的污泥源,使其成长起来比较快,相当于发酵的接种),剩余污泥排入污泥浓缩池进行处理。工艺流程如图 9.19 所示。该工艺特点:去除率高,效果稳定,耐冲击负荷大。适合水量较大的连续排放的污水处理站。

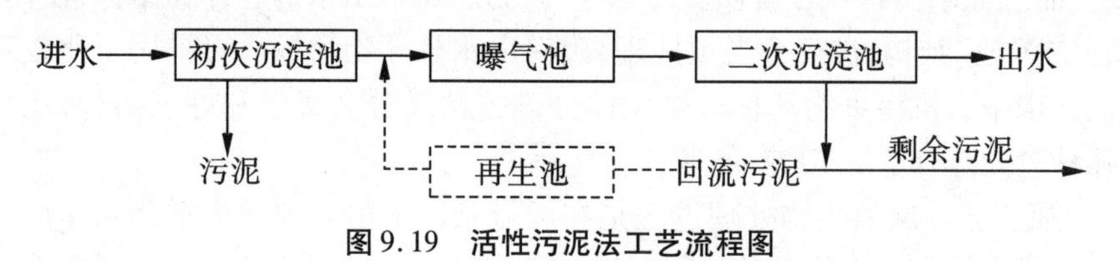

图 9.19　活性污泥法工艺流程图

2)生物接触氧化法　生物接触氧化法是一种浸没式生化滤池,池内挂满具有巨大表面积的生化填料,利用吸附在生化填料上的好氧菌对污水中有机物的降解作用达到去除有机物的目的。工艺特点是可以适应不同浓度的有机污水;处理效果稳定,耐负荷冲击能力强,对水质波动具有较强抗冲击性;所需停留时间较短,SS、BOD_5、COD 和氨氮等去除率高。产生剩余污泥最少,易操作管理,但投资较大,去除率比活性污泥法低,且填料更换费用高。

9.3.2.4　食品工业废水处理设施

食品工业废水处理设施主要由格栅、隔油池、调节池、气浮机、初次沉淀池、厌氧设施、爆气池、接触氧化池、爆气设备、二次沉淀池和污泥回收设备等组成,包含设计的构筑物和选购设备。食品工业废水处理设施主要构筑物及主要设备和作用如下。

(1)格栅的作用　格栅是由一组平行的金属栅条或筛网制成,安装在污水渠道的进口处,以拦截污水中粗大的悬浮物及杂质,如果皮、蔬菜等。以便减轻后续处理构筑物的污水处理负荷,并使之正常运行。格栅的分类:按形状,格栅可分为平面格栅与曲面格栅两种。平面格栅的基本参数与尺寸包括宽度、长度、间隙净空隙、栅条至外边框的距离等,可根据污水渠道、泵房集水井进口管大小选用不同的数值。曲面格栅又可分为固定曲面格栅与旋转鼓筒式格栅两种。按格栅栅条的净间隙,可分为粗格栅(50 ~ 100 mm)、中格栅(10 ~ 40 mm)、细格栅(3 ~ 10 mm)3 种。按清渣方式可分为人工清渣和机械清渣两种。

(2)隔油池的作用　隔油池主要用于分离去除废水中悬浮状态的油品,利用隔油池与沉淀池处理废水的基本原理相同,都是利用废水中悬浮物和水的比重不同而达到分离的目的。隔油池的构造多采用平流式,隔油池多用钢筋混凝土筑造,也有用砖石砌筑的含油废水通过配水槽进入平面为矩形的隔油池,沿水平方向缓慢流动,在流动中油品上浮水面,由集油管或设置在池面的刮油机推送到集油管中流入脱水罐。

(3)气浮设施的作用　气浮法是当前国际上新的水处理方法之一,它的工作原理是在压力状况下,将大量空气溶于水中,形成溶汽水,作为工作介质,通过释放器骤然减压快速释放,产生大量微细气泡。微细气泡与混凝反应废水中的凝聚物黏附在一起,使絮体比重小于1而浮于水面,然后由刮渣机刮至集渣槽内,从而完成污水初步净化的目的。

(4)调节池的作用　食品工业废水的波动大,水量和水质的变化将严重影响水处理设施的正常工作。如厌氧反应对水质、水量冲击负荷较为敏感,为保证厌氧反应稳定运行,在水处理系统中常设有均质、均量调节池,在水质、水量变幅周期内使某时段高浓度废水与其他时段废水充分均匀混合,减轻水质水量变幅对后续处理设施的压力。

(5)沉淀池的作用与分类　沉淀池的作用:沉淀池一般是用在生化处理前或生化处理后泥水分离的构筑物,多为分离颗粒较细的污泥。在生化之前的称为初沉池,沉淀的污泥无机称为较多,污泥含水率相对于二沉池污泥低些。位于生化之后的沉淀池一般称为二沉池,多为有机污泥,污泥含水率较高。沉淀池的分类如下。

1)平流式沉淀池　结构如图9.20所示,平流式沉淀池构造简单,沉淀效果好,工作性能稳定,使用广泛,但占地面积较大。若加设刮泥机或对比重较大沉渣采用机械排除,可提高沉淀池工作效率。

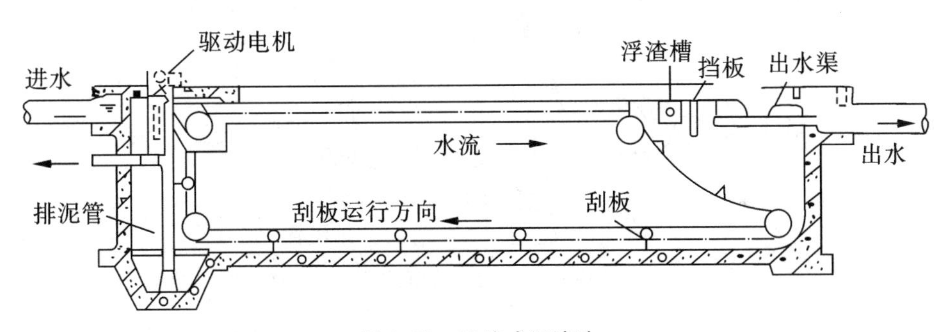

图9.20　平流式沉淀池

2)竖流式沉淀池　结构如图9.21所示,池体平面为圆形或方形。废水由设在沉淀池中心的进水管自上而下排入池中,进水的出口下设伞形挡板,使废水在池中均匀分布,然后沿池的整个断面缓慢上升。悬浮物在重力作用下沉降入池底锥形污泥斗中,澄清水从池上端周围的溢流堰中排出。溢流堰前也可设浮渣槽和挡板,保证出水水质。这种池占地面积小,但深度大,池底为锥形,施工较困难。

3)辐流式沉淀池　结构如图9.22所示,废水自池中心进水管入池,沿半径方向向池周缓慢流动。悬浮物在流动中沉降,并沿池底坡度进入污泥斗,澄清水从池周溢流入出水渠。

4)斜管沉淀池　结构如图9.23所示,是近年设计成的新型沉淀池,主要就是在池中加设斜板或斜管,可以大大提高沉淀效率,缩短沉淀时间,减小沉淀池体积。但有斜板、斜管易结垢,长生物膜,产生浮渣,维修工作量大,管材、板材寿命低等缺点。

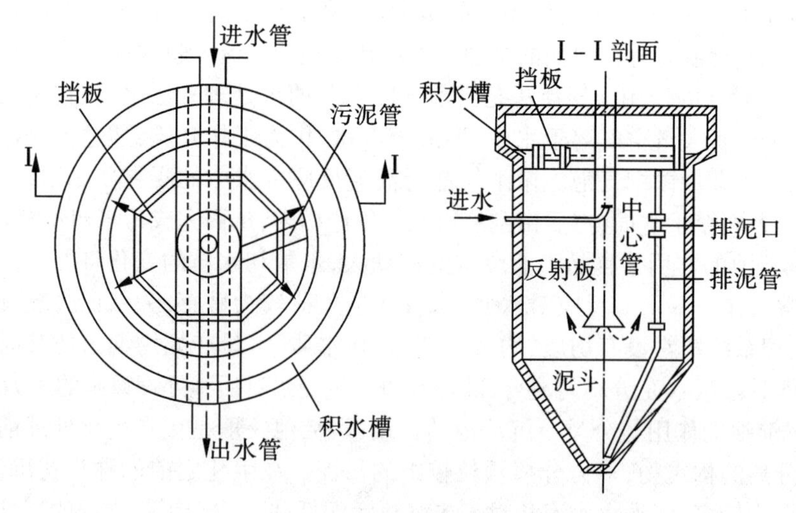

图9.21　竖流式沉淀池

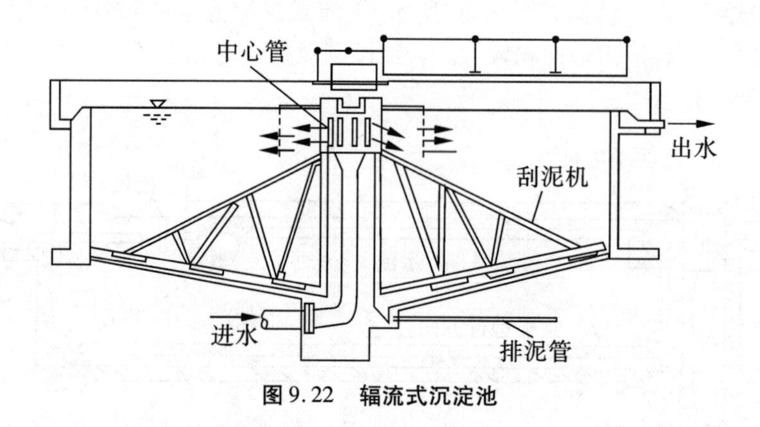

图9.22　辐流式沉淀池

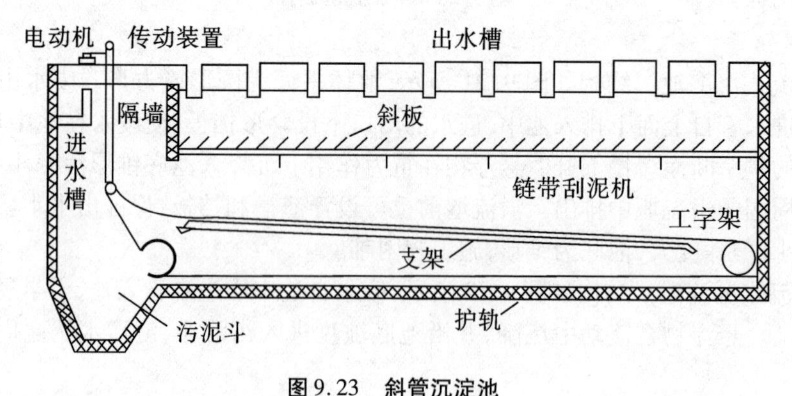

图9.23　斜管沉淀池

(6)厌氧折流板反应器　简称ABR,结构如图9.24所示,众多研究都表明ABR在处理各种工业废水中表现出许多其他厌氧反应器所不具备的优点,但是,ABR也有它的不足之处,即当ABR单独处理各种工业废水时,对COD、BOD_5和SS的去除效率有时还不能满足排放标准,因此ABR应当与其他厌氧工艺、好氧工艺相组合处理废水。

(7)接触氧化池　结构如图9.25所示,生物接触氧化池是在池内设置填料,池中微生物所需氧由鼓风曝气供给,池底曝气对污水进行充氧,并使池体内污水处于流动状态,以保证污水与填料充分接触,使填料长满生物膜,污水与生物膜接触,在生物膜的作用下,污水得到净化。生物膜生长至一定厚度后,填料壁的微生物会因缺氧而进行厌氧代谢,产生的气体及曝气形成的冲刷作用会造成生物膜的脱落,并促进新生物膜的生长,此时,脱落的生物膜将随出水流出池外。

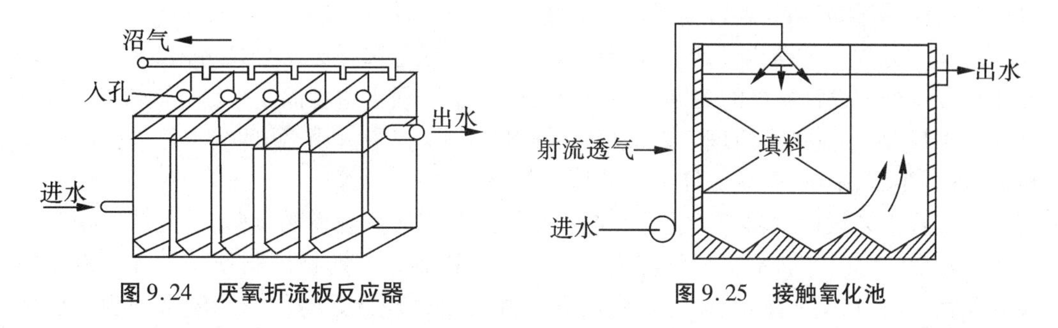

图9.24　厌氧折流板反应器　　图9.25　接触氧化池

(8)部分设备材料　调节池提升泵、ABR弹性填料、悬挂式生物填料、接触氧化池配管、蜂窝斜管、斜管支架、罗茨鼓风机、污泥输送泵、污泥泵、污泥回流泵、板框式压滤机、微孔曝气器、管道、阀门及附件、电控系统等。

9.3.2.5　食品工业废水处理设施设计步骤

(1)收集以下有关资料

1)工厂概况　工厂概况包括工厂生产规模、产品品种、规格、各类产品的产量、主要生产工艺、用水情况、全厂职工人数、生活污水是否流入废水处理站等。

2)废水水质和水量的确定　废水水质、水量是设计工业污水处理时,获得较准确的设计参数的重要方法,设计水质、水量参数的准确与否,直接关系到处理流程选择及各构筑物的大小,从而也直接与该处理系统的造价有关,所以是很重要的。

3)工厂平面布置情况　全厂总平面图或地形图,比例1∶500,附风玫瑰图。

4)工厂管道布置情况　全厂地下管道或明沟平面布置图,并提供管径、坡度、标高等。若原始资料不足,可进行实测,然后确定进入废水处理站管道或明沟的最低极限标高。

5)地质资料　废水站附近建筑物情况和地质情况,主导风向,建站后对周围居民的影响,评价地质承载能力的地质资料,必要时在初步设计批准后进行地质钻探。在工程施工过程中,应考虑施工单位起重、运输、材料堆放的可能。建站后污泥应有运输车道及消防车道。在施工前征得城建、消防部门同意。

6)环境状况　废水处理站附近城市下水道及河流状况(流量、断面、河床渗透能力),以及下游居民用水点的关系等,可分别到城建、环保、卫生防疫、水利、航道等部门走访了解。废水处理站应尽量设置在工业企业及居民区水体的下游及该地区主导风向的下风向,并远离居民点。

7)废水处理后的设计排放标准确定　不同地区由于受纳水体的功能、作用、位置等因素的不同,要求排入的废水达到一定的标准,从而使污染物总量低于其环境的最大容量。例如,排入饮用水水源的废水就比排入灌溉水体的要求高。因此,要根据实际情况决定废水的排放标准。我国制定了污水综合排放标准(GB 8978—1996),一般情况下可按照此排放标准进行设计。

(2)废水处理工艺设计的主要内容

1)废水处理方案的确定　食品工厂全年要生产的产品品种和各产品的数量、规格标准、产期、生产班次等,食品工厂生产中很大一部分要根据农副业原料和产品销售的季节性、旺季、淡季、休渔期等因素会影响废水处理方案的确定。

2)废水处理工艺路线设计　选择废水处理工艺就是选择废水处理方法,它是决定食品工厂废水处理设计质量的关键。要有针对性地了解同类型食品工厂的生产工艺、单位产品耗水量、废水流量及治理工艺、效益、管理的难易、投资大小、处理成本。进行综合评价后,进行小试、中试,确立最佳废水处理工艺路线。

3)初步工艺设计　初步工艺设计的科学依据是实验室规模的试验,借此获取处理工艺设计参数,因此,实验室研究的深入与否直接关系到设计的精度与质量。实验室规模试验包括水质、水量的测定、设计参数的获取和废水处理方案的优选。废水处理方法从作用原理上分为物理法、化学法、物理化学法和生物处理法。要根据废水处理的实际情况选择适合的处理方法,制定经济、合理的处理方案。由于废水成分复杂,处理一种废水往往需要多种方法组合,形成一个处理流程,才能达到处理要求。

(3)污水处理设施图设计

1)污水处理设施平面布置图。

2)污水处理设施工艺流程图。

3)管道布置设计图,管道布置设计是施工图设计阶段中工艺设计的主要内容之一。

4)辅助设施安装图。

(4)施工图设计　施工图设计是以初步设计的图纸和说明书为依据进行编制,使初步设计进一步地详细化,以便进行施工。施工图设计的任务是将污水处理厂各构筑物的每个细节都用图纸表现出来,所以图纸的数量很大,每张图纸按比例、用标准图例精确绘制,以便施工人员准确地将各构筑物按设计要求造在预定的位置上。所以编制施工图需花大量的时间,施工图是全部设计内容的体现。

9.3.2.6　食品工业废水处理设施的运行管理

为加强食品工业废水处理设施、工艺管理和水质管理,保证污水处理安全正常运行,达到净化水质、处理和处置污泥、保护环境的目的。食品工业废水处理设施的管理应纳入本单位管理体系,配备专门的操作人员及管理人员,并建立健全岗位责任、操作规程、监视监测等各项规章制度。

(1)食品工业废水处理设施运行管理要求

1)运行管理人员必须熟悉本厂处理工艺和设施、设备的运行要求与技术指标。

2)操作人员必须了解本厂处理工艺,熟悉本岗位设施、设备的运行要求和技术指标。

3)各岗位应有工艺系统网络图、安全操作规程等,并应示于明显部位。

4)运行管理人员和操作人员应按要求巡视检查构筑物、设备、电器和仪表的运行情况。

5)各岗位的操作人员应按时做好运行记录。数据应准确无误。

6)操作人员发现运行不正常时,应及时处理或上报主管部门。

7)各种机械设备应保持清洁,无漏水、漏气等。

(2)食品工业废水处理设施安全操作要求

1)各岗位操作人员和维修人员必须经过技术培训和生产实践,并考试合格后方可上岗。

2)启动设备应在做好启动准备工作后进行。

3)操作人员在启闭电器开关时,应按电工操作规程进行。

4)各种设备维修时必须断电,并应在开关处悬挂维修标牌后,方可操作。

5)清理机电设备及周围环境卫生进,严禁擦拭设备运转部位,冲洗水不得溅到电缆头和电机带电部位及润滑部位。

6)严禁非岗位人员启闭本岗位的机电设备等。

(3)食品工业废水处理设施维护保养要求

1)运行管理人员和维修人员应熟悉机电设备的维修规定。

2)应对构筑物的结构及各种闸阀、护栏、爬梯、管道等定期进行检查、维修及防腐处理。

3)各种管道闸阀应定期做启闭试验。

4)应定期检查、清扫电器控制柜,并测试其各种技术性能。

5)各种机械设备除应做好日常维护保养外,还应按设计要求或制造厂的要求进行大、中、小修。

6)不得将维修设备更换出的润滑油、润滑脂、实验室废水及其他杂物丢入污水处理设施内。

7)建筑物、构筑物等的避雷、防爆装置的测试、维修及其周期应符合电业和消防部门的规定。

8)根据不同机电设备要求,应定时检查、添加或更换润滑油或润滑脂等。

(4)食品工业废水处理设施主要系统操作规程　食品工业废水处理设施各系统操作规程是由废水处理设施设计单位制定有以下主要操作规程。

1)气浮工艺操作规程。

2)水解酸化池的工艺操作规程。

3)曝气接触氧化池操作规程。

4)沉淀池操作规程。

5)污泥浓缩池操作规程。

6)污泥脱水机操作规程。

7)罗茨鼓风机操作规程等。

9.4　废渣处理技术

9.4.1　食品工业固体废弃物污染

食品生产的特点是四多,即原料多,生产方法多,产品的品种多,产生的固体废弃物也多。食品固体废弃物种类繁多,另外食品工业在治理废水或废气的过程中有时还会有新的废渣产生,如果不适当地排放、收集、储存、运输、利用、处置固体废物会对环境造成污染。

9.4.2 食品工业固体废弃物污染处理方法

严格遵守我国1995年10月30日八届人大第十六次常委会上通过了《固体废物污染环境防治法》。

(1)遵守固体废物污染防治全过程管理的原则　即产生,收集、储存、运输,利用、处置固体废物的全过程管理的原则。“产生固体废物的单位和个人,应当采取措施,防止或者减少固体废物对环境的污染”。“收集、储存、运输、利用、处置固体废物的单位和个人,必须采取防扬散、防流失、防渗漏或者其他防止污染环境的措施”。

(2)实行“三化”管理的原则　排量减量化,功能资源化,影响无害化。

(3)禁止排放固体废物与产生者处置原则　排放是对固体废物未进行安全、无害处置的行为,实质上是污染行为,禁止排放是固体废物无害化处置的必然要求。禁排是与强制处置相联系、相配套。工业固体废物和危险废物的产生者必须将废物进行综合利用,并对不能利用的废物实行无害于环境的处置。

(4)对废弃物综合加工利用　如水产品加工厂会产生大量的下脚料:鱼骨、鱼皮、鱼鳞、内脏、虾、蟹壳等。充分利用水产品加工厂这些下脚料可提高水产品加工的附加值,获得良好的经济和社会效益。水产品加工厂的下脚料可进行综合加工利用生产鱼粉、鱼油、高效分离提取高值化的纯天然的胶原多肽、氨基酸钙制品、海鲜调味料、美容护肤的鱼皮胶原蛋白、食用、药用海洋生物活性物质。虾、蟹壳可生产甲壳质及其衍生物、壳聚糖、氨基葡萄糖盐酸盐等。

9.5 防噪处理技术

9.5.1 食品工业噪声污染

噪声对环境的污染是声源以弹性波的形式向空气中辐射出来的一种压力脉冲。在环境中不积累,不持久,也不远距离扩散。若声源停止发生,噪声便立即消失。只有声源、声音传播和接受者同时存在,才形成噪声污染。

9.5.1.1 食品工业噪声来源

工厂噪声来源大体上可分为机械噪声、气流噪声两大类。机械噪声主要是高速旋转的机械往复运动、振动而引起的,气流噪声主要是从各种风机、空压机进排气口等造成的空气力性噪声。在食品工业常有粉碎机、风机、空压机、泵、柴油机、电机、制冷设备、制罐设备、机械加工设备和运输车辆等均产生不同声级和频率的噪声。

9.5.1.2 工业噪声对人体健康的危害

当噪声在30 dB以下时,较安静。40 dB时,为正常环境。噪声超过50 dB,就会影响人的休息和睡眠。达到70 ~ 90 dB,会使人感到厌烦,影响学习和工作效率。90 ~

110 dB,是强噪声,会使人感到刺耳揪心,长时间会引发噪声性耳聋,同时还会引起各种疾病。120～130 dB 的噪声是人们很难忍受的强噪声,使人耳有疼痛感,称为痛阈。

9.5.2 防治食品工业噪声的措施和具体实施办法

9.5.2.1 防治食品工业噪声的措施

(1)严格遵守我国《声环境质量标准》(GB 3096—2008),《工业企业厂界噪声排放标准》(GB 12348—2008),我国工业企业噪声卫生标准,超标环境噪声排污费征收标准。

(2)对企业噪声污染车间的壁面采用适当的吸声材料,可以减少由于反射产生的混响声,从而降低噪声。吸声材料能够把入射在其上的声能吸收掉,如玻璃棉、矿渣棉、泡沫、塑料、甘蔗渣板、吸声砖等都是较好的吸声材料。

(3)对噪声污染的设备修建隔离间、隔声罩及隔声管道、隔声屏,使操作者与声源隔离。如把噪声大的机器放置在隔声间或隔声机罩内,与操作者隔开,从而使操作者免受噪声危害。

(4)对于车间中由于机械设备的运转不平衡,引起设备基础和墙体的振动形成的噪声,可采用在设备和基础之间加减振器或减振垫层等措施以减少噪声传递。

(5)对于机器设备在设计时由于不合理引起结构激烈的振动,需要根据不同的实际情况采用不不同的科学方法做减振处理。

(6)消声器是一种使声能衰减而允许气流通过的装置,将其安装在气流通道上便可控制和降低空气动力性噪声。对于不同设备类的噪声可采用消声措施解决。

(7)对陈旧的设备要及时更新。采购新设备应把产品的噪声标准作为评价产品质量的综合指标。

9.5.2.2 食品工业控制噪声方法

控制噪声最根本的方法就是从声源控制,即用无声的或低噪声的工艺和设备代替高噪声的工艺和设备。但在许多情况下,由于技术或经济方面的原因,直接从声源上治理噪声是很困难的。这就需要在噪声传播途径上采取吸声、消声、隔声、隔振、阻尼等几种常用的噪声控制技术。

(1)吸声处理　是指在噪声控制工程中,由于室内声源发出的声波被墙面、顶棚、地面及其他物体表面多次反射,使得室内声源的噪声级比同样声源在露天的噪声级高。如果用吸声材料或吸声结构对噪声比较强的各类车间厂房进行内部处理,则可以达到降低噪声的目的。

1)吸声设计　吸声设计适用于原有吸声较少、混响声较强的各类车间厂房的降噪处理。降低以直达声为主的噪声,不宜采用吸声处理为主要手段。吸声降噪效果并不随吸声处理面积成正比增加;进行吸声设计,必须合理地确定吸声处理面积。进行吸声设计,必须满足防火、防潮、防腐、防尘等工艺与安全卫生还应兼顾通风、采光、照明及装修要求,注意埋件设置,做到施工方便,坚固。

2)吸声材料　吸声材料用的是一些多孔、透气的材料,如玻璃棉、矿渣棉、泡沫塑料、毛毡、吸声砖、甘蔗板等。吸声材料之所以能吸声,是由于声波进入多孔材料后,是一部分声能由于小孔中的摩擦和黏滞阻力转化为热能而被吸收掉。吸声材料对于高频噪声有很好的效果,对于低频噪声,效果不是很好。对于低频噪声,一般采用共振吸声的方法加以控制。

(2)消声器　消声器是一种既能允许气流顺利通过,又能有效地阻止或减弱声能向外传播的装置。是降低气流噪声的装置,一般接在噪声设备的气流管道中或进排气口上。消声器适用于降低空气动力机械(通风机、鼓风机、空气压缩机以及各类排气放空装置等)辐射的空气动力性噪声。

1)消声设计　设计消声器的消声量,应根据消声要求确定。设计消声器必须考虑消声器的空气动力性能,计算相应的压力损失,把消声器的压力损失控制在机组正常运行许可的范围内。应估算气流通过消声器产生的气流再生噪声,气流再生噪声对环境的影响不得超过该环境允许的噪声级。应保证其坚固耐用,并应使其体积大小与空气动力机械设备相适应。对有特殊使用要求的空气动力设备(或系统),消声器还应满足相应的防潮、防火、耐高温、耐油污、防腐蚀等要求。

2)消声器的种类　消声器的种类很多,根据消声原理和结构不同,分为阻性消声器、抗性消声器、扩散性消声器、阻抗复合消声器等。

①阻性消声器　阻性消声器是利用多孔性吸声材料或吸声结构消声的。把吸声材料固定在气流流动的管道内壁,或者把它按一定方式在管道内排列组合,就构成阻性消声器。当声波进入阻性消声器,一部分声能被吸声材料吸收,就起到消声作用。常用吸声材料有玻璃纤维丝、低碳钢丝网、毛毡等。阻性消声器对消除高、中频噪声效果显著,对低频噪声的消除则不是很有效,由于有多孔的吸声材料所以不能用于有蒸汽侵蚀或高温的场合。影响消声的因素有消声器的结构形式、空气通道横断面的形状与面积、气流速度、消声器长度,以及吸声材料的种类、密度、厚度等因素有关,护面板材料及其形式对消声效果也有很大影响。阻性消声器的种类一般有直管式、片式、蜂窝式、折板式和声流式等,结构如图 9.26 所示。

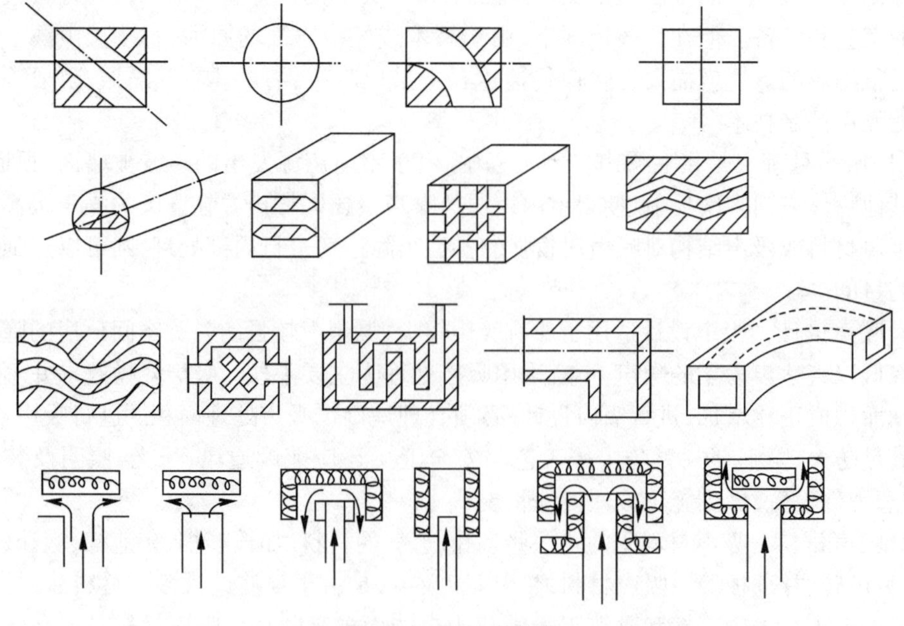

图 9.26　阻性消声器

②抗性消声器　抗性消声器靠管道截面的突变或旁接共振腔等在声传播过程中引起阻抗的改变而产生声能的反射、干涉，从而降低由消声器向外辐射的声能，达到消声目的。抗性消声器主要适于降低低频及中低频段的噪声。最大优点是不需使用多孔吸声材料，因此在耐高温、抗潮湿、对流速较大、洁净要求较高的条件下均比阻性消声器好，结构如图9.27所示。

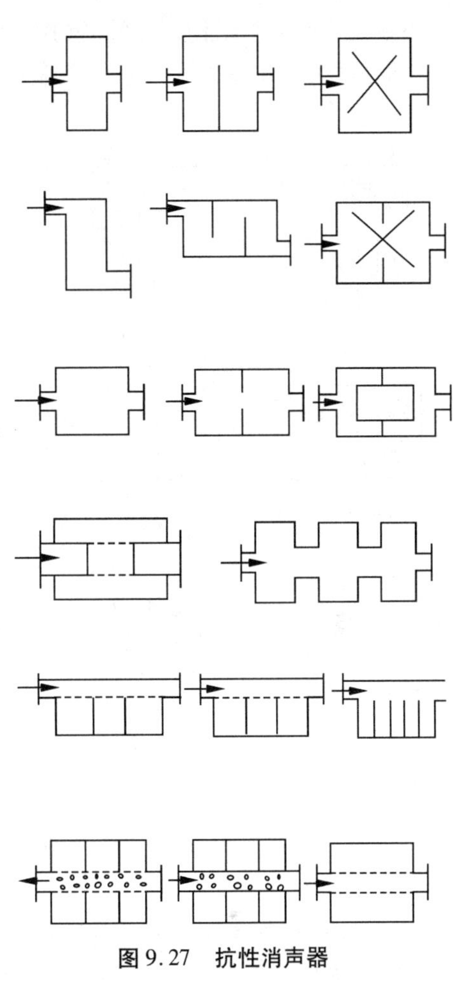
图9.27　抗性消声器

③扩散性消声器　工业生产中，高压排气或放空所产生的空气动力性噪声，是环境噪声中的强声源之一。扩散性消声器的消声机制是降低气流速度，降低排放压力，改变喷注的结构。扩散性消声器主要采用小孔喷注、多孔扩散、节流降压等形式，结构如图9.28所示。小孔喷注消声器的特点是通过很多小的喷口取代一个大的喷口，使噪声的主要频率移向高频，从而降低可听阈的噪声能量。多孔扩散消声器是利用烧结的金属或塑料、多孔陶瓷、多层金属丝网等多孔材料来降低空气动力性噪声。排放气流被带有的大量细小孔隙的多孔材料滤成无数个小的气流，降低了气体压力，大大减弱了辐射噪声的强度。节流降压消声器的原理是节流降压作用，它一般由多级节流孔板串联而成，其相邻级的孔板间隙为均压的腔室，这样就把原来的高压气体直接喷注排空的一次大的压力降分散成为多级的小压力降。

④阻抗复合消声器　是把阻性消声器和抗性消声器组合在一起而构成阻抗复合消声器，阻抗复合消声器既有吸声材料又有共振腔、扩张室一类滤波元件的消声器。这种消声器消声量大，消声频率范围广，因此得到广泛应用。

(3)隔声处理　声波在空气中传播时，使声能在传播途径中受到阻挡而不能直接通过的措施，如用隔声材料或隔声结构将声源与接受者相互隔绝起来，降低声能的传播，使噪声源引起的吵闹环境限制在局部范围内，或在吵闹的环境中隔离出一个安静的场所，称为隔声。典型的隔声措施有隔声罩、隔声间、隔声屏等。

1)隔声罩　隔声罩是噪声控制设计中常被应用的设备，例如空气压缩机、水泵、鼓风机等高噪声源，如果其体积小，形状比较规则或者虽然体积较大，但空间及工作条件允许，可以用隔声罩将声源封闭在罩内，以减少向周围的声辐射。隔声罩由隔声材料、阻尼涂料和吸声层组成。隔声材料用1～3 mm的钢板，可以用较硬的木板。钢板上要涂一定厚度的阻尼层，防治钢板产生共振。吸声层可用玻璃或泡沫塑料。

2)隔声间　由隔声构件组成的具有良好隔声性能的房间统称为隔声间或隔声室。

隔声室要采取隔声结构,并强调密封。此外,室内还要采取吸声处理,为了换气还有必要加设通风设备,并在通风的进出管道上加装消声器。

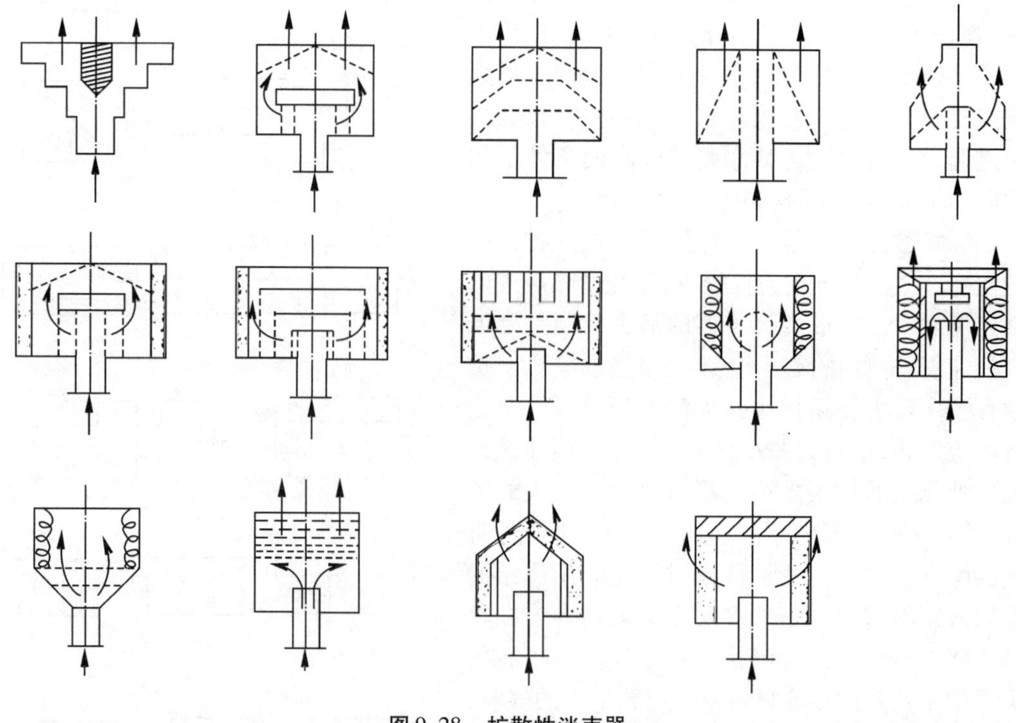

图9.28 扩散性消声器

(4)隔振处理 即在机器设备基础上安装隔振器或隔振材料,使机器设备与基础之间的刚性连接变成弹性连接,可明显起到降低噪声的效果。为了减少机器振动通过基础传给其他建筑物,通常的办法是防治机械基础与其他构件的刚性连接,这种方法就叫基础隔振。主要措施有以下两种。

1)在机器基础与其他结构之间铺设具有一定弹性的软材料 如橡胶板、软木、毛毡、纤维板等。当振动由基础传至隔振垫层时,这些柔韧材料中的分子或纤维之间产生摩擦,而将部分振动能量转换成热能消耗掉。因而降低了振动的传递,起到隔振的作用。选用隔振材料时,应注意材料的耐压性能,以免材料过分密实或被压碎而失效。

2)在机器上安装设计合理的减振器 减振器主要分三类:橡胶减振器、弹簧减振器和空气减振器。

9.6 工程案例

9.6.1 工程案例1

水产食品在食品行业占有重要地位,出口创汇多,原料多样性,加工方法多,但是排放废水也多,CODcr 含量高。本废水处理工程方案设计案例是××水产食品公司废水处理工程方案设计案例。

9.6.1.1 ××水产食品企业废水治理工程概况

××水产食品有限公司(以下简称××水产食品公司)是一家从事海产食品的收购、冷冻、加工生产和销售的民营企业,生产过程中排放的废水主要是加工海鱼类等海产食品,废水来源于原料清洗、半成品漂洗、蒸煮、设备清洗及地面洗涤和卫生消毒废水,是属于食品废水类。该类废水的特点是动植物油脂、有机物质、悬浮物含量高,可生化性好。如不经过处理而直接排放,将会对该区域的水体环境造成极大的污染,为保护该地区环境、提高企业竞争力,同时树立企业良好的社会形象,××水产食品公司特委托××环保设备有限公司为其设计废水处理方案,以使废水经处理后达到国家及地方有关环保排放标准。

××环保设备有限公司受建设单位委托,依据有关环保政策,本着服务环境、方便企业的原则,根据建设单位提供的有关基础资料,综合比较同类污水的各种处理工艺,并就处理效果、运行管理、经济等因素综合考虑,编制完成了本工程设计方案,以供各方决策参考。

针对同类厂家的污水成分及含量,本设计方案采用“格栅→沉渣→调节→气浮→水解酸化→活性污泥法→二沉→接触氧化→斜管沉淀→砂滤”的地埋式处理工艺。该工艺具有机物去除效果良好、臭味影响较微、运行管理简单和占地面积小等优点。以此达到去除各种污染物,使出水稳定达标排放,减轻对环境的污染。

9.6.1.2 工程设计依据及原则

(1)工程设计依据

1)《中华人民共和国环境保护法》。

2)国家《水污染物排放限值》。

3)《给排水设计规范》。

4)《环境工程手册》。

5)《给水排水工程结构设计规范》(GB 50069—2002)。

6)《混凝土结构设计规范》。

7)《低压配电装置及线路设计规范》(GB 50054—2011)。

8)《电力装置的继电保护和自动装置设计规范》(GB/T 50062—2008)。

9)《工业自动化仪表工程及质量验收》(GB 50093—2013)。

10)《水处理设备技术条件》(JB/T 2932—1999)。

11)《给水排水设计手册》。

12)《供配电系统设计规范》(GB 50052—2009)。

13)《工业与民用通用设备电力装置设计规范》(GB 50055—1993)。

14)《建筑防雷设计规范》(GB 50057—2010)。

15)《工业与民用电力装置接地设计规范》(GB 50065—2011)。

16)工艺专业提供的电气设计要求及建设单位提供的有关电气设计资料。

17)建设方提供的水质、水量等基础资料。

(2)工程设计原则

1)认真贯彻执行国家关于环境保护的方针政策,遵守国家有关法规、规范、标准。

2)根据食品工业污水水质、水量和处理要求,合理选择工艺路线,要求处理技术先进,处理出水水质达标排放。

3)从经济效益、社会效益和环境效益相结合的观点出发,采用组合工艺。

4)运行性能稳定可靠,耐负荷冲击力强;在满足处理要求的前提下,尽量减少占地和投资。

5)设备选型要综合考虑性能、价格因素,高效节能,噪声低,运行可靠,维护管理简便。

6)废水处理站平面和高程布置要求紧凑、合理、美观,实现功能分区,方便运行管理。

7)运行管理操作简单,自动化程度高,维护量少;运行费用较低,产生的污泥量少。

9.6.1.3 项目范围

(1)本方案设计范围从沉渣池到消毒池达标排放出水之间的工艺、建筑结构、设备、电控及概算等专业的设计说明及图纸,但不包括从建设方配电室至本工程电控系统的设计及从建设方的自来水接自污水处理站的设计。

(2)本项目提供处理系统成套装置的安装、调试及操作人员培训等服务。

(3)本方案最终出水要求仅对建设方提供要求处理的水质负责。

(4)在外观方面,本方案不包括对修饰物、绿化的设计,但可以提出合理的建议。

9.6.1.4 设计进出水水质及设计水量

(1)进水水质　××水产食品公司排放污水量约为500 m^3/d,每天生产排放时间为8～10 h,即50～62 m^3/h。处理前外排污水水质见表9.5。

表9.5　外排污水水质表

污染物项目	CODcr/(mg/L)	BOD_5/(mg/L)	NH_3-N/(mg/L)	SS/(mg/L)	pH值	动植物油/(mg/L)
水质指标	4 500～8 000	2 000	300～800	600	6.9	200

(2)排放标准　本工程设计出水达到国家《水污染物排放限值》中的二时段一级标准,处理后外排污水水质见表9.6。

表9.6　经处理后水质排放标准表

污染物项目	CODcr/(mg/L)	BOD_5/(mg/L)	NH_3-N/(mg/L)	SS/(mg/L)	pH值	动植物油/(mg/L)
水质指标	≤90	≤20	≤10	≤60	6～7	≤10

(3)设计水量　根据建设单位提供:该公司排放的污水量为500 m^3/d,排水时间一般为8～10 h。为考虑节省工程投资,本污水处理系统每天运行按24 h计,故设计处理速度为21 m^3/h。

9.6.1.5 处理方案选择及工艺流程

(1)处理方案选择　净水工艺的采用取决于所处理的废水水质特征及用环保排放标准的要求。根据废水的水质情况以及出水要求,可知原水中SS、CODcr、NH_3-N、BOD_5等超标。

本废水主要有3个特点:一是动物油多、悬浮物多、水较咸,二是有机物浓度高,三是水质容易发酵而导致发臭。故如何解决这3个问题是治理技术是否成熟的关键所在。

(2)工艺选择

1)废水的预处理

①根据污水的原水水质,污水中所含的悬浮物等的污染物成分较高,为保证处理效果,需对该污水进行一定的预处理:安装有自动格栅机,除去夹杂在污水中较大颗粒的悬浮污染物,如鱼鳞、鱼内脏、标签、手套等,最后经过沉渣池将一些悬浮物与水分离。

②根据污水的原水水质,水中所含的动物脂肪油脂的量较高的情况下,单单靠隔油池是无法解决油脂问题的。油脂不解决,后续的处理将会被破坏。为保证处理效果,需对该污水进行一定的预处理,先通过原有的三级隔油池进行初步的隔油处理,从而可减轻后续的气浮法的负荷,同时可减轻投药量,减少业主的运营成本。由提升泵提升至气浮机中,在气浮机中投加助凝剂氢氧化钠及混凝剂碱性氯化铝,经充分反应后,再利用气浮法进行分离,可破除绝大部分的动植物油脂。

2)生化法　此类废水的有机物浓度高,生化处理为首选工艺。为了保证处理效果达到最佳,保证出水达标的稳定性,本技术方案采用二级生化处理工艺。从综合处理效果、投资运行成本及操作管理等因素综合考虑,并结合同类工程的成功经验,确定采用“水解酸化→活性污泥→接触氧化”的处理工艺。由于该废水的有机物浓度较高,为了保证废水的处理效果,必须有足够的停留时间才能降解有机污染物。

①水解酸化处理工艺　是厌氧处理的较好应用,利用微生物在缺氧的条件下,将厌氧反应控制在水解和酸化两个过程,对废水有机污染物进行降解和消化,将大分子难消化的物质分解为小分子易消化的物质。水解酸化处理工艺具有应用范围广、操作管理方便、停留时间短的优点。

②活性污泥法工艺　是一种废水好氧生化处理技术。通过曝气,活性污泥呈悬浮状态,并与废水充分接触,废水中的悬浮固体和胶状物质被活性污泥吸附,而废水中的可溶性有机物被活性污泥中的微生物用作自身繁殖的营养,代谢转化为生物细胞并氧化成为最终产物(主要是CO_2),废水得到净化。

③生物接触氧化法　是一种浸没式生化滤池,池内挂满具有巨大表面积的生化填料,利用吸附在生化填料上的好氧菌对污水中有机物的降解作用达到去除有机物的目的。其具有以下优点。

a.生物接触氧化法可以适应不同浓度的有机污水。

b.生物接触氧化法对水质波动具有较强抗冲击性。

c.生物接触氧化法所需停留时间较短,SS、BOD_5、CODcr和氨氮等去除率高。

d.运行性能稳定,产生剩余污泥量少,降低了运行费用。

3)沉淀法　废水处理工艺中常用的沉淀池形式主要有竖流式、辐流式、平流式、斜管、水力澄清池等。根据本方案设计进水参数及建设场地情况,本方案中沉淀池采用竖流式沉淀池及斜管沉淀池。

①竖流式沉淀池　用于生物处理后的沉淀,主要是保证生物处理后的污水回流,保证生物细菌生长的稳定性。

②斜管沉淀池　水力条件好，沉淀效率高，占地小。主要是为了保证后续的处理。

4）废水的过滤处理　废水处理工艺中常用的过滤材料有石英砂、煤、煤-砂、多层混合滤料和陶粒滤料、纤维球滤料、硅藻土等，本设计方案根据水质的情况选用石英砂滤料。

对废水的反冲洗一般采用的是水反冲洗，这是最简单的反冲洗工艺，其缺点是消耗的动力较大、水损耗大、反冲洗时间长、反冲洗不干净，甚至要二次反冲洗，容易造成滤料的流失，而且使用时间较长后需更换砂料。我公司根据运行中不断累积的经验，研究及设计出新的反冲洗系统，即D型滤池。该滤池过滤效果好，尤其是反冲洗系统，本工艺采用的是先用气进行吹脱滤料中的悬浮杂质，然后再进行水反冲洗。该工艺有以下特点：

①过滤精度高，对水中悬浮物的去除可达90%以上。

②过滤速度快，一般为30 m/h，最高可达4 030 m/h。

③纳污量大，一般为10～15 kg/m^3，是普通砂滤池的2倍以上。

④运行费用低，采用的汽水反冲洗形式，消耗的水量较少。

⑤反冲效果好，结合汽水反冲洗，滤料中残余的杂质容易去除。

⑥占地面积小，制取相同的水量，占地面积为普通砂滤池的2/3以下。

5）废水的消毒处理　根据有关环保政策和规定，对食品加工废水在排放前需进行消毒处理，且由于污水中有一些臭味，为此，本方案增加一级消毒处理，通过次氯酸钠对污水进行消毒和脱臭，次氯酸钠成本低，直接投加，不需增加二氧化氯设备，减少业主的投资、运行费用和后续的维护。

同时针对本项目的氨氮高达800 mg/L的情况下，必须增加余气进行曝气去除氨氮。

6）废水的臭味处理　根据废水的容易发酵而引起的臭味以及是在运营过程中会产生大量泡沫的特点，本方案拟采用对部分设施（如调节池、水解酸化池等）采用密封式的方式来处理，上面覆顶并种植花草的方式来避免泡沫及把气味污染减到最微。

（3）工艺流程　格栅→沉渣→调节→气浮→水解酸化→活性污泥法→二沉→接触氧化→斜管沉淀→砂滤→处理达标水排放。

1）工艺流程说明

①废水先经沙井中的格栅、格网，将大块的杂物除去后进入沉渣池中，余下的杂物经自然沉淀去除，再汇集入调节池中作水质水量的均衡调节，定期清理沉渣池。

②废水由提升泵送入在气浮机上投加助凝剂氢氧化钠及助凝剂碱性氯化铝，使药剂与水充分发生化学反应，形成絮凝体。这些絮凝体吸附了水中大量的污染物，分解了水中的脂肪油，在溶汽水释放的微细气泡作用下，絮凝体密度下降，迅速浮升至水面而被去除。浮渣排入污泥池中，污泥回用或是外运处理。废水平流入水解酸化池中（气浮机也可设在地面，采用二级提升的方法）。

③水解酸化池中，池内挂满具有巨大表面积的生化填料，通过吸附在生化填料上的兼氧型微生物的作用，消化和降解有机污染物，将水中的大分子、难生化处理的有机物分解成小分子、易生化处理的物质。

④经水解酸化处理后的废水自流入活性污泥池中。活性污泥池内培养适量生物菌，借由生物的新陈代谢，并供给足够空气分解废水中的污染物质，使形成无害的物质。而对于老化的生物则废弃，以保持生物的活性。再进入最终二沉池利用重力使处理水与絮

体分离，上澄清液流入接触氧化池，而沉淀污泥利用污泥泵抽回水解酸化池。

⑤接触氧化池中，池内设组合纤维填料，微孔曝气器。在好氧的条件下，填料上附着大量的好氧微生物，废水中的大部分有机物被好氧微生物分解、吸附和同化形成生物膜。生物接触氧化法便是利用生物膜的不断形成和更新代谢过程来完成对废水中有机物的降解。氧化池出水进入斜管沉淀池中进行固液分离。

⑥斜管沉淀池的表面负荷较小，内有蜂窝斜管，底部有排泥系统。吸附了水中大量的污染物脱落的生物膜在沉淀池内沉于池底形成污泥，使水质得到净化。在重力的作用下沉至池底形成的污泥，则排至污泥池中经浓缩后，经板框式压滤机压滤成滤饼打包，由市政环卫定期外运处理。

⑦沉淀池的上清液进入砂滤池滤去残余的污染物质，最后进入消毒（清水）池中进行投约消毒，同时采用风机余气进行曝气，一则可以进行搅拌，使消毒液充分与水发生反应，二则可以去除氨氮。最后经流量槽排放。

⑧定期采用罗茨风机的余气与清水进行汽水反冲洗砂滤池，反洗水平流入调节池进行再处理。

⑨经此工艺处理后的出水达标排放。

（4）工艺特点

1）操作简便，运行费用低，由于采用了生化系统作为主要处理手段，日常操作简便，运行管理费用低。

2）承受冲击负荷能力较强，采用了“格栅→沉渣→调节→气浮→水解酸化→活性污泥法→二沉→接触氧化→斜管沉淀→砂滤”的处理工艺，保证出水的稳定。

3）产生的污泥量少，污泥基本都在水解酸化池中消化掉，污泥量很少，从而既减少了运行费用，又大大减轻工人劳动的强度。

9.6.1.6　电气控制

（1）设计依据

1）工艺专业提供的电气设计要求及建设单位提供的有关电气设计资料。

2）《供配电系统设计规范》（GB 50052—2009）。

3）《低压配电装置及线路设计规范》（GB 50054—2011）。

4）《工业与民用通用设备电力装置设计规范》（GB 50055—1993）。

5）《建筑防雷设计规范》（GB 50057—2010）。

6）《工业与民用电力装置接地设计规范》（GB 50065—2011）。

（2）设计范围

1）污水处理站的动力配电、照明配电、防雷接地系统。

2）自动控制系统。

3）设备房、电控、值班室1座。

混砖结构，地上式结构，外墙砖根据业主厂区的情况而定，建设尺寸：$L \times B \times H = 5.8\ m \times 3.0\ m \times 3.0\ m$。

9.6.1.7　水产食品工厂废水处理主要构筑物和设备材料

水产食品工厂废水处理主要构筑物土建部分和设备材料见表9.7和表9.8。

表 9.7　构筑物土建部分表

编号	名称	结构	数量	单位	规格
1	格栅井	混砖	1	座	
2	沉渣池	混砖	1	座	总体体积 95 m^3
3	调节池	混砖	1	座	总体体积 475 m^3
4	水解酸化池	钢混	1	座	总体体积 385 m^3
5	活性污泥池	钢混	1	座	总体体积 186 m^3
6	中间池	钢混	1	座	总体体积 85 m^3
7	接触氧化池	钢混	1	座	总体体积 200 m^3
8	斜管沉淀池	钢混	1	座	总体体积 115 m^3
9	砂滤池	钢混	1	座	总体体积 45 m^3
10	清水池	混砖	1	座	总体体积 55 m^3
11	污泥池	混砖	1	座	总体体积 90 m^3
12	风机房	混砖	1	座	有效面积 18 m^2

表 9.8　设备材料表

编号	名称	功率	数量	单位	规格
1	格栅机		1	台	不锈钢,GSJ-600
2	污水提升泵	1.5 kW	2	台	50QW25-10-1.5
3	水位控制器		2	个	
4	气浮机	3.0 kW	1	台	QF-10
5	三叶罗茨风机	5.5 kW	2	台	TH-100
6	反冲泵	1.5 kW	1	台	
7	板框式压滤机	1.5 kW	1	台	XAY40/800×800
8	污泥泵	1.5 kW	1	台	I-1B 型浓浆泵
9	污泥回流泵	2.2 kW	1	台	GW32-10-20
10	导流筒		2	个	
11	蜂窝斜管		24	m^2	
12	斜管支架		24	m^2	
13	污泥系统		2	套	含污泥泵
14	配药箱		2	个	250L
15	滤料		3	T	
16	不锈钢网		1	批	

续表 9.8

编号	名称	功率	数量	单位	规格
17	反冲洗系统		1	套	
18	组合纤维填料		410	m^3	Φ160×80
19	填料支架		102		
20	不锈钢流量槽		1	台	
21	微孔曝气器		358	个	Φ215
22	接触氧化池配管		1	批	
23	设备遮雨星棚		130	m^2	星瓦
24	电气、仪表、电缆		1	批	
25	管道阀门		1	批	
26	五金杂件		1	批	
27	其他材料		1	批	

9.6.1.8　建筑结构设计

(1)设计依据

1)《混凝土结构设计规范》(GB 50010—2010)。

2)《建筑结构荷载规范》(GB 50009—2012)。

3)《建筑抗震设计规范》[GB 50011—2010(2016年版)]。

4)《建筑地基基础设计规范》(GB 50007—2011)。

(2)结构形式　构筑物池体均采用C_{25}防水砼,抗渗强度不小于S_6,水池内侧抹防水砂浆,外壁抹贴与厂方规划的瓷砖。

(3)耐火等级　本工程耐火等级为二级。

(4)地基处理　本设计以实土作为土建设计依据,要求地基承载力$[R]\geqslant 4\ t/m^2$,经地质勘查后,若地基承载力与设计要求有异,需经地基处理加固以满足设计要求。

(5)占地面积　本处理站的占地面积为500 m^2。

9.6.1.9　设备安装与调试

根据设计情况,进行设备安装与调试。

9.6.1.10　环境保护及职业安全卫生

(1)环境保护　该厂的工业卫生主要是噪声影响和防蚊防臭,故本工程采用的设备均为低噪声的,对环境影响不大;本项目设计的池体全部盖顶,在隔离了绝大部分臭味,在池顶种植花草,净化了余下的臭味,臭味整体没影响;至于蚊子,业主要定期喷洒杀蚊水。

(2)安全生产与工业卫生　运行中涉及的安全问题有:各敞开水池孔洞均安装检查井、阀门井窖井,人孔均设有盖板。电气设备布置及操作间距,应符合安全规范要求,业主应在配电间配备好应急操作用具及干式灭火器等消防设备。

9.6.2 工程案例2

水产食品生产企业,在生产水产食品过程中会产生大量的下脚料其重量占原料的40%~55%。如果不进行有效处理,不仅会污染环境,而且会浪费大量蛋白质资源。部分水产食品生产企业为提高经济效益,自己利用这些下脚料加工鱼粉。但是鱼粉生产过程中产生恶臭气体,会造成比较严重的空气污染,对操作工人的身体健康造成损害,并影响周围居民。本鱼粉废气处理工程方案设计案例是某鱼粉废气处理工程方案设计案例。

9.6.2.1 ××水产食品鱼粉废气治理工程概况

××水产食品有限公司(以下简称××水产食品公司)是一家从事水产食品加工生产企业,为充分利用水产食品生产过程中产生大量的下脚料,提高企业经济效益,企业研究决定,在原来的厂址,新建湿法鱼粉加工项目。为保护该地区环境,××水产食品公司遵照我国环境保护的“三同时”制度,在购进××鱼粉设备有限公司制造的先进湿法鱼粉加工设备,就要求提供生产过程中产生的废气、臭气处理技术和设备。××鱼粉设备有限公司,依据有关环保政策,本着服务、方便企业的原则,综合分析鱼粉生产过程中产生恶臭气体来源、成分,设计了本项目的鱼粉废气治理方案。

9.6.2.2 工程设计依据及原则

(1)工程设计依据

1)《中华人民共和国环境保护法》。

2)《大气污染物综合排放标准》。

3)《恶臭污染物排放标准》(GB 14554)。

4)《环境工程手册》。

5)《低压配电装置及线路设计规范》(GB 50054—2011)。

6)《电力装置的继电保护和自动装置设计规范》(GB/T 50062—2008)。

7)《工业自动化仪表工程及质量验收》(GB 50093—2013)。

8)《供配电系统设计规范》(GB 50052—2009)。

9)《工业与民用通用设备电力装置设计规范》(GB 50055—1993)。

10)《建筑防雷设计规范》(GB 50057—2010)。

11)《工业与民用电力装置接地设计规范》(GB 50065—2011)。

12)建设方提供的有关基础资料。

(2)工程设计原则

1)认真贯彻执行国家关于环境保护的方针政策,遵守国家有关法规、规范、标准。

2)根据环保要求,合理选择工艺路线,要求处理技术先进,保证该项目对企业周边的空气环境质量影响在允许范围内为原则。

3)从经济效益、社会效益和环境效益相结合的观点出发,采用组合工艺。

4)设备选型要综合考虑性能、价格因素,高效节能,噪声低,运行可靠,维护管理简便。

9.6.2.3 项目范围

(1)鱼粉废气处理系统设计内容包括从废气出口集气总管至排气筒之间的废气处理

设施(工艺、设备、电气、自控等在内)的工程设计、安装和调试。

(2)本项目提供处理系统成套装置的安装、调试及操作人员培训等服务。

9.6.2.4 湿法鱼粉加工工艺及废气污染物发生状况

(1)湿法鱼粉加工工艺　原料→蒸煮机→压榨机→干燥机→冷却→粉碎机→鱼粉包装。

(2)湿法鱼粉加工废气污染物发生状况　湿法鱼粉加工废气污染物主要是在高温蒸煮机和干燥机干燥工序。原料在高温蒸煮机产生恶臭气体和水蒸气,蒸煮后的半成品含有水分,在干燥机中干燥时产生的气态水中也有恶臭气体带出。两者相互混合形成富含水蒸气的恶臭废气。同时,原料堆放场由于露天操作也有少量腐败气体散发,进入空气,产生异味,对车间空气和周边的环境带来一定的影响。恶臭气体的化学组分复杂,且与原料新鲜程度相关,按目前行业治理的现状,暂无成分的全分析数据。参考有关资料,得知鱼粉加工过程的恶臭气体主要是由丙烯醛、油类降解产物、硫化氢、氨、丁酸和戊酸,以及三甲胺等物形成。

9.6.2.5 鱼粉加工臭气处理方法分析

(1)冷凝法　由于鱼粉生产过程中烘干时产生的大量的水蒸气,其中含有高温条件下产生的恶臭气体,两者相互混合形成富含水蒸气的恶臭废气。把富含水蒸气的恶臭废气引入冷凝系统,采用降低恶臭废气的温度,使处于蒸汽状态的恶臭废气冷凝并从废气分离出来排入水池,最后引入废水处理设施。

(2)水吸收法　由于鱼粉生产过程中产生的恶臭气体多数不是有机硫、有机胺就是烯烃类物质,在水中有一定的溶解度,可以采用清水吸收的方法来处理。但是由于这些物质在水中的溶解度都是有限的,不可能无限大。一旦该物质在水中达到一定的浓度,吸收效果将会急剧下降,甚至于完全无作用。因此,应经常更换新鲜水。这样一来,吸收产生的废水量太大,由于吸收液必须经过处理后才能排放,故太多的废液造成废水处理的负担加重。水吸收法的经济性较好,投资和运行成本均较低。平均净化率一般不会超过85%。

(3)空气氧化(燃烧)法　由于鱼粉生产过程中产生的恶臭物质一般情况下都是还原性物质,如有机硫和有机胺类。因此可以采用氧化的方法来处理。氧化的方法有热力氧化法和催化燃烧法。前者是将燃料气与臭气充分混合在高温下实现完全燃烧,使最终产物均为CO_2和水蒸气。催化氧化法是将臭味气体与燃料气的混合气体一起通过装有催化剂的燃烧床层。和热力燃烧相比,由于使用了催化剂,燃烧的温度可以大大降低,停留时间可以缩短。因此设备的投资和运行费用都可能可以减少。一般来说,热力氧化所需的温度在760 ℃以上,停留时间在0.3～0.5 s;而催化氧化的温度仅为300～500 ℃,停留时间低于0.1 s。理论上说,催化氧化要优于热力氧化法。但是,由于催化剂中毒、堵塞等原因,且由于热力焚烧可以回收热量等诸多原因。目前国内外热力氧化已越来越多的取代催化氧化法。该法的优点是净化效率高。

9.6.2.6 确定鱼粉加工废气处理方案

(1)生产过程除臭气方案　××水产食品公司所在地是工业园区,鱼粉加工项目是当地有关部门立项支持项目,“××加工健康农业科技示范基地项目”的子项目。对除臭要求高、被处理的含恶臭的气体难于用单一的净化工艺满足要求时。综上所述，净化恶臭气体的方法很多，但要做到效率高、投资省、运行费用低的方法不易。针对××水产食品公司鱼粉加工项目的实际情况，在力求达标排放的基础上兼顾投资和运行费用，我们提出了以下的废气治理方案：

对鱼粉生产过程的设备进行封闭并设置引气管，蒸煮机、干燥机的生产过程中产生高温含有大量蒸汽的恶臭气体通过各引气管将臭气汇集起来送入总风管，管道内要保持有一定的真空度，既不至于使臭气外泄，又不至于过多吸收空气，避免给除臭系统增加负担。高温含有大量蒸汽的恶臭气体先经过浓缩装置（浓缩鱼汁）冷却→冷凝装置→吸收除臭塔（采用清水为吸收剂）其中可溶性臭气被喷淋水溶解吸收，排入循环水池循环利用，定期引入废水处理装置进行废水处理后，用吸收除臭塔用水，部分不溶性臭气从顶部排出，送到过滤塔再经过滤吸附后引入锅炉燃烧氧化成为稳定的、无味的无机物质，防止了鱼粉废气污染环境。鱼粉生产除臭装置，有引气管、除臭塔、引风机、引风机出气管、喷淋管、循环水泵、水池等。

（2）除尘方案　对鱼粉生产过程的设备进行封闭并设置引气管，干燥水分达标的鱼粉→旋风除尘器→鱼粉冷却系统→粉碎机→鱼粉包装等工序产生少量恶臭气体，除尘后通过 B 风管收集汇总后，引入锅炉燃烧氧化成为稳定的、无味的无机物质，防止了鱼粉生产粉尘污染环境。

（3）生产车间除臭气方案　原料堆放场安装开口罩和冷却抽风系统，在车间内易产生恶臭气体泄漏的位置安装抽风系统通过 B 风管收集汇总后引入锅炉燃烧氧化成为稳定的、无味的无机物质，防止了鱼粉废气污染环境。

9.6.2.7　防止鱼粉粉尘污染环境主要设备

鱼粉干燥产品水分控制为 10%～12%，从干燥机出来时温度是 85 ℃，需要冷却到常温、粉碎后才能包装。采用由鱼粉冷却系统、鱼粉输送器、旋转筛粉机、粉碎机、粉碎后风冷输送器、储存鱼粉装料筒、吸尘系统等组成的防止粉尘污染环境系统能有效防止粉尘污染环境。

防止鱼粉生产粉尘污染环境系统的结构性能：采用全密封结构，冷却过程均匀连续，采用整机组合式结构，安装不需混凝土基础。鱼粉输送器外壳和叶片全部为低碳合金钢板，厚度为 4 mm，盖板全部为 304 mm×1.5 mm 不锈钢材质，采用全密封结构，改善工作环境。旋转筛粉机采用整机组合式结构：安装移位方便。筛筒规格：直径 800 mm，长 4 000 mm，筛网规格：孔径 2.5 mm×2.5 mm。筛网丝直径为 0.8 mm 304 不锈钢材质，筒体为 6 分镀锌管。粉碎机能快速粉碎鱼骨，进口装有磁性装置，以免铁器进入机内。粉碎出粉尺寸小于 2.5 mm×2.5 mm。风冷鱼粉输送器采用全密封结构，改善工作环境。输送过程中，既达到对鱼粉的混合要求，同时具有一定冷却作用。生产鱼粉防止粉尘污染环境系统设备见表 9.9。

表 9.9 生产鱼粉防止粉尘污染环境系统设备

编号	名称	型号	数量	单位	功率/kW	质量/t	外形尺寸/m
	防止粉尘污染环境系统		1	套			
(1)	鱼粉冷却系统		1	套	12.7		
1)	鱼粉冷却机(主机)	XL-80	1	台	3	10.5	8×1.2×1
2)	旋风吸尘器	XF-800	1	台			
3)	旋风吸尘器	XF-700	1	台			
4)	引风机	Y5-47-4.5C	1	台	7.5		
5)	关风器	TGFZ	2	台	2.2		
(2)	鱼粉输送器	电机 XWT4-29	1	台	2.2	0.65	5.5×0.35×0.35
(3)	旋转筛粉机	XS-800	1	台	2.2		5×1×2
(4)	鱼粉输送器	电机 XWT4-29	1	台	2.2	0.65	5×0.35×0.35
(5)	粉碎机	XF-10	1	台	22	1	1.2×0.8×1.2
(6)	粉碎后风冷输送器		1		5.2	1.5	7.5×0.4×0.8
1)	旋风吸尘器	XF-650	1	台			
2)	离心引风机	Y5-47-4C	1	台	3		
(7)	储存鱼粉装料筒		1	个		0.5	0.9×3
(8)	吸尘系统		1	套			
1)	旋风吸尘器	XF-100	1	台			
2)	离心引风机	C4-73-5.5C	1	台	22		
3)	吸尘管						直径 0.6

9.6.2.8 防止鱼粉生产臭气污染环境主要设备

防止鱼粉生产臭气污染环境设施是鱼粉除臭系统,由列管式冷凝器、冷却水池、不锈钢除臭塔组成。列管式冷凝器处理量是 2 t/h 干燥机排出的高温含有大量蒸汽的恶臭气体,热交换管全部为 ϕ48 mm×1.5 mm 304 不锈钢材料,处理蒸汽生成的冷凝水量是 1.2 t/h。不锈钢除臭塔,由不锈钢 SUS304 制作;配备专用喷淋水泵和不锈钢引风机。除臭塔内布满了陶瓷环,用来增加汽水的接触面积。上端有个喷淋头,废气从除臭塔的下端进入,通过陶瓷环,溶解在喷淋水中。通过除臭塔后的废气,只有少量的气味,对环境污染很小。防止鱼粉生产臭气污染环境主要设备见表 9.10。

表 9.10　防止鱼粉生产臭气污染环境主要设备

编号	名称	型号	数量	单位	功率/kW	质量/t	外形尺寸/m
1	列管式冷凝器	XLJ-50	1	套		3	0.135×5.05
(1)	不锈钢引风机	Y5-47-6C	1	台	15		
(2)	循环水泵	IS65-50-160	2	台	5.5		
(3)	100T 冷却塔	DHT-100	1	台	7.5		
(4)	冷却水池	100 立方米	1	个			
2	不锈钢除臭塔		1	个	20.5	2.3	5.8×1.3×1.0
3	引气管和汇集臭气总管						

9.6.2.9　环境保护及职业安全卫生

(1)环境保护　鱼粉生产的工业卫生主要是噪声和粉尘、臭气污染环境,本工程采用的设备均为低噪声的,对环境影响不大。

(2)安全生产与工业卫生　鱼粉生产的安全问题有:高压容器要按压力容器标准生产,出厂前经水压试验(1.0 MPa),要安装蒸汽安全阀。电气设备布置及操作,应符合安全规范要求,在配电间配备好应急操作用具及干式灭火器等消防设备。

思考题

1. 食品工业废水的来源有哪些?
2. 食品工业对大气污染的来源有哪些?
3. 食品工业废水处理方法有哪些?
4. 食品工业大气污染物处理方法有哪些?
5. 防治食品工业噪声的措施有哪些?
6. 食品企业的生产特点与农牧渔业生产关系密切,具有较强的季节性,如何在减产、停产期间保持废水处理生化池中微生物的生化作用?
7. 应用于粮食加等行业中的防止粉尘污染环境系统的组合型关风器一般是装于何种除尘器的何位置?
8. 设计食品蒸煮车间的排汽系统,要考虑哪些因素?需要哪些装置?选择主要装置的技术参数有哪些?

第 10 章 设计概算与经济效益评价

10.1 设计概算的概念和作用

10.1.1 设计概算概念

设计概算是在初步设计阶段,由设计单位根据初步投资估算、设计要求以及初步设计图纸,依据概算定额或概算指标、各项费用定额或取费标准、建设地区自然、技术经济条件和设备、材料预算价格等资料,或参照类似工程预(决)算文件,确定和编制的建设项目从筹建开始到全部工程竣工、投产和验收所需要的全部建设费用的经济文件。设计概算是设计文件的重要组成部分,在报请审批初步设计时,作为完整的技术文件必须附有相应的设计概算。

设计概算包括单位工程概算、单项工程综合概算、其他工程的费用概算、建设项目总概算以及编制说明等。它是由单个到综合,局部到总体,逐个编制,层层汇总而成的技术文件。

10.1.2 设计概算的作用

(1)设计概算是编制建设项目投资计划、确定和控制建设项目投资额度的依据　国家规定,编制年度固定资产投资计划,确定计划投资总额及其构成数额,要以批准的初步设计概算为依据,没有批准的初步设计及其概算的建设工程不能列入年度固定资产投资计划。经批准的建设项目设计总概算的投资额,是该工程建设投资的最高限额。在工程建设过程中,年度固定资产投资计划安排,银行拨款或贷款、施工图设计及其预算、竣工决算等,未经按规定的程序批准,都不能突破这一限额,以确保国家固定资产投资计划的严格执行和有效控制。

(2)设计概算是签订建设工程合同的依据　《中华人民共和国合同法》明确规定,建设工程合同是承包人进行工程建设,发包人支付价款的合同,合同价款的多少是以设计概算为依据的,而且总承包合同不得超过设计总概算的投资额。如果由于设计变更等原因,建设费用超过概算,必须报有关主管部门重新审查批准。

(3)设计概算是确定项目拨款、贷款和竣工工程结算额度的依据　投资项目的资金来源,一是项目投资主体的自有资金,二是信贷资金,部分项目还能得到赠款、财政无偿拨款或借款。借贷资金是以项目的名义向有关金融机构、金融组织等获得的借款,是项目建设资金的重要来源。项目筹措的资金必须能够满足项目建设既定目标的实现。在自有资金等其他资金来源既定的条件下,项目设计概算是确定项目贷款额度的依据。

(4)设计概算是考核与评价建设项目投资效果的依据　通过设计概算与竣工决算对比,可以分析和考核投资效果的好坏,同时还可以验证设计概算的准确性,有利于加强设计概算管理和建设项目的造价管理工作。

(5)设计概算是进行项目技术经济分析的依据　要评价一个项目的优劣,应综合考核建设项目的每个技术经济指标,其中工程总成本,单位产品成本,投资回收期,贷款偿还期,内部收益率等指标的计算都必须在建设项目设计概算的基础上进行。设计概算是设计方案技术、经济合理性的综合反映,据此可以用来对不同的设计方案进行技术与经济合理性的比较,以便选择最佳的设计方案。

10.2　工程造价构成

建设项目总投资包括固定资产投资和流动资产投资两部分。建设项目总投资中的固定资产投资与建设项目的工程造价在量上相等。我国现行工程造价的构成主要划分为设备及工具、器具购置费用,建筑安装工程费用,工程建设其他费用,预备费,建设期贷款利息,固定资产投资方向调节税等几项。具体构成内容如表 10.1 所示。

表 10.1　我国现行工程造价的构成

<table>
<tr><td rowspan="14">工程造价</td><td rowspan="3">设备及工具、器具购置费用</td><td rowspan="2">设备购置费</td><td>设备原价</td></tr>
<tr><td>设备运杂费</td></tr>
<tr><td colspan="2">工具、器具购置费用</td></tr>
<tr><td rowspan="4">建筑安装工程费用</td><td colspan="2">直接费</td></tr>
<tr><td colspan="2">间接费</td></tr>
<tr><td colspan="2">利润</td></tr>
<tr><td colspan="2">税金</td></tr>
<tr><td rowspan="3">工程建设其他费用</td><td colspan="2">土地使用费</td></tr>
<tr><td colspan="2">与项目建设有关的费用</td></tr>
<tr><td colspan="2">与未来企业生产经营活动有关的费用</td></tr>
<tr><td rowspan="2">预备费</td><td colspan="2">基本预备费</td></tr>
<tr><td colspan="2">涨价预备费</td></tr>
<tr><td colspan="3">建设期贷款利息</td></tr>
<tr><td colspan="3">固定资产投资方向调节税</td></tr>
</table>

10.2.1　建筑安装工程费用

根据建设部、财政部联合发布的《建筑安装工程费用项目组成》(建标[2003]206 号)规定,建筑安装工程费由直接费、间接费、利润和税金组成。

10.2.1.1　直接费

直接费由直接工程费和措施费组成。

(1)直接工程费　是指施工过程中耗费的构成工程实体的各项费用,包括人工费、材料费、施工机械使用费。

1）人工费　是指直接从事建筑安装工程施工的生产工人开支的各项费用，内容包括基本工资、工资性补贴、生产工人辅助工资、职工福利费和生产工人劳动保护费。

2）材料费　是指施工过程中耗费的构成工程实体的原材料、辅助材料、构配件、零件、半成品的费用。内容包括：材料原价（或供应价格）、材料运杂费、运输损耗费、采购及保管费和检验试验费。

3）施工机械使用费　是指施工机械作业所发生的机械使用费以及机械安拆费和场外运费。它包括折旧费、大修理费、经常修理费、替换设备及随机配备工具费、润滑与擦拭的材料费、安装拆卸及辅助设施费、机械进出场费、驾驶人员工资、动力和燃料费以及施工机械的养路费。

4）其他直接费用 指现场施工所消耗的水、电、蒸汽以及施工场地狭小等特殊情况而发生的二次搬运费用。

10.2.1.2　间接费

间接费是指服务于某单项工程或整个项目工程但不能直接计入项目各项工程的费用。间接费由规费和企业管理费组成。其中规费包括工程排污费、工程定额测定费和社会保障费等。企业管理费包括管理人员工资、办公费、差旅交通费、固定资产使用费、工具用具使用费、劳动保险费、工会经费、职工教育经费、财产保险费、财务费、税金及其他费用。

10.2.1.3　利润

利润是指施工企业完成所承包工程获得的盈利。它是按相应的计取基础乘以利润率确定的。

10.2.1.4　税金

税金是指国家税法规定的应计入建筑安装工程造价内的营业税、城乡维护建设税及教育费附加等。

建筑安装工程费用的构成和计算方式如表10.2所示。

10.2.2　设备及工具、器具购置费用

设备及工具器具购置费用是由设备购置费和工具、器具及生产家具购置费组成的，它是固定资产投资中的积极部分。在生产性工程建设中设备及工具器具购置费用占工程造价比重的增大，意味着生产技术的进步和资本有机构成的提高。

10.2.2.1　设备购置费

设备购置费是指为建设项目购置或自制的达到固定资产标准的各种国产或进口设备和工具、器具的购置费用。它由设备原价和设备运杂费构成。

其中，设备原价指国产设备或进口设备的原价；设备运杂费指除设备原价之外的关于设备采购、运输、途中包装及仓库保管等方面支出费用的总和。

10.2.2.2　工具、器具及生产家具购置费

工具、器具及生产家具购置费，是指新建或扩建项目初步设计规定的，保证初期正常生产必须购置的没有达到固定资产标准的设备、仪器、工卡模具、器具、生产家具和备品

备件的购置费用。一般以设备购置费为计算基数,按照部门或行业规定的工具、器具及生产家具费率计算。

表 10.2 建筑安装工程费用的构成和计算方式

<table>
<tr><th colspan="3">费用项目</th><th>参考计算方法</th></tr>
<tr><td rowspan="2">(1)直接费</td><td>直接工程费</td><td>人工费
材料费
机械使用费</td><td>人工费=∑(工日消耗量×日工资单价)
材料费=∑(材料消耗量×材料基价)+检验试验费
机械使用费=∑(机械台班消耗量×机械台班单价)</td></tr>
<tr><td colspan="2">措施费</td><td>按规定标准计算</td></tr>
<tr><td>(2)间接费</td><td colspan="2">规费
企业管理费</td><td>①以人工费(含措施费中的人工费)为计算基础
间接费=人工费合计×间接费费率(%)
②以人工费和机械费合计(含措施费中的人工费和机械费)为计算基础
间接费=人工费和机械费合计×间接费费率(%)</td></tr>
<tr><td colspan="3">(3)利润</td><td>①以人工费为计算基础:
利润=人工费合计×相应利润率(%)
②以人工费与机械费合计(含措施费中的人工费和机械费)为计算基础:
利润=人工费和机械费合计×相应利润率(%)</td></tr>
<tr><td colspan="3">(4)税金(含营业税、城市维护建设税及教育费附加)</td><td>税金=(直接费+间接费+利润)×综合税率(%)</td></tr>
</table>

10.2.3 工程建设其他费用

工程建设其他费用是指从工程筹建起到工程竣工验收交付使用止的整个建设期间,除建筑安装工程费用和设备及工、器具购置费以外的,为保证工程建设顺利完成和交付使用后能够正常发挥效用而发生的各项费用。其内容大体可分为:(1)土地使用费;(2)与项目建设有关的费用;(3)与未来企业生产经营活动有关的费用。

10.2.3.1 土地使用费

任何一个建设项目都固定在一定地点与地面相连接,必须占用一定量的土地,也就必然要发生为获得建设用地而支付的费用,这就是土地使用费。它是指通过划拨或拍卖方式取得土地使用权而支付的土地征用及迁移补偿费,或者通过土地使用权出让方式取得土地使用权而支付的土地使用权出让金。包括农用土地征用费和取得国有土地使用费。农用土地征用费由土地补偿费、安置补助费、土地投资补偿费、土地管理费、耕地占用税等组成,并按被征用土地的原用途给予补偿。取得国有土地使用费由土地使用权出让金、城市建设配套费、拆迁补偿与临时安置补助费等组成。

10.2.3.2 与项目建设有关的其他费用

与项目建设有关的其他费用包括建设单位管理费、勘察设计费、研究试验费、建设单位临时设施费、工程监理费、工程保险费、引进技术和进口设备其他费用和工程承包管理费。

10.2.3.3 与未来企业生产经营有关的其他费用

与未来企业生产经营有关的其他费用包括联合试运转费、生产准备费、办公和生活家具购置费。

10.2.4 预备费

预备费也称之为不可预见费，指在设计和概算中难以预料的费用。按我国现行规定，预备费包括基本预备费和涨价预备费两部分。其中基本预备费是指在初步设计及概算内难以预料的工程费用；涨价预备费是指为应对项目建设期间由于人工、设备、材料等价格的变动而使项目的工程造价增加而预备的费用。

10.2.5 建设期贷款利息

建设期贷款利息包括向国内银行和其他非银行金融机构的贷款、出口贷款、外国政府贷款、国际商业银行贷款以及在境内外发行的债券等在建设期间内应偿还的贷款利息。建设期贷款利息实行复利计算。

10.2.6 固定资产投资方向调节税

固定资产投资方向调节税是指国家对在我国境内进行固定资产投资的单位和个人，就其固定资产投资的各种资金征收的一种税。

10.3 工程项目的划分与概算编制方法

10.3.1 工程项目概述

10.3.1.1 工程概念

在现代社会中，“工程”一词有广义和狭义之分。就狭义而言，工程定义为“以某组设想的目标为依据，应用有关的科学知识和技术手段，通过一群人的有组织活动将某个(或某些)现有实体(自然的或人造的)转化为具有预期使用价值的人造产品过程”。就广义而言，工程则定义为由一群人为达到某种目的，在一个较长时间周期内进行协作活动的过程。如土木工程、机械工程、化学工程、采矿工程、水利工程、航空工程等。

10.3.1.2 项目概念及特征

项目是一个特殊的将被完成的有限任务，它是在一定的时间内，满足一系列特定目标的多项相关工作的总称。项目的定义包含三层含义：第一，项目是一项有待完成的任务，且有特定的环境和要求；第二，在一定的组织结构内，利用有限资源(人力、物力、财力等)在规定的时间内完成任务；第三，任务要满足一定性能、质量、技术指标等要求。这三层含义对应着三重约束-时间、费用和性能。具有以下特征：

(1)项目的临时性　项目一定的管理主体在一定的时期的组织形式，只在一段有限的时间内存在,如建设一家食品工厂的施工任务作为一个项目来组织管理,则其随着食品工厂建设任务的开始而确立,随着食品工厂建设任务的完成而终结。

(2)项目的目标性　项目有明确的目标,有设计要求的产品品种、规格、生产能力目标和工程质量标准,有竣工交付使用前验收及投产运转标准,有工期目标,有投资目标及投资效益目标。

(3)项目的单一性　项目一般是一次性的,项目建设任务完成,则投资结束,项目撤销。几乎没有完全相同的两个项目,每一项目在时间、地点、技术、经济等方面均有自己的特殊性,项目建设的成果是单件性的,不可能像工业品一样批量生产。

(4)项目的程序性　虽然项目具有单一性特点,但无论何种类型的项目,在其投资建设过程中,都必须按照科学的方法和程序,依次经过项目目标设想、项目选定、项目准备、项目评估、项目谈判、项目实施、竣工投产、总结评价、资金回收等阶段。

10.3.2　工程项目的划分

编制设计概算,必须根据初步设计资料,按造价构成因素分别计算并汇总起来才能求得。就整个概算而言,设备及工、器具的概算价值比较容易求取;工程建设其他费用的确定也比较方便,它可按国家或地方有关主管部门的规定进行计算。唯有建筑及安装工程造价的确定,要按照工程项目的划分,分层次地逐项计算,然后汇集才能求出整个建设项目的工程造价。工程项目的层次划分一般如下:

10.3.2.1　建设项目

《辞海》(1999 年版)中关于“建设项目”的定义为:“在一定条件约束下,以形成固定资产为目标的一次性事业。一个建设项目必须在一个总体设计或初步设计范围内,有一个或若干个互有内在联系的单项工程所组成,经济上实行统一核算,行政上实行统一管理。”如工业建设中的一座工厂、一个矿山,民用建设中的一个居民区、一所学校等均为一个建设项目。

10.3.2.2　单项工程

单项工程是建设项目的组成部分。单项工程是指具有独立的设计文件、独立施工、竣工后可以独立发挥生产能力并能产生经济效益或效能的工程,又称单体项目或工程项目。一个建设项目可以是一个单项工程也可以包括几个单项工程。生产性建设项目的单项工程一般只指能独立生产的车间,包括厂房建筑、设备安装工程以及设备、工具、器具、仪器的购置等。非生产性建设项目的单项工程如一所学校的教学楼、办公楼、学生公寓等。

10.3.2.3　单位工程

单位工程是单项工程的组成部分。单位工程是指具有独立设计的施工图纸,并能独立组织施工但不能独立发挥生产能力的工程。一个单项工程可根据能否独立施工划分为若干个单位工程。工业项目的单位工程,既是设计单体,又是建设和施工管理的单体。例如工业建设的单项工程中的土建(包括建筑物和构筑物)工程、机电设备安装,工艺设备安装,工艺管道安装、给排水、采暖、通风、电气安装,自控仪表安装等,各为一个单位工程。如某食品工厂的豆沙生产车间是一个单项工程,而它的厂房建筑和设备安装则分别为一个单位工程。

10.3.2.4　分部工程

分部工程是单位工程的组成部分,它根据建筑部位及专业性质将一个单位工程划分为几个部分。一般情况下,一个单位工程最多可分为地基与基础、主体结构、建筑装修装饰、建筑屋面、建筑给水、排水及采暖、建筑电气、智能建筑、通风与空调及电梯等九大分部工程。当分部工程较大或较复杂时,可按材料种类、施工特点、施工顺序、专业系统和类别等划分成若干子分部工程。例如工艺管道安装内的管道安装、阀门安装、刷油、保温等各为一个分部工程的内容。

10.3.2.5　分项工程

分项工程是分部工程的组成部分,它一般是将分部工程按不同的施工方法,不同的材料,不同的规格进一步更细地划分为若干部分。如土方工程可划分为基槽挖土、土方运输、回填土等分项工程;管道安装可分为组对、焊接、无损检验、试压等分项工程。砖石工程可分为砖基础、砖内墙、砖外墙等分项工程。

综上所述,一个建设项目是由一个或几个工程项目所组成,一个工程项目是由几个单位工程组成,一个单位工程又可划分为若干个分部、分项工程。建设项目的这种划分,既有利于编制概预算文件,也有利于项目的组织管理。

10.3.3　设计概算的内容

设计概算的内容有建设项目总概算、单项工程综合概算、单位工程概算、工程建设其他费用概算等四项。

10.3.3.1　建设项目总概算

总概算是确定一个建设项目从筹建到竣工验收过程的全部费用文件。它由各单项工程的综合概算、工程建设其他费用概算和预备费等汇编而成。

10.3.3.2　单项工程(工程项目)综合概算

单项工程概算是确定一个单项工程所需全部建设费用的文件,是建设项目总概算的组成部分。它是由单项工程中的各单位工程概算汇总编制而成的,整个建设工程有多少个单项工程就应编制多少个综合概算。

10.3.3.3　单位工程概算

单位工程概算是确定单位工程建设费用的文件,是编制单项工程综合概算的依据,是单项工程综合概算的组成部分。单位工程概算按其工程性质分为建筑工程概算和设备及安装工程概算两大类。建筑工程概算包括土建工程概算,给水排水、采暖工程概算,通风、空调工程概算,电气照明工程概算,弱电工程概算,特殊构筑物工程概算等;设备安装工程概算包括机械设备及安装工程概算,电气设备及安装工程概算,热力设备及安装工程概算,工具、器具及生产家具购置费概算等。

10.3.3.4　工程建筑其他费用概算

工程建筑其他费用概算,是确定建筑、设备及其安装工程之外的,与整个建设工程有关的其他工程和费用的文件。它是根据设计文件和国家、地方、主管部门规定的收费标准进行编制的。它以独立的项目形式列入总概算或综合概算中。

10.3.4 设计概算编制的原则、依据和程序

10.3.4.1 设计概算的编制原则

为提高建设项目设计概算编制质量,科学合理确定建设项目投资,设计概算编制应坚持以下原则:

(1)严格执行国家的建设方针和经济政策　设计概算是一项重要的技术经济工作,要坚持按照党和国家的方针、政策办事,坚决执行勤俭节约的方针,严格执行规定的设计标准。

(2)正确处理国家、地方、企事业建设项目的关系,坚持国家经济与社会可持续发展第一的原则。

(3)要完整、准确反映设计内容　编制设计概算时,要认真了解设计意图,全面掌握工程设计内容和工程项目表,根据设计文件、图纸准确地计算工程量,编制项目要完整,避免重算和漏算。设计修改后,要及时修正概算。

(4)要抓主要矛盾,突出重点,保证概算编制质量　概算编制时由于受设计深度的制约,局部细节尚不详尽,因此,应抓住重点,注重关键项目和主要部分的编制精度,以便更好地控制概算造价。

(5)要坚持结合拟建工程的实际,反映工程所在地当时价格水平的原则　为提高设计概算的准确性,要求实事求是地对工程所在地的建设条件,可能影响造价的各种因素进行认真的调查研究。在此基础上正确使用定额、指标、费率和价格等各项编制依据,按照现行工程造价的构成,根据有关部门发布的价格信息及价格调整指数,考虑建设期的价格变化因素,使概算尽可能地反映设计内容、施工条件和实际价格。

10.3.4.2 设计概算的编制依据

概算编制依据主要包括以下几个方面:

(1)国家有关建设和造价管理的法律、法规和方针政策;国家或省、市、自治区颁布的现行建筑工程概算定额、概算指标、费用定额、取费标准等文件;建设项目设计概算编制办法。

(2)批准的建设项目可行性研究报告、设计任务书和主管部门的有关规定。

(3)初步设计项目一览表。

(4)能满足编制设计概算的各专业经过校审并签字的设计图纸、文字说明、主要设备表和材料表。其中主要生产车间:①建筑专业提交建筑平、立、剖面图和初步设计设计文字说明(应说明或注明装修标准、门窗尺寸、洞口尺寸);②机构专业提交结构平面布置图、构件截面尺寸、特殊构件配筋率及其他建(钩)筑物结构特征一览表或相关工程量;③给排水、电气、采暖通风、空气调节、动力等专业的平面布置图或文字说明、主要设备表和材料表。

(5)工程所在省、市、地区现行的有关工程造价指标及各种费用、费率标准。

(6)设备,材料价格计算方法。项目概算时,对各项概算费用指标费用额,即概算定额指标,如施工管理费定额,年折旧率、利润率、设备价格等,都应该按当时当地有关的、

法定的、通用的定额指标进行计算,不要超越法定的或通用的定额指标。项目概算编制时必须逐项计算,不得遗漏。

10.3.4.3　设计概算编制程序

(1)首先收集各项基础资料、文件　包括设计任务书、设计图纸、工艺技术资料、国家颁布的有关法规、各项定额、概算指标、取费标准、工资标准、施工机械台班使用费、设备预算价格等。这些基础资料,因地区不同而异,故应收集适用于项目建设地区的资料。

(2)根据上述资料拟定概算编制单位估价表、单位估价汇总表。

(3)根据设计图纸及概算工程量计算规则计算工程量。

(4)根据工程量计算表与单位估价表等资料计算直接费用、间接费用、利润;编制单位工程概算书;以及按规定的格式汇编各种综合概算文件,形成总概算书。

10.3.4.4　设计概算的编制方法

建筑工程概算的编制方法有:概算定额法、概算指标法、类似工程预算法。

(1)概算定额法　概算定额法又叫扩大单价法或扩大结构定额法,是采用概算定额编制工程概算的方法。根据设计图纸资料和概算定额的项目划分计算出工程量,然后套用概算定额单价(基价),计算汇总后,再计取有关费用,便可得出单位工程概算造价。概算定额法要求设计达到一定深度,对于建筑工程来说,建筑结构比较明确,能按照设计的平面、立面、剖面图纸计算出楼地面、墙身、门窗和屋面等分部工程(或扩大结构件)项目的工程量;这种方法编制出的概算精度较高,但是编制工作量大,需要大量的人力和物力。

(2)概算指标法　概算指标法是采用直接工程费指标,是将拟建的厂房、住宅的建筑面积或体积乘以技术条件相同或基本相同工程的概算指标而得出直接工程费,然后按规定计算出措施费、间接费、利润和税金等,编制出单位工程概算的方法。

该方法计算精度较低,但由于其编制速度快, 因此对一般附属、辅助和服务工程等项目, 以及住宅和文化福利工程项目或投资比较小、比较简单的工程项目投资概算有一定实用价值。同时,该方法适用于初步设计深度不够,不能准确地计算工程量,其计算精度较低。在资产评估中,可作为估算建(构)筑物重置成本的参考方法。

(3)类似工程预算法　是利用技术条件与设计对象相类似的已完工程或在建工程的工程造价资料来编制拟建工程设计概算的方法。

类似工程预算法适用于拟建工程设计与已完工程或在建工程的设计相类似而又没有可用的概算指标时采用,但必须对建筑结构差异和价差进行调整。

10.4　经济效益评价的内容与步骤

10.4.1　经济效益概念

经济效益是指人们在经济实践活动中取得的有用成果与劳动耗费之比,或产出的经济成果与投入的资源总量之比。其中有用成果是指所取得的增加产量、提高质量、降低成本、提高利润等的结果,劳动消耗是指在生产过程中消耗的活劳动和物化劳动。

10.4.2 经济效益评价的内容与步骤

10.4.2.1 经济效益评价的主要内容

工程项目的技术经济分析的主要内容一般包括如下几个方面：

(1)市场需求预测和拟建规模　包括国内、外市场需求的调查与预测；国内现有工厂生产能力的估计；销售预测、价格分析、产品竞争能力、进入国际市场的前景。

(2)项目布局、厂址选择　包括项目的总平面布置；建厂的地理位置、气象、水文、地质、地形条件和社会经济现状；交通、运输及水、电、气的现状与发展趋势；厂址占地范围、厂区总体布置方案、建设条件、地价、拆迁及其他工程费用。

(3)工艺流程的确定和设备的选择　包括有哪些可选择的工艺流程及各种方案的优缺点；主要设备与辅助设备名称、型号、规格、数量，若是引进设备，还应包括引进的理由、国别，若是改建、扩建项目，则应说明原有固定资产利用情况。

(4)投资估算与资金筹措　包括主体工程和协作配套工程所需的投资；流动资金的估算；产品成本估算；资金来源及依据(附意向书)，筹措方式以及贷款偿付方式。

(5)项目的财务评价和国民经济评价　财务评价是从企业或项目的角度，以现行价格和财会制度为基础，分析评价项目运营后盈利能力、偿还债务能力及外汇平衡能力，判断项目投资在财务上的可行性。经济评价是从国民经济宏观角度，用影子价格、影子汇率、社会折现率等经济参数，计算、分析项目实施需要付出的代价和国家的经济贡献，判断项目投资的经济合理性。

为了确定一个建设项目，除了要做好以上各项分析工作外，还要对每个项目所需的总投资，逐年分期投资数额，投产后的产品成本、利润率、投资回收年限，项目建设期间和生产过程中消耗的主要物资指标等进行精确的定量计算。这也是一项十分重要的工作。因为仅有定性分析，还不足以决定方案的取舍，只有把定性分析和定量计算联系起来，才能得出比较正确的方案。经济核算应该全面细致，所用指标应该确切可靠。同时，由于确定项目的各项货币(如投资、经营费用或生产成本等)和实物指标是进行技术经济分析的重要前提，对技术和经济两方面都有着较高的要求。因此，工程技术人员和经济工作人员一定要通力合作，共同把这项工作做好。要提倡技术人员学点经济学，经济人员学点技术。

我们对每一个项目都要进行全面的、综合的研究和分析，既要在技术上做到可行、先进，又要在经济上做到有利、合理。

10.4.2.2 技术经济分析的具体步骤

技术经济分析的基本程序如图 10.1 所示。

(1)确定目标　任何技术方案都是为了满足某种需要或为了解决某个实际问题而提出的，因此，在进行经济分析之前，首先应确定技术方案要达到的目标和要求，这是经济分析工作的首要前提。

(2)根据项目要求，列出各种可能的技术方案　一般来说，为了达到一定的目标功能，必须提出很多方案，决策者的任务是要尽量考虑到各种可能方案。绝不能丢掉有可能是最好的方案。方案尽可能要考虑得多，但经过粗选后正式列出的方案要少而精。

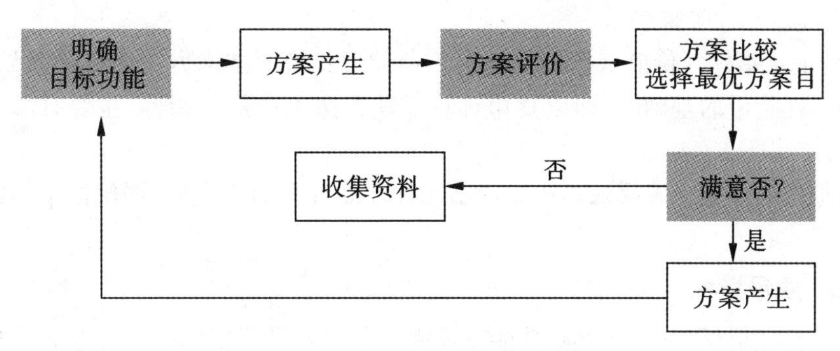

图10.1 技术经济评价的基本程序

(3)经济效益分析与计算 技术方案的经济效益分析主要包括企业经济效益分析与国民经济效益分析。企业经济效益分析是在国家现行财税制度和价格体系条件下,从企业角度分析计算方案的效益、费用、盈利状况以及借款偿还能力等,以判定方案是否可行。国民经济效益分析则是从国家总体的角度分析计算方案需要国家付出的代价和对国家的贡献,以考察投资行为的经济合理性。

(4)综合分析与评价 通过对技术方案进行经济效益分析,可以选出经济效益最好的方案,但不一定是最优方案。经济效益是选择方案的主要标准,但不是唯一标准。决定方案取舍不仅与其经济因素有关,而且与其在政治、社会、环境等方面的效益有关。因此必须对每个方案进行综合分析与评价。总之,在对方案进行综合评价时,除考虑产品的产量、质量、企业的劳动生产率等经济指标外,还必须对每个方案所涉及的其他方面,如拆迁房屋、占有农田和环境保护等方面进行详尽分析,权衡各方面的利弊得失,才能得出合适的最终结论。

以上这些分析步骤只是技术经济分析的主要程序,而不是唯一程序,随问题性质的不同还可以采用其他研究方法与程序。

10.5 技术经济分析的主要指标

技术方案的经济分析与评价.就是要对不同方案的经济效益进行计算、比较和选优,而指标则是反映方案经济效益的一种工具。一般一个指标只能反映方案经济效益的某一侧面,由于技术方案其经济因素的复杂性,所以,任何一个指标都不能全面、准确地反映出方案的经济效益。因此,必须建立一组从各方面反映经济效益的科学的指标体系。

根据经济效果的表达形式,技术经济分析指标体系可分为收益类指标、消耗类指标和效益类指标三类。

10.5.1 收益类指标

10.5.1.1 数量指标

数量指标是指反映技术方案生产活动有用成果的指标。它主要包括:

(1)实物量指标 实物量指标是以实物形式说明技术方案有用效果的指标,例如生产量,可用吨、台、件等来表示。

(2)价值量指标　价值量指标是通过价值的形式说明技术方案的有用效果的指标,它们都统一在货币的基础上,即以货币计算反映方案生产量的指标,主要有总产值和商品产值等。

实物量指标不能准确反映出一个产出几种产品方案的价值量,而价值量指标能做到这一点。

10.5.1.2　质量指标

质量指标是指反映产品性能、功能以及满足用户要求程度的指标。它表明技术方案的劳动成果特性与外部质量特性。产品内在质量特性包括产品构造、精度、纯度、机械性能、物理性能以及化学性能与化学成分等;产品的外部质量特性包括外观、形状、尺寸、色泽、气味、手感等。由于不同的产品,其质量特性不同,因而反映产品质量的指标不能直接比较,在实际工作中通常采用间接的质量评价指标,如优质品率、一级品率、废品率、返修率等。

10.5.1.3　品种指标

品种指标是指反映经济用途相同而使用价值有差异的同种类型产品指标,它是衡量技术水平高低和满足需要程度的重要标志。由于新品种有全新的功能和更广阔的适用范围,这就相当于创造了一种新的有用效果。表明产品品种的指标主要有:产品品种数量、新产品品种数量、尖端产品品种数量以及它们在产品品种总数中的比重。

10.5.1.4　时间因素指标

它是表明使用价值需要多少时间可以试制和生产出来,从而发挥其使用价值的作用的指标。在科学技术突飞猛进的时代,考虑时间指标是很必要的。缩短时间,既可改善技术方案的经济效果指标,又可减少因新技术的出现而使原技术方案相对贬值所引起的损失。属于时间的指标有:技术方案的建设周期、从投产至达到设计产量的时间、产品生产周期、设备成套周期等。

10.5.2　消耗类指标

技术方案的劳动耗费是指技术方案实施过程中(包括基本建设及生产运行)的物化劳动耗费。物化劳动耗费转移到劳动成果的形式分为多次转移和一次性转移两类。

10.5.2.1　投资指标

投资是指投放的资金,即为了保证项目投产和生产经营活动的正常进行而投入的活劳动和物化劳动价值的总和。它包括固定资产投资和流动资产投资。固定资产投资是指用于建设或购置固定资产所投入的资金,固定资产是指使用期限超过一年的房屋、建筑物、机器机械、运输工具以及其他与生产经营有关的设备、工具、器具等。流动资产投资是指项目在投产前预先垫付、在投产后生产经营过程中周转使用的资金。流动资产是指可以在一年或者超过一年的一个营业周期内变现或者耗用的资产。固定资产和流动资产都必须在投资初期预先垫付。投资指标主要包括以下内容,见图 10.2。

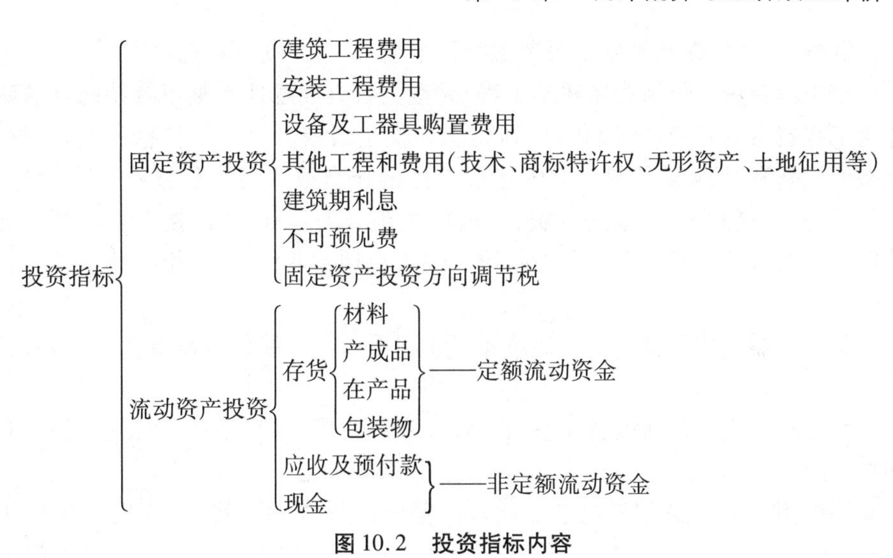

图 10.2　投资指标内容

(1)固定资产投资估算　在我国工程建设周期中,投资计算分为估算、概算、预算和决算四种类型。常用的固定资产估算方法有类比估算法和概算指标估算法两类。

1)类比估算法　根据已建成的与拟建项目工艺技术路线相同的同类产品项目的投资,来估算拟建项目投资的方法。常用的有单位生产能力法、规模指数法和系数估算法。

①单位生产能力法投资额估算公式

$$Y_2 = X_2 \left(\frac{Y_1}{X_1}\right)^n \times P_f \tag{10.1}$$

式中　X_1——类似项目的生产能力;

X_2——拟建项目的生产能力;

Y_1——类似项目的投资额;

Y_2——拟建项目的投资额;

P_f——物价修正系数;

n——装置能力指数。

②规模指数法投资额估算公式

$$Y_2 = Y_1 \left(\frac{X_2}{X_1}\right)^n \times P_f \tag{10.2}$$

一般来说。以增加单机(或单台设备)数目来扩大生产能力时,$n=0.8\sim0.6$;主要以增加设备的效率、功率或装置的容量来扩大生产规模时,$n=0.6\sim0.7$;高温高压的工业性生产工厂,$n=0.3\sim0.5$;一般 n 的平均值在 0.6 左右,故该法又称为“0.6 指数法”。

③系数估算法　当用于估算整个建设项目投资时,以某个装置或某项费用为基础,乘以一定的比例系数,得出其他各项费用和总投资,这种方法就称为系数估算法。其中的各项比例是从已建类似装置的统计数据中总结出来的,这种方法在国外的可行性研究中是经常采用的,特别是在化学工业项目中应用更广。

2)概算指标估算法　是较为详细地估算投资的方法。该法把整个建设项目依次分解为单项工程、单位工程、分部工程和分项工程,按下列内容分别套用有关概算指标和定额编制投资概算，然后在此基础上再考虑物价上涨、汇率变动等动态投资。

①建筑工程费用　包括房屋建筑工程、大型土石方和场地平整以及特殊构筑物工程等。建筑工程费由直接费、间接费、计划利润和税金组成。直接费包括人工费、材料费、施工机械使用费和其他直接费。可按建筑工程量和当地建筑工程概算综合指标计算。间接费包括施工管理费和其他间接费，一般以直接费为基础，按间接费率计算。计划利润以建筑工程的直接与间接费之和为基数。税金包括营业税、城市维护建筑税和教育费附加。

②设备及工器具购置费用　包括需要安装和不需要安装的全部设备、工器具及生产用家具等购置费。

③安装工程费用　包括设备及室内外管线安装费用，由直接费、间接费、计划利润和税金四部分组成。

④其他费用　指根据有关规定应计入固定资产投资的除建筑、安装工程费用和设备、工器具购置费以外的一些费用，包括土地征购费、居民迁移费、人员培训费、勘察设计费、厂区绿化费等。勘察设计费通常占投资总额的3%左右。

⑤基本预备费　指事先难以预料的工程和费用，其用途主要为：进行初步设计、技术设计、施工图设计和施工过程中在批准的建设投资范围内所增加的工程费用；由于一般自然灾害所造成的损失和预防自然灾害所采取的措施费用；验收委员会为查定工程质量必须开挖和修复隐蔽工程建设其他费用之和为基数，按照规定的预备费率计算。

综上所述，方案的固定资产总投资 $\sum K$ 为：

$$\sum K = K_1 + K_2 + K_3 + K_4 + K_5 \tag{10.3}$$

式中　K_1，K_2、K_3、K_4、K_5为上面提到的5项投资费用。

(2)流动资产投资估算　流动资产投资估算主要采用类比估算法和分项估算法。

1)类比估算法　类比估算法是一种根据已投产类似项目的统计数据总结得出的流动资产投资与其他费用之间的比例系数，来估算拟建项目所需流动资产投资的方法。这里的其他费用可以是固定资产投资，也可以是经营费用、销售收入或产值等。

2)分项估算法　分项估算法即按流动资产的构成分项估算。

$$①现金=\frac{年职工工资与福利费总额+年其他零星开支}{360(天)}\times最低周转天数$$

$$②应收账款=\frac{赊账额\times周转天数}{360(天)}$$

③存货=原材料+在产品+产成品+包装物+低值易耗品

原材料占用资金=原材料日平均消耗量×单价×周转天数

$$在产品占用资金=年在产品生产成本\times\frac{周转天数}{360(天)}$$

$$产成品占用资金=(年产成品制造成本-年固定资产折旧费)\times\frac{周转天数}{360(天)}$$

投资指标是技术经济指标中的主要指标之一，每个方案都要千方百计地降低投资和项目的总投资。降低方案投资的主要途径是合理选择厂址，正确选择设备和备用设备，尽可能用扩建代替新建，加强专业化协作，完善施工组织和力争缩短工期等。

10.5.2.2　成本和费用

成本是指产品生产和销售活动中所消耗的活劳动和物化劳动的货币表现，为获得商品和服务所需支付的费用。但事实上成本的含义很广，不同的情况需要用不同的成本概念。以下是投资决策过程中所需用到的一些主要的成本概念。

(1)会计成本　会计成本是会计记录在公司账册上的客观的和有形的支出，包括生产和推广销售过程中发生的原材料、动力、工资、租金、广告、利息等支出。按照我国财务制度，总成本费用由生产成本、管理费用、财务费用、销售费用组成。

生产成本是生产单位为生产产品或提供劳务而发生的各项生产费用，包括各项直接支出和制造费用。直接支出包括直接材料(原材料、辅助材料、备品备件、燃料动力等)，直接工资(生产人员的工资、补贴)，其他直接支出(如福利费)；制造费用是指企业内的分厂、车间为组织和管理生产所发生的各项费用，包括分厂、车间管理人员工资、折旧费、维修费、修理费及其他制造费用(办公费、差旅费、劳保费等)。

管理费用是指企业行政管理部门为管理和组织经营而发生的各项费用，包括管理人员工资和福利费、公司一级折旧费、修理费、技术转让费、无形资产和递延资产摊销费及其他管理费用(办公费、差旅费、劳保费、土地使用税等)。

财务费用是指为筹集资金而发生的各项费用，包括生产经营期间发生的利息净支出及其财务费用(汇兑净损失、银行手续费等)。

销售费用是指为销售产品和提供劳务而发生的各项费用，包括销售部门人员工资、职工福利费、运输费及其他销售费用(广告费、办公费、差旅费)。

管理费用、财务费用和销售费用称为期间费用，直接计入当期损益。

(2)经营成本　经营成本是从投资方案本身考察的，是在一定时期(通常为一年)内由于生产和销售产品及提供劳务而实际发生的现金支出。它不包括虽计入产品成本费用中，但实际没发生现金支出的费用项目。在技术方案财务分析时，经营成本按下式计算：

经营成本=总成本费用-折旧费-摊销费-维检费-财务费用(借款利息)

对工业项目或技术方案进行技术分析时，必须考察特定经济系统的现金流出与现金流入。按照会计核算方法，总成本费用包括产品生产成本和期间费用。因此，要计算项目运营期间各年的现金流出，必须从总成本费用中将折旧费、维简费与摊销费剔除。借款利息是使用借款资金所要付出的代价。对于企业来说是实际的现金流出，但在评价工业项目全部投资的经济效果时，为了计算与分析的方便，技术经济分析中通常把净经营成本作为一个单独的现金流出项。如果分析中需要考虑借款利息支出，则另列一个现金流出项。

(3)固定成本和变动成本　按照各种费用与产品产量的关系，成本可以分为固定成本和变动成本。

固定成本指在一定产量范围内不随产量变动而变动的那部分费用。应当指出，固定成本是指对成本费用的总量而言是固定不变的，即固定成本的总额是不随产量变动的，但是，分摊到单位产品的单位固定成本却是变动的，是同产品产量呈反比例变化，即产量增加则单位产品固定成本减少，反之亦然。固定成本包括固定资产折旧费、工资及福利费、修理费、摊销费、管理费等。

变动成本指总成本中随产量变动而成比例变动的那部分费用,变动成本就其总量而说是变动的,即随产量的增加,成本费用总额也成比例的增加,反之亦然。但是分摊到单位产品的单位变动成本却是不变的。变动成本包括直接原材料、直接人工费、直接燃料动力费及包装费等。

固定成本和变动成本的划分,对于项目盈亏分析及生产决策有着重要的意义。

(4)边际成本　边际成本是指多生产一个单位产量所发生的总成本的增加。例如,当产量是1 500 t时,总成本为450 000元;当产量为1 501 t时,总成本为450 310元,则第1 501 t产量的边际成本等于310元。因为边际成本考虑的是单位产量变动,故固定成本可以视为不变,因此边际成本实际上是总的变动成本之差。

(5)质量成本项目　质量成本是企业为了保证和提高产品质量而支出的一切费用,以及由于产品质量未达到预先规定的标准而造成的一切损失的总和。质量成本只涉及有缺陷的产品,即发现、返工、避免和赔偿不合格品的有关费用。制造合格品的费用不属于质量成本,而属于生产成本。

质量成本由内部故障成本、外部故障成本、鉴定成本和预防成本四大部分组成,这种分类方法已得到世界各国的公认和采用。

(6)折旧费和大修费的计算

1)折旧费的计算　一般采用事业年限法计算,固定资产的原值和预计使用年限是两个主要因素。同时,由于固定资产在报废清理时会有残料,这些残料可以加以利用或出售,其价值称作固定资产残值,它的价值应预先估计,在折旧时从固定资产原值中减去。另外,在固定资产清理时还可能发生一些拆卸、搬运等清理费,这些清理费也应预先估计金额,在计算折旧额时加到固定资产原值中去,所以年折旧额按下式计算:

$$A_n=\frac{B-D+G}{n} \tag{10.4}$$

式中　A_n——年折旧额;

B——固定资产原值;

D——预计残值;

G——预计清理费;

n——预计使用年限。

固定资产折旧额对固定资产原值的比值称作折旧率,其计算公式如下:

$$\eta=\frac{A}{B}\times100\% \tag{10.5}$$

式中　η——折旧率;

A——折旧额;

B——固定资产原值。

上述折旧额和折旧率是按每一项固定资产计算的,因而又称为个别折旧额(单项折旧额)和个别折旧率(单项折旧率),在工作实践中也可以按固定资产类别,计算分类折旧额和分类折旧率。有些食品工厂经上级主管部门批准还可以按照全厂应计提折旧的固定资产计算(综合折旧额和综合折旧率)。分类折旧率和综合折旧率,是以单项固定资产的原值和应提折旧额为基础,将各类或全厂固定资产原值和应提折旧额综合在一起计算

的,其公式如下:

$$\eta_1 = \frac{\sum A}{\sum B} \times 100\% \tag{10.6}$$

式中　η_1—— 分类或综合折旧率;

$\sum A$—— 同类(或全厂)固定资产折旧额之和;

$\sum B$ ——同类(或全厂)固定资产原值之和。

食品工厂企业按规定的综合折旧率计提折旧,每月应计提的折旧额按如下公式计算:

$$A_0 = B\eta_2 \tag{10.7}$$

式中　A_0——月折旧额;

B——应计提折旧的固定资产原值;

η_2——月折旧率。

在实际工作中,企业提取固定资产折旧,大多是根据企业主管部门征得同级财政部门同意,所确定的一个综合折旧率来计算的,它是本系统、本行业的一般平均折旧率,而不是根据本企业的固定资产综合折旧率计算出来的。

固定资产除采用使用年限法以外,对生产不稳定、磨损不均衡的设备,则可按工作时间或完成工作量计算折旧。例如,运输卡车可按行驶里程计算折旧,其计算公式如下:

$$A_0 = \frac{B-D+G}{S} \times S_1 \tag{10.8}$$

式中　A_o——月折旧额,万元;

B——应计提折旧的固定资产原值,万元;

D——预计残值,万元;

G——预计清理费,万元;

S——预计行驶总里程,km;

S_1——本月行驶里程,km。

凡是在用的固定资产(除土地外),都应计提折旧,房屋、建筑物及季节性使用(如罐头厂番茄酱在非生产期)或因大修理停用的固定资产,应和在使用时固定资产一样,照提折旧。

2)大修费的计算　固定资产的修理工作,按其修理规范和性质不同,可分为大修理和经常修理(又称中、小修理)两种。大修理的主要特点:修理范围较大,修理次数较少,每次修理的间隔时间较长,费用较高。由于大修理的间隔时间较长,所需费用较高,如果把每次发生的大修理费用直接计入当期的产品成本,就会影响各期产品成本的合理负担,所以,大修理费用应采用按月提存大修理基金的办法,以便把固定资产的预计全部大修理费用按照固定资产的预计使用年限,均衡地计入整个使用期的产品成本,其计算公式如下:

$$J = \frac{HZ}{Bn} \times 100\% \tag{10.9}$$

式中 J——年大修基金提存率,%;

H——每次大修计划费用,万元/次;

Z——全部使用期间预计大修次数,次;

B——固定资产原值,万元;

n——预计使用年限,a。

年大修基金提存额 Q 的计算:

$$Q=BJ \tag{10.10}$$

月大修基金提存率 J_1 的计算:

$$J_1=J/12 \tag{10.11}$$

月大修基金提存额 Q_1 的计算:

$$Q_1=BJ_1 \tag{10.12}$$

以上大修基金提存率是按单项固定资产计算的,在实际工作中,也可以按照固定资产类别计算的分类提存率或按全部固定资产计算的综合提存率计算,经上级主管部门批准后,可以提取大修基金。

10.5.3 效益类指标

效益类指标是指反映技术方案收益与消耗综合经济效果的指标。分为绝对经济效益指标和相对经济效益指标。

10.5.3.1 绝对经济效益指标

表示技术方案自身的劳动成果与劳动消耗的对比关系的指标称为绝对经济效果指标。绝对经济效果指标主要用于说明技术方案本身的经济效果,是评价技术方案经济合理性及可行性的主要依据。如净现值、内部报酬率等动态经济效果指标,以及投资收益率、投资回收期等静态指标,均是绝对经济效果指标。此外,如财务分析中计算的资金利润率、成本利润率和单位产品原材料消耗量等也均属于绝对经济效果指标。

(1)劳动生产率 反映方案实施后平均每人创造的产品数量或产值大小的指标。

$$劳动生产率=\frac{总产值(或总产量)}{人数(工厂或全员)}\times 100\%$$

(2)材料利用率 反映生产产品时原材料利用程度大小的指标。

$$材料利用率=\frac{有效产品中所含的原材料数量}{生产该种产品时的原材料消耗总量}\times 100\%$$

(3)设备利用率 反映生产过程中设备利用程度的指标。

$$设备利用率=\frac{设备实际开动台时数}{按制度应开动的设备台时数}\times 100\%$$

(4)投资年产品率 反映方案实施后单位投资可创造的年产品数量或产值大小的指标。

$$投资年产品率=\frac{产品年产量(或产值)}{投资总额}\times 100\%$$

(5)成本利润率　反应方案投产后流动资金周转状况的指标，常用流动资金周转次数和周转天数来表示。

$$\text{成本利润率}=\frac{\text{净利润}}{\text{总成本}}\times100\%$$

(6)流动资金周转率　反应方案投产后流动资金周转状况的指标，常用流动资金周转次数和周转天数来表示。

$$\text{流动资金周转次数}=\frac{\text{一定时期内产品销售收入}}{\text{同一时期流动资金平均占用额}}$$

$$\text{流动资金周转天数}=\frac{\text{一定时期的天数}}{\text{同期周转次数}}$$

(7)利润率　反映企业投产后所获得纯利润高低的一个重要指标。

$$\text{投资利润率}=\frac{\text{年净利润}}{\text{总投资}}\times100\%$$

(8)投资利税率　是反应方案投产后单位投资所能产生的利税大小的指标，投资利税率越大，说明投资效果越好。

$$\text{投资利税率}=\frac{\text{年净利润+税金}}{\text{总投资}}\times100\%$$

投资利税率和投资利润率，都是综合反映投资经济效果的重要指标，但投资利税率比投资利润率要高得多，在基本建设项目的投资从无偿拨款改为贷款制度后，只有当投资效果系数和投资利润率大于贷款利率时，才是合理的。不然，工程投产后所获得的利润还不够偿还投资应付的利息。

(9)投资回收期　年净收益回收总投资所需的时间(一般以年为单位)。

(10)净现值　按标准贴现率(基准收益率)将方案分析期内各年的收益与支出折算到基准年的现值的代数和。

(11)净现值率　反映方案每单位投资的现值所“创造”的净现收益太小的指标。

$$\text{净现值率}=\frac{\text{净现值}}{\text{总投资现值}}\times100\%$$

(12)内部收益率　方案分析期内各年收益与支出的现值的代数和等于零时的贴现率。

10.5.3.2　相对经济效益指标

这类指标主要用于说明一个技术方案比另一个技术方案的经济性优劣的情况。换句话说，相对经济效果指标是用来从各参加比较的方案中择优的经济效果指标。相对经济效果指标是由绝对经济效益指标派生出来的。因备选方案的情况不同，存在两类相对经济效果指标：当备选方案的劳动成果(或收益)完全相等时，只比较劳动耗费(或费用)大小就可区分被选技术方案的优劣，此时，相对经济效果指标即为劳动耗费(或费用)指标，如总费用指标、年费用指标、差额投资回收期等指标；当备选方案的劳动耗费(或费用)完全相等时,只比较各备选技术方案的劳动成果(或收益)大小就可区分备选方案的优劣,此时,相对经济效果指标即为劳动成果(或收益)指标,如技术方案的总收入(或总产值)指标。

相对经济效果指标只能从一个方面反应技术方案的经济性,如费用指标只反映技术方案劳动消耗的大小,不能判断技术方案本身经济性是否可行。

$$相对投资效益系数=\frac{两方案经营费用之差额(节约额)}{两方案基建投资之差额(追加投资)}$$

含义:单位数量(1 元)的追加投资,每年可获得的经营费用的节约量。该值越大越好。

$$追加投资回收期=\frac{两方案基建投资之差额(追加投资)}{两方案经营费用之差额(节约额)}$$

含义:节约 1 元的经营费用,需要追加的基建投资的数额。该值越小越好。

10.5.4 提高经济效果的途径

根据技术经济学的原理,影响企业和社会经济效益和效率的因素很多,一般说来,一切能够节约活劳动与物化劳动消耗的办法和措施,都是提高经济效果的途径。它们包括发挥社会经济条件、物质条件、自然条件、科学技术、组织管理、国家有关经济和技术政策等等各种因素的作用。可分 3 个层次。

(1)第一层次因素就是最直接的影响因素,共 10 个方面。

1)提高产量和劳务量、增加品种　同样一个企业和一台机器设备,假使产量和劳务量提高,经济效果就可以正比例地提高,企业开工率不足,设备利用率不高,产量和劳务量少,经济效益和效率就相应地降低。

2)提高质量、优质优价　质量功能好坏,直接影响经济效果。提高成品率、优质品率和新产品率,经济效益和效率就可以提高。

3)提高资金的利用效率　节约资金是提高企业、社会经济效益和效率的一个非常重要的途径。

4)提高能源和原材料的利用效率　在工业产品成本中能源和原材料费用占很大的比重(50%~90%)。所以,节约使用物资,尤其是紧缺的原材料和能源,提高它们的利用效率,对提高经济效益和效率有很大的影响。

5)提高劳务的利用效率　交通运输是主要劳务部门。由于经济布局和运输调度不合理以及各种物资消耗定额偏高等种种原因,所以运输劳务量有很大的浪费。改进布局,合理调度,节约物资,减轻重量,就可以节约大量劳务量。

6)提高人力的利用效率　提高劳动生产率,节约活劳动,也是提高经济效益和效率的一个重要途径。

7)提高自然资源的利用效率　要把有限的自然资源利用好,提高利用效率,节约自然资源,发挥自然资源的最大作用。这样,才能提高经济效益和效率。

8)提高时间的利用效率　时间就是速度,时间就是经济效益。缩短建设工期,缩短达产期,缩短生产周期,加快流动资金周转的速度,就能够提高经济效益和效率。

9)降低成本 降低成本是提高企业和社会经济效果最重要的途径。

10)调整经济结构和合理分配各种生产要素 提高经济效益和效率的一条重要途径是调整经济结构和合理分配各种生产要素。价格是经济评价和利益分配的工具,如果价格不合理,既不能客观地反映经济效益的大小,也不能合理地分配利益,使各方面积极性受影响,最后都对经济效益产生不好的影响。所以,价格合理化是提高企业和社会经济效益的一个很重要的途径。

(2)第二层次的因素是影响以上10个方面因素的因素。

这个层次的因素包罗万象,有自然技术的,有社会经济的,有生产力的,有生产关系的,有经济基础的,有上层建筑的,数量之多不计其数。但是归纳起来,有政治、国防、社会、技术、经济、环境、自然资源7个方面的因素。这个层次都是国内的因素。

(3)第三层次是国际的因素。

根据对第二和第三两个层次因素的分析,就可以提出提高企业和社会经济效果的各方面措施。比如政治方面的措施:执行党的十一届三中全会以来的路线方针政策,对外开放对内搞活,进行政治体制改革,加强精神文明建设等。社会方面的措施:发展教育和文化,增强身体健康。技术方面的措施:科技体制改革,加快技术进步。经济方面的措施:进行经济体制改革,转变经济增长方式,增产节约,改进经济管理,等等。由此可见,提高企业和社会经济效果的措施是全方位的,必须依靠和动员企业、全社会的力量,有些措施是明显见效的,有些则是潜移默化长期才能见效的,但是都要认真对待。

10.6 税收与税金

税收是国家为实现其管理职能,满足其财政支出的需要,依法对有纳税义务的组织和个人征收的预算缴款,具有强制性、无偿性和固定性三大特点。税金是国家依据法律对有纳税义务的单位和个人征收的财政资金,是纳税人为国家提供积累的重要方式。

我国现行的工商税制按照课税对象的不同分为流转税(增值税、营业税、消费税)、资源税(开发矿产品和生产盐)、收益税(所得税)、财产税(土地增值税、房产税和遗产赠予税),特定行为税(城乡维护建设税、印花税、证券交易税、车船使用税、固定资产投资方向调节税)等几类。其中与技术方案经济性评价有关的主要税种有:从销售收入中扣除的增值税、营业税、资源税、城市维护建设税和教育费附加,计入总成本费用的房产税、土地使用税、车船使用税、印花税等,计入固定资产总投资的固定资产投资方向调节税,以及从利润中扣除的所得税等。

10.6.1 增值税

增值税是以商品生产或劳务等各个环节的增值额为征税对象而征收的一种流转税,其纳税人为在中国境内销售货物或者提供加工、修理、修配劳务以及进口货物的单位和个人。

10.6.1.1 增值税税率

(1)零税率 纳税人出口货物,税率为零;但是,国务院另有规定的除外。

(2)低税率　纳税人销售或者进口下列货物,税率为13%:①粮食、食用植物油;②自来水、暖气、冷气、热水、煤气、石油液化气、天然气、沼气、居民用煤炭制品;③图书、报纸、杂志;④饲料、化肥、农药、农机、农膜;⑤国务院规定的其他货物。

(3)基本税率　纳税人销售或者进口货物,除以上第(1)、第(2)项规定外,税率为17%。

(4)纳税人提供加工,修理修配劳务(简称应税劳务),税率为17%。

10.6.1.2　增值税的计算

增值税的计算我国目前统一采用税款抵扣法,应纳税额计算公式:

$$应纳税额=当期销项税额-当期进项税额$$

销项税额是按照销售额和规定税率计算并向购买方收取的增值税额。必须采用增值税专用发票,贷款和应负担的增值税分开注明。

$$销项税额=销售额\times 适用的增值税率$$

进项税额是指纳税人购进货物或者应税劳务所支付或负担的增值税。根据税法规定,企业准予从销项税额中抵扣的进项税额只能从以下3个方面计算取得。

(1)从销售方取得的增值税专用发票上注明的增值税额。

(2)从海关取得的完税凭证上注明的增值税额。

(3)购进免税农业产品准予抵扣的进项税额,按照买价乘以10%的扣除率计算(我国增值税条例规定,农业生产者销售自产的农产品免征增值税,因此在向农业生产者购买农产品时不能索取增值税专用发票。但农业生产在消耗化肥、农药等已缴纳过增值税的货物的同时,也负担了部分增值税。为了避免重复征税,对农产品的增值税同样需要扣除,我国将农产品的增值税扣除率定为10%)。

对小规模纳税人(年应征销售额<100万元),实行简易办法计算应纳税额,实行按销售收入全额及规定的征收率(6%)计算增值税。即

$$应缴税额=销售总额\times 征收税率(6\%)$$

【例10.1】　某罐头食品厂上月初进项税余额2万元,本月购进鲜鱼一批,买价30万元;购进白糖一批,取得增值税专用发票:20万元+3.4万元(增值税),罐头瓶5万只。取得增值税专用发票:5万元+1万元(增值税)。本月向市食品公司销售罐头2万箱,价款60万元+10.2万元(增值税),向个体户批发5 000箱,价款和增值税混合收取15万元。

要求计算该厂本月应缴增值税额。

解　本月可抵扣的进项税=20 000+300 000×10%+34 000=84 000(元)

$$本月销项税=102\ 000+\frac{15\ 000}{1+17\%}\times 17\%=104\ 179.49(元)$$

$$\begin{aligned}本月应缴增值税额&=当期销项税额-当期进项税额\\&=104\ 179.49-84\ 000=20\ 179.49(元)\end{aligned}$$

说明:①鲜鱼属农业生产者自产自销,适用扣除税率10%。

②玻璃瓶的增值税=5×17%=0.85,发票出错,按税法规定不得抵扣。

③对于不能使用增值税专用发票的用户,按货款和应负担的增值税的合计数填开普通发票,销项税$=\frac{含税销售额}{1+税率}\times 税率$。

10.6.2　营业税

营业税是对在从事商业、服务性行业或有偿转让资产行为的单位和个人就其营业收入征收的一种税。凡在我国境内从事交通运输、建筑业、金融保险业、邮电通信业、文化体育业、娱乐业、服务业、转让无形资产和销售不动产等业务，都属于营业税的征收范围。其计算公式为：

应纳税额=营业额×适用税率

营业额为纳税人提供应税劳务、转让无形资产或者销售不动产向对方收取的全部价款和价外费用。所谓价外费用，包括向对方收取的手续费、基金、集资费、代垫款项及其他性质的价外收费。

适用税率：娱乐业5%～20%，金融保险、服务业、转让无形资产和销售不动产的税率为5%，其余均为3%。

10.6.3　资源税

资源税是对在我国境内从事开采应税矿产品和生产盐的单位和个人，因资源条件差异而形成的级差收入征收的一种税，资源税实行从量定额征收的办法。计算公式：

应纳资源税税额=课税数量×适用单位税额

课税数量是指纳税人开采或生产应税产品的销售数量或自用数量。单位税额根据开采或生产应税产品的资源状况而定，对于矿产品，征收资源税后不再征收增值税；对于盐，除征收资源税外还要征收增值税，具体按《资源税税目税额幅度表》执行。

10.6.4　企业所得税

10.6.4.1　企业所得税

企业所得税是对我国境内企业（不包括外资企业）的生产经营所得和其他所得征收的一种税。“生产、经营所得”是指从事制造业、采掘业、交通运输业、建筑安装业、农林渔牧业、金融业、服务业以及其他行业的生产、经营所得。“其他所得”是指股息、利息（不包括国债利息）、租金、转让各类资产收益，以及营业外收益等。

不论国有企业、集体企业、私人企业统一实行33%的税率，同时实行两档优惠税率：18%（适用于年应税额<3万）和27%（适用于年应税额3万～10万）。计算公式（制造业）：

应缴所得税=应纳税所得额×所得税税率

应纳税所得额=利润总额±税收调整项目金额

利润总额=产品销售利润+其他业务利润+投资净收益+营业外收入-营业外支出

产品销售利润=产品销售净额-产品销售成本-产品销售税金及附加-管理费用-财务费用

10.6.4.2　涉外企业所得税

涉外企业所得税是对外商投资企业和外国企业在我国境内设立的机构、场所所取得的生产经营所得征收的一种税,税率33%。

对外国企业在我国境内未设立的机构、场所而取得的来源于中国境内的利润、利息、租金、特许权使用费等,税率20%。

对于涉外企业,还包括了许多税收优惠措施条款,主要包括减低税率、定期减免税、再投资退税、预提所得税的减免等内容。

10.6.5 城乡维护建设税

城乡维护建设税是对一切有经营收入的单位和个人,就其经营收入征收的一种税。其收入专用于城乡公用事业和公共设施的维护建设。城市维护建设税以纳税人实际缴纳的产品税、增值税、营业税税额为计税依据,分别与产品税、增值税、营业税同时缴纳。

城市维护建设税实行的是地区差别税率,按照纳税人所在地的不同,税率分别规定为7%、5%、1%三个档次。具体适用范围如下:纳税人所在地在市区的,税率为7%;纳税人所在地在县城、镇的,税率为5%;纳税人所在地不在市区、县城或镇的,税率为1%。

10.6.6 教育费附加

教育费附加是向缴纳增值税、消费税、营业税的单位和个人征收的一种费用,是以实际缴纳的上述3种税的税额为附征依据,教育费附加率为3%。

10.6.7 固定资产投资方向调节税

固定资产投资方向调节税是对在我国境内从事固定资产投资行为的单位和个人(不包括外资企业)征收的一种税。

固定资产投资方向调节税的计税依据为固定资产项目实际完成的投资额,包括建筑安装工程投资、设备投资、其他投资、转出投资、待摊投资和应核销投资。

固定资产投资方向调节税设置了差别比例税率。

0:国家急需发展的基建或技改项目。

5%:国家鼓励发展但受能源交通等制约的基建项目。

10%、15%:一般的产业产品建设项目、一般的更新改造项目。

30%:酒楼、堂馆所,以及国家严格限制发展的基建项目。

10.7 技术方案经济效果的计算与评价方法

对工程技术方案进行经济性评价,其核心内容是经济效果的评价。为了确保经济决策的正确性和科学性,研究经济效果评价的指标和方法是十分必要的。

经济效果评价的指标和具体方法是多种多样的,它们从不同角度反映工程技术方案的经济性。这些方法总的可分为两大类:确定性分析方法和不确定性分析方法。

确定性分析方法主要有:现值法、年值法、投资回收期法、投资利润率法、投资收益率法等。

不确定性分析方法主要有:盈亏平衡分析、敏感性分析和风险分析等。

基于是否考虑资金的时间价值,投资效果评价方法又可分为静态分析法(不考虑资金、时间、价值因素)和动态分析法(考虑资金、时间、价值因素)。

10.7.1 技术方案的确定性分析

10.7.1.1 投资回收期法

投资回收期法也称作偿还年限法，是指投资回收的期限，也就是用投资方案所产生的净现金收入回收初始全部投资所需的时间。一般以年为单位，是反映项目财务上偿还总投资的能力和资金周转速度的综合性指标。对于投资者来讲，投资回收期越短越好，以减少投资风险。

如前所述，根据是否考虑资金的时间价值，可分为静态投资回收期和动态投资回收期。

(1)静态投资回收期　静态投资回收期是不考虑资金时间价值而计算的投资回收期。分以下3种情况。

第一种情况：项目(或方案)在期初一次性支付全部投资 P，当年产生收益，每年的净现金收入不变，为收入 B 减去支出 C(不包括投资支出)，此时静态投资回收期 T 的计算公式为：

$$T=\frac{P}{B-C} \tag{10.13}$$

例如，一笔1 000元的投资，当年收益，以后每年的净现金收入为500元，则静态投资回收期 $T=1\ 000/500=2$ 年。

第二种情况：项目仍在期初一次性支付投资 P，但是每年的净现金收入由于生产及销售情况的变化而不一样，设 t 年的收入为 B_t，t 年的支出为 C_t，则能使公式成立的 T 即为静态投资回收期。

$$P=\sum_{t=0}^{T}(B_t-C_t) \tag{10.14}$$

第三种情况：如果投资在建设期 m 年内分期投入，t 年的投资假如为 P_t，t 年的净现金收入仍为 B_t-C_t，则能使公式成立的 T 即为静态投资回收期。

$$\sum_{t=0}^{m}P_t=\sum_{t=0}^{T}B_t-C_t \tag{10.15}$$

第二、三种情况计算投资回收期常用列表法求得，如表10.3所示。

表10.3　某食品厂某项目的投资及净现金收入　　单位：万元

	项目	年份0	年份1	年份2	年份3	年份4	年份5	年份6
1	总投资	6 000	4 000					
2	收入			5 000	6 000	8 000	8 000	7 500
3	支出			2 000	2 500	3 000	3 500	3 500
4	净现金收入(2~3)			3 000	3 500	5 000	4 500	4 000
5	累计净现金流量	-6 000	-10 000	-7 000	-3 500	1 500	6 000	10 000

由表 10.3 可见,静态投资回收期在 3 ~4 年,实用的计算公式为:

$$投资回收期=\begin{pmatrix}累计净现金流量\\开始出现正值的年份\end{pmatrix}-1+\frac{|上年累计净现金流量|}{当年净现金流量}$$

$$T=4-1+\frac{3500}{5000}=3.7(年)$$

(2)动态投资回收期　如果将 t 年的收入视为现金流入 CI,将 t 年的支出以及投资都视为现金流出 CO,即第 t 年的净现金流量为$(CI-CO)_t$,并考虑资金的时间价值,则动态投资回收期 T_p的计算公式,应满足

$$\sum_{t=0}^{T_p}(CI-CO)_t(1+i_0)^{-t}=0 \tag{10.16}$$

式中　i_0为折现率,对于方案的财务评价,i_0取行业的基准收益率;对于方案的国民经济评价,i_0取社会折现率,现行规定社会折现率为 12%(1990 年计委公布)。

动态投资回收期 T_p的计算也常采用列表计算法。例如按表 10.3 的数据,i_0取 10%,则动态投资回收期的计算见表 10.4。

表 10.4　某食品厂某项目的累积净现金流量折现值　　单位:万元

	项目	年份 0	年份 1	年份 2	年份 3	年份 4	年份 5	年份 6
1	现金流入			5 000	6 000	8 000	8 000	7 500
2	现金流出	6 000	4 000	2 000	2 500	3 000	3 500	3 500
3	净现金流量(1 ~2)	-6 000	-4 000	3 000	3 500	5 000	4 500	4 000
4	累积净现金流量	-6 000	-10 000	-7 000	-3 500	1 500	6 000	10 000
5	折现系数($P/F,i,t$)(i=10%)	1	0.909 1	0.826 4	0.751 3	0.683 0	0.620 9	0.564 5
6	净现金流量现值(3×5)	-6 000	-3 636	2 479	2 630	3 415	2 794	2 258
7	累积净现金流量现值	-6 000	-9 636	-7 157	-4 527	-1 112	1 682	3 940

计算动态投资回收期的实用公式

$$T_P=\begin{pmatrix}累计净现金流量现值\\开始出现正值的年份数\end{pmatrix}-1+\frac{|上年累计净现金流量现值|}{当年净现金流量现值}$$

$$T_P=5-1+\frac{|-1\ 112|}{2\ 794}=4.4(年)$$

动态投资回收期的计算公式表明,在给定的折现率 i_0下,要经过 T_P年,才能使累计的现金流入折现值抵消累积的现金流出折现值,投资回收期反映了投资回收的快慢。

采用投资回收期进行单方案评价时,应将计算的投资回收期 T_P与部门或行业的基准投资回收期 T_b进行比较,要求投资回收期 $T_P \leqslant T_b$才认为该方案是合理的。T_b可以是国家或部门制定的标准,也可以是企业自己的标准,其确定的主要依据是全社会或全行业投资回收期的平均水平,或者是企业期望的投资回收期水平。

投资回收期指标直观、简单，表明投资需要多少年才能收回，便于为投资者衡量风险。尤其是静态投资回收期，是我国实际工作中应用最多的一种静态分析法，但它不反映时间因素，不如动态分析法来得精确。但投资回收期指标最大的局限性是没有反映投资回收期以后方案的情况，因而不能全面反映项目在整个寿命期内真实的经济效果。所以投资回收期一般用于粗略评价，需要和其他指标结合使用。

(3)追加投资回收期　当投资回收期指标用于评价两个或两个以上方案的优劣时，通常采用追加投资回收期(又称增量投资回收期)。这是一个相对的投资效果指标，是指一个方案比另一个方案所追加(多花的)的投资，用年费用的节约额或超额年收益去补偿追加投资所需的时间(年)。

比如甲方案投资 I_2 大于乙方案 I_1，但是甲方案的年费用(成本) C_2 比乙方案的年费用(成本) C_1 要节约。假如这两个方案具有相同的产出和寿命期，那么，甲方案用节约的成本额去补偿增加的投资额，将要花多少时间，即为增量投资回收期 ΔT，其计算公式为：

$$\Delta T=\frac{K_1-K_2}{C_2-C_1} \tag{10.17}$$

【例10.2】　甲方案投资3 000万元，年成本1 000万元，乙方案投资2 200万元，年成本1 200万元，则追加投资回收期为：

$$\Delta T=\frac{3\ 000-2\ 200}{1\ 200-1\ 000}=4(\text{年})$$

所求得的追加投资回收期 ΔT，必须与国家或部门所规定的标准投资回收期 T_b 进行比较。若 $\Delta T \leqslant T_b$，则投资大的方案优，即能在标准的时间内由节约的成本回收增加的投资；反之，$\Delta T>T_b$，则应选取投资小的方案。

10.7.1.2　现值法

现值法是将方案的各年收益、费用或净现金流量，按照要求达到的折现率折算到期初的现值，并根据现值之和(或年值)来评价、选择方案的方法。现值法是动态的评价方法。

(1)净现值(net present value，简称 NPV)　净现值是指方案在寿命期内各年的净现金流量 $(CI-CO)_t$，按照一定的折现率 i_0(或称为目标收益率，作为贴现率)，逐年分别折算(即贴现)到基准年(即项目起始时间，也就是指第零年)所得的现值之和。净现值的计算公式如下：

$$\text{NPV}=\sum_{t=0}^{n}(CI-CO)_t(1+i_0)^{-t} \tag{10.18}$$

式中　NPV——净现值；

$(CI-CO)_t$——第t年的净现金流量，其中 CI 为现金流入，CO 为现金流出。

其他符号意义同上。

净现值是反映项目方案在计算期内获利能力的综合性指标。

用净现值指标评价单个方案的准则是：

若 NPV>0，表示该方案不仅能得到符合预定标准投资收益率的利益，而且还得到正值差额的现值利益，则该项目是可取的。

若 NPV=0，表示投资正好能得到符合预定的标准投资收益率水平，则该方案经济上合理，方案一般可行。

若 NPV<0,表示该方案达不到预定的标准投资收益率水平,则该方案经济上不合理,不可行。

净现金流量就是每年的现金流出量(包括投资、产品成本、利息支出、税金等)和现金流入量(主要是销售收入)的差额。凡流入量超过流出量的,用正值表示;凡流出量超过流入量的,用负值表示。

【例 10.3】 某食品工厂建设项目投资 1 660 万元,流动资金 400 万元(即总投资∑K =1 660+400=2 060 万元)。建设期为 2 年,第 3 年投产,第 6 年达到正常生产能力。免税期为 5 年(即第 3 年至第 7 年)。项目的有效使用期为 10 年。则贴现年数为 12 年,假定采用的贴现率为 15%,则每年的净现金流量和净现金值的计算结果如表 10.5:

表 10.5 净现值计算表 单位:万元

年份		现金流入量 ①	现金流出量 ②	净现金流量 ③=②-①	贴现系数 a_t(i_0=15%)	净现值 ④=③×a_t
建设期	1	0	-660	-660	0.869 6	-574
	2	0	-1 000	-1 000	0.756 1	-756
生产期	3	1 375	-1 482	-107	0.657 5	-70
	4	1 875	-1 524	351	0.571 8	200
	5	2 000	-1 552	448	0.497 2	222
	6	2 500	-1 846	654	0.432 3	282
	7	2 500	-1 800	700	0.375 9	263
	8	2 500	-2 272	228	0.326 9	74
	9	2 500	-2 072	428	0.284 3	121
	10	2 500	-2 072	428	0.247 2	106
	11	2 500	-2 072	428	0.214 9	92
	12	3 200	-2 072	1 128	0.186 9	211
合计		23 450	-20 424	3 026		NPV=171

以上结果表明:NPV=171 万元>0,表明该项目的投资不仅能得到预定的标准投资收益率(即贴现率 15%)的利益,而且还得到了 171 万元的现值利益,故该项目是可行的。

(2)净年值(net annual value,简称 NAV) 经济分析时,如果所有备选方案寿命相同,可用现值法直接比较;若备方案寿命期不等,用现值法需确定一个共同的计算期,比较复杂,而使用年值法则比较简单。

年值法是与净现值指标相类似的,它是通过资金等值计算,将项目的净现值分摊到寿命期内各年的等额年值。其表达式为:

$$\mathrm{NAV}=\mathrm{NPV}\,(A/P,i_0,n)=\sum_{t=0}^{n}\left[(CI-CO)_t\,(1+i_0)^{-t}(A/P,i_0,n)\right] \quad (10.19)$$

由于(A/P,i_0. n) > 0,若 NPV ⩾0,则 NAV ⩾0,方案在经济上可行;若 NPV<0,则

NAV<0,方案在经济上应予否定。因此,对于某一特定项目而言,净现值与净年值的评价结果是等价的。

(3)净现值率(net present value rate,简称 NPVR) 净现值率是指按一定的折现率求得的方案计算期内的净现值与其全部投资现值的比率,用符号 NPVR 表示。净现值率反映了投资资金的利用效率,常作为净现值指标的辅助指标。其经济含义是单位投资现值所能带来的净现值额。净现值越高,说明方案的投资效果越好。计算公式如下:

$$NPVR=\frac{NPV(i_0)}{K_P} \tag{10.20}$$

式中 NPVR——净现值率;

K_P——项目总投资现值。

当 NPVR≥0 时,方案可行;当 NPVR<0 时,方案不可行。用净现值率进行方案比较时,以净现值率较大的方案为优。

净现值用于方案的比较时,没有考虑各方案投资额的大小,不直接反映资金的利用率,而 NPVR 能够反映项目资金的利用效率。净现值法趋向于投资大、盈利大的方案,而净现值率趋向于资金利用率高的方案。

10.7.1.3 内部收益率法

净现值方法的优点是考虑了整个项目的使用期和资金的时间价值,缺点是预定的标准投资收益(即预定的贴现率)难于确定。而且,净现值仅仅说明大于、小于或等于设定的投资收益率,并没有求得项目实际达到的盈利率。内部收益率法(internal rate of return,简称 IRR)则不需要事先给定折现率,它求出的是项目实际能达到的投资效率(即内部收益率)。因此,在所有的经济评价指标中,内部收益率是最重要的评价指标之一。

内部收益率,即项目的总收益现值等于总支出现值时的折现率,或者说净现值等于零时的折现率。可见内部收益率反映了项目总投资支出的实际盈利率。在图 10.3 中,随着折现率的不断增大,净现值不断减小,当折现率取 i^* 时,净现值为零。此时的折现率 i^* 即为内部收益率。

内部收益率的求解方程:

$$NPV=\sum_{t=0}^{n}\left[(CI-CO)_t(1+IRR)^{-t}\right]=0 \tag{10.21}$$

上式是一个高次方程,不易直接求解。常用"试算内插法"求 IRR 的近似解。其原理如图 10.3 所示。

从图 10.3 上可以看出,IRR 在 i_1 和 i_2 之间,用 i 近似代替 IRR,当 i_2 和 i_1 之间的距离足够近时,可以达到要求的精度。

$$IRR=i_1+x=i_1+\frac{NPV_1}{NPV_1+|NPV_2|}(i_2-i_1) \tag{10.22}$$

具体计算步骤如下。

(1)选取初始试算折现率,一般先取行业的基准收益率作为第一个试算 i,计算对应的净现值 NPV_1。

(2)若 $NPV_1\neq 0$,则根据 NPV_1 是否大于零,再试算 i_2,一直试算至两个相邻的 i_1、i_2 对应 NPV 一正一负时,则表明内部收益率就在这两个贴现率之间。

(3)用线性插入法,求得 IRR 的近似解:

$$IRR = i_1 + \frac{NPV_1}{NPV_1 + |NPV_2|}(i_2 - i_1) \tag{10.23}$$

(4)近似值与真实值的误差取决于(i_2-i_1)的大小,一般控制在$|i_2-i_1| \leqslant 0.05$可以达到要求的精度。

设基准收益率为 i_0,用内部收益率指标 IRR 评价单个方案的判别准则为:

若 $IRR \geqslant i_0$,则项目在经济上可行。

若 $IRR < i_0$,则项目在经济上不可行。

一般情况下,当 $IRR > i_0$时,会有 $NPV(i_0) \geqslant 0$,反之,当 $IRR < i_0$时,会有 $NPV(i_0) \leqslant 0$,因此,对于单个方案的评价,内部收益率准则与净现值的评价结论是一致的。

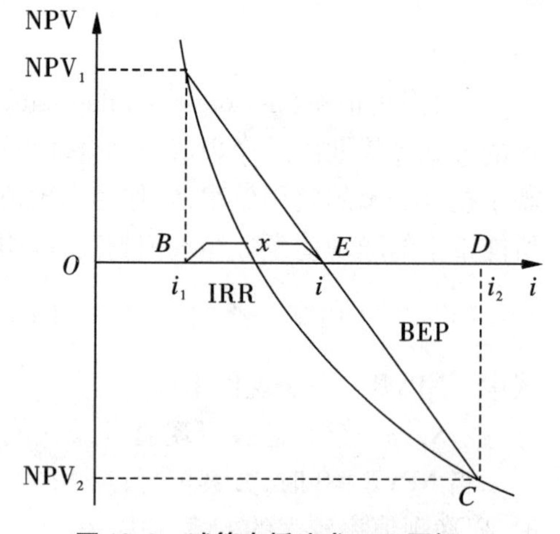

图 10.3 试算内插法求 IRR 图解

【例 10.4】 仍按例 10.3 的数据进行内部收益率的具体计算。

(1)先确定第一个试算折现率进行试算

假定基准投资收益率为 15%,则取 $i_1 = 15\%$,经试算结果偏小($NPV_1 = 171 > 0$);因为$|i_2-i_1| \leqslant 0.05$可以达到要求的精度,所以再取贴现率 18% 进行试算,得 $NPV_2 = -42 < 0$,说明贴现率 18% 偏大,可见所求的内部收益率在 15% 与 18% 之间(表 10.6)。

表 10.6 相邻贴现率净现值比较表

年份	净现金流量	i=15%		i=18%	
		贴现系数	净现值/万元	贴现系数	净现值/万元
	①	②	③=①×②	④	⑤=①×④
1	-660	0.869 6	-574	0.847	-559
2	-1 000	0.756 1	-756	0.718	-718
3	-107	0.657 5	-70	0.609	-65
4	351	0.571 8	200	0.516	181
5	448	0.497 2	222	0.437	196
6	654	0.432 3	282	0.370	242
7	700	0.375 9	263	0.314	220
8	228	0.326 9	74	0.266	60
9	428	0.284 3	121	0.225	96
10	428	0.247 2	106	0.191	82
11	428	0.214 9	92	0.162	69
12	1 128	0.186 9	211	0.137	154
	NPV		171		-42

(2)用线性插入法求得确切的内部收益率

$$IRR \approx 15\% + \frac{171}{171+|-42|} \times (18\% - 15\%) = 17.4\%$$

假如标准投资收益率为15%,而本项目的内部收益率为17.4%,说明本项目的投资能获得高于标准投资收益率的盈利率,则该项目在经济上是可取的,假如有几个方案作比较,则应选取内部收益率最高的方案。

综上所述,分析建设项目投资经济效果的几种方法各有其着重点,回收期法着重分析收回投资的能力和速度;净现值法和内部收益率法着重分析投资于这个项目所得的效益,是否高于一般标准投资收益率或市场一般利率。

10.7.1.4 费用现值与费用年值

采用增量投资回收期评价两个方案的优劣时,没有考虑资金的时间价值。在对两个以上方案比较选优时,如果诸方案的产出价值相同,或者诸方案能够满足同样的需要,但其产出效果难以用价值形态(货币)计量时,比如环保效果、教育效果等,可以通过对各方案费用现值或费用年值的比较进行选择。

费用现值就是把方案计算期内的投资和各年费用按一定折现率折算成基准年的现值和,用符号 PC 表示。费用年值是将方案计算期内不同时点发生的所有费用支出,按一定折现率折算成与其等值的等额支付序列年费用,用符号 AC 表示。

费用现值的计算式为:

$$PC(i_0) = \sum_{t=0}^{n} CO_t(P/F, i_0, t) \tag{10.24}$$

费用年值的计算公式为:

$$AC(i_0) = PC(A/P, i_0, n) = \sum_{t=0}^{n} CO_t(P/F, i_0, t)(A/P, i_0, n) \tag{10.25}$$

式中 PC——费用现值;

AC——费用年值;

CO_t——第 t 年的现金流出;

n——方案寿命年限;

I_0——基准收益率(或基准折现率)。

费用现值和费用年值用于多个方案的比选,其判别准则是:费用现值或费用年值最小的方案为优。

【例10.5】 某项目有3个方案A、B、C,均能满足同样的需要,但各方案的投资及年运营费用不同,如表10.7所示。在基准折现率 $i_0 = 15\%$ 的情况下,采用费用现值与费用年值选优。

表10.7 3个方案的费用数据表

方案	期初投资	1~5年运营费用	6~10年运营费用
A	70	13	13
B	100	10	10
C	110	5	8

各方案的费用现值计算如下：

$PC_A = 70+13(P/A,15\%,10) = 135.2$（万元）

$PC_B = 100+10(P/A,15\%,10) = 150.2$（万元）

$PC_C = 110+5(P/A,15\%,5)+8(P/A,15\%,5)$

$(P/F,15\%,5) = 140.1$（万元）

各方案的费用年值计算如下：

$AC_A = 70(A/P,15\%,10)+13 = 26.9$（万元）

$AC_B = 100(A/P,15\%,10)+10 = 29.9$（万元）

$AC_C = [110+5(P/A,15\%,5)+8(P/A,15\%,5)(P/F,15\%,5)]$

$(A/P,15\%,5) = 27.9$（万元）

根据费用最小的选优准则，费用现值与费用年值的计算结果都表明，方案 A 最优，C 次之，B 最差，即方案的优序为 A—C—B。

费用价值与费用年值是等价指标，即就评价结论而言，费用现值与费用年值是等效评价指标。两者除了在指标含义上有所不同外，就计算的方便简易而言，对不同类型的方案两者各有所长。在对多个方案比较选优时，如果诸方案产出价值相同，可以通过对各方案费用现值、费用年值的比较进行选择。费用现值、费用年值越小，其方案经济效益越好。

在运用费用现值、费用年值进行方案评价时，应注意以下 3 点：

1）对效益相同或基本相同但难以具体估算现金流的方案时，为简化计算，可采用费用现值、费用年值指标进行比较。

2）被比较的各方案，特别是费用现值最小的方案，应是能够达到赢利目的的方案。因为费用现值只能反映费用的大小，而不能反映净收益情况，所以不能单独用于判断方案是否可行。

3）各方案除费用指标外，其他指标和有关因素应基本相同，如产量、质量、收入应基本相同。只有在此基础上比较费用的大小才有意义。

10.7.2 技术方案的不确定性分析

事先对技术方案的费用、收益及效益进行计算，具有预测的性质。任何预测与估算都具有不确定性。这种不确定性包括两个方面：一是指影响工程方案经济效果的各种因素（如各种价格）的未来变化带有不确定性；二是指测算工程方案现金流量时各种数据由于缺乏足够的信息或测算方法上的误差，使得方案经济效果评价指标值带有不确定性。不确定性的直接后果是使方案经济效果的实际值与评价值相偏离，从而按评价值做出的经济决策带有风险。不确定性分析主要分析各种外部条件发生变化或者测算数据误差对方案经济效果的影响程度，以及方案本身对不确定性的承受能力。常用的方法有盈亏平衡分析、敏感性分析等。

10.7.2.1 盈亏平衡分析法

盈亏平衡分析法是指项目从经营保本的角度来预测投资风险性。依据决策方案中反映的产（销）量、成本和盈利之间的相互关系，找出方案盈利和亏损在产量、单价、成本等方面的临界点，以判断不确定性因素对方案经济效果的影响程度，说明方案实施的风险大小,这个临界点被称为盈亏平衡点(break even point,简称 BEP)。广泛应用于预测成本、收入、利润,编制利润计划;估计售价、销量、成本水平变动对利润的影响,为各种经营决策提供必要的信息;可以用于投资项目的不确定性分析。

(1)盈亏平衡分析的基本假设　进行盈亏平衡分析是以下列基本假设条件为前提的:

1)所采取的数据是投资项目在正常年份内所达到设计生产能力时的数据,这里不考虑资金的时间价值及其他因素。

2)产品品种结构稳定,否则,随着产品品种结构变化,收益和成本会相应变化,从而使盈亏平衡点处于不断变化之中,难以进行盈亏平衡分析。

3)在盈亏平衡分析时,假定生产量等于销售量,即产销平衡。

(2)盈亏平衡点及其确定　盈亏平衡点可以有多种表达,一般是从销售收入等于总成本费用及盈亏平衡方程式中导出,如图 10.4 所示。

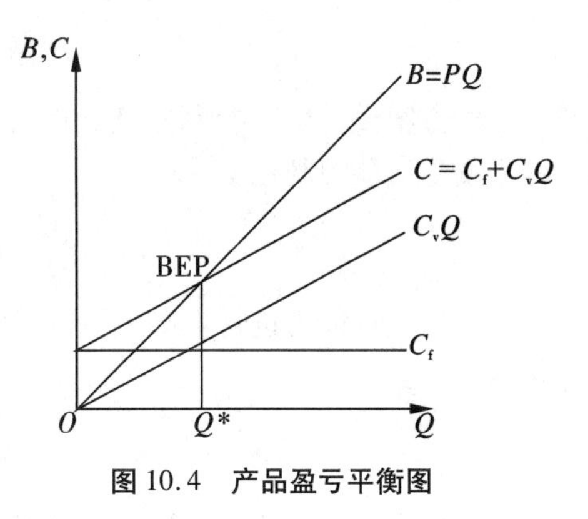

图 10.4　产品盈亏平衡图

设企业的销售价格(P)不变,则

$$B=PQ \tag{10.26}$$

式中　B——税后销售收入(从企业角度看);

P——单位产品价格(完税价格);

Q——产品销量。

企业的总成本费用(C),从决策用的成本概念来看,包括固定成本(C_f)和变动成本(C_vQ),即

$$C=C_f+C_vQ \tag{10.27}$$

式中　C_f——固定成本;

C_v——单位产品变动成本。

这里需要说明的是,变动成本是指随产品产量的变动而变动的费用。大部分的变动成本与产量是呈线性关系的;也有一部分变动成本与产量不呈线性关系,如生产工人工资中的部分附加工资、某些工艺的能耗费用等,这部分变动成本随产量变动的规律一般是呈阶梯形曲线,通常称这部分的变动成本为半变动成本。由于半变动成本通常在总成本费用中所占比例很小,在经济分析中一般可近似地认为变动成本与产品产量成正比例关系。

当盈亏平衡状态时,总收入 B 等于总成本 C,则有:

$$PQ^*=C_f+C_vQ^* \tag{10.28}$$

式中　Q^*——盈亏平衡点的产量。

图 10.4 中纵坐标表示销售收入与成本费用,横坐标表示产品产量。销售收入线 B 与总成本线 C 的交点称盈亏平衡点。也就是项目赢利与亏损的临界点。从图中可以看出,当产量在 $0<Q<Q^*$ 范围时,线 C 位于线 B 之上,此时企业处于亏损状态;而当产量在 $Q>Q^*$ 范围时,线 B 位于线 C 之上,此时企业处于赢利状态。显然 Q^* 是 BEP 的一个重要表达。由上面的公式可导出:

$$Q^* = \frac{C_f}{P - C_v} \tag{10.29}$$

式中　$(P-C_v)$表示每销售一个单位产品在补偿了变动成本后之所剩,被称之为单位产品的边际贡献。盈亏平衡产量就是以边际贡献补偿固定成本的产量。

盈亏平衡点除可用产量表示外,还可用销售收入、生产能力利用率、销售价格和单位产品变动成本等来表示。

若在产品销售价格、固定成本和变动成本不变的情况下,盈亏平衡销售收入为:

$$B^* = PQ^* = \frac{PC_f}{P - C_v} \tag{10.30}$$

若方案设计生产能力为 Q_c,在产品销售价格、固定成本、变动成本不变的情况下,盈亏平衡生产能力利用率为:

$$E^* = \frac{Q^*}{Q_c} \times 100\% = \frac{C_f}{P - C_v Q_c} \times 100\% \tag{10.31}$$

若按设计能力进行生产和销售,且产品固定成本、变动成本不变,则盈亏平衡销售价格为:

$$P^* = \frac{B}{Q_c} = \frac{C}{Q_c} = C_v + \frac{C_f}{Q_c} \tag{10.32}$$

若按设计生产能力进行生产和销售,且产品销售价格、固定成本不变,则盈亏平衡单位产品变动成本为:

$$C_v = \frac{C - C_f}{Q_c} = \frac{B - Cf}{Q_c} = P - \frac{C_f}{Q_c} \tag{10.33}$$

若按设计生产能力进行生产和销售,且产品销售价格、单位产品变动成本不变,则盈亏平衡固定成本为:

$$C_f = P - C_v Q_c \tag{10.34}$$

【例 10.6】　某食品厂设计能力年生产某种食品 7 200 t,每吨售价 5 000 元,该厂固定成本 680 万元,单位产品变动成本为 3 000 元,是考察产量、售价、单位产品变动成本、固定成本对工厂盈亏的影响。

解　当盈亏平衡时,产量为:

$$Q^* = \frac{C_f}{P - C_v} = \frac{6\ 800\ 000}{5\ 000 - 3\ 000} = 3\ 400(\text{吨/年})$$

盈亏平衡时,$B=C$,解之得 $Q^*=3\ 400$ 吨/年

当盈亏平衡时,生产能力利用率为:

$$E^* = \frac{Q^*}{Q_c} \times 100\% = \frac{3\ 400}{7\ 200} = 0.472\ 2 = 47.22\%$$

当盈亏平衡时,产品销售价格为:

$$P = \frac{B}{Q_c} = \frac{C}{Q_c} = C_v + \frac{C_f}{Q_c} = 3\ 000 + \frac{6\ 800\ 000}{7\ 200} = 3\ 944(\text{元/吨})$$

当盈亏平衡时,单位产品变动成本为:

$$C_v = P - \frac{C_f}{Qc} = 3\ 000 - 944 = 2\ 056(\text{元/吨})$$

当盈亏平衡时,固定成本为:

$$C_f = P - C_v Q_c = (5\,000 - 3\,000) \times 7\,200 \times 10^{-4} = 1\,440(\text{万元})$$

由盈亏平衡分析,结合市场预测,可以对该厂发生的盈亏可能性做出大致的判断。上例中如果未来的产品销售价格、生产成本与预期值相同,项目不发生亏损的条件是年销售量不低于3 400吨,生产能力利用率不低于47.22%;如果能按设计生产能力进行生产和销售,生产成本与预期值相同,则不发生亏损的条件是产品售价不低于3 944元/吨;如果销售量、产品售价及固定成本与预期值相同,则不发生亏损的条件是单位产品变动成本不高于2 056元/吨;如果销售量、产品售价及单位变动成本与预期值相同,则不发生亏损的条件是:固定成本不高于1 440万元。

以上是没有考虑产品销售税金的情况,若考虑税金及附加时,设单位产品税金及附加为t,则公式可变为:

$$Q^* = \frac{C_f}{P - C_v - t}$$

或

$$Q^* = \frac{C_f}{P(1-r) - C_v}$$

式中　t——单位产品销售税金及附加。

　　　r——产品销售税率。

(3)也可直接用图解法　若项目设计生产能力为Q_0,BEP也可以用生产能力利用率E来表达,即

$$E = \frac{Q^*}{Q_0} \times 100\% = \frac{C_f}{P - C_v \cdot Q_0} \times 100\%$$

E越小,即BEP越低,则项目盈利的可能性较大,造成亏损的可能性较小。

如果按设计生产能力进行生产和销售,BEP还可以由盈亏平衡价格来表达。

$$P^* = \frac{C_f}{Q} + C_v$$

【例10.7】　某食品厂拟以脱脂乳粉为原料生产酪蛋白酸钠,其产量为1 000吨/年,联产品异构乳糖1 000吨/年。单位产品售价7.36万元/吨和35万元/吨(含税),总固定成本1 557.63万元,单位变动成本5.06万元/吨,增值税283.3万元/年。

要求对该方案进行盈亏平衡分析。

解

$$Q^* = \frac{C_f}{P - C_v} = \frac{1\,557.63}{10.86 - 0.28 - 5.06} = \frac{1\,557.63}{5.52} = 282.2(\text{吨/年})$$

$$E = \frac{Q^*}{Q_0} \times 100\% = \frac{282.2}{1\,000} \times 100\% = 28.2\%$$

同样也可由图解法得到盈亏平衡点,如图10.5所示。

由计算结果可知,该方案的生产能力利用率为28.2%,说明项目盈利的可能性较大。

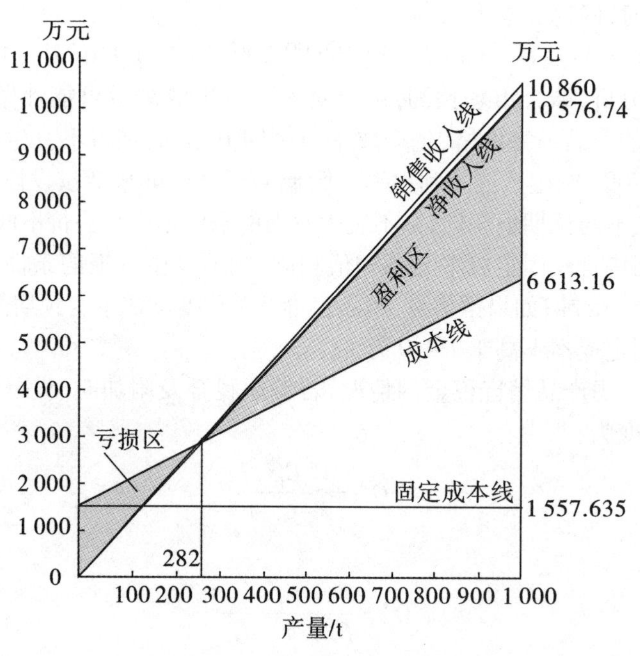

图 10.5　酪蛋白酸钠盈亏平衡图

10.7.2.2　**敏感性分析法**

盈亏平衡分析法是通过盈亏平衡点 BEP 来分析不确定性因素对方案经济效果的影响程度。敏感性分析法则是分析各种不确定因素变化一定幅度时(或者变化到何种幅度),对方案经济效果的影响程度(或者改变对方案的选择)。把不确定性因素中对方案经济效果影响程度较大的因素,称为敏感性因素。显然,投资者有必要及时把握敏感性因素,并从敏感性因素变化的可能性以及测算的误差,分析方案的风险大小。通过敏感性分析,一方面,可以找出影响项目经济效果的因素,测算项目风险大小;另一方面,通过对项目不同方案中某些关键因素的敏感程度对比,可以区别不同方案对某关键因素的敏感性大小,选取敏感性小的方案,以减少项目的风险性。

敏感性分析可以分为单因素敏感性分析和多因素敏感性分析。单因素敏感性分析是假定只有一个不确定性因素发生变化,其他因素不变;这样每次就可以分析出这个因素的变化对指标的影响大小。如果一个因素在较大的范围内变化时,引起指标的变化幅度并不大,则称其为非敏感性因素;如果某因素在很小范围变化时就引起指标很大的变化,则称为敏感性因素。多因素敏感性分析则是不确定性因素两个或多个同时变化。

一般来说,敏感性分析是在确定性分析的基础上,进一步分析不确定性因素变化对方案经济效果的影响程度。它可应用于评价方案经济效果的各种指标分析。下面结合实例,以盈亏平衡点等相关指标为例说明敏感性分析的具体步骤。

【例 10.8】　仍按上例的数据进行敏感性分析。

解　不确定性因素有很多,与盈亏平衡点计算有关的产品成本(包括固定成本和变动成本)、产品售价等的波动都会对盈亏平衡点产生影响。

(1)固定成本上升 10% 时对盈亏平衡点的影响。

$$Q^{*}=\frac{1\ 557.631+10\%}{10.86-0.28-5.06}=310.4(\text{吨/年})$$

(2)单位产品变动成本上升对盈亏平衡点的影响。

构成变动成本的原材料和燃料动力等经常会有波动,本方案中酪蛋白酸钠和异构乳糖是以脱脂奶粉为主要原料生产的,目前的问题是脱脂奶粉价格上升幅度较大,另外,水电价格也在上升。因此,假定以单位产品变动成本上升30%计。

$$Q^{*}=\frac{1\ 557.63}{10.86-0.28-5.061+30\%}=389.4(\text{吨/年})$$

(3)产品售价下降10%对盈亏平衡点的影响。

$$Q^{*}=\frac{1\ 577.63}{[10.86(1-10\%)-0.28]-5.06}=351.6(\text{吨/年})$$

(4)当以上三因素同时发生时对盈亏平衡点的影响。

$$Q^{*}=\frac{1\ 557.63(1+10\%)}{[10.86(1-10\%)-0.28]-5.06(1+30\%)}=588.8(\text{吨/年})$$

通过以上盈亏平衡点的单因素和多因素敏感性分析可以看出,这些不确定因素形成的盈亏平衡点均在年产1 000 t联产品的范围之内,可见项目具有承受较大风险的能力。

10.8 设计方案的选择

设计方案经过技术经济分析后,就进入决策阶段。所谓决策,就是在各个方案中选择最佳方案。为避免在决策中发生重大的、根本性的错误,我们必须先对方案进行综合分析,而后再根据一定的原则进行。

10.8.1 方案的综合分析

方案的综合分析,就是将每个方案在技术上、经济上的各种指标、优缺点全面列出,以作为方案评价和选择时的分析依据。方案的综合分析一般包括以下内容。

(1)列出每个方案具体计算好的各项经济效果指标,并对这些指标进行分析。任何一个技术方案,它的投资效果系数和投资利润率都应高于国家或部门规定的标准数据。若项目的投资是在有偿使用的条件下,投资效果系数和投资利润率一定要高于银行贷款的利率,否则,在项目建成后,连利息都付不起,这样的项目是不能投资和建设的。

(2)列出各个方案的总投资、单位投资和投资的产品率,并分析投资的构成和投资高低的原因,提出降低投资的方向和具体措施。在分析投资时,特别要注意结合项目技术特点,严格分清项目分期建设及逐年所需的投资额,避免投资积压,尽量提高投资的使用效果。

(3)列出和分析每个方案投产后的产品成本,分析成本的构成和影响因素,提出降低成本的原则和主要途径。

(4)列出和分析每个方案投产后的劳动生产率,指出这些产品投产后对发展食品工业提高人民生活水平和发展农业的意义，特别是出口产品，要指明在国际上的竞争能力。

(5)分析各方案投产后的劳动生产率，在国内和国际上与同类企业相比是属高的还是属低的，原因何在，如何提高等。

(6)分析每个方案采用了哪些先进技术，它们的水平和成熟程度如何，这些先进技术对提高产品质量和劳动生产率有什么影响，经济效益如何。

(7)列出和分析每个方案在消耗重要物资材料和占有农田方面的情况，指出采用了哪些措施。

(8)分析每个方案的建设周期，提出保证工程质量、缩短工期的措施。

(9)分析项目的“三废”处理情况。

在进行每个方案的综合分析时，要有科学态度、有叙述，有评论，为正确合理地选择方案提供依据。

10.8.2 方案选择的原则

正确、合理地选择方案，就会给人民生活水平的提高，促进农业生产的发展和地区、企业的经济繁荣奠定扎实基础，而方案选择又是一件非常困难和复杂的事。一般在选择时，面对的各个方案，常常是互相矛盾、各有长短，造成优劣难分。为做好方案的决策工作，我们应根据项目特点，遵循下列原则，综合考虑，选出最佳方案。

(1)食品工厂建设方案的选择，在有充足的原料和市场需求的前提下，再考虑经济效果。

(2)方案的选择要符合国情和地区实际情况，例如根据我国能源紧张和劳动力比较富裕的国情特点，在选择进口先进设备时就要具体分析，切勿盲目引进，给国家、地方或企业造成不必要的经济损失。

(3)方案的选择要与方案的实施相结合。选择的方案虽经济效果最好，如实施有困难，则仍是纸上谈兵的效果。所以，在方案选择时，不可忽视方案实施的可能性。

(4)方案选择时要多听不同意见，尽量避免片面性，使方案选择更为合理。这样，当食品工厂投产后，就可获得较好的经济效益和社会效益。

思考题

1. 技术和经济之间存在什么联系?

2. 技术经济学的研究对象是什么？包括哪些主要研究内容?

3. 技术经济分析的基本程序是什么?

4. 技术经济分析的主要指标有哪些？各类指标的含义?

5. 提高经济效果的途径有哪些?

6. 某食品企业年生产产品 1 万吨，生产成本 150 万元，当年销售 8 000 t，销售单价 220 元/吨，全年发生管理费用 10 万元，财务费用 6 万元，销售费用为销售收入的 3%，若销售税金及附加相当于销售收入的 5%，所得税率为 33%，企业无其他收入，求该企业本年的利润总额、税后总额。

7. 项目经济评价指标分为几类？每一类各有什么特点？各包括哪些具体指标?

附　录

附录一:全国主要城镇风玫瑰图

附录二:有关数据表

附录三:食品工程设计常用规范和标准

附录四:部分通用设备规格型号

附录五:图框与建筑绘图图例规定

附录六:化工工艺图图线、代号与图例规定

附录七:食品工厂设计课程设计说明书范例

参考文献

[1]吴现立.工程造价控制与管理[M].武汉:武汉理工大学出版社,2004.
[2]刘常英.建设工程造价管理[M].北京:金盾出版社,2003.
[3]尹贻林.工程造价计价与控制[M].3版.北京:中国计划出版社,2003.
[4]王颉.食品工厂设计与环境保护[M].北京:化学工业出版社,2006.
[5]王如福.食品工厂设计[M].2版.北京:中国轻工业出版社,2006.
[6]何东平.食品工厂设计[M].北京:中国轻工出版社,2009.
[7]李洪军.食品工厂设计[M].北京:中国农业出版社,2005.
[8]张国农.食品工厂设计与环境保护[M].北京:中国轻工出版社,2005.
[9]陈朝东.工业水处理技术问答[M].北京:化学工业出版社,2007.
[10]高艳玲,马达.污水生物处理新技术[M].北京:中国建材工业出版社,2006.
[11]陈亢利,钱先友,许浩瀚.物理性污染与防治[M].北京:化学工业出版社,2006.
[12]熊振湖,费学宁,池勇志.大气污染防治技术及工程应用[M].北京:机械工业出版社,2003.
[14]刘晓杰.食品工厂设计综合实训[M].北京:化学工业出版社,2008.
[15]杨芙莲.食品工厂设计基础[M].北京:机械工业出版社,2005.
[16]曾庆孝.GMP与现代食品工厂设计[M].北京:化学工业出版社,2006.
[18]张麟麟.大、中型速冻食品工厂氨制冷系统的设计方案[J].食品工业,2005,(6):54-55.
[19]熊万斌.粮食工厂设计[M].北京:化学工业出版社,2006.
[20]何东平.食品工厂设计[M].北京:中国轻工业出版社,2011.
[21]张国农.食品工厂设计与环境保护[M].北京:中国轻工业出版社,2016.
[22]吴思方.生物工程工厂设计概论[M].北京:中国轻工业出版社,2015.